面向6G的可见光通信关键技术

迟 楠◎著

Key Technologies of Visible Light Communication for 6G

人民邮电出版社
北 京

图书在版编目（CIP）数据

面向6G的可见光通信关键技术 / 迟楠著. -- 北京 : 人民邮电出版社, 2023.6（2023.12重印）
（6G丛书）
ISBN 978-7-115-60515-3

Ⅰ. ①面… Ⅱ. ①迟… Ⅲ. ①第六代移动通信系统－研究 Ⅳ. ①TN929.59

中国版本图书馆CIP数据核字(2022)第222254号

内 容 提 要

本书主要介绍了面向 6G 的可见光通信关键技术。首先，介绍了可见光通信的由来，说明了在 6G 通信中发展可见光通信的必要性，同时介绍了国内外的研究现状及 6G 可见光通信的主要应用场景与优势。其次，分别从可见光通信在 6G 中的网络架构、可见光通信系统的结构、先进调制技术、信号处理技术等方面具体介绍了实现 6G 可见光通信所采用的先进技术和关键算法。再次，介绍了人工智能在可见光通信中的应用以及可见光通信 MIMO 叠加调制技术。本书在介绍具体技术的同时，给出了作者的研究团队基于相关技术理论的实验成果。最后，对 6G 可见光通信的未来发展趋势进行了展望。

本书适合从事通信领域相关工作尤其是可见光通信研究和 6G 研究的工程技术人员，以及高等院校通信工程等相关专业的研究生和教师阅读。

◆ 著　　　迟　楠
责任编辑　胡俊霞
责任印制　马振武

◆ 人民邮电出版社出版发行　　北京市丰台区成寿寺路 11 号
邮编　100164　　电子邮件　315@ptpress.com.cn
网址　https://www.ptpress.com.cn
固安县铭成印刷有限公司印刷

◆ 开本：720×960　1/16
印张：20.5　　　　2023 年 6 月第 1 版
字数：357 千字　　　　2023 年 12 月河北第 3 次印刷

定价：199.80 元

读者服务热线：(010)81055493　印装质量热线：(010)81055316
反盗版热线：(010)81055315
广告经营许可证：京东市监广登字 20170147 号

6G丛书

编 辑 委 员 会

前言

随着 5G 大规模商用以及“万物智联、数字孪生”的美好愿景的提出，下一代移动通信（6G）技术将通过人机物智能互联、协同共生来满足社会的高质量发展要求，通过实现通信、感知、计算与控制深度耦合来服务生活、赋能生产，实现人类社会的全域覆盖、虚实共生的万物互联。随着 6G 时代的到来，以及泛在接入蓝图的提出，迫切需要寻找新的无线通信频谱资源来满足全场景覆盖的新诉求。《6G 无线热点技术研究白皮书（2020 年）》指出，6G 通信将不再拘束于原有的无线频谱。新的频谱资源大概率会从太赫兹和可见光频段中找出。

近年来，作为一种频段为 400～800 THz 的高速通信技术，可见光通信（Visible Light Communication，VLC）技术凭借其诸多优点有望在 6G 网络中担任重要角色。可见光通信的概念于 2000 年提出之后，受到了世界各国的广泛关注并取得了迅猛发展。可见光通信将信号调制到可见光上进行传输，在照明的同时实现高速通信。可见光通信利用尚属空白的可见光频段，拓展了 B5G/6G 宽带通信的频谱，将照明与通信相结合推动了下一代照明与接入网的发展与科技进步。作为未来两大频谱资源之一的可见光通信，其相对于传统无线频段最大的价值便是频谱不需要授权，这将使运营商和设备商具有极大的自由度。此外，在室内环境中，可见光通信先天具有广覆盖的优势，更有着绿色、节能的优点。而在室外环境中，以实现机机交互为目的的可见光通信技术，已在天空卫星通信、地面车间通信和水下潜艇通信等多方面崭露头角。无论是在国家空天地海一体化网络建设战略层面，还是在节能减排的迫切需求方面，或者是在巨大的市场潜力方面，可见光通信技术均已成为国际竞争的制高点。

除此之外，人工智能（Artificial Intelligence，AI）和无线空口的结合也是全球业界对于 6G 未来发展方向的重要共识。作为 6G 网络中的原生技术，AI 将不会只被作为优化工具来使用，而将会是内生智能的新型空口和网络结构中的重要角色。在 6G 版图中，可见光通信技术的应用横跨空天地海立体网络，导致其传输信道异常复杂，信号在传输的过程中会受到线性与非线性效应的影响，制约着可见光通信系统的性能。目前 AI 数据处理在可见光通信领域还处于起步阶段，现有成果显示，其有巨大的应用潜力。相信，在 6G 的研究进展中，被 AI 赋能的可见光通信技术，会在 6G 真正到来之时大放异彩。

本书详细阐述了面向 6G 的可见光通信关键技术。全书共分为 9 章，第 1 章对可见光通信进行了概述并对其发展历史进行了追溯，同时对其国内外研究现状进行了总结；第 2 章介绍了在 6G 空天地海一体化网络中，可见光通信在网络架构中所扮演的角色；第 3～5 章分别具体介绍了 VLC 系统的结构、先进调制技术、信号处理技术等方面的内容；第 6、7 章基于本团队的系列研究成果，重点介绍了 AI 在 6G 可见光通信中的应用；第 8 章主要基于本团队的研究成果，介绍了 MIMO 叠加调制技术在可见光通信中的应用；第 9 章对 6G 可见光通信的未来发展趋势进行了展望。

此书的撰写得到了科学技术部、国家自然科学基金委员会、上海市科学技术委员会、上海市教育委员会、广东省科学技术厅项目组以及鹏城实验室相关老师和课题组学生的大力帮助。本书第 2 章及第 9 章由施剑阳博士撰写。作者感谢施博士的支持与帮助，也要感谢胡昉辰、牛文清、哈依那尔、李忠亚、陈将、徐增熠、覃国津和靳瑞哲等同学在本书撰写过程中的支持与帮助。本书成稿时间较短，难免存在不足之处，诚恳希望广大读者多提宝贵意见，以利于今后改进和提高。

目 录

第1章 概述

本章旨在让读者初步了解可见光通信的研究背景与基本概念，并给出了国内外目前在可见光通信领域的研究进展。在未来的6G技术中，可见光通信将凭借其独特的优势，扩展新型通信频谱资源与应用场景，为社会带来巨大的经济效益。

1.1 背景

随着移动通信终端设备数量的不断增长和未来多元化通信方式的普及，以信息产业为重要推动力的新一代科学技术革命正在悄悄走近人们的生活。信息产业的蓬勃发展正极大地推动着社会的进步，改变着人与人、人与社会之间沟通和交流的方式。随着“万物互联”“智慧城市”“融合通信”等新概念的出现，以及结合云计算、边缘计算、智能感知通信一体化等多种融合业务的不断发展，移动终端数及无线网络数据流量呈现爆发式增长。互联网及移动终端的迅猛发展改变了人们的生活方式，为人们的生活提供了诸多便利，同时也推动了其他产业的深刻变革，海量的数据流量与信息交互在当今这个时代变得尤为重要[1-2]。

为适应移动终端数据通信需求的爆发式增长，全球各个国家均在不遗余力地推动 5G 网络的发展和部署。5G 已经显示出成为推动生产力发展的主要因素的迹象，并有望成为许多领域长期设想的高度集成和自主应用的关键推动因素。其中，中国的 5G 技术和网络部署进度均走在世界前列[3]。与此同时，全球的 6G 研究进入竞赛阶段。自 2019 年以来，广东省新一代通信与网络创新研究院（粤通院）联合清华大学、北京邮电大学、北京交通大学、中兴通讯股份有限公司、中国科学院空天信息创新研究院共同开展了 6G 信道仿真、太赫兹通信、轨道角动量等 6G 热点技术研究。在此基础上，研究团队与中国联合网络通信有限公司对 6G 无线通信新技术的现状和后续发展方向及产业化能力进行了延续评估并提出思考，同时推出了《6G 无线热点技术研究白皮书（2020 年）》（以下简称：白皮书），为 6G 未来的研究提供参考和支撑。白皮书提到，6G 将完成“海量物联”和“万物智联”，打造陆海空天融合通信网络，在陆地、海洋和天空中都会有大量的互联终端设备。利用这些数以亿计的传感器的实时感知与智能计算能力，支持多终端共享人工智能（Artificial Intelligence，AI）算力，智能终端设备侧 AI 也必将从单设备、多设备的模式正式走向分布式和去中心化模式，为 6G 的异构、多终端实时感知计算提供有力的支持。

6G 网络将与云计算、大数据和人工智能技术进一步集成。同时，为满足未来高度智能化、高度数字化和高度信息化社会对无线传输的需求，6G 网络在无线连接的维度、广度上都将有巨大的提升，支持诸如超大带宽视频传输、超低时延工业物联网（Internet of Things，IoT）、空天地一体互联等诸多场景。为支持上述愿景和应用，相比于现行的 5G 通信，6G 关注更高的频谱效率、更高密度的接入、更低的通信时延、更快的峰值速率等。现有无线通信手段的局限性正在不断凸显[4]，首先，无线网络的频谱集中在射频频段，其频谱资源日益枯竭，利用 6 GHz 以下频谱满足未来的爆发式数据增长需求已经变得异常困难；其次，现有的无线通信技术虽然可以满足绕射穿墙等需求，但是其带来的信息数据泄露等问题已日益严重，并成为各个国家关注的焦点；此外，在众多场合与应用场景中，对电磁波的使用都有明确的限制和约束，如医院、核电站、水下通信等，而这些场合与应用场景均有较大的通信容量需求；最后，无线通信带来的电磁辐射问题日益严重，虽然尚无明确的科学研究数据量化其危害，但是已经有学者开始对其进行研究。为了满足 5G 的大容量数据承载需求，第三代合作伙伴计划（3GPP）R15/R16 提出使用毫米波作为现有无线网络的补充并给出了其使用的载频和频段，以解决频谱资源枯竭的问题[5]。然而，毫米波发射接收设备成本高昂，且其通信性能容易受到雨雾等天气变化的影响，因此离大规模部署还有较长的距离。由此可见，仅依靠传统的无线通信手段很难满足广覆盖、多业务、大容量的移动通信需求。业界亟需一种高速、环保、安全、低成本的无线接入方式来满足人们日益增长的数据需求。为了支持极高的峰值速率，所支持的最大接入带宽必须大幅增加。毫米波频段仅可支持 10 GHz 的带宽，而可见光频段可达 100 GHz。可见光频段的通信将成为 6G 研究的主要课题。电磁波频谱示意如图 1-1 所示。

图 1-1 电磁波频谱示意

可见光通信（Visible Light Communication，VLC）主要工作在 380～780 nm 之间的可见光频段，兼顾照明与通信两种功能[6]。其主要通过强度调制/直接检测（IM/DD）的方式，利用发光二极管（Light Emitting Diode，LED）、激光二极管（Laser Diode，LD）等设备的明暗闪烁加载并传递信息。随着 LED 固态照明市场的不断扩大，可见光照明设备已经遍及千家万户。大到观测塔及舰船的照明大灯，小到家用台灯、手电等照明设备，LED 以极低的能耗和极高的光效点亮了我们的世界和生活。因此，将照明与通信相结合的 VLC 不仅能够满足下一代移动通信网络的大流量需求，同时还能够有效降低成本和能耗，是一种十分具有吸引力的新型无线通信及接入技术。VLC 的优点可以总结如下。

① 频谱资源丰富。可见光频段一般是指波长为 380～780 nm 的电磁波，其频谱范围为 400～790 THz，如图 1-1 所示，是现有常用无线频段的 10 000 倍左右，且无须授权。这对于目前频谱资源日益紧张的无线通信来说是一个很有效的补充。

② 接入点丰富且成本低廉。目前室内所用的绝大多数照明设备均为 LED，因此利用 LED 的 VLC 既可以满足室内多点接入的业务需求，同时也能够有效增大通信覆盖范围和信噪比（Signal Noise Ratio，SNR）。同时，LED 的成本低廉，符合未来大规模接入的低成本、广覆盖的业务需求。

③ 绿色环保。LED 照明设备的能耗仅为传统节能灯的 1/4，光效则是传统节能灯的 4 倍，同时寿命长，稀土添加量仅为其 1/1 000，符合国家的节能减排战略。将照明与通信相结合的 VLC 也是一种环保的通信方式。

④ 安全可靠，保密性高。VLC 存在非视距不可接收的特性。虽然这使得其无法实现穿墙和绕射，但其保密性得到了很好的保证。因此，VLC 适用于保密组网等安全性和速率要求高的场合。

⑤ 无电磁干扰，水下有透射窗口。VLC 以光作为载体传递信息，无电磁干扰，适用于电磁环境复杂或者屏蔽电磁波的场合，如核电站、医院、大型工厂等。同时，由于 VLC 存在蓝绿光透射窗口，从而可以实现水下远距离无线传输。传统的无线通信由于在水中衰减过于严重而无法实现超过 1 m 的传输。因此，VLC 是传统无线通信网络的有效互补手段。

⑥ 高速，高 SNR。根据已公开的研究成果，目前 VLC 单灯已能够实现超过 3 Gbit/s 的数据传输速率，波分复用（Wavelength Division Multiplexing，WDM）已经能够实现超过 20 Gbit/s 的数据传输速率，远高于目前无线通信所能够提供的数据传输速率。同时，室内 LED 发射功率高，覆盖范围广，能够实现高 SNR 的信号传输，有利于室内无线覆盖及接入。

基于上述优势，VLC 将成为下一代移动通信研究的主赛道，不同传输距离和速率的 VLC 应用场景如图 1-2 所示。短距离 VLC 可以被用于室内高速接入、医疗通信、安全通信、手机通信、手机定位、矿井定位等特殊场景的定位；而长距离 VLC 则可用于深空通信、水下通信和车联网等场景的定位。不难看出，VLC 发展潜力巨大，应用场景多样，将会为社会带来巨大的经济效益。

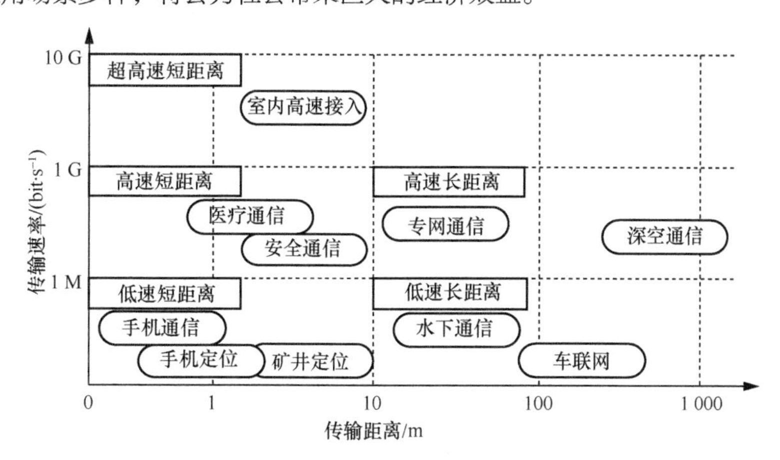

图 1-2　不同传输距离和传输速率的 VLC 应用场景

1.2 国内外研究现状

VLC 是基于 LED 等可见光频段的固态照明设备，通过 IM/DD 方式进行信号传输的一种无线通信手段。自 2000 年 VLC 的相关概念问世以来，随着 LED 照明市场的快速发展，VLC 技术在这 20 年间经历了飞速的发展。国内外广大学者从器件材料机理、调制解调算法、线性/非线性预均衡、后均衡算法、编解码算法等方面深入研究了 VLC 技术，并在各个领域均取得了突破性的进展。本节接下来将从国外和国内两个方面分析和总结目前 VLC 领域的研究进展。

1.2.1 国外研究现状

1994 年，Nakamura 等[7]发明了高亮度蓝光 LED，正式开启了 LED 在照明视场的全球霸主地位，从此，LED 照明走进千家万户，遍布全球的各个角落。2000 年，Tanaka 等[8]提出利用室内白光 LED 的高输出功率和照明结合实现室内组网通信并进行了仿真研究，这可能是最早的有关 VLC 的研究。2001—2002 年，Tanaka 等[9-10]进一步仿真了归零通断键控（Return-to-Zero On-Off Keying，RZ-OOK）调制和正交频分复用（Orthogonal Frequency Division Multiplexing，OFDM）在速率为 100 Mbit/s 和 400 Mbit/s 的情况下室内组网通信的性能，认为 RZ-OOK 调制在低速情况下性能较好，OFDM 则在高速情况下性能较好，并通过仿真的方式研究了多径效应对高速 VLC 系统的影响。自此，VLC 正式走进了人们的视野，并引起了国际上诸多学者的广泛关注。日本可能是 VLC 最早的发源地，其最先于 2003 年建立了“可见光通信联盟（VLCC）”，不断推进 VLC 的产业化进程，取得了一系列颇有成效的工作成果，并于 2004 年在关西国际机场实现了 100 Mbit/s 量级基于通断键控（OOK）的 VLC 实验系统[11]。此后，VLC 受到了世界各国的广泛关注，开始了飞速的发展。2009 年，Vucic 等[12]使用离散多音频（Discrete Multi-Tone，DMT）调制和蓝光滤镜首次将基于荧光粉白光 LED 的可见光传输速率提升至 231 Mbit/s，2010 年，该团队使用比特功率加载（Bit Power Loading，BPL）DMT 调制和雪崩光电二极管（Avalanche Photon Diode，APD）接收机将系统的传输速率进一步提升到了513 Mbit/s[13]。

考虑到荧光粉白光LED的3 dB带宽小于5 MHz，严重限制了系统的速率，研究者们逐渐将注意力转移到了多色集成白光 LED，例如红绿蓝发光二极管（RGB LED）和红绿蓝黄发光二极管（RGBY LED）。这种集成的白光LED与荧光粉白光LED相比有更大的带宽，并且可以结合WDM技术使系统速率得到显著提升。2011年，Vucic等[14]通过使用 RGB LED 和 WDM 技术将单灯的传输速率提高到了803 Mbit/s，随后在2012年该团队通过使用BPL DMT调制实现了1.25 Gbit/s传输速率的可见光传输[15]。同年，Cossu等[16]利用低成本商用RGB LED和BPL DMT调制实现了2.1 Gbit/s传输速率的实验传输。在2014年，该团队使用RGBY LED实现了4信道同时传输，总传输速率为5.6 Gbit/s的实验传输[17]。2016年，Chun等[18]提出应用新型RGB LED，实现了10.4 Gbit/s传输速率的可见光传输，这也是首次使用白光LED突破了10 Gbit/s的传输速率。2019年，Bian等[19]利用RGBY LED和自适应比特功率加载OFDM技术将单灯的传输速率再次提高到了15.73 Gbit/s，这也是当时使用单个多色集成白光LED在自由空间进行可见光传输的最高传输速率。

1.2.2 国内研究现状

虽然与国外相比，国内在VLC领域开始大规模研究的时间较晚，但是目前在传输速率和带宽等指标上已经处于并跑甚至赶超的位置。2013年，Wu等[20]通过使用RGB LED单灯结合WDM和无载波调幅/调相（Carrier Less Amplitude Phase Modulation，CAP）调制技术成功实现了传输速率为3.22 Gbit/s和距离为25 cm的信号传输。2014年，Wang等[21]通过频域预均衡、WDM、直接判决最小均方（Decision-directed Least Mean Square，DD-LMS）算法及奈奎斯特单载波技术成功实现了512QAM的传输速率为4.22 Gbit/s的RGB WDM信号传输，刷新了国际最高传输速率纪录。2015年，Wang等[22]通过混合自适应均衡、WDM等方式成功实现了传输速率为8 Gbit/s的信号传输，这是当时已知的可见光通信系统的最高传输速率。2016年，Chi等[23]通过使用相移曼彻斯特编码成功实现了基于脉幅调制

（Pulse-Amplitude Modulation，PAM）的 WDM VLC 系统的最高传输速率——3.375 Gbit/s，同年 7 月，该团队使用 BPL 技术再次将 WDM VLC 系统的传输速率提高到了 9.51 Gbit/s[24]。2018 年，Zhu 等[25]通过使用五色 LED 结合 WDM 成功实现了 DMT 64QAM 下传输速率为 10.72 Gbit/s 的信号传输。2018 年，Zhang 等[26]通过使用白光 LED 结合 T 桥预失真电路成功实现了历史上首次传输速率为 Gbit/s 量级的实时 VLC 系统传输。2019 年，Wang 等[27]利用硬件预均衡技术实现了水下蓝光单色 LED 的最高传输速率——3.075 Gbit/s。同年 9 月，Zhou 等[28]通过使用 WDM 结合 BPL 技术成功实现了传输速率为 15.17 Gbit/s 的信号传输。同年 12 月，Chen 等[29]通过使用现场可编程门阵列（Field Programmable Gate Array，FPGA）结合高清数字分量串行接口（HD-SDI）视频传输技术将实时 VLC 的传输速率提高到了 2.34 Gbit/s。2020 年，Zou 等[30]通过使用二维 BPL 技术实现了目前蓝色 LED 单灯的最高传输速率——3.24 Gbit/s。同年 3 月，Hu 等[31]通过使用多载波概率整形技术实现了单灯多色 WDM 的传输速率为 20.09 Gbit/s 的信号传输，这也是迄今为止 VLC 的最高传输速率。

可以看出，经过 10 年的追赶，在基于 LED 和 WDM 的 VLC 领域，国内已经逐渐赶超国外，并处于并跑或者领跑的位置。同时，国内的广大学者在高速信号处理技术，如 CAP、OFDM、BPL 和机器学习等方面也取得了众多突破。随着 B5G、6G 时代的来临，加上国家的大力推广，VLC 必将在新的舞台上大展拳脚。

1.3 本书章节结构

本书面向 6G 详细介绍了 VLC 的关键技术。全书共分为 9 章，第 1 章简要介绍了 VLC 在 6G 中的应用前景与优势，对其发展历史进行了追溯，同时对其研究现状进行了总结。第 2～8 章分别从 VLC 在 6G 中的网络架构，VLC 系统的结构、先进调制技术、信号处理技术、人工智能在 VLC 中的应用和多输入多输出（Multiple-Input Multiple-Output，MIMO）叠加调制技术等方面具体介绍了实现面向 6G 的 VLC 所采用的先进技术和关键算法。第 9 章对 VLC 的未来发展趋势进行了展望。

参考文献

[1] Cisco Visual Networking Index. Global mobile data traffic forecast update, 2015–2020 white paper[R]. Cisco, 2016.

[2] 中国互联网络信息中心. 中国互联网络发展状况统计报告[J]. 国家图书馆学刊, 2020, 29(06): 19.

[3] 张云勇，严斌峰，马智. 5G 浪潮下的产业发展机遇[J]. 信息通信技术，2019, 013: 4-9.

[4] SERIES M. IMT Vision–Framework and overall objectives of the future development of IMT for 2020 and beyond[R]. Recommendation ITU-R M, 2015.

[5] GHOSH A, MAEDER A, BAKER M, et al. 5G evolution: aview on 5G cellular technology beyond 3GPP release 15[J]. IEEE Access, 2019, 7: 127639-127651.

[6] CHI N, HAAS H, KAVEHRAD M, et al. Visible light communications: demand factors, benefits and opportunities[Guest Editorial][J]. IEEE Wireless Communications, 2015, 22(2): 5-7.

[7] NAKAMURA S, MUKAI T, SENOH M. Candela-class high-brightness InGaN/AlGaN double-heterostructure blue-light-emitting diodes[J]. Applied Physics Letters, 1994, 64(13): 1687-1689.

[8] TANAKA Y, HARUYAMA S, NAKAGAWA M. Wireless optical transmissions with white colored LED for wireless home links[C]//11th IEEE International Symposium on Personal, Indoor and Mobile Radio Communications PIMRC. Piscataway: IEEE Press, 2000: 1325-1329.

[9] TANAKA Y, KOMINE T, HARUYAMA S, et al. Indoor visible communication utilizing plural white LEDs as lighting[C]//12th IEEE International Symposium on Personal Indoor and Mobile Radio Communications. Piscataway: IEEE Press, 2001.

[10] FAN K, KOMINE T, TANAKA Y, et al. The effect of reflection on indoor visible-light communication system utilizing white LEDs[C]//The 5th International Symposium on Wireless Personal Multimedia Communications. Piscataway: IEEE Press, 2002: 611-615.

[11] KOMINE T, NAKAGAWA M. Performance evaluation of visible-light wireless communication system using white LED lightings[C]//ISCC 2004 Ninth International Symposium on Computers and Communications. Piscataway: IEEE Press, 2004: 258-263.

[12] VUCIC J, KOTTKE C, NERRETER S, et al. White light wireless transmission at 200 Mbit/s net data rate by use of discrete-multitone modulation[J]. IEEE Photonics Technology Letters,

2009, 21(20): 1511-1513.

[13] VUCIC J, KOTTKE C, NERRETER S, et al. 513 Mbit/s visible light communications link based on DMT-modulation of a white LED[J]. Journal of Lightwave Technology, 2010, 28(24): 3512-3518.

[14] VUCIC J, KOTTKE C, HABEL K, et al. 803 Mbit/s visible light WDM link based on DMT modulation of a single RGB LED luminary[C]//Optical Fiber Communication Conference. Piscataway: IEEE Press, 2011: OWB6.

[15] KOTTKE C, HILT J, HABEL K, et al. 1.25 Gbit/s visible light WDM link based on DMT modulation of a single RGB LED luminary[C]//European Conference and Exhibition on Optical Communication. Piscataway: IEEE Press, 2012: We. 3. B. 4.

[16] COSSU G, KHALID A M, CHOUDHURY P, et al. 2.1 Gbit/s visible optical wireless transmission[C]//European Conference and Exhibition on Optical Communication. Piscataway: IEEE Press, 2012: 4-16.

[17] COSSU G, WAJAHAT A, CORSINI R, et al. 5.6 Gbit/s downlink and 1.5 Gbit/s uplink optical wireless transmission at indoor distances (⩾ 1.5 m)[C]//2014 The European Conference on Optical Communication (ECOC). Piscataway: IEEE Press, 2014: 1-3.

[18] CHUN H, RAJBHANDARI S, FAULKNER G, et al. LED based wavelength division multiplexed 10 Gbit/s visible light communications[J]. Journal of Lightwave Technology, 2016, 34(13): 3047-3052.

[19] BIAN R, TAVAKKOLNIA I, HAAS H. 15.73 Gbit/s visible light communication with off-the-shelf LEDs[J]. Journal of Lightwave Technology, 2019, 37(10): 2418-2424.

[20] WU F M, LIN C T, WEI C C, et al. 3.22 Gbit/s WDM visible light communication of a single RGB LED employing carrier-less amplitude and phase modulation[C]//2013 Optical Fiber Communication Conference and Exposition and the National Fiber Optic Engineers Conference (OFC/NFOEC). Piscataway: IEEE Press, 2013: 1-3.

[21] WANG Y, HUANG X, ZHANG J, et al. Enhanced performance of visible light communication employing 512-QAM N-SC-FDE and DD-LMS[J]. Optics Express, 2014, 22(13): 15328-15334.

[22] WANG Y, LI T, HUANG X, et al. 8 Gbit/s RGBY LED-based WDM VLC system employing high-order CAP modulation and hybrid post equalizer[J]. IEEE Photonics Journal, 2015, 7(6): 1-7.

[23] CHI N, ZHANG M, ZHOU Y, et al. 3.375 Gbit/s RGB LED based WDM visible light communication system employing PAM-8 modulation with phase shifted Manchester coding[J]. Optics Express, 2016, 24(19): 21663-21673.

[24] CHI N, SHI J, ZHOU Y, et al. High speed LED based visible light communication for 5G

wireless backhaul[C]//2016 IEEE Photonics Society Summer Topical Meeting Series. Piscataway: IEEE Press, 2016: 4-5.

[25] ZHU X, WANG F, SHI M, et al. 10.72 Gbit/s visible light communication system based on single packaged color mixing LED utilizing QAM-DMT modulation and hybrid equalization[C]//Optical Fiber Communications Conference and Exhibition (OFC). Piscataway: IEEE Press, 2018: M3K.3.

[26] ZHANG H, YANG A, FENG L, et al. Gbit/s real-time visible light communication system based on white LEDs using T-bridge cascaded pre-equalization circuit[J]. IEEE Photonics Journal, 2018, 10(2): 1-7.

[27] WANG F, LIU Y, SHI M, et al. 3.075 Gbit/s underwater visible light communication utilizing hardware pre-equalizer with multiple feature points[J]. Optical Engineering, 2019, 58(5): 056117.

[28] ZHOU Y, ZHU X, HU F, et al. Common-anode LED on a Si substrate for beyond 15 Gbit/s underwater visible light communication[J]. Photonics Research, 2019, 7(9): 1019-1029.

[29] CHEN M, ZOU P, ZHANG L, et al. Demonstration of a 2.34 Gbit/s real-time single silicon-substrate blue LED-based underwater VLC system[J]. IEEE Photonics Journal, 2019, 12(1): 1-11.

[30] ZOU P, ZHAO Y, HU F, et al. Underwater visible light communication at 3.24 Gbit/s using novel two-dimensional bit allocation[J]. Optics Express, 2020, 28(8): 11319-11338.

[31] HU F, LI G, ZOU P, et al. 20.09 Gbit/s underwater WDM-VLC transmission based on a single Si/GaAs-substrate multichromatic LED array chip[C]//2020 Optical Fiber Communications Conference and Exhibition (OFC). Piscataway: IEEE Press, 2020: 1-3.

第 2 章

VLC 在 6G 中的网络架构

第 2 章描述了 VLC 在 6G 中的网络架构。首先总体介绍了 6G 提出的空天地海一体化网络，以及 VLC 系统在其中的位置，接下来详细介绍了天基可见光激光通信、海基水下 VLC 和陆基 VLC，最后对不同领域下的 VLC 系统进行了描述，以期让读者对 VLC 在 6G 中的网络架构有整体的把握和初步的概念。

2.1 空天地海一体化网络

未来的无线网络将不再仅仅满足 5G 提出的“城市、车联网、IoT”覆盖，其覆盖范围将进一步扩充至偏远地区、水面、水下、空中乃至卫星中，成为一个空天地海一体化网络[1]，6G 空天地海一体化网络概念如图 2-1 所示。从图 2-1 中可以看到，6G 网络将不再是一个使用单一通信手段的通信网络，为了满足不同而且复杂的场景，需要使用多种通信手段。

在空间领域，移动通信卫星之间的星间组网一直面临着巨大的难题。可见光激光通信，因更高的波长而有着更小的散射角，因此具有远距离传输的巨大优势。在水下场景，蓝绿色光的透射窗口，使水下 VLC 成为可能。在室内和室外，随处可见的 LED 光源，为 VLC 提供了摇篮。

本章将以空天地海一体化网络为基础，展开介绍天基、海基和陆基的 VLC 技术，使读者对 VLC 在 6G 中的应用领域有一个充分的认识。

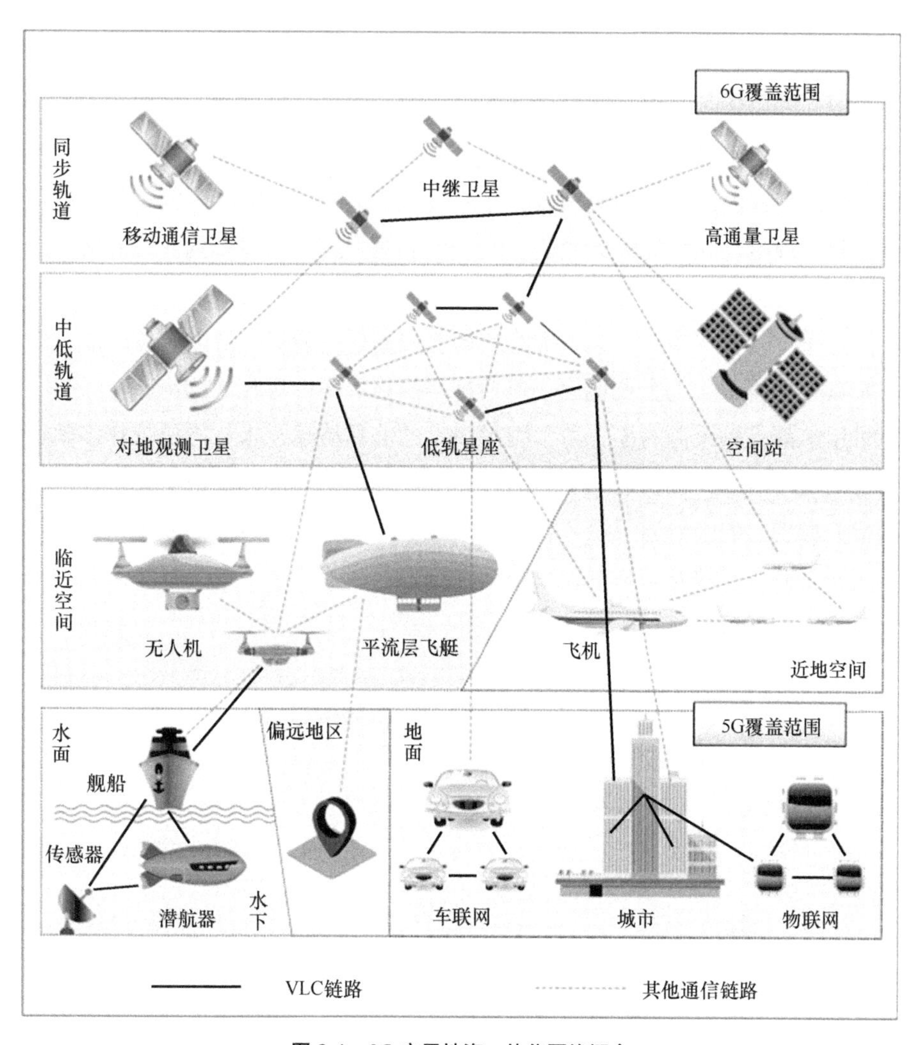

图 2-1　6G 空天地海一体化网络概念

2.2　天基可见光激光通信

实现空天地海一体化网络，远离地表的太空，是 6G 网络发力的主要领域。从数百千米高的近地轨道，到数万千米高的高轨道，VLC 都显示出了巨大的应用潜力。由于这一区域几乎处于真空状态，光信号的传播能够免受大气的衰减、微粒的散射和障碍物的遮挡，几近畅通无阻。因此，这一区域成了部署光通信网络的理想环境。星间网络的重要性不亚于地表和海洋，天基通信概念如图 2-2 所示。部署在地表、海面或水下的通信器材往往被地球遮挡，只能接收到临近发射源的信号，故很难参与整个区域的通信，除非依靠极为庞大而复杂的光纤网络。远在大气层之上的卫星可以不受这个限制，而是通过其搭载的器件，对来自地球的各频段信号进行接收与传递。这一优势使得其在遥感、通信、导航定位、航天航空等领域具有不可替代的重要地位，包括移动网络、IoT 等在内的海基、天基、地基网络用户都是其服务对象。为了满足海量的信息传输需求，需要依靠多轨道组成的星间链路系统，包括近地轨道的巨星座、同步轨道的同步卫星，以及位于其间进行信息接力的中轨道卫星（如智慧天网），以实现数百 Tbit/s 规模的信息吞吐。而要在数百至数万千米的太空中构建可靠、高速的通信链，星间激光通信将是极具潜力的候选。

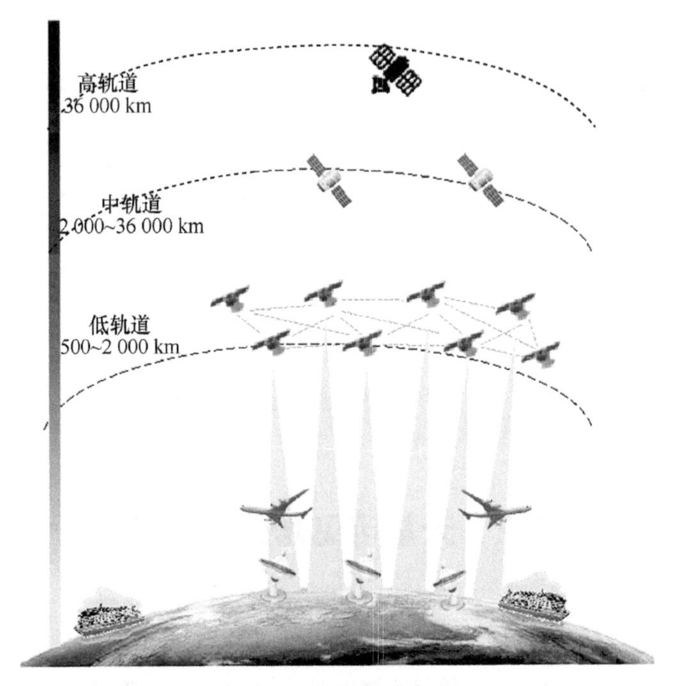

图 2-2　天基通信概念

此前卫星多采用红外波段实现星间或星地激光通信，与射频通信相比，红外信号有着更高的带宽资源，是目前星间激光通信已经广泛研究的技术，经过 60 多年的发展，已经拥有了较为成熟的配套器件。然而，红外波段在传输速率和信号衰减的问题上存在限制。一方面，红外波段的波长为 1 550 nm，可见光的波长为 450 nm，而在相同的天线口径下，波长越短，激光散射角越小，因此红光束散角是可见光相应器件散射角的 3.5 倍，这就使得其在大功率、远距离通信上有着明显劣势。除此之外，使用例如第三代半导体氮化镓（GaN）的激光器，其本身功率就能达到红外激光器的 60～120 倍；另一方面，可见光器件的位移阈值是红外器件的两倍，这就导致只需要较小的能量即可改变红外器件中原子的能级，使得外太空中遍布的高能宇宙粒子与射线极易改变卫星上正在通信的信息，将其二进制存储发生翻转，不利于实现高质量、低误码率（Bit Error Ratio，BER）的通信。与此相反，可见光器件相比红外器件可以多抗 3 个数量级的辐照强度，从而保证通信芯片的稳定工作。

6G 网络的通信容量预计将达到 5G 网络的千倍，同时其星间网络在空间跨度上极大，现有的射频与红外通信技术难以满足如此高的传输速率需求。然而，依靠宽禁带材料 GaN，VLC 能够以更小的散射角、更高的功率，以数百倍的功率密度向更远的深空传递信号。一方面，可见光器件的宽禁带材料特性，仅有少数能量超过 GaN 禁带宽度的粒子才能对信息传输造成干扰，使得可见光器件受高能粒子影响的干扰降低。因此，可见光器件能够以两倍于红外器件的位移阈值能量抵挡电子等粒子流，并且抗辐照能力比红外器件高 3 个数量级。另一方面，可见光频段有丰富的频谱资源，因此可见光器件将是未来星间通信极具潜力的选项。

2.2.1 国内外研究现状

自 1984 年我国第一颗地球同步轨道卫星发射成功并投入商业运营以来，我国卫星通信技术的应用从最初的洲际卫星通信延伸到国际与区域卫星通信。目前卫星直播到户、全球卫星移动通信、卫星大容量宽带多媒体通信及卫星农村通信已经成为国际市场上卫星通信经营商竞争的焦点。未来大容量、低时延的卫星通信需求也反过来对星间通信技术提出了更高的要求。目前国际公布的大系统（星链、网星、通用之星、太空之路、Teledesic 等 20 多个系统）中正在使用或正在开发的频段包括

Ku（10/18 GHz）、Ka（30/20 GHz），其星间链路使用 60 GHz 的频段或 V 频段（50～70 GHz），但尚未开展可见光频段的星间通信系统的研究。而目前可见光频段尚属于空白频谱，不需授权即可使用。以激光通信为代表的无线光通信具有能量密度高、通信距离远的天然优势。早在 20 世纪 70 年代，一些发达国家就开始了对星间 VLC 的研究。随着技术的进步，最近 10 年人们在星间 VLC 领域取得了令人瞩目的进展，其中处于领先地位的是美国、欧洲和日本。

美国是较早开展星间 VLC 研究的国家之一，主要研究机构有美国国家航空航天局（National Aeronautics and Space Administration，NASA）及一些商业公司，实施了多个有关卫星 VLC 的研究计划。其中较为成功的有 1992 年年底进行的伽利略光学实验（Galileo Optical Experiment，GOPEX），其验证了从地面到伽利略卫星（相距 600 万千米）传输调制光信号的可行性；1996 年进行的地面光链路演示（Ground Optical Link Demonstration，GOLD）实验，验证了地面与日本同步轨道卫星的双端光通信。

NASA 的喷气推进实验室（Jet Propulsion Laboratory，JPL）从 20 世纪 70 年代就一直进行着星间 VLC 及应用于行星距离的深空光通信系统的研究。NASA JPL 的星间 VLC 计划涵盖了所有星间 VLC 关键技术和前沿领域研究，包括：① 高效率组件和子系统技术的研制，目的是尽可能地提高光通信终端组件和子系统的效率和性能，终端组件和子系统包括满足高码率的固体激光器，大带宽、精瞄准镜，低功耗、大面阵、高帧频的焦平面阵列器件，以及能抑制背景噪声、低热膨胀度的光学系统等；② 捕获跟踪对准（Acquisition Tracking Pointing，ATP）算法和测试平台的研发，目的是实现焦平面阵列亚微弧度量级的定位精度，探测器反馈和隔离，以及 ATP 算法的验证等；③ 光通信发射和接收组件星上和地面测试平台的研发，目的是测试高量子效率和低噪声 APD 器件的性能；④ 光通信演示器（Optical Communications Demonstrator，OCD）的研发，目的是验证光通信中的关键技术，包括信标光的捕获、大带宽的跟踪、高精度的瞄准及超前补偿，OCD 采用 10 cm 的天线孔径，其特点是使用一个电荷耦合器件（Charge-coupled Device，CCD）实现信标光的捕获和大带宽的跟踪；⑤ 近地光通信发射机的研发，目的是实现国际空间站（International Space Station，ISS）工程研究和技术发展计划中的高码率发射机，该发射机采用 1 550 nm 波长激光器，数据率达到 2.5 Gbit/s；⑥ 深空光通信计划 X2000，其目标是实现宇宙单位量级距离的低码率通信；⑦ 光通信测试和评估工作站的研发，目的是对远场光束质量、发散角、数据率、BER 及输出功率进行测量；⑧ 对地面站和地面站接收技术的研究。

麻省理工学院（Massachusetts Institute of Technology，MIT）的林肯实验室长期致力于星间相干光通信技术的研究，已经研制出了数据率高于 1 Gbit/s 的相干光通信端机，基于 1.55 μm 波长的激光器和掺铒光纤放大技术，并研究了为适应自由空间信道的卷积编码和解码技术。利用上述技术，林肯实验室设计完成了搭载在同步轨道轻量技术试验（Geosynchronous Lightweight Technology Experiment，GeoLite）卫星上的光通信端机，用于演示地球静止轨道（GEO）-地光链路，评估大气对星间光通信的影响，已于 2001 年搭载 Boeing Delta II 火箭升空，并成功进行了光通信实验。

在欧洲，欧洲空间局（European Space Agency，ESA）和各国政府是星间 VLC 研究的主要力量，在卫星激光通信研究方面投入了大量资金，先后研制了适应不同星间链路类型的一系列星间光通信终端。ESA 于 1997 年正式开展了高速率星间激光链路研究，20 余年来，对光通信的有关技术进行了有步骤的、周密细致的研究，并制订了一系列的阶段性研究计划。从 1989 年起，ESA 开始进行著名的半导体激光星间链路实验（Semiconductor Laser Inter-satellite Link Experiment，SILEX）计划。SILEX 系统的一个光通信终端装载在 ESA 的同步轨道卫星 ARTEMS 上，另一个终端装载在法国地球观测卫星 SPOT-4 上。2001 年顺利建立了光通信链路，首次实现了 GEO-低地球轨道（Low Earth Orbit，LEO）卫星间下行 50 Mbit/s 和上行 2 Mbit/s 的双向光通信，该实验的成功在星间 VLC 发展史上具有里程碑的意义。但是，SILEX 系统的天线孔径为 0.25 m，重量为 157 kg，功耗为 150 W，数据率为 50 Mbit/s，没有体现出星间 VLC 的优势。

ESA 自 1991 年起开始对光学多口径阵列天线进行研究，该项目在近些年逐渐被人们重视，已经开始被应用于星间激光通信实验系统中。从 1996 年起，ESA 又开始研制新一代卫星光通信终端短距离光基站链路（Short Range Optical Intersatellte Link，SROIL）。在 SROIL 终端中，采用半导体激光泵浦的钇铝石榴石（Yttrium Aluminium Garnet，YAG）激光器作为新光源，接收系统采用零差探测，大大提高了系统的探测灵敏度，此类终端的数据率可达 1.2 Gbit/s，而终端的质量最小可达 8 kg。可以说，ESA 在民用卫星光通信研究方面已走在当今世界的前列。

近年来，欧洲空间光通信的发展现状可以分为以下几点展开叙述。

① 欧洲数据中继卫星（European Data Relay Satellite，EDRS）系统包括 3 颗 GEO 卫星，每颗卫星都搭载了激光通信数据中继有效载荷（EDRS-A、EDRS-C、EDRS-D），以实现星际信息传输。2016 年，EDRS 的首个激光通信数据中继有效载荷 EDRS-A“寄宿”在“欧洲通信卫星（Eutelsat）”9B 上，进入地球静止轨道。EDRS-A 包含一个用于光学星间链路的激光通信终端（Laser Communication Terminal，LCT）和一个用于星地链路的 Ka 频段无线电发射机。

② 2018 年 1 月，RUAG Space 公司（2022 年已更名为 Beyond Gravity）发射了一个名为 OPTEL-u 的微型激光通信终端至 LEO。该系统由低轨道微型空间终端和地面终端组成。项目于 2010 年启动，目的是将 LEO 上产生的数据以 2.5 Gbit/s 的传输速率传输到光学地面站（Optical Ground Station，OGS）。微型空间终端的设计遵循轻小型、稳定型和多功能的原则，为各种低轨道小卫星平台服务。该终端的重量为 8 kg，体积为 0.008 m^3，功耗为 45 W。

日本空间光通信的发展现状可以分为以下几点展开叙述。

① 日本数据中继的卫星（Japanese Data Relay Satellite，JDRS）。为了满足日益增长的高速数据传输需求，日本宇宙航空研究开发机构（Japan Aerospace Exploration Agency，JAXA）着手开发了一种新的光学数据中继系统。该系统采用 JDRS，通过卫星间光链路和 Ka 频段馈线链路提供数据率为 1.8 Gbit/s 的数据中继服务。

② 国家信息和通信技术研究所（National Institute of Information and Communications Technology，NICT）已经启动了先进激光仪器高速通信（High Speed Communication with Advanced Laser Instrument，HICALI）项目，以促进下一代空间激光通信技术研究。该项目的目标是实现 10 Gbit/s 量级的数据率，从地球同步卫星到 OGS 的空间激光通信，通信波长为 1 550 nm。

2014 年 2 月 28 日，信州大学的第一个验证微纳卫星与地面站进行 VLC 的卫星“ShindaiSat”，作为 NASA 全球降水量测量（Global Precipitation Measurement，GPM）卫星的二级有效载荷发射升空。卫星总体包括两类 LED。一类是采用了 35 mm 的抛物面镜、发散角为 6°的高增益 LED，被用于与地球指向方向相同的下行通信链路；另一类是发散角为 110°的低增益 LED，主要被用于发射后的关键阶段，也被用于在卫星捕获的搜索模式中，可以发射连续波信号。该卫星在稳定姿态后，可实现与 400 km 距离外的地面站之间 9 600 bit/s 的通信速率。

我国星间光通信技术的研究相比国外发达国家来说，起步较晚，基础薄弱，20 世纪 90 年代初，在国家大力发展空间技术这一大背景下，国内许多高校和科研单位开始对卫星激光通信技术及系统进行研究，在关键技术和系统设计上取得了一些成果。其中电子科技大学、哈尔滨工业大学、北京大学、中国航天科技集团有限公司下属研究所和中国科学院等在该领域做出了卓越的贡献。我国目前正在部署空天地一体化信息网络，其中空间红外激光链路是该网络的重要组成部分，是数据传输的高速公路。

2.2.2 重要意义及发展趋势

随着卫星通信传输数据需求的增加，现代的卫星通信在准确的基础上，需要实现量大、实时、远距离传输，这要求卫星通信具有更高的传输速率。研究表明，星间 VLC 所利用的激光比微波频率高 3～4 个数量级。频率越高，意味着它在同样的时间里变化越大，就如同弹簧的“压缩”，能够“压入”更大量的数据，实现对数据的“重载”。星间 VLC 不需频率申请许可，这意味着激光通信绕开了“管制空路”，获得了更广阔的便利空间。星间 VLC 的能量聚集度很高，星间 VLC 在终端体积、重量和功耗方面具有明显优势，从而降低了对卫星平台的要求。

综合国内外的研究现状可以看到，星间 VLC 需要在星间系统模型、大功率发射和阵列接收光器件与芯片、星间 VLC 先进数字信号处理技术、原理样机及光机电伺服系统等多个方面进行研究攻克。星间 VLC 是极远距离、极弱信号的探测，其技术难点在于超远的距离、链路的动态变化和复杂的空间环境。由于距离超远，星间 VLC 技术要求发展同时具备功率大、功耗低、线宽窄和温度稳定性好的可见光激光器等光源模块和超高灵敏度的光电探测器及高速光/电转换器件，这需要基于收发机性能和系统信道特性，预留功率，设计专用的大功率可见光激光发射机和阵列光接收机，并匹配专用的信号处理技术（包括编码、前后均衡等），共同实现超远距离、微弱光信号条件下的探测。在此基础上还需要进行系统级工程化的考量，要对系统的功耗、体积、重量等因素进行全局统筹。

综上所述，星间 VLC 作为一种高速数据传输手段，可兼具大容量通信的实时性与稳定性。通过利用星间 VLC 技术构建的中短距离星间通信网，将有望变革未来空间通信技术，为未来高速、高通量的天地一体化信息网络的建设奠定基础。未来的星间 VLC 必将会成为各国竞争的焦点。目前，低轨卫星通信技术已经成为我国的重大战略需求。“天地一体化信息网络”已列入国家科技创新 2030 重大项目。在国家“十四五”规划中，重点强调要“打造全球覆盖、高效运行的通信、导航、遥感空间基础设施体系”，可以预见，未来星间 VLC 有着广阔的发展前景。

2.3 海基水下 VLC

在现有的海基水下通信中，水下各类设备之间的交互或依赖高速超短距离通信，如无线电磁波通信；或依赖低速长距离通信，如水声声波通信。现今的水下通信技术始终难以促成海洋通信生态的进一步发展，其主要原因是大海这个传输介质的特殊性。声波是目前水下通信最常用的方式，但声波的载频很低，从而导致带宽极度受限，并且方向性很差，因此其有着数据传输速率低、时延大、安全性差等劣势。而射频电波，虽然有着比声波更高的数据传输速率，但是因为将海水作为导体而存在趋肤效应，在海水中的衰减巨大，直接导致传输距离相当受限，因此退出了 6G 水下通信竞争的舞台。因此，迫切需要寻找一种行之有效的通信方式来完成海基水下通信任务。

在水下环境中，由于深紫外频段中的电子跃迁及红外频段中分子内和不同分子间的运动，光的吸收率很高。但研究人员出乎意料的发现，在整条吸收窗曲线中，出现了一个神奇的凹陷，水的吸收光谱在蓝绿光（450～550 nm）范围内达到最小值，这一物理现象为水下光通信的发展奠定了理论基础[2]。与水声通信和水下射频通信技术相比，水下光通信技术具有较高的数据传输速率、较低的传输时延和实施成本，能够在数十米的中等距离上实现 Gbit/s 量级的数据传输速率。

在水下无线光通信的具体应用中，由于通信距离一般为 10～100 m，主要有三种典型应用。第一种是跨介质通信，可用于飞机、水面舰艇浮标与水下运动装备高速通信；第二种是水下 IoT，可用于水下传感器和水下航行器编队组网；第三种是有线无线融合组网，可以高速接入海底光缆网。具体而言，未来水下 VLC 技术可以将终端节点与水下无人潜航器（Underwater Unmanned Vehicle, UUV）、水下传感网络、光纤网络等节点的信息进行汇总，通过海底光缆或水面节点，以光纤通信或射频通信的方式连接陆地基站和通信卫星，从而实现水下上网。利用水下无线光通信技术大容量、低时延的特点，可拓展出更多的想象，包括可穿戴设备、水下 IoT 技术、海洋科学观测、海洋安全与国防建设、海洋生态资源的综合利用等领域。例如，在可穿戴设备方面，为了提高游泳者的练习水平，教练需要对游泳者的划水频率、游速等数据进行实时采集记录。利用水下 VLC 技术设计的可穿戴数据处理系统，可通过 LED 灯实时将游泳数据反馈给游泳者，避免了传统视频记录和惯性传感器记录导致的精度不高、不能实时展现的问题。在水下传感网络方面，VLC 可高速传输大数据流，将可见光接收模块装载在 UUV 上，通过操控 UUV，能够快速导出水下固定节点长期收集的水文等信息，且不同节点的水下 VLC 不存在类似声波的相互干扰，也使得水下网络数据导出变得极为便捷。水下光联网如图 2-3 所示。

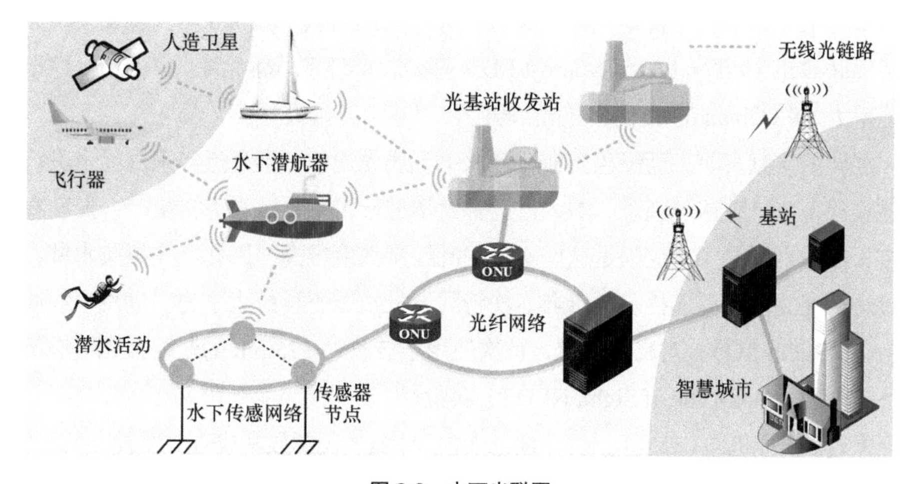

图 2-3　水下光联网

2.3.1　国内外研究现状

水下无线光通信系统的研究最早开展于 20 世纪 70 年代，1976 年，Karp 等[3]提出了通过卫星与潜艇间进行数据互通的可行性研究。美国在随后几年里成功进行了多次蓝绿激光对潜通信和激光卫星通信的试验[4]。1992 年，美国的海军水下作战中心首次使用 514 nm 的氩离子激光器，在 9 m 的距离上以 50 Mbit/s 的传输速率进行了实验[5]。

近年来，随着先进调制编码技术的发展和对新型器件的研究，水下无线光通信的数据传输速率在不断提高。在基于 LD 的水下无线光通信方面，2008 年华盛顿大学实现了数据传输速率为 1 Gbit/s，传输距离为 50 m 的水下无线光传输[6]；2015 年，沙特阿卜杜拉国王科技大学使用 16QAM（Quadrature Amplitude Modulation，正交振幅调制）-OFDM 调制实现了传输距离为 5.4 m 的水下无线光通信系统，数据传输速率达到 4.8 Gbit/s[7]；2016 年，南加利福尼亚大学使用 OAM 多路复用和直接调制的绿色激光器实现了数据传输速率为 4 Gbit/s 的水下无线光传输[8]。在基于 LED 的水下无线光通信方面，2010 年，麻省理工学院使用差分脉冲编码调制（Differential Pulse Code Modulation，DPCM）技术，实现了传输距离为 200 m，数据传输速率为 1.2 Mbit/s 的水下无线光传输[9]；2013 年，Cossu 等[10]实现了数据传输速率为 12.5 Mbit/s，传输距离为 2 m 的水下 LED 传输；2020 年，思克莱德大学使用串联 GaN 微发光 LED（Micro-LED）阵列，实现了传输距离为 1.5 m，数据传输速率为 4.92 Gbit/s 的水下无线光传输[11]。

经典的文献表明，蓝绿色光最适合水下无线光通信，但是近年来国际上进行的一些实验正在打破这一观念。本 · 古里安大学进行了多光谱水下实验[12]，发现在滨海中，红光衰减最少，原因是这些水中的叶绿素浓度很高。因此，在码头水域，红灯最适合建立短距离连接。2018 年，沙特阿卜杜拉国王科技大学为了满足视线线路（Line of Sight, LOS）对准的要求，首次使用了波长为 375 nm 的紫外激光器进行了水下非视距（Non-Line of Sight, NLOS）实验[13]。

国内各研究机构（如复旦大学、浙江大学、中国人民解放军战略支援部队信息工程大学、中国科技大学、南昌大学、中国科学院上海光学精密机械研究所等）积极开展了水下无线光通信实验。水下无线光通信实验按照所使用的器件不同可以分为水下激光通信实验和基于 LED 的水下无线光通信实验。水下激光通信的实验研究举例如下。2016 年，浙江大学利用 685 nm 的红光激光器，传输 128QAM-OFDM 信号，实现了水下传输距离为 6 m，4.8 Gbit/s 的数据传输速率[14]。2017 年，浙江大学构建了 15 m 长的传输 OFDM 信号的水下链路，发射使用 520 nm 的激光器，接收使用多像素光子计数器（Multi Pixel Photon Counter，MPPC）[15]。同年，复旦大学利用 520 nm 的绿光激光器作为发射机，在长达 34.5 m 的水下链路进行水下无线光通信实验，实现了 2.7 Gbit/s 的数据传输速率[16]。2018 年，复旦大学利用 RGB LD 激光器在传输距离为 2.3 m 的水下实现了 9.7 Gbit/s 的数据传输速率[17]。台北科技大学利用 488 nm 的激光器在传输距离为 12.5 m 的水下传输四电平脉冲幅度调制（4-Level Pulse Amplitude Modulation，PAM4）信号，数据传输速率提高到了 30 Gbit/s[18]。

基于 LED 的水下无线光通信的实验研究举例如下。2017 年，复旦大学利用 80 μm 的 Micro-LED 作为发射，在传输距离为 5.4 m 的水下，数据传输速率达到 200 Mbit/s[19]。2018 年，浙江大学利用基于太阳能电池的接收机，提高了视场角以满足对准需求，在水下 7 m 使接收速率在 20°范围内达到 22.56 Mbit/s[20]。同年，复旦大学利用 521 nm 的绿光硅基 LED 在 1.2 m 的水下传输 128QAM DMT 信号，将基于 LED 的水下无线光数据传输速率提升至 2.175 Gbit/s[21]。2019 年，复旦大学在 1.2 m 的水下，基于单芯片硅基 LED 实现了传输速率为 2.3 Gbit/s 的水下实时通信[22]，被华为官网评价刷新了可见光联网速率。2020 年，复旦大学和南昌大学利用新型硅基多色 LED 阵列发射，在 1.2 m 的水下刷新了世界纪录，实现了 20 Gbit/s 的传输速率[23]。由此可见，国内在水下无线光通信方面逐渐走在了国际前列，目前和国际研究机构处于并跑状态。

2.3.2　重要意义及发展趋势

地球表面 2/3 的面积被海洋所覆盖，海洋蕴藏着人类可持续发展的宝贵财富，是高质量发展的战略要地。海洋强国建设迫切需要海洋科技与工程的基础性支撑，其中海洋信息通信技术则是重中之重。

综合国内外的研究现状，可以总结如下。

第一，在信道建模与感知方法方面，由于水下环境介质复杂且海洋运动频繁多变，这给水下信道的精确建模带来了很大的困难，而对于垂直链路、LOS 链路的建模，链路失准建模以及湍流建模等的研究还处于相对空白的状态。为能更加有效地探索与建立水下信道模型，需要将经典的建模方法转变为基于人工智能的新型建模方法；需要研究新型水下垂直信道模型与湍流模型，建立 NLOS 条件下的精确信道模型；需要研究水体环境智能感知网络，通过传感器为水下无线光通信链路的理论研究提供有力支撑。

第二，在关键器件方面，水下传输环境中潜在的高衰减，高压强，不稳定的海水流量、温度、盐度等复杂因素，给水下无线光通信系统的器件设计带来了链路失准、续航能力差、传输距离有限等挑战。为更好地适应水下信道，实现高速、远距离、可靠稳定的水下传输，还需要针对高光/电转换效率与光子天线调控机理等科学问题，主要研究设计多基色集成发射阵列、焦平面集成探测阵列、柔性自由曲面探测器等关键器件；研究设计稳定、可靠、高续航能力的收发器及其智能辅助瞄准器件；研究设计自适应水下信道的水下无线光通信专用器件。

第三，在通信系统与传输网络方面，传统的通信方案已被验证了具有有效性，但是针对水下信道的特殊性与复杂性，还存在通信覆盖范围有限，频谱、功率效率不高，网络架构缺乏弹性，网络节点检测难度高等挑战，为进一步提升通信信道容量、降低功耗成本，实现弹性、高速、远距离的水下无线光通信网络，还需要针对水下无线光通信传输距离与容量受限等问题，进一步研究适应水下信道的概率整形与几何整形、基于 AI 的 MIMO 技术等先进调制编码技术；研究物理层光、声、电混合异构系统与网络，优化异构网络协同算法，大幅提高水下大容量传输的覆盖范围与通信质量。

综上所述，水下 VLC 技术将极大地拓展我们在这个星球上的生存空间。从宏观角度来看，对于国家海洋安防、海洋灾害预警、海洋活动观测、海洋资源利用等重点工程都有重要意义。开展水下 VLC 技术的研发，构建未来新型水下信息高速公路网络架构，符合未来国家发展的核心利益。

2.4 陆基 VLC

陆基 VLC 是 5G 时期就存在的主要话题，以广覆盖的 LED 作为信号发射源，可以极大限度媲美无线通信，尤其在 6G 室内通信中，有望成为其重要的组成部分。VLC 在电磁敏感场所，比如医院、加油站、矿井等场所都有着不可忽略的优势。本节将不再详细阐述陆基 VLC 的研究现状，具体可参考本书第 1 章。本节将简单介绍陆基VLC进一步商用会碰到的瓶颈和困难。在陆基VLC中，作为一种LOS信道的传输方式，光信号在传输的过程中容易受到复杂环境的干扰和遮挡的影响，因此需要在物理层传输和高层组网方向做出额外的努力。

2.4.1 可见光传输链路

在VLC中，由于接收机是一种宽谱接收，如自然光和人造光会与信号光一起进入探测器，导致信号质量的恶化，雨、雪、雾等也会阻挡光线的传输，降低接收端信号的SNR，这些因素都会影响陆基无线光传输链路的稳定性，影响系统的误码性能。VLC干扰因素主要分为三大类。

首先是背景光噪声。室外光通信中有许多外部光噪声源，如太阳光、路灯和其他的人造光源，其中总太阳辐射的47%落在光谱的可见光频带内，穿过地球大气层的阳光和到达地球表面后的反射光在大气层的作用下发生散射和折射，光的辐射强度随太阳的角度和时间的变化而变化，在一天中，日光的强度变化可达20 dB，太阳光成为室外VLC的主要噪声源。同时，随着LED产业的蓬勃发展，智能社会的推进使得人们活在充满光的世界中，无论是室内还是室外，都存在大量发光的物体，这成为影响室外光通信系统性能的又一个重要的噪声源。

太阳光和其他背景光都是未经调制的光源，并且功率比所需信号功率大得多，因此接收端吸收这些光会给信号带来非常强大的直流分量，使接收的信号急剧恶化，导致信号的错误触发。同时，自然光和其他的人造光都会在光电探测器中产生散粒噪声，散粒噪声功率与入射到光电探测器上的平均光功率成正比，它代表了系统扰动的主要来源，从而导致信息解码中的错误。人造光光功率的时间变化冲击光电二极管，对信号接收产生干扰。此外，如果使VLC接收机直接面对光源，太强的背景光会使光电元件饱和，使其变得“盲目”，从而阻碍通信，影响系统的性能。为了研究自然光对VLC系统的影响，研究人员从地球背景辐射的模型出发，进行了一系列的研究，从理论计算的角度对室外VLC进行了可行性分析。复旦大学团队在2016年为了提高智能交通系统的性能和增加信号传输距离，采用基于最大比合并的接收机分集技术成功实现了在室外VLC系统中传输距离超过100 m的室外通信[24]。

其次是大气湍流。室外 VLC 将大气作为传输通道。大气中的气体分子和气溶胶颗粒吸收并散射红外波段的激光辐射，从而导致信号接收功率的损失。另外，大气不是均匀的光学介质，并且其温度、湿度和压力在小范围和短时间内随机变化，大气湍流的变化特性对光信号的传输产生了重大影响。

由于光信号可以通过直接射线、反射、折射甚至多次反射到达接收机，因此到达接收机的不同路径会产生不同的时延，这将导致产生信号失真并影响通信系统的传输速率和准确性。MIMO 分集技术，用于从孔径间隔大于大气相干度的发射机中发射大部分不相关的光束，该技术在接收端是非相干叠加的，以克服大气湍流效应并实现对大气的有效补偿。

最后是雨、雾、雪。光线不会穿过不透明的表面，因此 VLC 需要 LOS 传播。然而，在室外环境中，特别是在恶劣的天气条件下，不能始终保证 LOS 的传播。通常大气气溶胶/比重计（例如雪、雨、雾或灰尘）引起的散射会导致光信号的大量消光，从而导致系统中断[25]。诸如雪或浓尘的大气环境可能会阻塞部分传播路径，从而导致接收信号强度及 SNR 发生明显变化。在下雨天，水颗粒吸收光信号并引起光的散射，从而进一步恶化数据信号。大雾比雨雪更令人困扰，大雾通过吸收、散射和反射的组合影响光的通过。

文献[26]中，在不同的衰减效应下，针对 VLC 的最大 SNR、接收光功率、误比特率（Bit Error Ratio，BER）和最大覆盖面积等进行了比较，考虑了各种调制技术的 VLC，研究了 OOK、L-脉冲相位调制（L-Pulse-Phase Modulation，L-PPM）、逆 L-脉冲相位调制（Inverse-L-Pulse-Phase Modulation，I-L-PPM）和单载波二进制相移键控（Single Carrier-Binary Phase Shift Keying，SC-BPSK）。仿真结果表明，在不同的天气条件下，接收到的信息因调制方式的不同而有很大的差异。

2.4.2 VLC 组网

在陆基 VLC 中，除了物理链路的瓶颈问题，影响进一步实用化的另一个因素是 VLC 组网问题。VLC 组网问题主要包括可见光光源布局、可见光网络切换技术和可见光网络接入控制。

1. 可见光光源布局

在实际应用中，房间往往需要多组可见光光源才能实现有效覆盖，因而可见光光源布局无疑是影响系统整体性能的一个关键因素。

单个LED的发光强度和功率都较小，为了同时实现室内照明和通信双重功能，一般采用由多个 LED 模块组成的发光阵列。可见光光源布局需要考虑两个方面：一是组成光源阵列内部的LED 灯的排布；二是室内LED的整体布局。在设计照明兼通信的室内可见光光源时，通过这两方面的合理布局可以使室内可见光光源分布同时满足照明和通信的需要。

对于光源阵列的分布，首先要根据室内照明范围、LED间隔大小、直射距离等因素合理规划每个光源阵列所需的LED的总个数和排列情况。我们需要根据室内空间、设施构成设计室内LED的整体布局，尽量避免形成照明盲区，使室内的光强度分布尽量均匀。一般来说，光源阵列越多，越能够提高发送和接收功率，越能有效地改善“阴影”效应；但不同的光路径导致的信道间干扰（Inter-Channel Interference，ICI）也会越发严重，影响传输性能。因此，要在增强光照强度以提升传输性能和减小多径的符号间干扰（Inter-Symbol Interference，ISI）之间实现最佳平衡，可见光光源的合理布局就显得尤为重要。

2. 可见光网络切换技术

在室内VLC系统中，除了噪声干扰，还存在多光源信号折射、自然光、遮挡物等诸多因素的干扰。当移动终端从一个光源转移到另一个光源时，或者从室内VLC转移到室外无线光通信时，网络切换不同于蜂窝网络下的切换过程。要保障终端能够及时有效地进行水平或垂直切换，需要以合理的预测触发机制提前进行测量和上层预切换，以减少切换时延。VLC网络的切换判决指标与传统室内无线接入网络有一定的差异，其位置管理、异构网络切换指标的转换尺度、切换控制策略都需要重新设计。而且新型的可见光终端，不仅带来了业务的多样性，也打破了以往单一的人与人通信的应用场景，对切换提出了新的需求。因此，需要根据感知到的终端属性、业务需求及网络能力制定合适的“切换尺度”，基于预测触发快速高效地实现异构网络间的垂直切换。

在可见光网络环境下，在发现当前所在可见光基站信号变弱需要立即切换时，必须能够及时发现新的可接入基站并选择合适的接入方式。为避免进行不必要的反复切换，可见光网络切换首先要设定合适的光信号强度，在准备切换之前，基站先对移动终端的光信号进行跟踪和记录，结合多种切换因素（终端移动轨迹、光信号分布强度）判决是否需要进行切换。

如果判决需要切换，就需要由终端与宏基站在高层的控制平面完成信令交互，协商并通知终端选择切入的虚拟小区；同时，宏基站与其覆盖下的虚拟小区在用户平面完成同步，最后由虚拟小区和用户在数据层面实现无线业务。由于虚拟小区驻留和虚拟小区重选都是在宏基站层进行的，对于活动在虚拟小区的移动终端来说，可见光虚拟小区的微基站是透明的，不需要监控虚拟小区中无线业务的任何寻呼过程，从而减少在虚拟小区规划、配置和优化方面的工作量。此外，因为虚拟小区不用保留用户平面的控制信道进行测量和解码，使得终端的能耗降低，终端的续航时间延长。移动终端只有在注册、切换或者宏基站发起相关过程中进行虚拟小区发现时，才需要与宏基站进行信令交互。

3. **可见光网络接入控制**

可见光网络实行多虚拟小区的分层覆盖，支持终端同时以多种方式接入，虽能够有效地增加系统容量，但同时也带来了网络接入控制的问题。

VLC是有向空间信道，且上、下行信道不独立，在空间上易重叠，因此需要重点考虑如何在存在下行干扰的情况下实现定向上行接入。可以研究基于角度感知的定向接入协议，通过推导VLC的发散角和发射仰角，分析各种通信方式（LOS通信/NLOS通信）的覆盖范围，通过维护仰角邻居列表，实时协调仰角和通信范围，最终达到克服下行干扰的强定向上行接入。

在可见光异构网络中，利用不同的物理技术会经历不同的信道衰落，在发射端可以灵活配置一条或多条异构接入链路进行协同传输，而在接收端进行多链路的合并则可以获取空间分集及异构分集增益，使得不同特性的业务流通过不同的网络疏导，同一业务流根据全网状态进行迁移，从而提高整个系统的资源利用率。在这种情况下，多模终端向多个接入点（Access Point，AP）同时请求一个或多个业务，由室内网关在高层将业务数据分流到合适的AP上，最终发送给请求用户。当请求用户增多时，移动性增强，多连接控制显得越发重要：需要综合考虑请求用户当前可选择接入的 AP、业务类型、QoS 要求、网络负载状况等，为终端建立（或撤销）合适的异构接入链路。

因此，要实现可见光异构网络的多连接控制，要求多个 AP 配合实现链路层的协作通信，需要基于光信号感知信息，针对空闲态和不同业务分流特征的用户需求，分别进行合理的矢量分解，即合理地分配合适的业务量到合适的链路上传输，以最大化 VLC 异构网络的分集增益。

2.4.3 重要意义及发展趋势

综上所述，虽然陆基 VLC 存在着物理信道和组网上的种种限制，但伴随着 LED 的大规模商用，VLC 已经拥有了快速发展的巨大潜力，有望在 B5G/6G 网络中实现 VLC 的终端接入。

因此，发展基于陆基的 VLC，不仅仅是 6G 发展的重要拼图，更可能提前成为 5G 的重要补充。发展基于 LED 的陆地通信，大大契合国家绿色节能的发展策略。

2.5 本章小结

本章介绍了 VLC 系统在 6G 空天地海一体化网络中的重要位置，其中对天基、海基和陆基 VLC 分别进行了介绍，体现了 VLC 作为新型频谱资源通信技术，在多个领域有着不小的应用前景。随着研究人员在不同方向对 VLC 网络架构展开研究，在 6G 空天地海一体化网络中，VLC 将占据重要地位。

参考文献

[1] ZHANG Z Q, XIAO Y, MA Z, et al. 6G wireless networks: vision, requirements, architecture, and key technologies[J]. IEEE Vehicular Technology Magazine, 2019, 14(3): 28-41.

[2] GILBERT G D, STONER T R, JERNIGAN J L. Underwater experiments on the polarization, coherence, and scattering properties of a pulsed blue-green laser[C]//Underwater Photo Optics

I. [S.l.]: SPIE, 1966: 8-14.

[3] KARP S. Optical communications between underwater and above surface (satellite) terminals[J]. IEEE Transactions on Communications, 1976, 24(1): 66-81.

[4] PUSCHELL J J, GIANNARIS R J, STOTTS L. The autonomous data optical relay experiment: first two way laser communication between an aircraft and submarine[C]//NTC-92: National Tele systems Conference. Piscataway: IEEE Press, 1992, 14: 27-30.

[5] SNOW J B, FLATLEY J P, FREEMAN D E, et al. Underwater propagation of high-data-rate laser communications pulses[C]//Ocean Optics XI. [S.l.]: SPIE, 1992: 419-427.

[6] JARUWATANADILOK S. Underwater wireless optical communication channel modeling and performance evaluation using vector radiative transfer theory[J]. IEEE Journal on Selected Areas in Communications, 2008, 26(9): 1620-1627.

[7] OUBEI H M, DURAN J R, JANJUA B, et al. 4.8 Gbit/s 16QAM-OFDM transmission based on compact 450 nm laser for underwater wireless optical communication[J]. Optics Express, 2015, 23(18): 23302-23309.

[8] REN Y, LI L, ZHAO Z, et al. 4 Gbit/s underwater optical transmission using OAM multiplexing and directly modulated green laser[C]//CLEO: Science and Innovations. Piscataway: IEEE Press, 2016: SW1F. 4.

[9] DONIEC M, DETWEILER C, VASILESCU I, et al. Using optical communication for remote underwater robot operation[C]//2010 IEEE/RSJ International Conference on Intelligent Robots and Systems. Piscataway: IEEE Press, 2010: 4017-4022.

[10] COSSU G, CORSINI R, KHALID A, et al. Experimental demonstration of high speed underwater visible light communications[C]//2013 2nd International Workshop on Optical Wireless Communications (IWOW). Piscataway: IEEE Press, 2013: 11-15.

[11] ARVANITAKIS G N, BIAN R, MCKENDRY J J, et al. Gbit/s underwater wireless optical communications using series-connected GaN micro-LED arrays[J]. IEEE Photonics Journal, 2020, 12(2): 1-10.

[12] ROSENKRANTZ E, ARNON S. Optimum LED wavelength for underwater optical wireless communication at turbid water[C]//Laser Communication and Propagation through the Atmosphere and Oceans III. [S.l.:s.n.], 2014: 922413.

[13] SUN X, CAI W, ALKHAZRAGI O, et al. 375 nm ultraviolet-laser based non-line-of-sight underwater optical communication[J]. Optics Express, 2018, 26(10): 12870-12877.

[14] XU J, SONG Y H, YU X Y, et al. Underwater wireless transmission of high-speed QAM-OFDM signals using a compact red-light laser[J]. Optics Express, 2016, 24(8): 8097-8109.

[15] KONG M, WANG J, CHEN Y, et al. Security weaknesses of underwater wireless optical communication[J]. Optics Express, 2017, 25(18): 21509-21518.

[16] LIU X Y, YI S Y, ZHOU X L, et al. 34.5 m underwater optical wireless communication with 2.70 Gbit/s data rate based on a green laser diode with NRZ-OOK modulation[J]. Optics Express, 2017, 25(22): 27937-27947.

[17] LIU X Y, YI S Y, ZHOU X L, et al. Laser-based white-light source for high-speed underwater wireless optical communication and high-efficiency underwater solid-state lighting[J]. Optics Express, 2018, 26(15): 19259-19274.

[18] TSAI W S, LU H H, WU H W, et al. A 30 Gbit/s PAM4 underwater wireless laser transmission system with optical beam reducer/expander[J]. Scientific Reports, 2019, 9(1): 1-8.

[19] TIAN P F, LIU X Y, YI S Y, et al. High-speed underwater optical wireless communication using a blue GaN-based micro-LED[J]. Optics Express, 2017, 25(2): 1193-1201.

[20] KONG M, SUN B, SARWAR R, et al. Underwater wireless optical communication using a lens-free solar panel receiver[J]. Optics Communications, 2018, 426: 94-98.

[21] WANG F, LIU Y, JIANG F, et al. High speed underwater visible light communication system based on LED employing maximum ratio combination with multi-PIN reception[J]. Optics Communications, 2018, 425: 106-112.

[22] CHEN M, ZOU P, ZHANG L, et al. Demonstration of a 2.34 Gbit/s real-time single silicon-substrate blue LED-based underwater VLC system[J]. IEEE Photonics Journal, 2019, 12(1): 1-11.

[23] HU F C, LI G Q, ZOU P, et al. 20.09 Gbit/s underwater WDM-VLC transmission based on a single Si/GaAs-substrate multichromatic LED array chip[C]//2020 Optical Fiber Communications Conference and Exhibition (OFC). Piscataway: IEEE Press, 2020: 1-3.

[24] WANG Y, HUANG X, SHI J, et al. Long-range high-speed visible light communication system over 100 m outdoor transmission utilizing receiver diversity technology[J]. Optical Engineering, 2016, 55(5): 056104.

[25] NDJIONGUE A R, FERREIRA H C. An overview of outdoor visible light communications[J]. Transactions on Emerging Telecommunications Technologies, 2018, 29(7): e3448.

[26] ZAKI R W, FAYED H A, ABD EL AZIZ A, et al. Outdoor visible light communication in intelligent transportation systems: impact of snow and rain[J]. Applied Sciences, 2019, 9(24): 5453.

第3章

VLC 系统的结构

本章描述了 VLC 系统的结构。首先总体介绍了 VLC 系统的组成。接下来详细介绍了 VLC 系统的发射端和接收端。在发射端部分，阐述了 LED 和 LD 发射器件的原理，比较了不同的发射器件的优缺点。在接收端部分介绍了几种光电探测器件，包括集成 PIN 阵列和柔性探测器。最后，详细介绍了 VLC 系统的各组成部分，使读者可以深入了解 VLC 系统的工作原理及工作方式。

3.1 VLC 系统

VLC 系统的结构如图 3-1 所示。可以看到，和传统无线通信系统类似，VLC 系统也分为 3 个部分：可见光信号发射端、自由空间信道传输和可见光信号接收端。可见光信号发射端又分为两个模块，首先是信号的调制编码模块，主要是对原始的数据信号流（如 Internet、USB 和 HDMI 等数据流）进行编码调制，同时针对可见光信道衰落进行预均衡处理。接下来，经过预均衡处理的电信号进入 LED（或 LD）发射模块，经过放大器对信号进行放大，然后通过驱动器与发射机驱动电流交直流耦合，从而将信号加载到光源上，实现信号的电光转换。VLC 系统中最常用的 LED 光源主要有 4 种：RGB LED、荧光转换型 LED（Phosphor Converted LED，PC-LED）、有机发光 LED（Organic LED，OLED）和微型 LED（Micro LED）。一般来说，为了提高接收端的光强、增加传输距离，还会在 LED 灯头加上光学透镜和聚光杯来减小光束的发射角。近几年来，由于其高调制带宽特性和高输出功率特性，LD 也逐渐在 VLC 中使用。

经过电光转换的可见光信号进入自由空间信道传输。自由空间信道分为室内信道和室外信道两种，相对而言，室内信道的特性较为稳定，室外信道则更容易受到周围环境的影响。可见光信号多以 LOS 到达接收端，同时存在少量的漫射、散射信号，自由空间中的噪声主要来自环境中的背景光噪声。

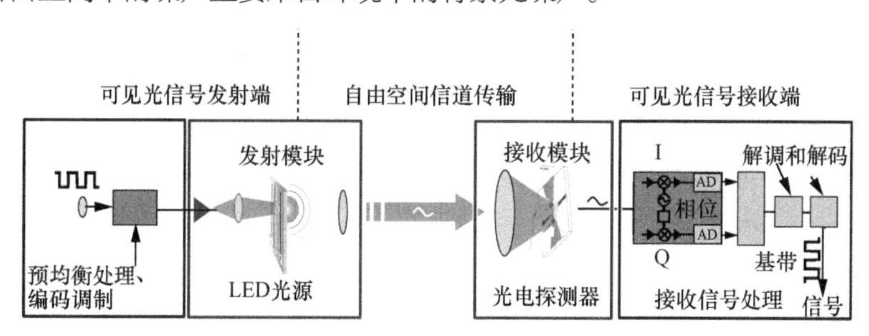

图 3-1　VLC 系统的结构

经过自由空间信道传输后，可见光信号到达 VLC 系统的接收模块。尽管可见光信号主要以直射的方式到达光电探测器，但为了提高接收端光照度、传输距离和接收信号，需要在光电探测器之前采用聚光透镜进行聚焦。然后，光信号由光电探测器接收，实现信号的光电转换。在 VLC 系统中采用的光电探测器主要有 PIN、APD 和图像传感器（Image Sensor）3 种，一般来说，PIN 和 APD 多用于高速 VLC 系统，而图像传感器可以用于低速 MIMO VLC 系统中。近几年来，为了满足高速传输的需求，PIN 阵列和柔性探测器也逐渐在 VLC 系统中使用。之后，电信号进入接收端的信号恢复和处理模块。通过采用先进的数字信号恢复和均衡算法来消除系统损伤和噪声的影响，最后对接收信号进行解调和解码，从而恢复出原始发射信号。

3.2　LED 发射器件

VLC 采用 LED 作为发射光源。作为一种新型照明光源，LED 与传统的白炽灯等相比具有功耗低、功率效率高、使用寿命长等特点，是 21 世纪极具前途的绿色固体光源，已经被广泛应用于路灯、交通灯、液晶显示器背光源及室内外照明等领域。

3.2.1　RGB LED

最常见的得到白光的方法是将红光、绿光和蓝光混合，也就是将单色光 LED 进行组合，将它们发出的光混合成白光，这种白光源叫作 RGB LED，如图 3-2 所示。

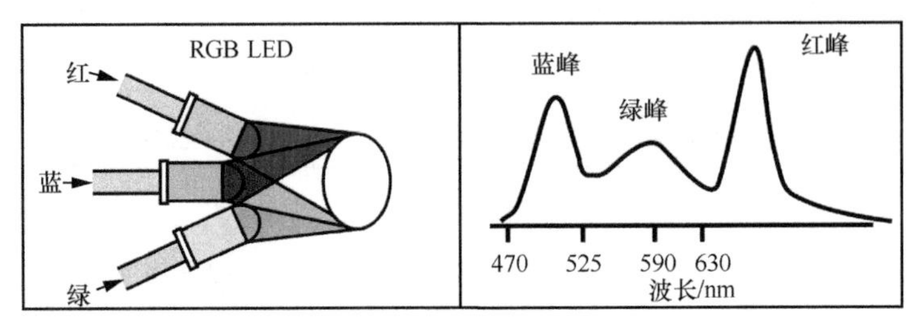

图 3-2　RGB LED

因为需要一定的电子电路来控制这些光色的混合比例，所以在实际应用中较少使用这种方法。但该方法能够较灵活地得到想要的光色且具有较高的量子效率，在某些应用领域中也会首先考虑使用该方法来获得白光。该方法的显色性和辐射光效受 3 个单色 LED 的共同影响。为了得到较高的显色指数（Color Rendering Index，CRI），使其尽可能接近白光，令显色指数>80，色坐标接近 x=0.33，y=0.33，在进行多次拼凑配比试验后，得出 RGB 三色之比为 1:1.2:1，即可满足以上色度学要求。RGB LED 的配比数据见表 3-1。

表 3-1　RGB LED 的配比数据

LED	波长/nm	光谱带宽/nm	辐射光效/($lm \cdot W^{-1}$)	能量/W	光通量/lm
红	614	20	311.6	1	311.6
绿	546	30	640.9	1.2	769.1
蓝	465	20	54.5	1	54.5

除了 RGB LED 的形式外，还可以添加更多光色的 LED。随着单色 LED 数量的增多，白光 LED 的显色性会越来越好，然而光效却会下降。RGB LED 虽然有着较高的光效和良好的显色性，但价格较高，这是限制其发展的因素之一。另外，因为红光 LED 的光衰大于蓝光 LED 和绿光 LED，所以随着时间的推移，RGB LED 会出现不同程度的色漂。因此，目前 RGB LED 主要被应用于 LED 显示屏领域。

RGB LED 主要有两色、三色和四色白光 LED 3 种类型。这 3 种类型在光色稳定性、呈色性及光效等几个方面表现各异。高的光效往往意味着较差的显色性，两者不能兼得。例如，当一个三色白光 LED 为最高光效（120 lm/W）时，CRI 是最低的。相反，虽然四色白光 LED 具有卓越的 CRI，但是它们的光效常常较差。

多色 LED 除了被用于实现白光外，还可以实现其他色光。大多数可感知的颜色都可以通过调节红、绿、蓝这 3 种颜色的比例得到。但 LED 是温度敏感元件，在应用中，颜色会随着温度的变化而变得不稳定，因此我们需要通过引入新的封装材料和优化封装设计等方式使温度对 LED 的影响最小。

3.2.2 PC-LED

目前，LED 照明厂商制作白光最普遍的方法是在蓝光 LED 芯片上（波长为 450～470 nm）覆盖一层淡黄色荧光粉涂层。这种淡黄色荧光粉通常是通过把掺杂了三价铈元素[Cerium（III）]的 YAG 晶体磨成粉末后混合在一种稠密的黏合剂中制成的。当 LED 芯片发出蓝光后，部分蓝光便会被这种晶体很高效地转换成一个绿色到红色波段的光（光谱中心波长约为 580 nm），其中主要为黄色的光。常见的 PC-LED 的结构如图 3-3 所示。将 LED 芯片固定在反光杯中，用键合引线（金线）将 LED 芯片上的电极与支架连接后，采用传统的紧邻式荧光粉涂覆技术在反光杯中注入荧光粉与硅胶的混合物质。外部透镜由硅胶或环氧通过一定的固化工艺制成，用来保护 LED 芯片和导光。还可以在 LED 中添加荧光粉将 LED 发出的短波长的光转化为更长波长的光。

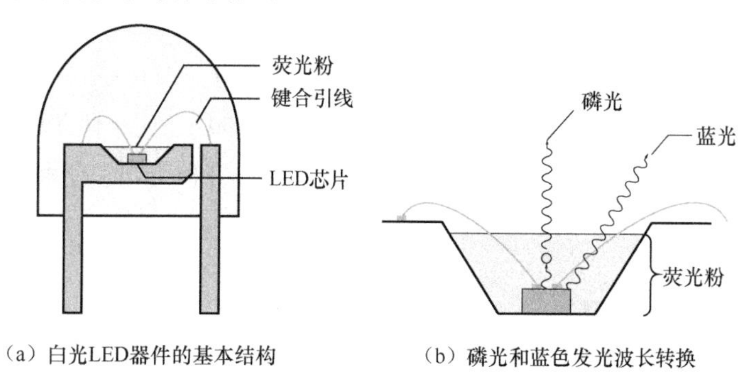

（a）白光LED器件的基本结构　（b）磷光和蓝色发光波长转换

图 3-3　常见的 PC-LED 的结构

PC-LED 不像组成光色完全依赖 LED 芯片的 RGB LED，也不像组成光色完全依赖荧光粉的紫外芯片+三基色荧光粉白光 LED，它是一种折中巧妙的方式，由 LED 发出的光和荧光粉激发出的可见光共同组成，实际出光光通量是部分透射蓝光与淡黄色荧光粉二次发光之和。这种方法更简单，成本更低，但是 PC-LED 的调制带宽较小，通常不超过 5 MHz。蓝光 LED+YAG 荧光的白光 PC-LED 如图 3-4 所示。

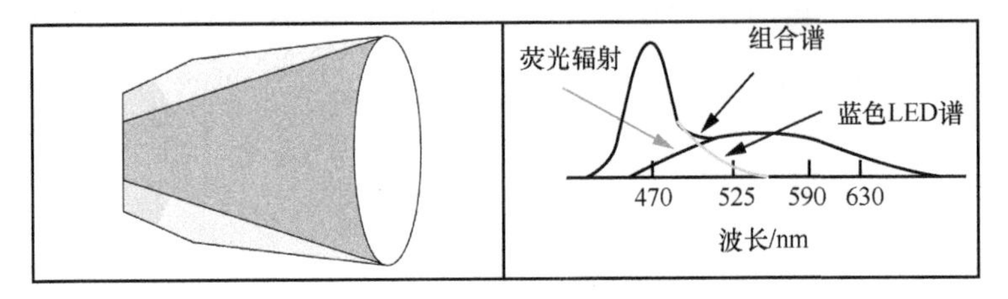

图 3-4　蓝光 LED+YAG 荧光的白光 PC-LED

3.2.3　OLED

OLED 的基本结构是由一薄而透明的具有半导体特性的铟锡氧化物（ITO），与电力的正极相连，再加上另一个金属阴极，包成如三明治一般的结构。当有电流通过时，有机材料就会发光。OLED 有两个优点：① 可以依靠自己发光，不像薄膜晶体管液晶显示器（Thin Film Transistor-Liquid Crystal Display，TFT LCD）需要背光，因此可视度和亮度均较高；② 电压需求低且省电效率高，加上反应快、重量轻、厚度薄、构造简单、成本低等优势，其可以作为平面显示元器件。由于 OLED 的频率响应大约在几百 kHz 级别，远低于无机 LED 的带宽，因此 OLED 不太可能应用于高速场景中。另外，OLED 的使用寿命大约为 50 000 h，比一般无机 LED 的使用寿命短。但是，由于它是一种极为轻便的光源，研究者利用均衡技术可提升它的频率响应性能。

3.2.4　Micro LED

Micro LED 又称μLED，基于 AlGaN 的μLED，被集成到单一晶片上组成μLED 阵列，具有 LED 的高效率、高亮度、高可靠度等特点[1-2]。Micro LED 与 OLED 的不同之处就在于LED部分的材料组成。OLED中的"O"代表有机材料，它指的是在能够产生光的像素堆中使用有机材料，Micro LED技术则使用无机GaN材料。目前，面板技术主要是TFT LCD，但液晶显示器需要有背光源，在体积上想要达到极薄有一定的瓶颈，亮度、分辨率也不如自动发光的OLED，而Micro LED在厚度、亮度、像素密度方面又比OLED更胜一筹，因此Micro LED在面板显示应用上更具潜力。

此外，纳秒等级的高速响应特性使得Micro LED能高速调变、承载信号，实现智慧显示器的可见光无线通信功能。Micro LED阵列面发出的光波长为370～520 nm，使用波长转换器来产生白光。每个独立像素点的范围是14～84 μm，3 dB带宽达到450 MHz的调制带宽，可以使通信速率达到1.5 Gbit/s。Micro LED的高带宽特性得益于其极低的结电容。Micro LED的自发光特性使得亮度较弱，将其作为照明设备仍比较困难。Micro LED的性能在很大程度上取决于LED材料及其制作工艺。Micro LED都是由相同的LED晶片材料制作而成，即使设计完全一致，如果制作工艺及条件不同，其电气和光学性能也可能完全不同。

3.3 LD发射器件

与LED几十到几百MHz的有限调制带宽相比，LD的调制带宽高于5 GHz。此外，LD比LED具有更大的电流密度和单位晶圆面积输出功率。有研究表明，基于多色LD的照明不会对人眼产生危害。此外，输出光具有相干和准直的特性，适合点对点数据传输。上述优势使得基于LD的VLC系统在性能上要优于基于LED的VLC系统。然而，LD的使用安全问题仍然是开发基于LD的VLC系统的主要限制因素。在本节中，我们将讨论用于实现高速VLC系统的激光器。

3.3.1 非极性GaN激光二极管

基于GaN的紫光和蓝光LD通常是在c面定向衬底上生长的。Nakamura等[3]首次展示了在（0001）蓝宝石衬底上生长的GaN基LD，成功使用紧凑型固态器件分别产生 RGB，满足了基于白光的 VLC 系统所需。自此以后，c 面 GaN 激光二极管技术得到了显著的发展。这些先进技术为 c 面 LD 带来了市场生存能力。尽管取得了这些成功，由于缺乏内置的极化相关电场，非极性氮化物 LD 仍有可能超越极性 c 面器件。

由于自发极化效应和压电极化效应的不连续性，生长在 c 面 GaN 上的器件内部电场较大，造成了负面的影响，如导致量子阱中的电子波函数和空穴波函数分离，并限制了它们的辐射复合效率。非极性 GaN 器件，如利用 m 面和 a 面的 GaN 器件，因为其极性 c 轴平行于任何异质界面，所以无极化相关电场。由此改善了跃迁矩阵元，降低了应变非极性量子阱中的空穴有效质量，可能会降低透明度和阈值电流密度。然而，低缺陷密度非极性 GaN 衬底的可用性非常有限，这阻碍了高功率光学器件的发展。当密度较高时，扩展缺陷（即位错）作为非辐射复合中心，会导致效率低和输出功率低。

在文献[4]中首次展示了一种非极性 m 面 GaN LD。这种 LD 采用金属有机化合物化学气相沉积（Metal Organic Chemical Vapor Deposition，MOCVD）法在三菱化学制造的衬底上生长了激光结构。这些衬底通过氢化物气相外延（Hydride Vapor Phase Epitaxy，HVPE）在 c 方向生长，然后切片暴露 m 面表面，采用化学和机械表面处理技术制备了 m 面表面。根据制造商的测量，基板的螺纹位错密度小于 5×10^6 cm^2，载流子浓度约为 1×10^{17} cm^3，表面粗糙度小于 1 nm。

3.3.2 两段式激光与光子集成

在光通信波长范围内，基于 GaAs 和 InP 的光电子集成已有许多商业应用。例如，已经研发出一种集成了半导体光放大器（Semiconductor Optical Amplifier，SOA）的电吸收调制激光器，这种激光器可以用于接入城域网融合的紧凑、高性能和低成本的光发射机。然而，在可见光波段实现光子集成仍然是一个具有挑战性的课题。近几年来已经开展了许多关于Ⅲ族氮化物光子集成的设计、制造和表征的研究，包括基于多段式器件的光发射机、波导调制器、放大器和 PD 的研究。

在 Ⅲ 族氮化物平台上，基于半极性量子阱的波导调制器可以实现高效电吸收调制器（Electro Absorption Modulator，EAM）并降低低压操作所需要的调制偏置[5-6]。文献[5]中展示了一个在半极性 GaN 衬底上以 8.1 dB 的开关比生长的集成 EAM 激光器，实现了光学调制器的单片无缝集成。文献[6]研究了在半极性体 GaN 衬底上利用 InGaN/GaN 量子阱实现有效和高效的集成波导调制器–激光二极管（Integrated Waveguide Modulator Laser Diode，IWM-LD），在 9.4 dB 的大消光比和 3.5 V 的低工作电压范围内获得了 2.68 dB/V 的高调制效率。该方法基于光波导调制器与 LD 的集成，旨在改善直接对整个 LD 进行调制的缺点，包括瞬态加热效应和电阻电容（RC）延迟。IWM-LD 是一种三端器件，由反向偏置波导调制器和正向偏置增益部分组成，IWM-LD 如图 3-5 所示。

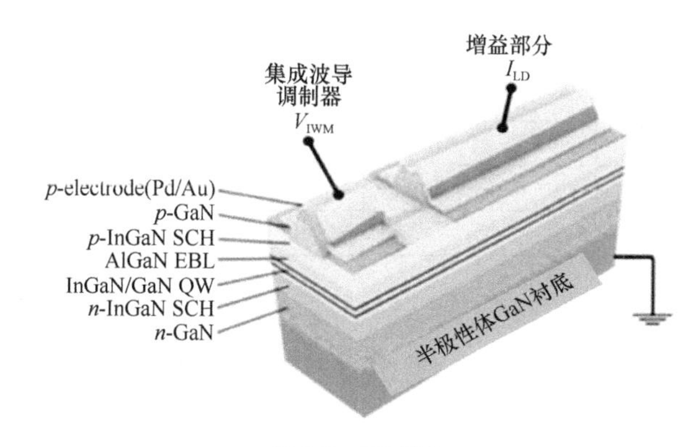

图 3-5 IWM-LD

注：SCH 为分离局限式异质结构（Separate Confinement Heterostructure）；EBL 为电隔离层（Electron Blocking Layer）；QW 为量子阱（Quantum-Well）。

3.3.3 超辐射发光二极管

近年来，基于氮化物的超辐射发光二极管（Super Luminescent Diode，SLED）也受到了广泛关注。其独特的优势在于宽带光谱（类似于 LED）和高空间相干性的光学特性（类似于 LD）。SLED 通常被用作短波长光相干层析成像和光纤陀螺系统中的宽带光源。随着对其关注度的提升，SLED 也逐渐在一些新兴应用中被使用，如无下垂固态照明（Solid State Lighting，SSL）和 VLC。

2016 年，无下垂且无散斑的高光功率 InGaN 基 SLED 被第一次使用在 SSL 和 VLC 中[7]。通过使用生长在半极性 GaN 衬底上的蓝色发光 SLED，由 SLED 和黄色发光钇铝石榴石（YAG:Ce^{3+}）磷光体（以下简称 YAG 磷光体）组合产生的白光显示出了 4 340 K 的相关色温（Correlated Color Temperature，CCT）和 68.9 的 CRI，这说明该器件可用于室内照明。在这一工作中，还证明了基于 SLED 的 VLC 的可行性：SLED 具有比 LED 更高的调制带宽（最高可达 560 MHz）。之后，一种调制带宽高达 807 MHz 的 405 nm InGaN 基 SLED 问世[8]，该实验为实现基于 SLED 的高速 VLC 应用奠定了坚实的基础。SSL VLC 系统中的 LED、LD 和 SLED 的设备特性的比较见表 3-2。

表 3-2　SSL VLC 系统中的 LED、LD 和 SLED 的设备特性的比较

特性	LED	LD	SLED
光谱宽度	40～80 nm	0.1～5 nm	6～20 nm
调制带宽	可达几十 MHz	可达几 GHz	可达几百 MHz
人眼安全度	高	低	中等
成本	低	高	中等到高

3.4　集成 PIN 阵列

人们一直在探索研发微型、便携的 VLC 系统，其中主要的障碍是接收机性能的不稳定性。低灵敏度的光电探测器需要采用高增益的跨阻放大器（Transimpedance Amplifier，TIA）、限幅放大器（Limiting Amplifier，LA）及自适应均衡以提高其系统响应度。在本章中，我们主要关注可用于板级封装处理的集成阵列探测器。近年来，Si 基光子器件已经引起了研究者越来越多的兴趣。Si 基光子器件在光互连中的应用将有望克服电子电路设计和 VLC 的瓶颈，有助于实现更低成本、更可靠和更小型便携的 VLC 系统。而 Si 基的 PIN 光电二极管以其高敏感度、抗磁场干扰、低暗电流和相对简单的电子电路设计等优势成为 VLC 系统集成探测器的优选方案。

对 PIN 光电二极管而言，结电容与接收光功率之间存在相互制约的问题，通过设计光电探测器阵列能够平衡这一问题。传统的 PIN 阵列制备通常是在一块半导体基片上通过 PIN 芯片正面的凸点与 IC 上的焊盘以倒装焊的方式实现电气互连。这种方法虽然可以减少寄生效应，缩小系统尺寸，但不利于成本控制，对制备工艺要求较高。在本节中，介绍了一种工艺简单、成本低[9]的新型集成 PIN 阵列制备方法。在该方法中，首先将 PIN 阵列通过传统的引线键合技术直接集成到印制电路板

（Printed Circuit Board，PCB）上，然后将光电检测器和电路同时集成在 PCB 上，对光路系统进行整体封装，如此，不仅可以保护器件促进其更好地散热，还易于实现具有解码和通信协议的电路的进一步集成，以便使接收模块具有较强的可延展性。相邻 PIN 之间的距离为 0.2 mm，中间 PIN 和左侧 PIN 之间的距离略大于 0.2 mm，以便为压焊机的切割器留出足够的空间。接触电极选用 Au 作为焊盘金属材料，以确保粘接牢固性和良好的信号传输。

光敏面为 3 mm×3 mm 的 PIN 光电二极管的 3×3 阵列示意如图 3-6 所示。在 PIN 器件中，电极分别位于上下两面，PIN 的 N 电极必须通过衬底引出，PIN 的正极通过引线键合与 PCB 实现电气互连，从而完成集成 PIN 阵列的制备，此方法简单易行，能够使 PIN 器件与后续电路通过 PCB 内部走线直接连接，减少其寄生电容与寄生电感效应，也能够实现对封装器件的热控制。

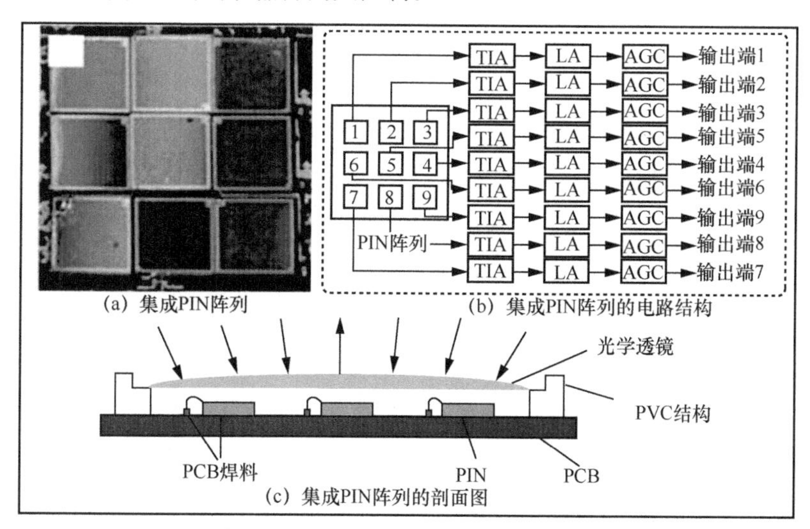

图 3-6　PIN 光电二极管的 3×3 阵列示意

注：AGC 为自动增益控制（Automatic Gain Control）。

3.5　柔性探测器

高速 VLC 数据链路要求发射机和接收机都具有高带宽和大 SNR。带宽为 GHz

量级的典型光电探测器的有效面积约为 1 mm^2 或更小。使用透镜或复合抛物面聚光器（Composite Paraboloid Concentrator，CPC）等聚焦光学元件来提高有效探测区域内较小的探测器的 SNR，是一种常见的方法。然而，由于几何光学中的扩展量（étendue）守恒，需要通过降低视场（Field of View，FoV）来实现 SNR 增益。

打破这一限制的有效解决方案是使用名为发光电阻能聚光器（Luminescent Solar Concentrators，LSC）的非成像光学集中器。LSC 通常由高折射率荧光材料和低折射率包层材料组成。首先，荧光材料吸收来自大表面积的入射光，并以红移波长重新发射。由于全内反射，大部分再发射光被波导引导保留在 LSC 内，其中一部分可由安装在窄边或小端面上的光电探测器收集。波长上的斯托克斯位移打破了 étendue 守恒，在不影响获得的光学增益的情况下实现了大 FoV。LSC 是一种简单且廉价的太阳能收集方法，已被广泛应用，但其在 VLC 中的潜力直到近几年才被开发出来。2016 年，Manousiadis 等[10]展示了一种基于玻璃显微镜玻片的 LSC，数据传输速率为 190 Mbit/s，视野为±60°。同时，Peyronel 等[11]设计了一种全向灵敏度的光纤 LSC，并实现了 2.1 Gbit/s 的数据传输速率。大集光面和大 FoV 为 LSC 提供了无与伦比的优势，因为它们不需要任何主动指向和跟踪系统，其复杂性和成本都有所下降，并能更好地兼容虚拟现实无线头盔或无人机等智能移动设备。尽管 LSC 具有这些优点，但提高其 VLC 效率的挑战仍然存在。

本节介绍了一种新颖的设计来应对这一挑战[12]。该方法使用由闪耀光栅构成的平面 CPC 形 LSC。CPC 将平面内传播的光聚焦在小面积区域上，以确保 LSC 的几何增益。非对称光栅图样进一步改变传播常数，使得原本不在 CPC 接受角内传播的大量光可以通过出口逃离 LSC，并随后被高带宽光电探测器收集。这种在柔性塑料上制造的 LSC 可以适应弯曲表面。用于纳米图案化的纳米压印光刻技术具有成本效益，并且与尺寸扩大和大规模生产兼容。

理论上，光增益可以用式（3-1）表示。

$$G = \frac{A_{\text{in}}}{A_{\text{out}}}\eta_{\text{abs}}\eta_{\text{PLQY}}\eta_{\text{prop}}\eta_{\text{col}} \tag{3-1}$$

其中，A_{in} 表示集光表面的面积，A_{out} 表示总输出面积，$A_{\text{in}}/A_{\text{out}}$ 表示几何增益，η_{abs} 表示荧光发射器吸收的入射光的百分比，η_{PLQY} 表示荧光发射器的光致发光量子产率

（Photo Luminescence Quantum Yield，PLQY），η_{prop} 表示向出口传播的再发射光子的百分比，η_{col} 表示光电探测器收集的光子与从出口逃逸的总光子之比。荧光发射器使用“SuperYellow”，因为它在 450 nm 波长处具有很强的振荡器强度，PLQY 值为 60%，自吸收损耗约为 0.5 cm^{-1}。

3.6 本章小结

本章介绍了 VLC 系统的系统组成，并着重介绍了 VLC 系统的可见光信号发射端部分和可见光信号接收端部分。其中在可见光信号发射端部分中对各种 LED 和 LD 进行了介绍。LED 作为新型高效固体光源，具有寿命长、响应快、环保、安全、光效高、体积小、光谱窄、易于控制等显著优点。与 LED 相比，LD 则具有更高的调制带宽、更高的电流密度和更高的单位晶圆面积输出功率的优势。此外，LD 输出光具有相干和准直的特性，适合点对点数据传输。在可见光信号接收端部分中，从接收技术出发，分别对系统接收模块中的集成 PIN 阵列探测器和柔性探测器进行了分析。通过对 VLC 系统的研究，我们可以设计出适合 VLC 使用的收发模块，从而实现高速可见光传输。

参考文献

[1] MCKENDRY J J, MASSOUBRE D, ZHANG S, et al. Visible-light communications using a CMOS-controlled micro-light-emitting-diode array[J]. Journal of Lightwave Technology, 2011, 30(1): 61-67.

[2] 迟楠. LED 可见光通信关键器件与应用[M]. 北京：人民邮电出版社, 2015.

[3] NAKAMURA S, PEARTON S, FASOL G. The blue laser diode[M]. Berlin: Springer-Verlag, 2000.

[4] SCHMIDT M C, KIM K C, FARRELL R M, et al. Demonstration of nonpolar m-plane InGaN/GaN laser diodes[J]. Japanese Journal of Applied Physics, 2007, 46(3L): L190.

[5] SHEN C, LEONARD J, POURHASHEMI A, et al. Low modulation bias InGaN-based integrated EA-modulator-laser on semipolar GaN substrate[C]//2015 IEEE Photonics Conference (IPC). Piscataway: IEEE Press, 2015: 581-582.

[6] SHEN C, NG T K, LEONARD J T, et al. High-modulation-efficiency, integrated waveguide modulator–laser diode at 448 nm[J]. ACS Photonics, 2016, 3(2): 262-268.

[7] SHEN C, NG T K, LEE C, et al. Semipolar InGaN-based superluminescent diodes for solid-state lighting and visible light communications[C]//Gallium Nitride Materials and Devices XII. [S.l.]: SPIE, 2017: 198-207.

[8] SHEN C, LEE C, NG T K, et al. High-speed 405 nm superluminescent diode (SLD) with 807-MHz modulation bandwidth[J]. Optics Express, 2016, 24(18): 20281-20286.

[9] LI J H, HUANG X X, JI X M, et al. An integrated PIN-array receiver for visible light communication[J]. Journal of Optics, 2015, 17(10): 105805.

[10] MANOUSIADIS P P, RAJBHANDARI S, MULYAWAN R, et al. Wide field-of-view fluorescent antenna for visible light communications beyond the étendue limit[J]. Optica, 2016, 3(7): 702-706.

[11] PEYRONEL T, QUIRK K, WANG S, et al. Luminescent detector for free-space optical communication[J]. Optica, 2016, 3(7): 787-792.

[12] DONG Y R, SHI M, YANG X L, et al. Nanopatterned luminescent concentrators for visible light communications[J]. Optics Express, 2017, 25(18): 21926-21934.

第4章

VLC 的先进调制技术

在VLC中，LED调制带宽非常有限，目前商用LED的3 dB带宽只有十几兆赫兹。为了提升系统的数据传输速率，除了从LED工艺、驱动电路设计上拓展其带宽外,采用高频谱效率的先进调制技术也是重要途径之一。本节将重点阐述PAM、DMT、CAP、自适应比特功率加载OFDM、离散傅里叶变换扩展（Discrete Fourier Transform Spread，DFT-S）OFDM、几何整形（Geometric Shaping，GS）和概率整形（Probabilistic Shaping，PS）这几种调制编码技术的原理、实现及各自的优缺点。

4.1 PAM 技术

PAM 是一种简单灵活的一维多阶的调制技术,它只对信号的强度进行调制，即只生成实信号。基于 VLC 系统的 PAM 原理如图 4-1 所示[1-2]。

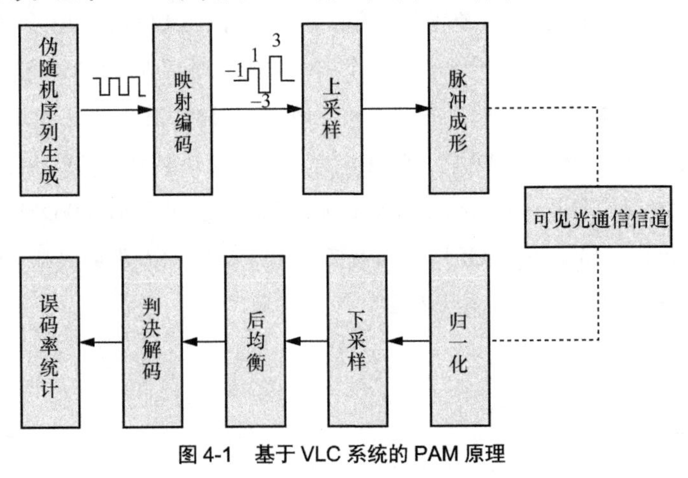

图 4-1 基于 VLC 系统的 PAM 原理

在发射端，首先产生原始的数据比特流，即 0101⋯01 的二进制随机序列，然后对其进行 PAM 符号的映射编码。对于 PAM4，将每两个数据比特编成一个码，每个码之间的符号间隔为 2。其中，00 对应−3，01 对应−1，10 对应 1，11 对应 3。相应地，对于 M 阶 PAM，将每 lb$M$ 数据比特编成一个码，相应的符号电平为−(M−1)～M−1，相邻符号的间隔为 2。若一个信号的符号电平数为 M，期望的比特率为 R，则符号速率 D 可降低为 lb$M$，如式（4-1）所示。

$$D = R/\mathrm{lb}M \tag{4-1}$$

PAM 编码后，将输出的信号进行 N 倍上采样，即对于一个数据用相同的 N 个数据表示或者在相邻数据之间插入 N−1 个零。上采样的目的是实现频谱的 N 次周期延拓。上采样后将进行脉冲成形以生成时域波形，常用的脉冲成形有矩形脉冲成形、升余弦（Raised Cosine，RC）脉冲成形和均方根升余弦（Root Raised Cosine，RRC）脉冲成形等。脉冲成形后的时域信号将通过 LED 发射到自由空间中进行光信号的传输。

由于信号在传输过程中幅度衰减，在接收端首先需要对接收信号进行平均功率归一化处理，即将接收信号乘以接收信号平均功率和发射信号平均功率的比值。然后，对归一化的信号进行 N 倍下采样，并加入后均衡的数字处理算法，以补偿信号在传输过程中的衰减与失真。最后通过一个解码器进行判决解码即可得到原始的数据比特。对于 M 阶的 PAM 信号，解码时设定 M−1 个判决门限，每个判决门限为两个相邻符号的平均值。

PAM 信号的表达式如式（4-2）和式（4-3）所示。

$$s(t) = \sum_{n=0}^{M-1} a_n P(t - nT) \tag{4-2}$$

$$a_n = -M+1,\ -M+3,\ \cdots, M-3,\ M-1 \tag{4-3}$$

其中，M 为编码阶数，a_n 为编码后的符号，T 为采样间隔，$P(t)$ 为时域脉冲响应。

4.2　DMT 调制技术

DMT 调制，也被称为直接检测−正交频分复用（Direct Detection-Orthogonal Frequency Division Multiplexing，DD-OFDM）调制，是 OFDM 技术中的一种。它主

要利用快速傅里叶逆变换（Inverse Fast Fourier Transform，IFFT）将复数信号转换为实数信号以进行时域信号的传输，DMT 调制系统如图 4-2 所示。在进行 QAM 映射之后，进行串并转换，得到 N 点的频域信号，将此频域信号取镜像对称（即满足厄米对称性），注意第 0 号子载波和第 N 号子载波为 0。当频域满足此结构，经过 $2N$ 点的 IFFT 之后变换到时域得到的数据是纯实数。不需要进行上下变频即可直接传输。DMT 调制是一种多载波调制技术，具有较高频谱效率和灵活的编码阶数。它最大的优点在于将频谱分割为多个互相正交的子频段，实现了频谱的高效复用[3-4]。此外，正交的子带还具有很强的抗衰落与抗窄带干扰能力，减轻了信号的码间干扰。

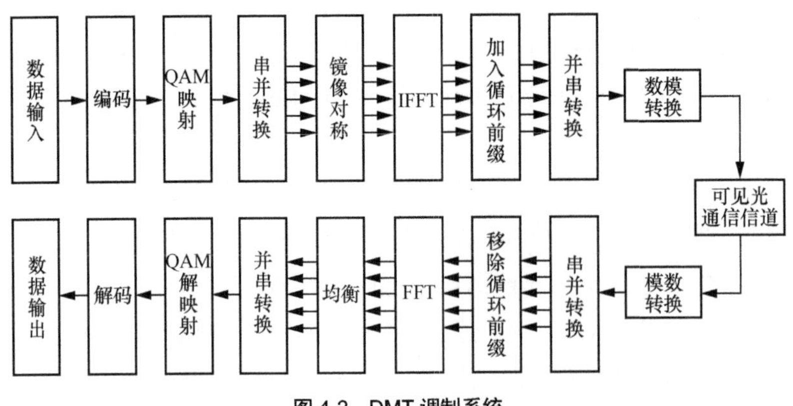

图 4-2　DMT 调制系统

但 DMT 调制系统也存在一些缺陷，其中最主要的问题是多载波调制带来的高峰均功率比（Peak-to-Average Power Ratio，PAPR），使得信号抗非线性失真的性能很差[5]。同时，较高的 PAPR 也会增加模数转换器和数模转换器的复杂性[6]。因而，相比于单载波系统，DMT 调制系统对放大器的线性范围有更高的要求，降低了放大器的效率和系统的动态范围。另一个影响系统性能的因素是子载波间干扰（Inter-Carrier Interference，ICI）引入的频偏，且由于采样模块的晶振不稳定导致的采样频偏也会影响系统的性能。采样频偏会导致接收信号的副载波网格不匹配，从而引起信号变形。由于在接收端需要对信号进行快速傅里叶变换（Fast Fourier Transform，FFT），一个副载波信号的变形经过 FFT 后会分布到整个频带上，从而导致整个频带信号的失真。

4.3　CAP 调制与解调原理

20 世纪 70 年代，CAP 由美国贝尔实验室首先提出，由于其具有频谱效率高、系统结构简单、灵活可调等特点，被广泛应用在数字用户线路中。采用 CAP 技术，可以在有限带宽的条件下实现高频谱效率的高速传输。和传统 OFDM 调制方式相比，CAP 调制采用了两个相互正交的数字滤波器。这样做的优点在于 CAP 调制不再需要电或者光的复数信号到实数信号的转换，这种转换通常需要使用一个混频器、射频源或者一个光同相正交（In-phase Quadrature，IQ）调制器来实现[7-9]。单带 CAP 信号调制解调原理如图 4-3 所示。

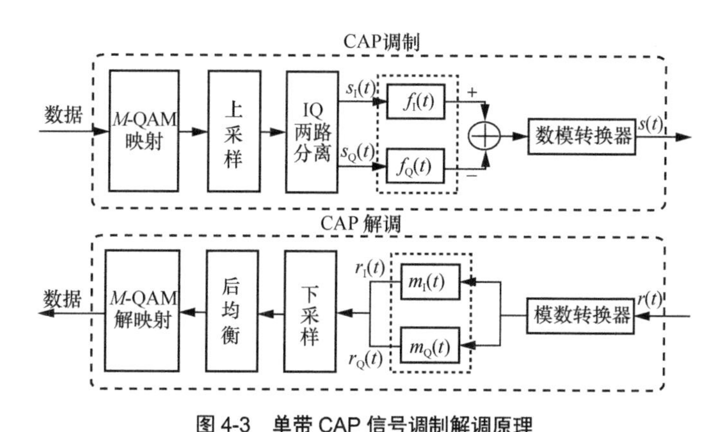

图 4-3　单带 CAP 信号调制解调原理

在发射端，原始二进制数据首先被送入编码模块，进行 *M*-QAM 复数信号的映射（*M* 是 QAM 信号的阶数），从而实现高阶编码。然后将映射后的 QAM 信号进行上采样，以匹配 CAP 成形滤波器的采样速率。接下来对该上采样的复数信号进行 IQ 两路分离，其中 $s_I(t)$ 和 $s_Q(t)$ 分别是 QAM 信号的同相和正交分量。再通过一对正交的 CAP 成形滤波器分别对这两路信号进行卷积处理得到滤波后的两路正交信号，并将这两路正交信号相加就可以得到调制后的单带 *M*-QAM CAP 信号。最后采用数模转换器实现输出波形的产生。可以将经过调制后的单带 CAP 信号表示为

$$s(t) = s_I(t) \otimes f_I(t) - s_Q(t) \otimes f_Q(t) \tag{4-4}$$

在式（4-4）中，$\otimes$代表卷积运算，而$f_{\mathrm{I}}(t)$和$f_{\mathrm{Q}}(t)$是一对正交的 CAP 成形滤波器时域响应，它们构成一对希尔伯特变换对，可以表示为

$$\begin{cases} f_{\mathrm{I}}(t) = g(t)\cos(2\pi f_{\mathrm{c}} t) \\ f_{\mathrm{Q}}(t) = g(t)\sin(2\pi f_{\mathrm{c}} t) \end{cases} \tag{4-5}$$

其中，$f_{\mathrm{c}} = (1+\alpha)/2T + \Delta f$，是 CAP 信号的中心频率，$\Delta f$为频率偏置，$g(t)$是基带的滤波器时域响应，一般采用 RRC 脉冲来表示。

$$g(t) = \frac{T\sin[\pi(1-\alpha)t/T] + 4\alpha t\cos[\pi(1+\alpha)t/T]}{\pi t[1-(4\alpha t/T)^2]} \tag{4-6}$$

其中，α为滚降系数，通常$\alpha \leqslant 1$，T为 CAP 符号周期。

在接收端，接收到的 CAP 信号首先经过模数转换器进行采样和量化。然后将信号送入一对匹配滤波器中来分离信号的同相和正交分量。接下来对信号进行下采样，并利用后均衡技术进行信道均衡，最后对经过后均衡的信号进行 *M*-QAM 解映射来获得原始数据[10]。

经过匹配滤波器后输出的 IQ 两路信号可以表示为

$$\begin{cases} r_{\mathrm{I}}(t) = r(t)\otimes m_{\mathrm{I}}(t) \\ r_{\mathrm{Q}}(t) = r(t)\otimes m_{\mathrm{Q}}(t) \end{cases} \tag{4-7}$$

在式（4-7）中，$m_{\mathrm{I}}(t) = f_{\mathrm{I}}(-t)$和$m_{\mathrm{Q}}(t) = f_{\mathrm{Q}}(-t)$是对应的匹配滤波器的时域脉冲响应。利用对应的匹配滤波器在接收端就可以解调出原始信号。

CAP 调制具有结构简单、计算复杂度较低的特点，因此在 VLC 中具有很高的应用价值[11-12]。

4.4 自适应比特功率加载 OFDM

4.4.1 SNR 估测技术

比特功率分配技术，需要知道通信信道的信息状态，即信道状态信息 SNR 的值[13]。在衡量通信质量方面，SNR、误差矢量幅度（Error Vector Magnitude，EVM）和 BER，

具有相同的功效。在多载波通信系统中，比特功率分配技术根据每个子载波上的 SNR 值进行分配。在比特功率分配方案中，有基于功率和 BER 限制的系统，需要最大化传输速率；有基于传输速率和 BER 限制的系统，需要最小化发射功率。因此，在进行比特功率分配时，需要获取信道中每个子载波上的 SNR 值或者 SNR 与频率的响应关系[14]。本节将介绍工程中最常用的 SNR 的估测方法，即通过 EVM 来近似推导出 SNR[15]。

SNR 是信号功率和噪声功率的比值。假设无线信道和复数噪声信号具有高斯噪声模型，SNR 可以定义为

$$\mathrm{SNR}=\frac{\text{信号功率}}{\text{噪声功率}} \tag{4-8}$$

$$\mathrm{SNR}=\frac{\frac{1}{T}\sum_{t=1}^{T}\left[(I_t)^2+(Q_t)^2\right]}{\frac{1}{T}\sum_{t=1}^{T}\left[|n_{\mathrm{I},t}|^2+|n_{\mathrm{Q},t}|^2\right]} \tag{4-9}$$

其中，I_t 和 Q_t 分别是 M 进制调制的同向和正交信号的幅度，$n_{\mathrm{I},t}$ 和 $n_{\mathrm{Q},t}$ 分别是复数噪声信号的同向和正交信号幅度。

考虑在高斯噪声信道中进行相干检测的 M 进制调制信号，并且载波频率和相位精确恢复，可以得到 BER 为

$$P_{\mathrm{b}}=\frac{2\left(1-\frac{1}{L}\right)}{\mathrm{lb}L}Q\left[\sqrt{\left[\frac{3\mathrm{lb}L}{L^2-1}\right]\frac{2E_{\mathrm{b}}}{N_0}}\right] \tag{4-10}$$

其中，L 是 M 进制调制系统各个维度的大小，E_{b} 是每个比特的能量，$N_0/2$ 是噪声功率谱密度，$Q[x]$是高斯误差函数。

假设用数据速率的 RC 脉冲进行采样，可以得到 BER 和 SNR 的关系为

$$P_{\mathrm{b}}=\frac{2\left(1-\frac{1}{L}\right)}{\mathrm{lb}L}Q\left[\sqrt{\left[\frac{3\mathrm{lb}L}{L^2-1}\right]\frac{2E_{\mathrm{b}}}{N_0\mathrm{lb}M}}\right] \tag{4-11}$$

其中，E_{b}/N_0 是 M 进制调制系统的 SNR。至此，式（4-11）表明 BER 可以用 SNR 来衡量。

EVM 定义为，测得符号和理想符号的差值的均方根（Root Mean Square，RMS）

值。这个差值是通过大量的符号数进行平均得到，通常用每个星座图符号的平均百分数表示。EVM 可以表示为

$$\mathrm{EVM}=\frac{\frac{1}{N}\sum_{n=1}^{N}\left[|S_n-S_{0,n}|^2\right]}{\frac{1}{N}\sum_{n=1}^{N}\left[|S_{0,n}|^2\right]} \tag{4-12}$$

其中，S_n是所测符号流中第 n 个符号的归一化的值，$S_{0,n}$是第 n 个符号星座点的理想归一化值，N 是星座图中特定符号数目，值得注意的是，在式（4-12）中，必须采用归一化的值。经过推导可以得到

$$\mathrm{EVM}_{\mathrm{RMS}}=\left[\frac{\frac{1}{T}\sum_{t=1}^{T}\left[|I_t-I_{0,t}|^2+|Q_t-Q_{0,t}|^2\right]}{\frac{1}{N}\sum_{n=1}^{N}\left[|I_{0,n}|^2+|Q_{0,n}|^2\right]}\right]^{\frac{1}{2}} \tag{4-13}$$

其中，I 和 Q 分别为 S 的实部与虚部。

对于高斯噪声模型，可以将式（4-13）简化为与噪声信号的同相幅度$n_{\mathrm{I},t}$和正交信号幅度$n_{\mathrm{Q},t}$有关的函数。

$$\mathrm{EVM}_{\mathrm{RMS}}=\left[\frac{\frac{1}{T}\sum_{t=1}^{T}\left[|n_{\mathrm{I},t}|^2+|n_{\mathrm{Q},t}|^2\right]}{P_0}\right]^{\frac{1}{2}} \tag{4-14}$$

其中，P_0是归一化之后的理想星座和发射星座的功率，在式（4-14）中，分子是归一化的噪声功率。对于$T\gg N$，归一化的噪声功率和归一化理想星座功率比值可以用它们对应的非归一化值来量化，式（4-14）可以重写为

$$\mathrm{EVM}_{\mathrm{RMS}}\approx\left[\frac{1}{\mathrm{SNR}}\right]^{\frac{1}{2}}=\left[\frac{N_0}{E_{\mathrm{b}}}\right]^{\frac{1}{2}} \tag{4-15}$$

为了建立 BER、EVM 和 SNR 之间的直接关系，可以将式（4-15）表示为

$$\mathrm{SNR}\approx\frac{1}{\mathrm{EVM}^2} \tag{4-16}$$

结合式（4-16）和式（4-11），可以将 BER 表示为 EVM 为

$$P_b \approx \frac{2\left(1-\frac{1}{L}\right)}{\mathrm{lb}L} Q\left[\sqrt{\left[\frac{3\mathrm{lb}L}{L^2-1}\right]\frac{2}{\mathrm{EVM}_{\mathrm{RMS}}^2 \mathrm{lb}M}}\right] \tag{4-17}$$

根据式(4-16)可知，测得信号的 EVM 值，即可近似得到 SNR 值；根据式(4-10)可知，测得信号的 EVM 值，可以近似得到 BER 的值。根据式（4-9）和式（4-10）进行仿真，不同 M 进制或者调制阶数下仿真的 BER 随 SNR 的变化关系如图 4-4 所示。可以看到，当已经测得信号的 SNR 时，在满足 BER 门限的条件下，我们可以粗略知道该通信系统或者多载波通信系统的某个子载波能够传输的最大的比特数。例如，在满足 BER 门限 3.8×10^{-3}，且所测得的 SNR 为 6 dB 时，只能够传输二进制相移键控（BPSK）信号；在所测得的 SNR 为 16 dB 时，只能够传输 16QAM 信号。在 OFDM 通信系统中，当测得了每个子载波上的 SNR 之后，即可采用上述方法，近似得到每个子载波上能够传输的最大符号数。

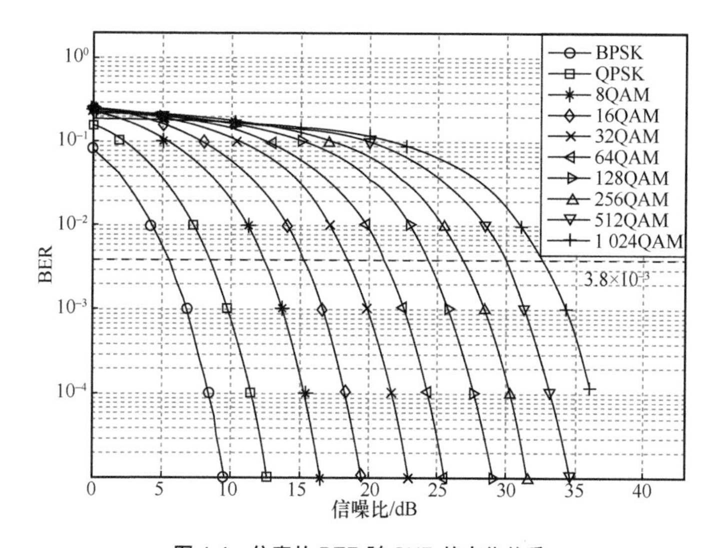

图 4-4　仿真的 BER 随 SNR 的变化关系

4.4.2 自适应比特功率分配技术

根据所测得的各个子载波上的 SNR 状态信息，即可采用比特功率分配技术，按照不同的比特功率加载算法对每个子载波进行比特分配，然后进行功率的分配。代表性的比特功率加载算法主要有如下两种类型。

（1）自适应速率（Rate Adaptive，RA）加载算法

自适应速率加载算法的目标是在满足 BER 和发射功率限制的前提下，最大化传输速率或者提高 QAM 的阶数。根据信道 SNR 的情况，比特功率加载对不同的信道进行不同的比特分配，以进行有效的传输。对 SNR 高的子载波进行更高比特的分配。

（2）自适应边缘（Margin Adaptive，MA）加载算法

自适应边缘加载算法的目标是在满足 BER 和发射速率限制的前提下，最小化发射功率。

RA 加载算法和 MA 加载算法的数学定义如下[16]。

RA 加载算法，在满足发射功率的限制条件下，最大化子信道的调制阶数。

$$\begin{cases} \max\limits_{\varepsilon_n} b = \sum\limits_{n=1}^{N} \dfrac{1}{2} \mathrm{lb}\left(1 + \dfrac{\varepsilon_n g_n}{\Gamma}\right) \\ \text{s.t.} \quad N\bar{\varepsilon}_x = \sum\limits_{n=1}^{N} \varepsilon_n \end{cases} \tag{4-18}$$

MA 加载算法，在满足发射速率或者子信道调制阶数的限制条件下，最小化发射功率。

$$\begin{cases} \min\limits_{\varepsilon_n} \varepsilon_x = \sum\limits_{n=1}^{N} \varepsilon_n \\ \text{s.t.} \quad b = \sum\limits_{n=1}^{N} \dfrac{1}{2} \mathrm{lb}\left(1 + \dfrac{\varepsilon_n g_n}{\Gamma}\right) \end{cases} \tag{4-19}$$

之后的最大化边缘 $\gamma_{\max}$ 为

$$\gamma_{\max} = \frac{N\bar{\varepsilon}_x}{\varepsilon} \tag{4-20}$$

其中，ε_n 是第 n 个子载波或者子信道分配的功率，ε 为点的功率预算，g_n 是第 n 个子载波或者子信道发射单位能量时的 SNR，Γ 是信噪比缺口。

本书将着重介绍比特功率加载算法中的费歇尔（Fischer）算法，该算法具有较低的算法复杂度。Fischer 算法的目标是通过最小化 BER 来进行比特、功率的分配。Fischer 算法并不是最优的比特功率加载算法；但是，Fischer 算法没有采取排序和搜

索算法，算法的复杂度较低，适合于实用的通信系统[17]，如同轴电缆。以下为 Fischer 算法的推导和实现。

假设多载波传输模型中有 D 个并行、独立的复数子信道，同时在接收端能够恰当地进行接收，信道采用高斯噪声信道，噪声是白色加性高斯，噪声方差为 N_i，$i=1,2,\cdots,D$，S_i 是子信道的发射功率，$i=1,2,\cdots,D$。

采用 QAM 的子信道的符号错误率为

$$P_r\left\{\text{symbol error } i\text{th channel}\right\}=K_iQ\left[\sqrt{\frac{d_i^2/4}{N_i/2}}\right] \tag{4-21}$$

其中，K_i 是常数，并且假定对于所有子载波都相等，d_i 是信号点之间的最小的欧几里得距离，$Q[x]$是高斯误差函数。

当系统性能达到最优时，所有子载波上的 BER 应该相同，否则系统中最高 BER 的子载波将会起主导作用。因此我们需要满足符号错误率为常数

$$P_r\left\{\text{symbol error } i\text{th channel}\right\}=\text{const},\quad \forall i \tag{4-22}$$

即可得到

$$\frac{d_i^2/4}{N_i/2}=\text{SNR}_0=\text{const},\quad i=1,2,\cdots,D \tag{4-23}$$

其中，SNR_0是每个维度的判决门限距离的平方和噪声方差的比值。

考虑到 QAM 传输含有实部数据和虚部数据，数据的集合为 V_i $\{\pm1,\pm3\cdots\}$,通过调整 V_i的值来调整信号的功率。可以得到

$$d_i^2=4V_i^2 \tag{4-24}$$

因此，可以将最优化问题简化为

$$\frac{V_i^2}{N_i/2}=\text{SNR}_0\rightarrow\max \tag{4-25}$$

在式（4-25）中添加限制，目标速率 R_{T} 为

$$R_{\mathrm{T}}=\sum_{i=1}^{D}R_i=\text{const} \tag{4-26}$$

发射功率 S_{T} 为

$$S_{\mathrm{T}}=\sum_{i=1}^{D}S_i=\text{const} \tag{4-27}$$

式（4-25）可以继续推导为

$$S_i = V_i^2 \frac{2}{3} 2^{R_i} = \mathrm{SNR}_0 \frac{N_i}{2} \frac{2}{3} 2^{R_i} \tag{4-28}$$

其中，S_i 为第 i 个信道中的信号功率，N_i 为第 i 个信道中的噪声功率。

根据限制条件，式（4-27）可以继续推导为

$$S_{\mathrm{T}} = \sum_{i=1}^{D} S_i = \frac{\mathrm{SNR}_0}{3} \sum_{i=1}^{D} N_i 2^{R_i} \tag{4-29}$$

根据式（4-26）可以继续推导为

$$\mathrm{SNR}_0 = \frac{3S_{\mathrm{T}}}{\sum_{i=1}^{D} N_i 2^{R_i}} \tag{4-30}$$

采用拉格朗日优化算法，并考虑限制条件式（4-27），可以得到

$$N_i 2^{R_i} = \mathrm{const}, i = 1,2,\cdots,D \tag{4-31}$$

$$R_i = \frac{R_{\mathrm{T}}}{D} + \frac{1}{D} \mathrm{lb}\left(\frac{\prod_{l=1}^{D} N_l}{N_i^D} \right) \tag{4-32}$$

在 i=1,2,⋯,D 中的某些取值上，可能会出现 R_i<0 的情况，需要去除这种子信道，去除之后再进行一次式（4-32）的运算，直到所有的 R_i 值都是正数为止。这些重新得到的信道数用 D' 表示，下标集合用 Θ 表示。

由于需要满足式（4-31），从式（4-28）可以得到，S_i=const，$i \in \Theta$。因此，发射功率 S_{T} 应该在所使用的信道 D' 中等均匀分布。

$$S_i = S_{\mathrm{T}} / D' \tag{4-33}$$

最后由式（4-30）和式（4-32）得到

$$\mathrm{SNR}_0 = \frac{3S_{\mathrm{T}} / D'}{2^{R_{\mathrm{T}}/D'} \cdot \sqrt[D']{\prod_{i\in\Theta} N_i}} \tag{4-34}$$

在实际系统中，所分配的比特数应该是整数。尽管通过信道编码的方式可以采用非整数比特，但是由于量化精度要很高才能避免性能的恶化，因此并不值得采用非整数比特。

在进行 Fischer 算法实现时，首先需要知道噪声的方差或者 SNR，需要达到的

目标速率 R_T 和每个子载波的最大速率。本算法的一个优势在于只需要在算法开始时计算一次即可[18]。

第一步，算法的初始化，所有的子载波都使用，即 $D'=D$，$\Theta=\{i=1,2,\cdots,D\}$，将式（4-32）改写为

$$R_i=\frac{R_T}{D'}+\frac{1}{D'}\text{lb}\left(\frac{\prod_{l\in\Theta}N_l}{N_i^{D'}}\right)=\left(R_T+\prod_{l\in\Theta}\text{lb}N_l\right)/D'-\text{lb}N_i \tag{4-35}$$

在接下来的算法中，只有一些加法运算和一个整数除法运算，因此和文献[17]相比，算法复杂度要低。此外，对 N_i 进行标量运算并不会影响速率的分配，这对于避免对数运算流程非常有用。如前所述，根据式（4-32）进行信道的分割，在下一次迭代运算时，$R_i<0$ 的信道应该首先被剔除掉，则对于所有的下标 $i\in\Theta$，R_i 都是正数值。

第二步，算法的量化过程，即对所有满足 $R_i>0$ 的 R_i 进行量化成为 R_{Q_i}，可表示为

$$R_{Q_i}=\text{QUANT}(R_i)=\begin{cases}R_{\max} & R_i\geqslant R_{\max}-0.5\\ \text{INT}(R_i+0.5) & 0.5\leqslant R_i\leqslant R_{\max}-0.5\\ 0 & R_i<0.5\end{cases} \tag{4-36}$$

其中，比特量化误差为 $\Delta R_i=R_i-R_{Q_i}$，$\text{INT}(x)$为取整函数。

第三步，算法的调整过程，调整过程采用文献[17]中的方法。

当$\sum_{i\in\Theta}R_{Q_i}<(>)R_T$ 时，子信道或者子载波中最大（最小）的 ΔR_i 增加（减小）；$\sum_{i\in\Theta}R_{Q_i}=R_T$ 时，算法停止。

第四步，算法的功率分配方案，对集合 Θ 中的子信道或者子载波进行功率分配，以使子信道或者子载波上的 BER 尽量相同。因此将 S_i 表示为

$$S_i=\frac{S_T N_i 2^{R_{Q_i}}}{\sum_{l\in\Theta}N_l 2^{R_{Q_l}}},\ i\in\Theta \tag{4-37}$$

对于功率分配方案，根据式（4-37）可以得到，在功率分配中考虑了所分配的比特数或者调制阶数。

| 4.5 DFT-S OFDM 调制 |

DFT-S OFDM 是一种新提出的降低 OFDM 系统中 PAPR 的方法。该方法是在 OFDM 的基础上，发射端在进行正常的 OFDM 之前先进行一次离散傅里叶变换（DFT），接收端再相应地做相反的操作，即离散傅里叶逆变换（Inverse Discrete Fourier Transform，IDFT）。发射端的 DFT 操作，可以有效地避免 OFDM 中出现的时域子载波同时达到最高值，多路子载波信号叠加之后产生较高峰值的问题，从而能降低 PAPR。

DFT-S OFDM 调制的原理如图 4-5 所示。

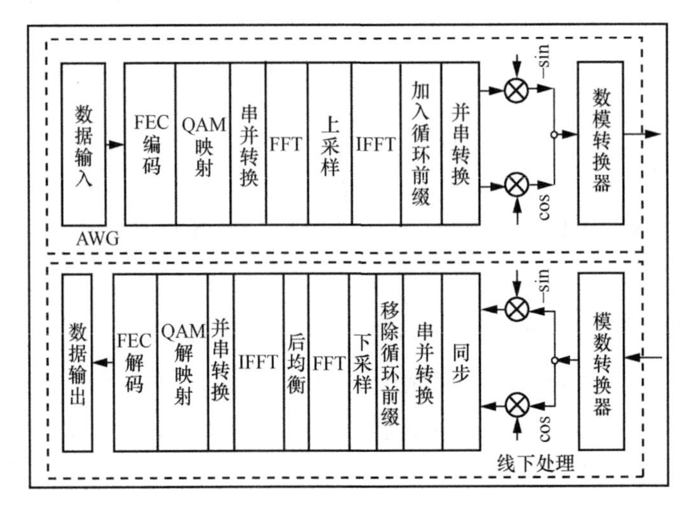

图 4-5 DFT-S OFDM 调制的原理

首先，在发射端对随机比特流进行 QAM 映射、串并转换，然后做 M 点的 FFT、上采样、N 点的 IFFT、加入循环前缀、并串转换、上变频、数模转换。简单来看，如果 M=N，则发射端的 FFT 和 IFFT 正好抵消，就变成了一个单载波调制，从而可以简单理解 DFT-S OFDM 可以降低 OFDM 的 PARP。

接收端，则与发射端操作一一对应进行相反的操作即可。对接收信号进行模数转换、下变频、串并转换、移除循环前缀、下采样、N 点的 FFT，然后需要在频域进行后均衡处理，一般 OFDM 采用的是迫零（Zero Forcing，ZF）后均衡。接着，进行 M 点的 IFFT、并串转换、QAM 解映射、前向纠错码（Forward Error Correction，FEC）解码。至此，完成 DFT-S OFDM 信号传输的调制和解调过程。

4.6　几何整形与概率整形技术

4.6.1　几何整形

高阶 QAM 信号可以提高频谱利用率，但是同时信号的 ISI 也随之增加，这样一来对系统的 SNR 提出了更高的要求。在 VLC 中，由于路径损耗和发散角的影响，接收端信号的 SNR 受到限制。于是星座点的几何整形技术被提出用于降低星座点的噪声和 ISI，几何整形星座点设计的基本思想是通过改变星座点的排列来提高最小欧几里得距离和降低 PAPR[19]。

高速 VLC 主要受限于 LED 的有限带宽，此时可以通过采用硬件或者软件预均衡来增加系统可用的频带，以实现高速传输。而非线性效应则可以通过非线性自适应均衡器对失真的信号进行补偿。然而，以上的方式都没有充分考虑星座图的编码增益。几何整形 8QAM 星座图设计如图 4-6 所示，分别为呈圆形分布的圆形（7, 1）、最为常见的星形、方形及以三角为基础向外扩散的圆 26。

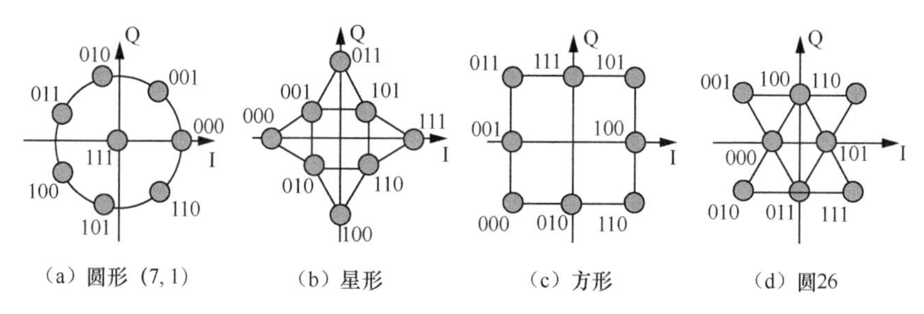

图 4-6　几何整形 8QAM 星座图设计

几何整形 8QAM 星座图的基本参数见表 4-1。可以看出，圆形（7, 1）和星形的最小欧几里得距离明显大于其他两种，因此这两种星座点分布会有较好的抗噪声性能，4 种几何整形 8QAM 的 BER 与 SNR 的关系如图 4-7 所示，可以看到圆形（7, 1）的 BER 曲线明显低于其他 3 种几何整形设计。在抗频谱衰落方面，我们进行了 4 种几何整形 8QAM 的 BER 与波特率变化关系的仿真曲线，在高频衰落情况下 BER 与波特率的关系如图 4-8 所示，圆形（7, 1）的抗高频衰落性能明显优于其他 3 种，并在图的右侧展示了 200 MBd 下星座图分布情况。

表 4-1 几何整形 8QAM 星座图的基本参数

几何整形 8QAM 设计	最小欧几里得距离	PAPR
圆形（7, 1）	0.927 7	1.142 9
星形	0.919 4	1.577 4
方形	0.816 5	1.333 3
圆 26	0.872 9	1.523 8

从表 4-1 可以看出星形的 PAPR 较大，在非线性情况下失真会比较严重，圆形（7, 1）的 PAPR 最小，几何整形 8QAM 信号的互补累积分布函数（Complementary Cumulative Distribution Function，CCDF）如图 4-9 所示，图中曲线也体现了这一点。因此在理论上，圆形（7, 1）具有很好的抗噪声和非线性的性能。

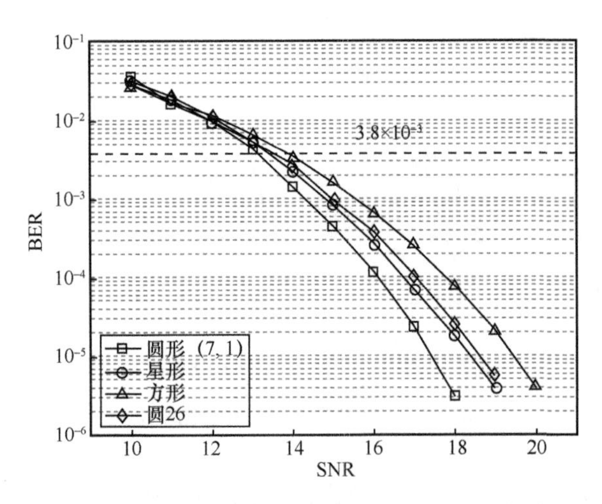

图 4-7 4 种几何整形 8QAM 的 BER 与 SNR 的关系

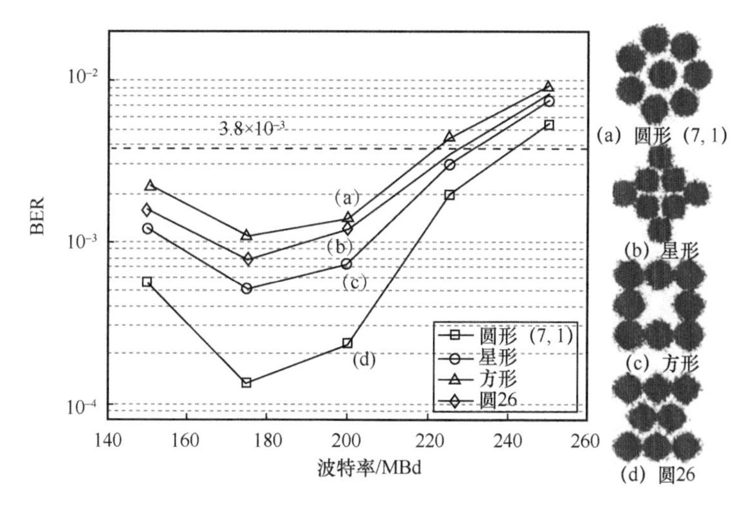

图 4-8　在高频衰落情况下 BER 与波特率的关系

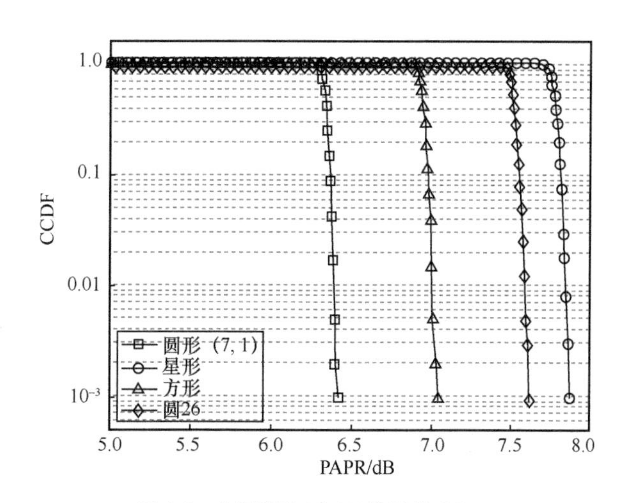

图 4-9　几何整形 8QAM 信号的 CCDF

更高阶的调制方式可以带来更高的系统容量，下面我们将着重讨论几何整形 16QAM。由于星座点数量增加，其设计也变得更加困难。以几何整形 8QAM 为启发，我们采用三角形和圆形作为初始结构，扩展成 16 个星座点[19]。几何整形 16QAM 星座图设计如图 4-10 所示。与图 4-10 中的传统矩形星座图相比，图 4-10（b）和图 4-10（c）是六角形基和三角形基星座图。图 4-10（d）和图 4-10（e）分别表示环形 1-6-9 和环形 1-5-5-5 的星座图。为了寻找最优的星座点布局，采用几何半径和相位迭代算法来获得最大的最小欧几里得距离。

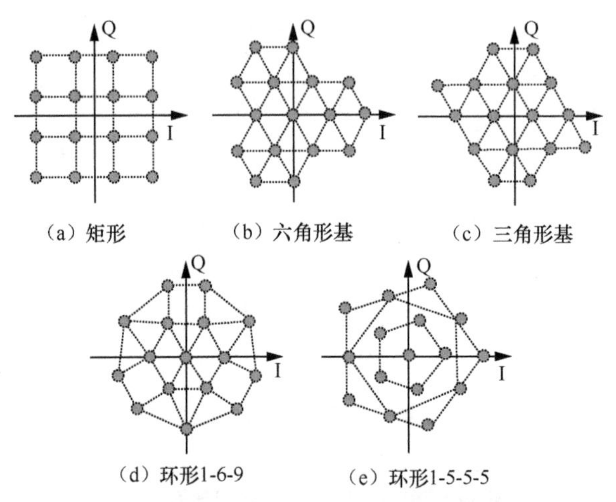

图 4-10　几何整形 16QAM 星座图设计

几何整形 16QAM 星座图的基本参数见表 4-2，这些参数基于相同的平均功率计算，包括最小欧几里得距离、PAPR、峰峰值电压（Vpp）、信号实部的峰值功率和平均功率（PP_I,AP_I）及信号虚部的峰值功率和平均功率（PP_Q, AP_Q）。显然，所有的几何整形 16QAM 星座图的最小欧几里得距离都比正常情况下要大。按从大到小的顺序是三角形基和六角形基、环形 1-5-5-5、环形 1-6-9、矩形。因此几何整形 16QAM 星座图设计具有更好的抗噪声性能。考虑到抗非线性能力，PAPR 及 PP_I 和 PP_Q 的不平衡，严重影响了 VLC 系统。图 4-11 所示为 CCDF 仿真结果及互信息（Mutual Information，MI）与 SNR 的关系。图 4-11（a）所示为 PAPR 与 CCDF 的关系。环形 1-6-9、环形 1-5-5-5 星座图的 PAPR 低于矩形星座图的 PAPR。因此，预计它们具有更好的抗非线性。

表 4-2　几何整形 16QAM 星座图的基本参数

几何整形 16QAM 设计	最小欧几里得距离	PAPR	Vpp	PP_I	PP_Q	AP_I	AP_Q
矩形	0.632 5	9.335 9	6.110 1	0.462 5	0.462 5	0.041 7	0.041 7
六角形基	0.666 7	8.401 4	5.786 1	0.902 8	0.685 4	0.041 7	0.041 6

（续表）

几何整形 16QAM 设计	最小欧几里得距离	PAPR	Vpp	PP_I	PP_Q	AP_I	AP_Q
三角形基	0.666 7	10.880 4	6.584 0	0.902 8	0.685 4	0.041 7	0.041 6
环形 1-6-9	0.635 7	7.740 1	5.562 2	0.717 3	0.774 4	0.041 7	0.041 6
环形 1-5-5-5	0.648 1	8.181 1	5.708 2	0.855 1	0.776 5	0.041 7	0.041 6

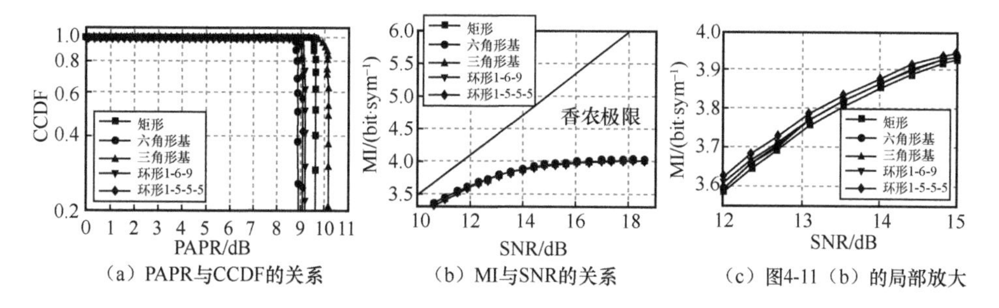

（a）PAPR与CCDF的关系　（b）MI与SNR的关系　（c）图4-11（b）的局部放大

图 4-11　CCDF 仿真结果及 MI 与 SNR 的关系

为了进一步验证几何整形 16QAM 的优越性，我们使用 MATLAB 将几何整形 16QAM 格式的 MI 性能作为 SNR 的函数进行了仿真。如图 4-11（b）和图 4-11（c）所示，仿真结果表明，在 SNR 从 10 dB 到 18 dB 的过程中，环形 1-5-5-5 的性能最好。六角形基、三角形基和环形 1-6-9 比矩形具有更好的抗噪声性能。

4.6.2　概率整形

1. 概率幅度整形和概率象限整形原理

几何整形和概率整形是两个独立的互补操作，它们有助于提高调制方案的增益。在理论分析和实践中，这两个操作是独立且可叠加的，几何整形编码所进行的尝试是距离最大化。概率整形的目的在于在保持一定比特率的同时保证较小的平均发射能量，即使能量最小化[20]。

香农定理给出了加性白高斯噪声信道能达到的传输速率上限，如式（4-38）所示。

$$C=\frac{1}{2}\mathrm{lb}(1+S/N) \tag{4-38}$$

其中，S 和 N 分别为信号和噪声的功率，S/N 即 SNR。在噪声单位方差确定时，我们通过改变信号的功率来改变 SNR。在传统的数据传输方法中，给定星座中的每个点被传输的概率是相等的。虽然使用这种方法可以得到给定星座大小的最大比特率，但是它没有考虑不同星座点的能量成本。1993 年，Frank 和 Subbarayan Pasupathy 提出了非均匀分布的星座点选择。这种不均匀的星座点会降低发射机输出的熵，从而降低平均比特率。然而，通常控制能量小的点比控制能量大的点成功概率更高，节省的能量可以补偿甚至超越这种比特率损失[21]。

在 VLC 系统中，存在功率受限的问题，同时，高电平信号受限于 LED 的非线性效应。而概率整形能够使发射信号的星座点概率不再处于均匀分布，即电平分布也不再遵守均匀分布，功率较小的低电平信号出现的频率高于高电平信号。这意味着经过概率整形的信号有着较好的抗非线性能力。概率整形已经成为在 VLC 系统中被用于接近香农极限的热门研究方向[22]。

根据香农提出的信息论，在加性高斯白噪声（Additive White Gaussian Noise，AWGN）信道中，信道容量的上界可以表示为

$$C=\mathrm{lb}(1+\mathrm{SNR}) \tag{4-39}$$

而相对于传统的等概率 QAM 分布，采用麦克斯韦−玻尔兹曼（Maxwell-Boltzmann）分布可以带来最多 1.53 dB 的整形增益。则每个星座点的概率分布可以写为

$$P_X(x_i)=\frac{1}{\sum\limits_{x_j\in\chi}\mathrm{e}^{-v|x_j|^2}}\mathrm{e}^{-v|x_i|^2},x_i\in\chi \tag{4-40}$$

其中，$\chi=\{x_1,x_2,\cdots,x_M\}$ 代表 M 阶 QAM 所包含的星座点的坐标集合，v 为 Maxwell-Boltzmann 分布参数，该参数越大，代表整形增益越大，即内外圈概率差越大。此时该星座的信源熵可以表示为

$$H(A)=\sum_{i=1}^{M}-P_X(x_i)\mathrm{lb}(P_X(x_i)) \tag{4-41}$$

信源熵 $H(A)$ 与 v 之间的关系如图 4-12（a）所示。可以看出，随着 v 的增大，$H(A)$ 不断降低，且阶数越高，下落的速度越快。而 v 越大，则内外圈星座点之间的概率

差越大，如图 4-12（a）中的（i）～（iii）的概率星座整形（Probabilistic Constellation Shaping，PCS）-256QAM 和图 4-12（a）中的（iv）～（vi）的 PCS-64QAM 柱状图所示。

图 4-12（b）所示为 AWGN 信道中 PCS-256QAM 和 uniform-256QAM 的广义互信息（Generalized Mutual Information，GMI）变化[23]。

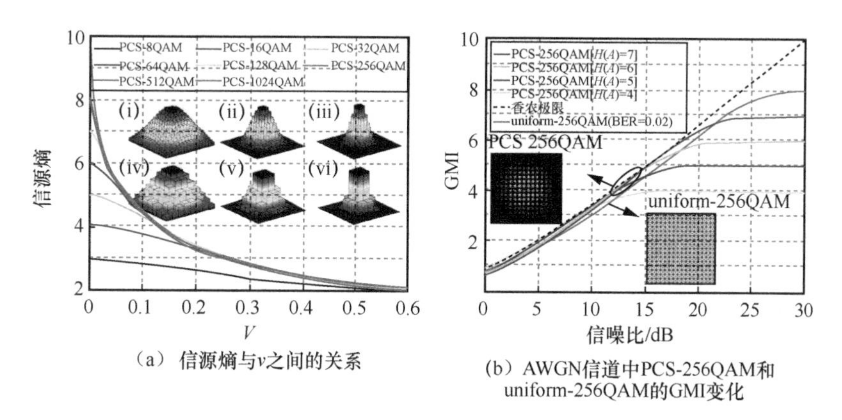

（a）信源熵与v之间的关系

（b）AWGN信道中PCS-256QAM和uniform-256QAM的GMI变化

图 4-12　概率星座整形不同参数对信道容量的影响

对比 AWGN 信道中 PCS-256QAM 在 $H(A)=4\sim7$(b/Hz)时的 GMI 与 uniform-256QAM 的 GMI，可以看出，PCS-256QAM 相比于 uniform-256QAM 更加接近于香农极限。因此，PCS-256QAM 相对于 uniform-256QAM 确实能够带来额外的整形增益。

概率幅度整形（Probabilistic Amplitude Shaping, PAS）的实现流程如图 4-13 所示。

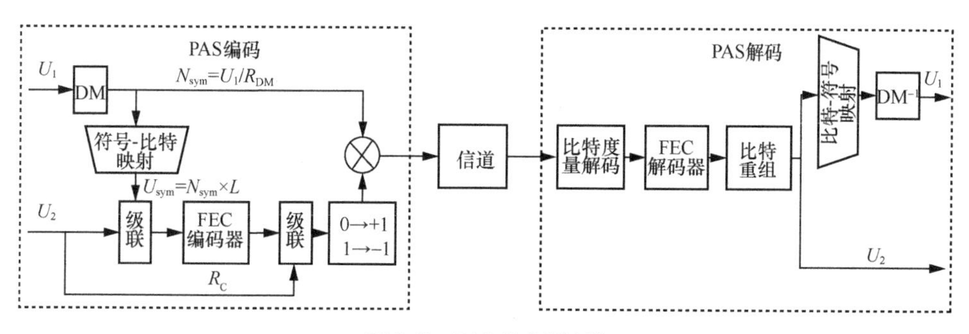

图 4-13　PAS 的实现流程

PAS 主要是用于对 PCS-PAM 信号进行概率整形。PAS 系统可以用于偶数阶的 QAM 星座图,如 16QAM、64QAM 等,此时只将 QAM 信号拆分成 I 路和 Q 路的 PAM 信号,分别采用 PAS 系统即可生成 PCS-QAM 信号。PAS 系统需要两路原始比特流 U_1 和 U_2，其中 U_1 通过分布匹配器（Distribution Matching，DM）转换成预设概率的符号流，然后通过符号比特映射重新将其变换为比特流 N_{sym}。这里 $L = \text{lb}M - 1$，M 为 PAS 信号电平的个数，选择恒定组成分布匹配器（Constant Composition Distribution Matching, CCDM）做比特–符号的转换。随后，U_2 与 N_{sym} 比特流一起被送入 FEC 编码器中，这里我们选择 DVBS2-LDPC 码作为 FEC 码，其码长固定为 64 800，码率有 1/4、1/3、2/5、1/2、3/5、2/3、3/4、4/5、5/6、8/9、9/10 几种选择。由于低密度奇偶校验（Low Density Parity-Check，LDPC）码的纠错比特有 0 和 1 出现概率基本相等的性质，因此可以将其与 U_2 相结合作为符号比特，用于决定 DM 输出符号所在的象限。这样就生成了概率整形后的 PAM 信号。

概率象限整形（Probabilistic Fold Shaping, PFS）主要用于奇数阶 QAM 符号，其实现流程与 PAS 的实现流程类似,但是需要每次生成两个符号比特用来对 4 个象限进行映射，同时 DM 映射的符号的维度为每个象限星座点的个数。

假设编码器的码长为 N_{C}，则图 4-13 中的变量需要满足以下关系式。

$$\begin{cases} U_2 + U_{\text{sym}} = N_{\text{C}} R_{\text{C}} \\ U_2 + N_{\text{C}}(1 - R_{\text{C}}) = N_{\text{sym}} \\ U_{\text{sym}} = N_{\text{sym}} L \end{cases} \tag{4-42}$$

以 64QAM 为例，其需要使用两个 PAS 系统，每个 PAS 系统都需要实现一个 PCS-PAM8 的概率整形符号流，且 $N_{\text{C}} = 64\,800$，$M = 8$。假设码率设为 $R_{\text{C}} = 0.9$，$N_{\text{sym}} = 21\,600$，则 $L = \text{lb}(8) - 1 = 2$，$U_{\text{sym}} = 43\,200$。因此 $U_2 = N_{\text{C}} R_{\text{C}} - U_{\text{sym}} = 15\,120$，且 $U_2 + N_{\text{C}}(1 - R_{\text{C}}) = N_{\text{sym}}$，而 $U_1 = R_{\text{DM}} N_{\text{sym}}$，则 PAS 系统的谱效率为

$$R_{\text{all}} = (U_1 + U_2) / N_{\text{sym}} = R_{\text{DM}} + \gamma \tag{4-43}$$

当 U_2=0 的时候，此时 $R_{\text{C}} = (M-1)/M$ 为系统码率的下限。对于 PFS 系统，计算的流程类似。

2. PCS 技术的衡量标准

PAS 除了实现的方式与传统的 QAM 映射有很大不同外，其性能评价指标也不

再以 BER 为主。可以通过 GMI 和归一化互信息（Normalized Generalized Mutual Information，NGMI）来衡量系统采用软判决纠错码后实现无误码传输所能达到的最大谱效率和纠错码率[23-24]。其中，GMI 的表达式如式（4-44）所示。

$$\mathrm{GMI} \approx \frac{1}{N}\sum_{k=0}^{N-1}[-\mathrm{lb}(P_k)] - \frac{1}{N}\sum_{k=0}^{N-1}\sum_{i=1}^{M}[\mathrm{lb}(1+\mathrm{e}^{(-1)^{b_{k,i}}\Lambda_{k,i}})] \tag{4-44}$$

其中，$b_{k,i}$ 为第 k 个符号的第 i 个比特，$\Lambda_{k,i}$ 为比特对数似然比（Log Likelihood Ratio, LLR），如式（4-45）所示。

$$\Lambda_{k,i} = \mathrm{lb}\frac{\sum_{x\in\chi_1^i} q_{Y|X}(y_k\,|\,x)P_X(x)}{\sum_{x\in\chi_0^i} q_{Y|X}(y_k\,|\,x)P_X(x)} \tag{4-45}$$

其中，χ_1^i 和 χ_0^i 分别代表 χ 符号集合中第 i 位为 1 和 0 的子集。$q_{Y|X}(y_k\,|\,x)$ 为信道的概率密度函数。对于采用比特交织编码调制（Bit Interleaved Coded Modulation, BICM）且噪声方差为 σ^2 的 AWGN 信道，$q_{Y|X}(y_k\,|\,x)$ 可以表示为

$$q_{Y|X}(y_k\,|\,x) = \frac{1}{\sqrt{2\pi\sigma^2}}\mathrm{e}^{-\frac{|y_k-x|^2}{2\sigma^2}} \tag{4-46}$$

NGMI 可以用来衡量系统在理想状态下无误码传输的最大码率。对于 M 阶 QAM 的 PCS 系统，其 NGMI 可以表示为

$$\mathrm{NGMI} = 1 - \frac{H(A) - \mathrm{GMI}}{\mathrm{lb}M} \tag{4-47}$$

对于传统分布的 QAM 系统，其 NGMI 可以表示为

$$\mathrm{NGMI} = \frac{\mathrm{GMI}}{\mathrm{lb}M} \tag{4-48}$$

不考虑编码等方式，系统的可达信息速率（Achievable Information Rate, AIR）可以表示为

$$\mathrm{AIR} = \mathrm{GMI}\cdot\mathrm{BW} \tag{4-49}$$

其中，BW 为信道带宽。

然而可达信息速率在实际的 PCS 系统中并不可实现，仅是一种理想状态下的最大可达速率。因此，目前多采用净传输速率（Net Transmission Rate，NTR）来衡量系统实际的传输速率，

$$\mathrm{NTR}=\left[H(A)-(1-R_{\mathrm{C}})M\right]\mathrm{BW} \tag{4-50}$$

只需要满足 $\mathrm{NGMI}>R_{\mathrm{C}}$，那么就可以实现理想状态下 NTR 的无误码传输。尽管如此，在实际中采用的 LDPC 纠错码和信道等因素使得直接采用与 NGMI 相等码率的纠错码并不能实现无误码传输，需要留有一定的余量。NGMI 门限值与 R_{C} 之间对应值见表 4-3。这也说明，只要 NGMI 值大于表中的 NGMI 门限值，那么采用 LDPC 为纠错码的 PAS 或者 PFS 系统就能实现该码率下的无误码传输。这里采用了 6.25%冗余的阶梯码作外码，以保证无误码传输，因此实际得到的速率还要略低于 R_{C}。

表 4-3 NGMI 门限值与 R_{c} 之间对应值

R_{c}	NGMI 门限值	总码率
1/4	0.30	0.24
1/3	0.37	0.31
2/5	0.44	0.38
1/2	0.54	0.47
3/5	0.64	0.56
2/3	0.71	0.63
3/4	0.78	0.71
4/5	0.83	0.75
5/6	0.86	0.78
8/9	0.91	0.84
9/10	0.92	0.85

3. 非线性升阶等熵 PCS 技术实验研究

在 VLC 系统中，非线性效应会对系统性能产生巨大的影响。在本节中，我们将就 VLC 系统中的升阶等熵 QAM 星座图的性能进行研究。升阶等熵实验研究结果如图 4-14 所示。

图 4-14（a）和图 4-4（b）分别为 Vpp=0.8 V 和 Vpp=1.4 V 时的频谱。可以看出，在 Vpp=0.8 V 时，系统频谱并没有因为非线性效应而产生多余的频率分量，从而只是较为明显受到可见光信道高频衰落的影响。然而，当电压升高时，系统的非线性效应为信号引入了多余的频率成分，导致信号总体的 SNR 变低。因此，本节

将就升阶等熵 PCS 信号在线性区和非线性区的性能展开讨论。我们选取了 6.2 bit/Hz 和 6.8 bit/Hz 两个信源熵，以及 PCS-128QAM 和 PCS-256QAM 两个阶数展开讨论，其柱状概率分布图如图 4-14（c）～图 4-14（f）所示。PCS 升阶等熵水下 VCL 系统实验平台如图 4-15 所示。

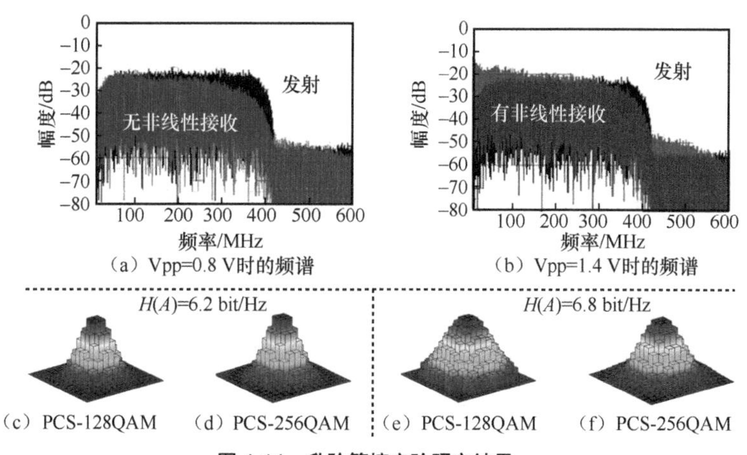

图 4-14　升阶等熵实验研究结果

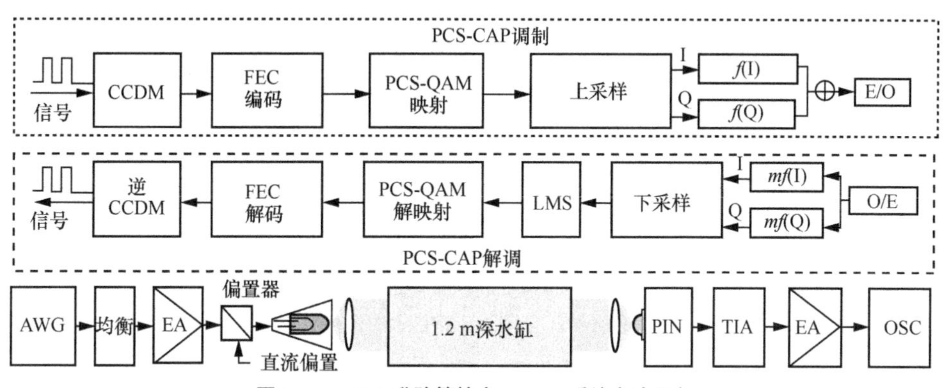

图 4-15　PCS 升阶等熵水下 VLC 系统实验平台

注：E/O 为电光转换（Electrical to Optical）；O/E 为光电转换（Optical to Electrical）。

首先，二进制比特流经过 CCDM 的比特到符号流的映射后，通过 FEC 编码器进行编码。我们选择 PAS 系统和 PFS 系统常用的 DVBS2-LDPC 码作为 FEC 码。随后，将冗余比特和剩余比特一起组成符号比特，并与 CCDM 输出的概率符号流相结合，形成 PCS-QAM 符号。随后，经过 8 倍上采样后，信号分为 I 路和 Q 路，并分别通过 CAP 成形滤波器。在输入端经过包括任意波形发生器（Arbitrary Waveform Generator，AWG）、T 桥无源预均衡板、电放大器（EA）、偏置器（Bias-Tee）组成的光电前端的转换后，由电信号转换为光信号，并在水下传输 1.2 m。在光电接收端，通过 PIN 光电二极管，TIA，EA 的光电转换及信号放大后，示波器（Oscilloscope，OSC）完成信号的模数转换，并送入软件解调平台对信号进行解调。同步后的信号首先通过匹配滤波器提取 I 路和 Q 路两路信号，随后经过下采样和最小均方（LMS）均衡后，进行 PCS-QAM 信号的解映射，包括 QAM 解调，FEC 解码和 CCDM 比特流恢复等流程，从而得到最终的符号流。

首先，我们在不同 Vpp 下计算了 PCS 信号的 SNR，并得到了相应 Vpp 下信号的香农极限。不同 Vpp 下的香农极限如图 4-16 所示，在 Vpp=0.4 V 时系统的 SNR 比较低，从而导致香农极限较低。在 Vpp=1.4 V 时，非线性导致外圈星座点出现了较为严重的失真，使得系统的 SNR 劣化。

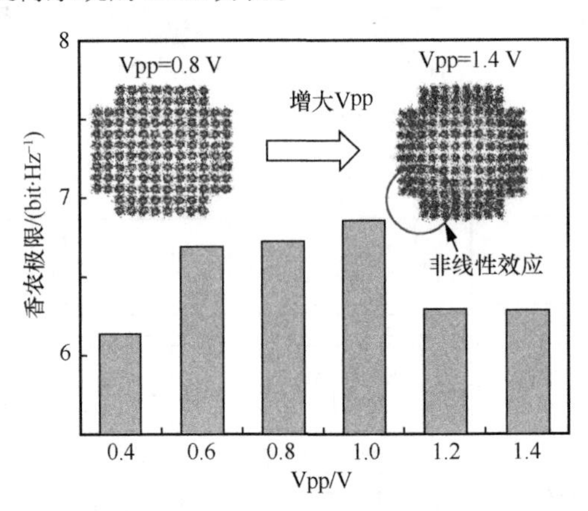

图 4-16　不同 Vpp 下的香农极限

考虑实用性，这里我们将信号的带宽调节到了 350 MHz，使得系统的香农极限为 6～7 bit/Hz，在这个范围内观察信源熵为 6.2 bit/sym 和 6.8 bit/sym 的情况下系统的性能。因为如果信源熵过高，则需要很大的编码冗余才能实现无误码传输，实际应用中需要很高的复杂度。而如果信源熵过低，则此时系统的 NGMI 就会很高，这代表着系统即使不采用 PCS，而采用传统整形调制也能够实现无误码传输，从而失去了研究 PCS 的意义。因此，我们在 6～7 bit/Hz 的香农极限范围内选择信源熵为 6.2 bit/sym 和 6.8 bit/sym 的 PCS-128QAM 和 PCS-256QAM 进行性能测试，随后，对 6.2 bit/Hz 和 6.8 bit/Hz 的 PCS-128QAM 和 PCS-256QAM 信号展开了性能测试，升阶等熵 PCS 实验结果如图 4-17 所示。

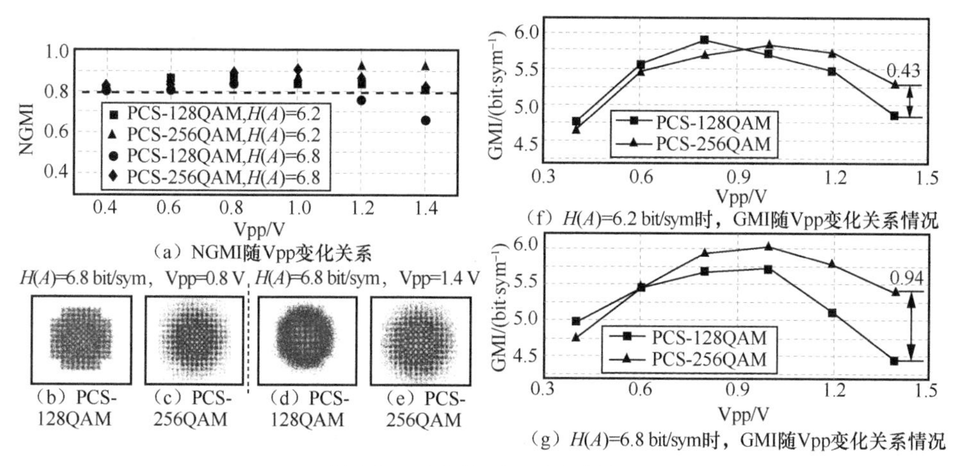

(a) NGMI随Vpp变化关系

(b) PCS-128QAM (c) PCS-256QAM (d) PCS-128QAM (e) PCS-256QAM

(f) $H(A)$=6.2 bit/sym时，GMI随Vpp变化关系情况

(g) $H(A)$=6.8 bit/sym时，GMI随Vpp变化关系情况

图 4-17 升阶等熵 PCS 实验结果

随后，我们对 6.2 bit/Hz 和 6.8 bit/Hz 的 PCS-128QAM 和 PCS-256QAM 信号展开了性能测试，结果如图 4-17 所示。首先，我们测试了 4 种调制格式的 NGMI。可以看出，在较低的 Vpp 下，4 种调制格式之间的 NGMI 相差不大。但是当 Vpp 上升到 1.2 V 以上时，在同样的信源熵下，PCS-256QAM 的 NGMI 均要大于 PCS-128QAM 的 NGMI。这是由于水下 VLC 系统的非线性引起了外圈星座点的失真，导致其性能损伤。在同样的信源熵下，PCS-256QAM 的外圈星座点的分布概率要远小于 PCS-128QAM。因此其所受到的非线性失真相对较小，性能相对较好。图 4-17（d）和图 4-17（e）也证实了水下 VLC 系统的非线性确实对外圈星座点产生了很大的影响。图 4-17（f）和图 4-17（g）中的 GMI 测试结果表明，在非线性区，PCS-256QAM 可以分别取得 0.43 bit/sym 和 0.94 bit/sym 的 GMI 增益。因此可以证明，在同样的信源熵下，高阶 PCS-QAM 的性能要优于低阶 PCS-QAM 的。

因此根据实验结果，我们可以得出结论，假设系统的香农极限为 C，等熵情况下 PCS-$2^{\lceil C\rceil+1}$QAM 在非线性情况下的性能要优于 PCS-$2^{\lceil C\rceil}$QAM。由于 PCS-$2^{\lceil C\rceil+1}$QAM 带来的增益已经足够大，而继续增加阶数不仅会极大地增加系统复杂度，不利于实现，其带来的增益也会十分有限。因此，升一阶 QAM 实现 PCS 系统可以说是在非线性条件下的最优选择。

4.7 多带超奈奎斯特脉冲成形 CAP 调制

4.7.1 超奈奎斯特机制

通常数据传输都是通过对符号序列进行脉冲成形来实现的，对于经典的奈奎斯特信号脉冲，可以表示为

$$s(t)=\frac{\sin(\pi t/T)}{\pi t/T} \tag{4-51}$$

此时在带宽 $\mathrm{BW}=(1/2T)$ Hz 的信道上可以实现无 ISI 的信号传输。若原始信号经过一个双边带功率谱密度为 $N_0/2$ 的加性白高斯噪声信道之后，假设我们收到的信号脉冲可以表示为

$$r(t)=\sum_{n=1}^{N}a_n s(t-nT), a_n=\pm 1 \tag{4-52}$$

则最优探测器误码性能可以表示为

$$P_{\mathrm{e}}=Q\left(\frac{2\sqrt{E}}{\sqrt{2N_0}}\right) \tag{4-53}$$

其中，$Q(x)=1/2\{\mathrm{erfc}(x/\sqrt{2})\}$，$\mathrm{erfc}(\bullet)$ 表示互补误差函数。

当误码性能远远优于所定的误码门限时，我们应该考虑是否可以用提高发射信号速率的方法来和过剩的这部分优势性能“做笔交易”，以达到充分利用带宽资源的目的。因此现在我们将发射的信号脉冲变为式（5-54）的形式。

$$s(t)=\frac{\sin(\pi t/\rho T)}{\pi t/\rho T}, 0<\rho<1 \tag{4-54}$$

即用更小的时间间隔 $\rho T(0<\rho<1)$ 来发送信号，我们将其称为超奈奎斯特（Fast Than Nyquist，FTN）脉冲成形。

为了实现更高的频谱利用率，我们一般可以用部分响应系统来实现 FTN 编码。部

分响应系统通过引入由多级编码控制的 ISI 来实现频谱压缩。而双二进制码型（DB 编码）具有典型的部分响应波形，具有较大的拖尾衰减和快速收敛性。为了实现 DB 编码，我们使用一位比特延迟、相加的相关编码方式来编码，实现从二级信号{−1,+1}到三级信号{−1,0,+1 }的转变，FTN 编码示意如图 4-18 所示。但是，这种部分响应系统的波形有多个级别，因此需要在接收端配备更好的恢复算法，即接收机复杂度会有一定的提升。

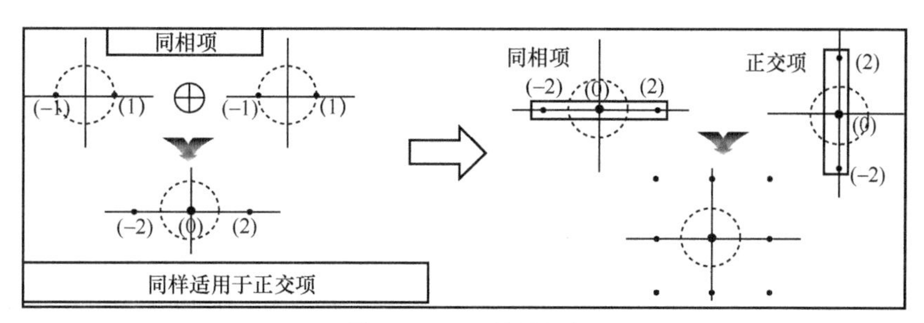

图 4-18　FTN 编码示意

在实验中，FTN 编码由两个模块组成，一个是差分编码（预编码）模块，另一个是延迟、相加低通滤波器模块。实验中的 FTN 编码模块如图 4-19 所示，将 I/Q 两路分离的信号分别输入差分编码模块和延迟、相加低通滤波器模块以实现 FTN 编码，然后我们将编码后的信号送入 CAP 成形滤波器生成 DB 信号。由于我们在系统中使用两个正交调制 I/Q 信号，因此生成四相正交双二进制码，这种调制方法通常也被称为正交双二进制调制格式，可以使信号传输速率加倍。由于在 FTN 编码中使用了预编码，在接收端我们只需要一个模 2 运算符来解码传输符号即可。

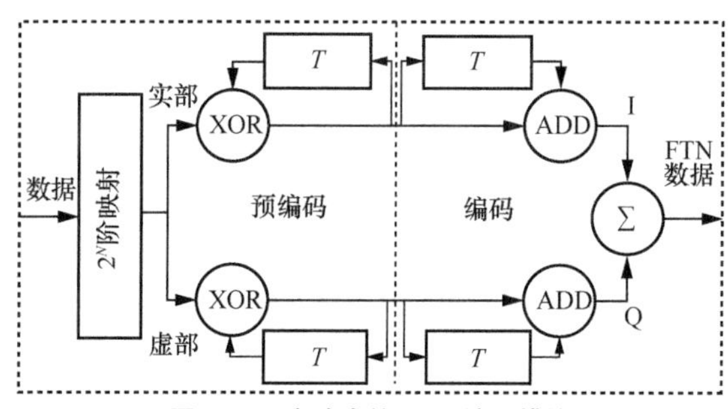

图 4-19　实验中的 FTN 编码模块

注：XOR 为异或操作；ADD 为相加操作。

从图4-19中可知，原始数据在经过 2^N QAM映射之后完成实数–复数转换，接着实部与虚部两路信号分别经历差分操作，即经历延迟模块及异或操作——其作用就相当于对信号进行取模（mod）操作；如果我们设输入的第 n 对I路和Q路信号分别为 i_n 和 q_n，输出是 I_n 和 Q_n，这时两路输出信号可分别表示为

$$\begin{cases} I_n = (i_n - I_{n-1})\bmod(N), n \geqslant 2 \\ Q_n = (q_n - Q_{n-1})\bmod(N), n \geqslant 2 \end{cases} \tag{4-55}$$

之后两路信号分别经过延迟相加，即为一个低通滤波器($H(z)=1+z^{-1}$)，之后将实部和虚部信号相加得到FTN编码之后的输出信号

$$\mathrm{FTN}_{\mathrm{Output}} = (I_n + \mathrm{j}Q_n) + (I_{n-1} + \mathrm{j}Q_{n-1}), n \geqslant 2 \tag{4-56}$$

4.7.2 多带CAP调制解调原理

单带CAP被证明对基于强度调制的VLC系统的不均匀系统响应非常敏感，因此，人们引入了多带CAP的概念，通过将所需信号带宽划分为 m 个子带，可以放宽对非频率选择性信道响应的要求。因此，通过增加子带数目 m，子带可以近似为具有不同衰减水平的平带响应[10,12]。另外由于能够很方便地增减子带数目和调整中心频率，CAP在多用户接入的领域也有着突出的表现，为有效利用频谱资源、提升频谱效率做出了贡献。

多带CAP调制解调原理如图4-20所示。其原理就是将不同的CAP信号调制到不同中心频率的子载波上，通过选择不同的中心频率 f_c，在不浪费频谱资源的情况下，实现各路CAP信号在频域上的刚好错开，最后将调制好的各路信号加在一起变成一路信号发射出去。我们可以看到如何设置子载波之间的间隔是问题的关键，如果间隔太大则会造成频谱浪费，如果间隔太小，则子载波间会发生干扰，影响系统接收性能。在接收端我们用相对应中心频率的匹配滤波器滤出每个子载波的信号即可。

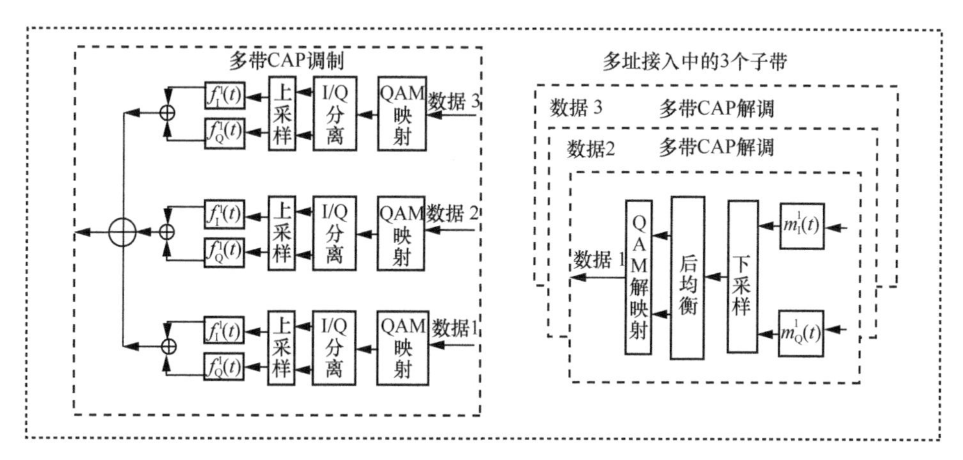

图 4-20　多带 CAP 调制解调原理

4.7.3　多带 CAP FTN VLC

多带 CAP 调制解调原理和可见光实验平台装置如图 4-21 所示。首先将 3 路原始数据进行 QAM 映射，完成实数-复数信号转变，然后分离 I/Q 两路信号，完成 FTN 编码，紧接着执行 10 倍上采样，然后利用 CAP 成形滤波器脉冲成形；在将 3 路数据加和送到发射模块之前，需要让各路信号完全对应延拓的中心点，所以需要在基带滤波后，再上变换，把 DB 主峰和 cos 和 sin 频率对应。之后再将 3 个子带相加送至 AWG。AWG 用于生成多带 CAP FTN 电信号，AWG 发射速率是 1 GSa/s。之后将生成的 CAP 信号输入到均衡器中，均衡信号接着由功率放大器放大。然后将放大的电信号输入到直流-交流（AC-DC）耦合器，并且 AC-DC 耦合器的另一端的输入是直流电流，用于驱动 LED，最后通过 LED 的快速亮灭将信号发射出去。

在接收端我们使用光电二极管来检测光信号以实现光电转换。在 PIN 光电二极管之前使用透镜来聚光用以增加接收光信号的功率。通过功率放大器后，将采样率为 5 GSa/s 的数字采样 OSC 用于采样和量化电信号。之后将同步后的数据送到深度神经网络（Deep Neural Network，DNN）非线性均衡模块，然后我们把经过 DNN 模块的数据下变频之后，利用正交的匹配滤波器进行接收，在进行下采样、LMS 线性后均衡、FTN 解码以及 QAM 解映射得到原始数据，最后测量 BER 测试系统性能。

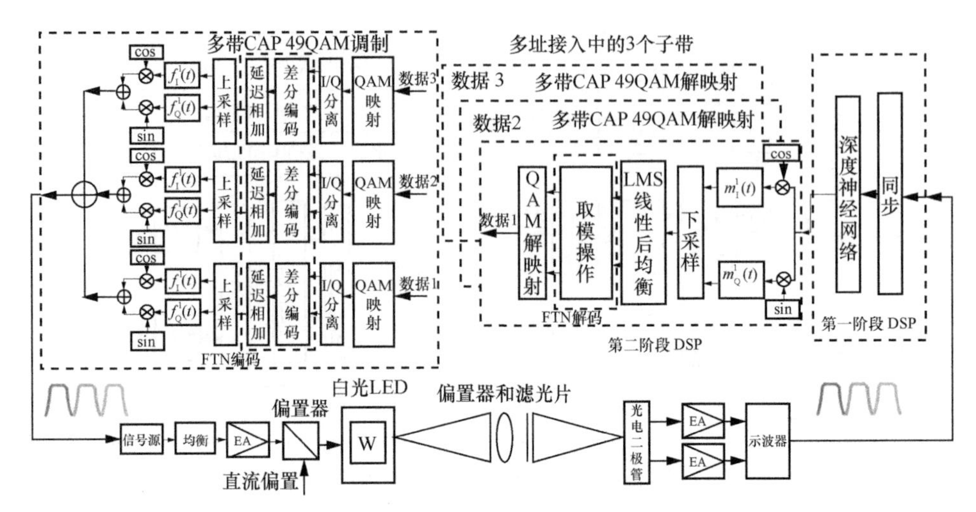

图 4-21　多带 CAP 调制解调原理和可见光实验平台装置

当滚降系数 α 为 0.105，归一化信道带宽（BW）为 1.05 时，CAP 16QAM 信号的 3 个子带频谱如图 4-22 所示，从星座图中可以看到第 3 个子带的误码性能更好。AWG 发射速率为 1 Gbit/s，所以每个子带带宽为 1(Gbit/s)/10 倍上采样 × 1.05=105 MHz，3 个子带的总带宽就是 315 MHz；从频谱图中也可看出信道高频衰落的特性。

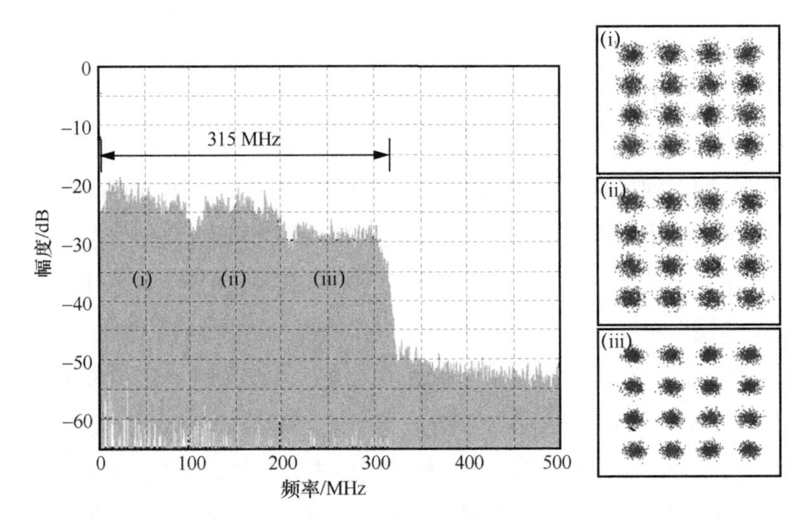

图 4-22　CAP 16QAM 信号的 3 个子带频谱（α=0.105，BW=1.05）

当滚降系数 α 为 0.105，归一化信道带宽为 1 时，CAP 16QAM 信号的 3 个子带频谱如图 4-23 所示，从星座图中可以看到第 3 个子带的误码性能更好。这时 3 个子带的总带宽被压缩到了 300 MHz，但是误码性能较差，为了更好地压缩频谱，FTN 编码方式需要得到应用。

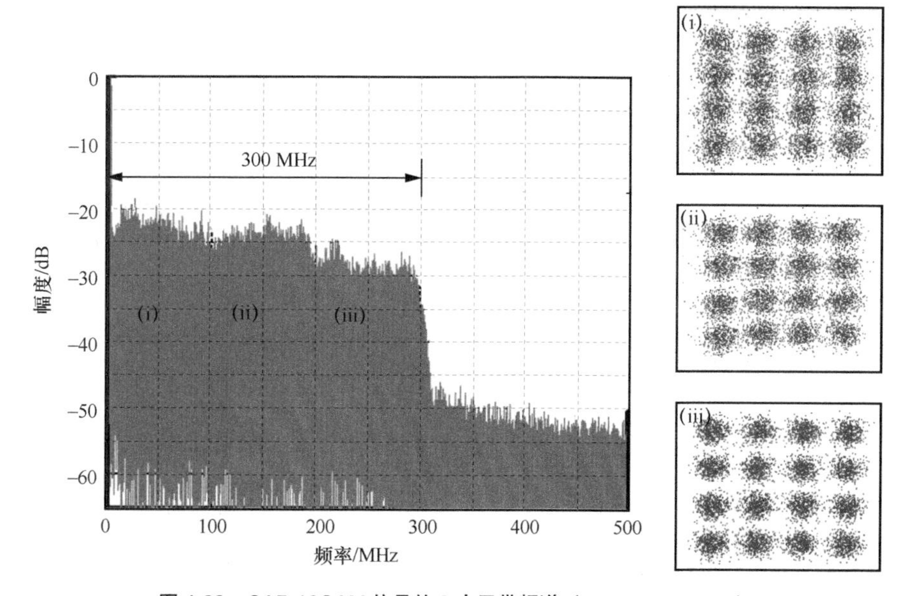

图 4-23 CAP 16QAM 信号的 3 个子带频谱（α=0.105，BW=1）

经过 FTN 编码之后，CAP 49QAM 的 3 个子带频谱如图 4-24 所示，这时我们取滚降系数为 0.205，归一化信道带宽为 0.9，可以看到此时 3 个子带的总带宽被压缩到了 270 MHz，并且由于在 FTN 编码中经过差分编码之后进行了一步延迟相加的低通滤波操作，所以每个子带的频谱都是在高频处被滤波，并且裙带增多。从星座图中可以看到表现最好的子带还是第 3 个子带。

经过 FTN 编码之后，CAP 49QAM 的 3 个子带频谱如图 4-25 所示，此时滚降系数为 0.205，归一化信道带宽为 0.85，可以看到此时 3 个子带的总带宽被压缩到了 255 MHz，此时子带间隔进一步减小，彼此干扰加深，星座图中的星座点也变得更加模糊，误码性能下降，说明频谱压缩过度，超过了系统极限。

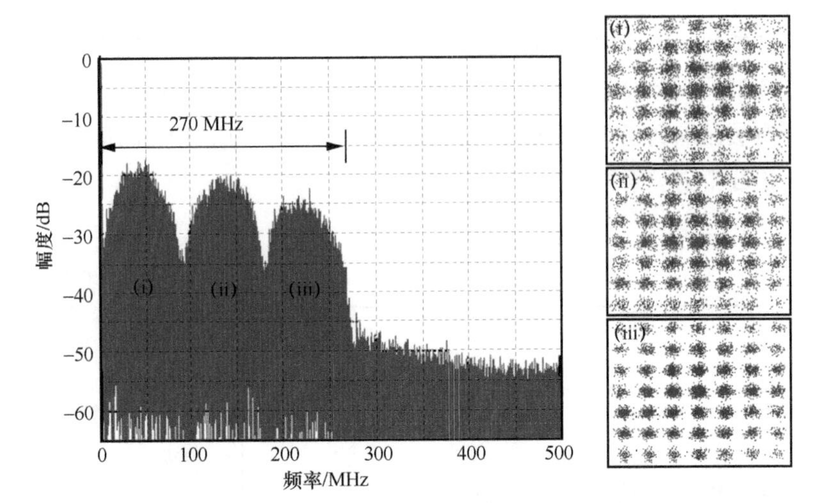

图 4-24　CAP 49QAM 的 3 个子带频谱（α=0.205，BW=0.9）

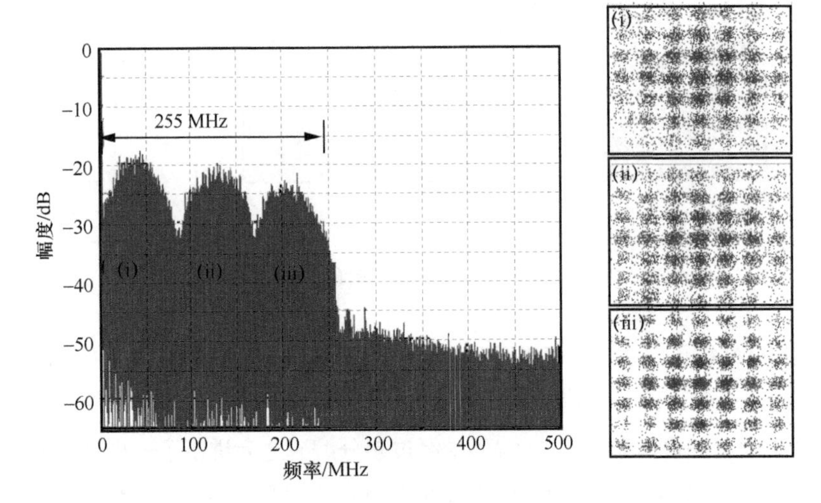

图 4-25　CAP 49QAM 的 3 个子带频谱（α=0.205，BW=0.85）

最后我们对本实验进行总结，在本次实验中通过对多带 CAP 49QAM 进行滚降系数和信道带宽的改变，论证了 FTN 机制可以压缩频谱实现频谱的高效利用；利用 FTN 机制 DB 编码方式的多带 CAP 49QAM 信号在结合了均衡算法的情况下，可以比没有经过 FTN 机制的信号 CAP 16QAM 信号将频谱压缩 14.29%，同时保证误码低于 7%硬判决前向纠错率编码（Hard Decision Forward Error Correction，HD-FEC）门限（3.8×10^{-3}）。

4.8 本章小结

本章围绕 VLC 系统信号调制技术进行了阐述，详细介绍了 PAM、DMT、CAP、DFT-S OFDM、GS、PS 和多带 CAP FTN 等几种先进高阶调制和编码技术的原理、实现以及各自的优缺点。在 VLC 系统中，这些不同的调制编码技术，能够适用于不同的应用场景，不断提高 VLC 的传输速率和通信质量。

参考文献

[1] STEPNIAK G, MAKSYMIUK L, SIUZDAK J. 1.1 Gbit/s white lighting LED-based visible light link with pulse amplitude modulation and Volterra DFE equalization[J]. Microwave and Optical Technology Letters, 2015, 57(7): 1620-1622.

[2] CHI N, ZHANG M J, ZHOU Y J, et al. 3.375 Gbit/s RGB LED based WDM visible light communication system employing PAM-8 modulation with phase shifted Manchester coding[J]. Optics Express, 2016, 24(19): 21663-21673.

[3] COSSU G, KHALID A M, CHOUDHURY P, et al. 3.4 Gbit/s visible optical wireless transmission based on RGB LED[J]. Optics Express, 2012, 20(26): B501-B506.

[4] ZHU X, WANG F M, SHI M, et al. 10.72 Gbit/s visible light communication system based on single packaged RGBYC LED utilizing QAM-DMT modulation with hardware pre-equalization[C]//2018 Optical Fiber Communications Conference and Exposition (OFC). Piscataway: IEEE Press, 2018: 1-3.

[5] 李荣玲, 汤婵娟, 王源泉, 等. 基于副载波复用的多输入单输出正交频分复用 LED 可见光通信系统[J]. 中国激光, 2012, 39(11): 50-54.

[6] CHI N, WANG Y, WANG Y, et al. Ultra-high-speed single red-green-blue light-emitting diode-based visible light communication system utilizing advanced modulation formats[J]. Chinese Optics Letters, 2014, 12(1): 010605.

[7] STEPNIAK G, MAKSYMIUK L, SIUZDAK J. Experimental comparison of PAM, CAP, and DMT modulations in phosphorescent white LED transmission link[J]. IEEE Photonics Journal, 2015, 7(3): 1-8.

[8] WANG Y G, HUANG X X, LI T, et al. 4.5 Gbit/s RGB LED based WDM visible light communication system employing CAP modulation and RLS based adaptive equalization[J]. Op-

tics express, 2015, 23(10): 13626-13633.

[9] WANG Y G, LI T, HUANG X X, et al. 8 Gbit/s RGBY LED-based WDM VLC system employing high-order CAP modulation and hybrid post equalizer[J]. IEEE Photonics Journal, 2015, 7(6): 1-7.

[10] OLMEDO M I, ZUO T J, JENSEN J B, et al. Multiband carrierless amplitude phase modulation for high capacity optical data links[J]. Journal of Lightwave Technology, 2013, 32(4): 798-804.

[11] WU F M, LIN C T, WEI C C, et al. 3.22 Gbit/s WDM visible light communication of a single RGB LED employing carrier-less amplitude and phase modulation[C]//2013 Optical Fiber Communication Conference and Exposition and the National Fiber Optic Engineers Conference (OFC/NFOEC). Piscataway: IEEE Press, 2013: 1-3.

[12] HAIGH P A, LE S T, ZVANOVEC S, et al. Multi-band carrier-less amplitude and phase modulation for bandlimited visible light communications systems[J]. IEEE Wireless Communications, 2015, 22(2): 46-53.

[13] BÖCHERER G, STEINER F, SCHULTE P. Bandwidth efficient and rate-matched low-density parity-check coded modulation[J]. IEEE Transactions on Communications, 2015, 63(12): 4651-4665.

[14] NOREEN U, BAIG S, KHAN F. A review of bit allocation for MCM techniques in power line communication for smart grids[J]. World Applied Sciences Journal, 2012, 19(7): 929-936.

[15] SHAFIK R A, RAHMAN M S, ISLAM A R. On the extended relationships among EVM, BER and SNR as performance metrics[C]//2006 International Conference on Electrical and Computer Engineering. Piscataway: IEEE Press, 2006: 408-411.

[16] CIOFFI J M. Advanced digital communication[J]. Electronics and Power, 1987, 33(9): 587.

[17] CHOW P S, CIOFFI J M, BINGHAM J A. A practical discrete multitone transceiver loading algorithm for data transmission over spectrally shaped channels[J]. IEEE Transactions on Communications, 1995, 43(2/3/4): 773-775.

[18] FISCHER R F, HUBER J B. A new loading algorithm for discrete multitone transmission[C]//Proceedings of GLOBECOM'96 1996 IEEE Global Telecommunications Conference. Piscataway: IEEE Press, 1996: 724-728.

[19] HU F C, ZOU P, WANG F M, et al. Optimized geometrically shaped 16QAM in underwater visible light communication[C]//2018 IEEE Globecom Workshops (GC Wkshps). Piscataway: IEEE Press, 2018: 1-3.

[20] KSCHISCHANG F R, PASUPATHY S. Optimal nonuniform signaling for Gaussian channels[J]. IEEE Transactions on Information Theory, 1993, 39(3): 913-929.

[21] BUCHALI F, STEINER F, BÖCHERER G, et al. Rate adaptation and reach increase by probabilistically shaped 64QAM: An experimental demonstration[J]. Journal of Lightwave

Technology, 2016, 34(7): 1599-1609.
[22] SHI J Y, ZHANG J W, CHI N, et al. Probabilistically shaped 1024QAM OFDM transmission in an IM-DD system[C]//Optical Fiber Communication Conference. Piscataway: IEEE Press, 2018: W2A. 44.
[23] CHO J, SCHMALEN L, WINZER P J. Normalized generalized mutual information as a forward error correction threshold for probabilistically shaped QAM[C]//2017 European Conference on Optical Communication (ECOC). Piscataway: IEEE Press, 2017: 1-3.
[24] ALVARADO A, AGRELL E, LAVERY D, et al. Replacing the soft-decision FEC limit paradigm in the design of optical communication systems[J]. Journal of Lightwave Technology, 2015, 33(20): 4338-4352.

第 5 章

VLC 的信号处理技术

基于 LED 的 VLC 系统在信号的传输过程中会受到来自系统的线性和非线性失真，进而影响系统的性能。在 VLC 发展初期，由于传输速率普遍较低，线性和非线性失真对系统性能的影响并不明显，但随着人们对 VLC 系统传输速率需求的增加，这些失真逐渐演变成为限制 VLC 系统传输速率提升的关键因素[1]。为进一步提升传输速率，研究者开始尝试使用预均衡技术、后均衡技术以弥补线性和非线性失真对 VLC 系统产生的影响。本章将围绕预均衡技术与后均衡技术，对 VLC 信号处理技术进行详细的介绍。

| 5.1 VLC 系统信道特性与均衡技术的必要性 |

VLC 系统中的线性失真主要由 ISI 引起，造成 ISI 的主要原因为系统中所使用的 LED、放大器和光电探测器等器件的带宽有限，其中 LED 的带宽限制是主导因素。来自 LED 等器件的带宽限制可以被等效为低通滤波器，当使用可见光进行低速通信时，即传输信号的带宽在滤波器带宽以内时，VLC 系统性能并不受带宽限制的影响。但当提高系统速率使传输信号带宽超过器件带宽时，将产生强滤波效应，表现为信号频谱被压缩，时域上信号码元拓展，ISI 将影响系统性能。此外，VLC 在传输过程中因多径效应导致其信号脉冲在不同时刻多次到达接收端从而引起的脉冲展宽现象也会引入 ISI。

除线性失真外，VLC 系统性能也会受到非线性失真的影响。VLC 系统中的非线性失真来自于器件本身的非线性，例如 LED 的驱动电路、LED、EA、数模转换器、模数转换器和光电探测器都会引入非线性。在这些器件中，LED 电压和电流、电流和光强之间的非线性关系是非线性的主要来源。此外，在 VLC 系统中，光电探测器使用平方律探测，也会引入非线性。这些非线性的存在，会使接收信号中产生原始信号的指数项和不同时刻信号的交叉项，当使用高阶调制实现高速 VLC 传输时，会严重影响 VLC 系统的性能。

由此，VLC 的均衡技术被人们所重视。根据均衡技术在 VLC 系统中的应用位置，可以分为预均衡技术和后均衡技术。在预均衡技术中，主要分为硬件预均衡技术和软件预均衡技术；在后均衡技术中，主要包括线性后均衡技术及非线性后均衡技术。

5.2 硬件预均衡技术

前文中提到，LED 的带宽限制已成为实现高速 VLC 系统面临的主要挑战之一。为提升 LED 的 3 dB 带宽，国内外的研究者们已经展开了广泛的研究，其中预均衡技术被证明是一种有效的方案[2-9]。预均衡技术主要通过增加高频分量的功率和减少低频分量的功率来拓展 LED 的调制带宽，从而增加 VLC 系统的传输速率。

软件预均衡技术是通过软件程序对发射信号进行离线预补偿，因此便于灵活精确的调整，可以实现较为完美的均衡，但因为预均衡在数字域中操作，所以在其复杂度较高的同时，亦不利于 VLC 系统的实时化集成。而基于无源 RC 电路的硬件预均衡技术具有成本低和易应用等优势，近年来成为研究热点。因此，我们希望设计并实现一种适用于高速 VLC 系统的硬件预均衡器（Eq.），可以同时应用于单载波和多载波调制系统，且具有较好的线性度，有利于实现高速 VLC 传输。下面将介绍两种硬件均衡器及相对应的仿真和测试结果。

在 VLC 系统中使用的定阻对称 T 型幅度均衡器原理如图 5-1 所示。在该均衡器中、Z_{11} 是由电阻 R_1、电容 C_1 和电感 L_1 组成的 RLC 网络 1 的等效阻抗，Z_{22} 是由电阻 R_4、电容 C_2 和电感 L_2 组成的 RLC 网络 2 的等效阻抗，电路中的电阻 R_2 和 R_3 都等于 R_0。

对于输入输出阻抗为 50 Ω 的设备或者器件，相应的电阻的选择如式（5-1）所示。

$$R_2 = R_3 = R_0 = 50\,\Omega \tag{5-1}$$

Z_{11} 表示 C_1 和 L_1 串联之后再与 R_1 并联后的等效阻抗。

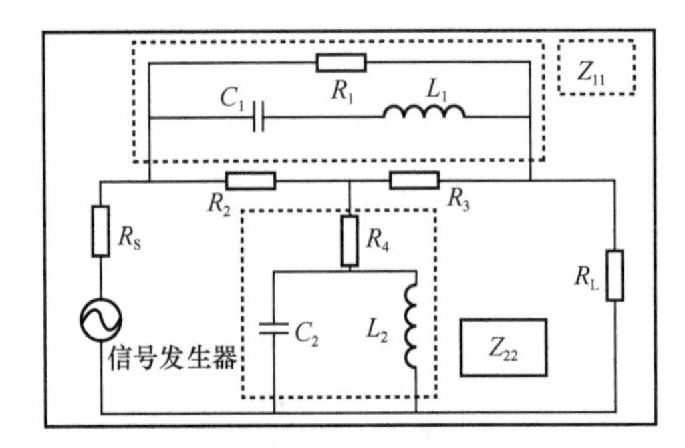

图 5-1　定阻对称 T 型幅度均衡器原理

$$Z_{11}=\frac{R_1\times\left(\dfrac{1}{\mathrm{j}\omega C_1}+\mathrm{j}wL_1\right)}{R_1+\dfrac{1}{\mathrm{j}\omega C_1}+\mathrm{j}\omega L_1} \tag{5-2}$$

Z_{22}表示 C_2和 L_2并联之后再与 R_4串联后的等效阻抗。

$$Z_{22}=\frac{\dfrac{1}{\mathrm{j}\omega C_2}\times\mathrm{j}\omega L_2}{\dfrac{1}{\mathrm{j}\omega C_2}+\mathrm{j}\omega L_2}+R_4 \tag{5-3}$$

对于定阻对称 T 型幅度均衡器，Z_{11}和 Z_{22}的乘积应该等于常数，即 $R_2\times R_3$。

$$Z_{11}\times Z_{22}=R_2\times R_3 \tag{5-4}$$

$$\frac{R_1\times\left(\dfrac{1}{\mathrm{j}\omega C_1}+\mathrm{j}\omega L_1\right)}{R_1+\dfrac{1}{\mathrm{j}\omega C_1}+\mathrm{j}\omega L_1}\times\left(\frac{\dfrac{1}{\mathrm{j}\omega C_2}\times\mathrm{j}\omega L_2}{\dfrac{1}{\mathrm{j}\omega C_2}+\mathrm{j}\omega L_2}+R_4\right)=R_2\times R_3 \tag{5-5}$$

$$\frac{R_1\times\left(1-\omega^2C_1L_1\right)}{1-\omega^2C_1L_1+\mathrm{j}\omega R_1C_1}\times\frac{R_4-\omega^2R_4C_2L_2+\mathrm{j}\omega L_2}{1-\omega^2C_2L_2}=R_2\times R_3 \tag{5-6}$$

$$R_1\times R_4\times\frac{1-\omega^2C_1L_1}{1-\omega^2C_1L_1+\mathrm{j}\omega R_1C_1}\times\frac{1-\omega^2C_2L_2+\mathrm{j}\dfrac{\omega L_2}{R_4}}{1-\omega^2C_2L_2}=R_2\times R_3 \tag{5-7}$$

$$R_1 \times R_4 \times \frac{1-\omega^2 C_1 L_1}{1-\omega^2 C_2 L_2} \times \frac{1-\omega^2 C_2 L_2 + \mathrm{j}\dfrac{\omega L_2}{R_4}}{1-\omega^2 C_1 L_1 + \mathrm{j}\omega R_1 C_1} = R_2 \times R_3 \tag{5-8}$$

为使任意频率 ω 下都满足式（5-8），由式（5-8）可以得到

$$\frac{1-\omega^2 C_2 L_2}{1-\omega^2 C_1 L_1} = \frac{\mathrm{j}\dfrac{\omega L_2}{R_4}}{\mathrm{j}\omega R_1 C_1} = k \tag{5-9}$$

其中，k 为常数。

式（5-8）在特殊条件下可以化简为

$$R_1 \times R_4 = R_2 \times R_3 \tag{5-10}$$

为使任意频率 ω 下都满足式（5-9）可以得到

$$k=1 \tag{5-11}$$

$$C_2 L_2 = C_1 L_1 \tag{5-12}$$

$$\frac{\dfrac{L_2}{R_4}}{R_1 C_1} = \frac{L_2}{R_1 R_4 C_1} = k = 1 \tag{5-13}$$

得到

$$\frac{L_1}{C_2} = \frac{L_2}{C_1} = R_1 R_4 = R_2 R_3 \tag{5-14}$$

为便于分析，取 $L_1 = L_2$，$C_1 = C_2$，对于输入输出阻抗为 50 Ω 的设备或者器件（AWG 的输出阻抗为 50 Ω，电路的电放输入阻抗为 50 Ω），如式（5-15）所示。

$$\frac{L_1}{C_2} = \frac{L_2}{C_1} = 2\,500\ (\Omega^2) \tag{5-15}$$

当 $R_S=R_L=R_0$ 时，前向传输增益 $S_{21}=2V_{out}/V_{in}=2H_{channel}$，其中，$V_{out}$ 为负载输出电压，V_{in} 为信号源输出电压，$H_{channel}$ 为信道响应。

$$H_{channel} = 0.5 \times \frac{1}{1+\dfrac{R_L}{R_4+\dfrac{\mathrm{j}\omega L_1}{1-\omega^2 C_1 L_1}}} \tag{5-16}$$

前向传输增益 S_{21}

$$S_{21}=\frac{1}{1+\dfrac{R_{\mathrm{L}}}{R_4+\dfrac{\mathrm{j}\omega L_1}{1-\omega^2 C_1 L_1}}} \tag{5-17}$$

当 $1-\omega^2C_1L_1$ 趋向于 0 时，S_{21} 和 H_{channel} 取最大值。令 $1-\omega^2C_1L_1=0$，得到

$$1-\omega_0^{\,2}C_1L_1=0 \tag{5-18}$$

$$\omega_0=\frac{1}{\sqrt{C_1L_1}} \tag{5-19}$$

ω 为角频率，则谐振频率 f_0 为

$$f_0=\frac{\omega_0}{2\pi}=\frac{1}{2\pi\sqrt{C_1L_1}} \tag{5-20}$$

① 在频率范围$(0, f_0)$内，S_{21} 和 H_{channel} 随频率 f 的增加而增加，之后随频率增加而减小。

② 在频率 f 趋向于 0，即频率相对较低时，如式（5-21）所示。

$$\lim_{f\to 0}S_{21}=\frac{1}{1+\dfrac{R_{\mathrm{L}}}{R_4}} \tag{5-21}$$

由式（5-21）可以得到，在 R_{L} 一定的情况下，R_4 决定 S_{21} 和 H_{channel} 低频的特性。R_4 越小，S_{21} 和 H_{channel} 的低频响应相对越低；R_4 越大，S_{21} 和 H_{channel} 的低频响应相对越高。

5.2.1 双级联定阻对称 T 型幅度均衡器

VLC 系统信道是一种复杂且具有强非线性的指数衰落信道。由于单级幅度均衡器的动态均衡幅度有限，不能很好地补偿 VLC 系统，因此本节引入双级联定阻对称 T 型幅度均衡器，更好地优化 VLC 系统的信道。双级联定阻对称 T 型幅度均衡器可以分为两个相同的单级幅度均衡器（双级联同构幅度均衡器如图 5-2 所示）和两个不同的单级幅度均衡器（双级联异构幅度均衡器如图 5-3 所示）。

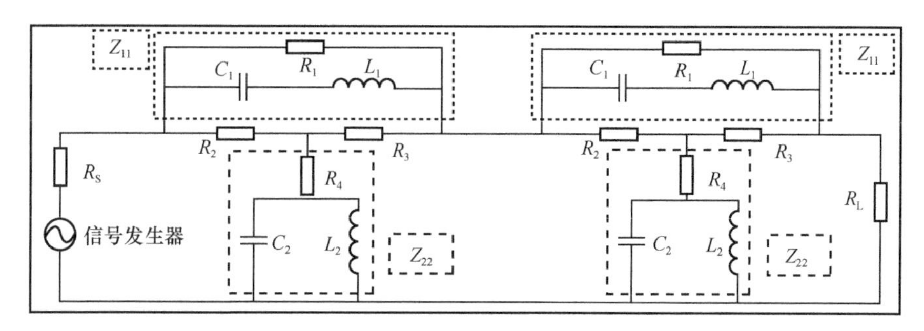

图 5-2　双级联同构幅度均衡器

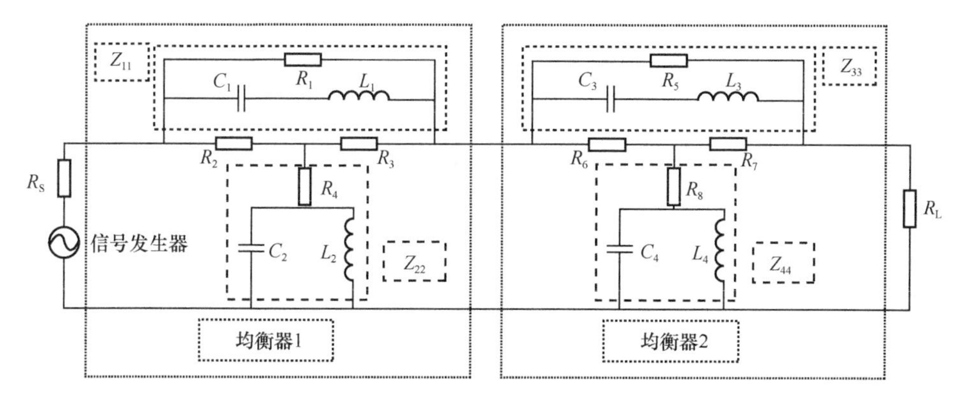

图 5-3　双级联异构幅度均衡器

单级幅度均衡器网络的前向传输增益 $S_{21\text{single}}$ 表示为

$$S_{21\text{single}}=\frac{1}{1+\dfrac{R_L}{R_4+\dfrac{j\omega L_1}{1-\omega^2 C_1 L_1}}} \tag{5-22}$$

对于双级联同构幅度均衡器网络，前向传输增益 S_{21} 表示为

$$S_{21}=S_{21\text{single}}^2=\frac{1}{\left(1+\dfrac{R_L}{R_4+\dfrac{j\omega L_1}{1-\omega^2 C_1 L_1}}\right)^2} \tag{5-23}$$

双级联同构幅度均衡器和单级幅度均衡器的特性相同，同样，在确定 L_1=L_2，C_1=C_2 及负载 R_L 一定的情况下，R_4 决定 S_{21} 和 H_{channel} 的低频特性，并且由于双级联

同构幅度均衡器的低频衰落更大，它对于 VLC 系统信道的补偿作用更强。

双级联同构幅度均衡器会使其受限于可以调节参数的个数；而采用不同的单级幅度均衡器设计的双级联异构幅度均衡器具有更多的调节参数，可以更好地匹配和补偿 VLC 系统信道，所设计的整个 VLC 系统信道带宽更宽。

对于双级联异构幅度均衡器网络，前向传输增益 S_{21} 为

$$S_{21}=\frac{1}{\left(1+\dfrac{R_{\mathrm{L}}}{R_4+\mathrm{j}\omega L_1/\left(1-\omega^2C_1L_1\right)}\right)\left(1+\dfrac{R_{\mathrm{L}}}{R_8+\mathrm{j}\omega L_3/\left(1-\omega^2C_3L_3\right)}\right)} \tag{5-24}$$

对于双级联异构幅度均衡器，在 $L_1=L_2$，$C_1=C_2$，$L_3=L_4$ 和 $C_3=C_4$ 确定和负载 R_{L} 一定的情况下，S_{21} 和 H_{channel} 的低频特性由电阻 R_4 和 R_8 决定。与双级联同构幅度均衡器相比，双级联异构幅度均衡器可调参数更多，可以根据 VLC 系统的信道特性，选择不同的参数组合进行补偿，因此可以更好地补偿 VLC 系统的信道。

5.2.2 硬件预均衡电路仿真结果

根据所推导的公式结论，可以设计出不同均衡幅度和均衡带宽的硬件均衡器，以满足不同条件下的 VLC 系统的需求。根据公式推导，电路需要满足式（5-1），并且推导出的结论电感与电容之间的关系如式（5-15）所示，而在实际设计电路时，需要考虑电阻、电容和电感的值是否满足上述关系，在尽量满足式（5-1）和式（5-15）的条件下，可以最大化实现硬件预均衡电路输入和输出阻抗匹配。

根据不同 VLC 系统的设计需要，采用不同的参数设计了如下预均衡电路。

① 单级预均衡电路参数。

（a）f_0=143 MHz，R_1=249 Ω，R_2=R_3=49.9 Ω，R_4=10 Ω，C_1=C_2=22 pF，L_1=L_2=56 nH

（b）f_0=173 MHz，R_1=249 Ω，R_2=R_3=49.9 Ω，R_4=10 Ω，C_1=C_2=18 pF，L_1=L_2=47 nH

（c）f_0=368 MHz，R_1=499 Ω，R_2=R_3=49.9 Ω，R_4=5 Ω，C_1=C_2=8.5 pF，L_1=L_2=22 nH

（d）f_0=368 MHz，R_1=249 Ω，R_2=R_3=49.9Ω，R_4=10 Ω，C_1=C_2=8.5 pF，L_1=L_2=22 nH

② 双级联同构预均衡电路参数。

（e）f_0=368 MHz，R_1=R_5=499 Ω，R_2=R_3=R_6=R_7=49.9 Ω，R_4=R_8=5 Ω，C_1=C_2=C_3=C_4=8.5 pF，L_1=L_2=L_3=L_4=22 nH

③ 双级联异构预均衡电路参数。

（f）f_0=368 MHz，R_1=249 Ω，R_2=R_3=R_6=R_7=49.9 Ω，R_4=10 Ω，R_5=499 Ω，R_8=5Ω，C_1=C_2=C_3=C_4=8.5 pF，L_1=L_2=L_3=L_4=22 nH

采用 ADS 软件对所设计的单级幅度均衡器进行仿真，单级幅度均衡器仿真电路如图 5-4 所示。改变图 5-4 中器件参数对单级预均衡电路（a）、（b）、（c）和（d）进行仿真。单级幅度均衡器仿真结果如图 5-5 所示，图 5-5 中 dB(S(2，1))、dB(S(4，3))、dB(S(6，5))和 dB(S(8，7))分别对应单级预均衡电路（a）、（b）、（c）和（d）中的电路参数条件。

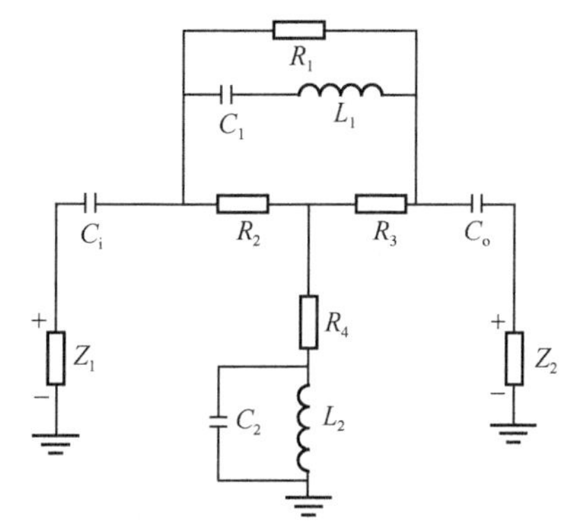

图 5-4　单级幅度均衡器仿真电路

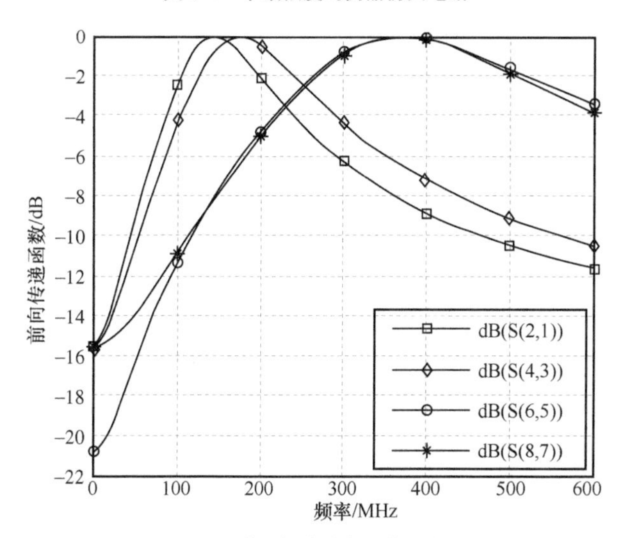

图 5-5　单级幅度均衡器仿真结果

对双级联定阻对称 T 型幅度均衡器进行仿真，其仿真电路如图 5-6 所示，根据（e）和（f）中的电路参数条件进行仿真。仿真结果如图 5-7 所示，图 5-7 中 dB(S(2，1))和 dB(S(4，3))，分别对应双级联同构幅度均衡器（e）和双级联异构幅度均衡器（f）中的电路参数条件。

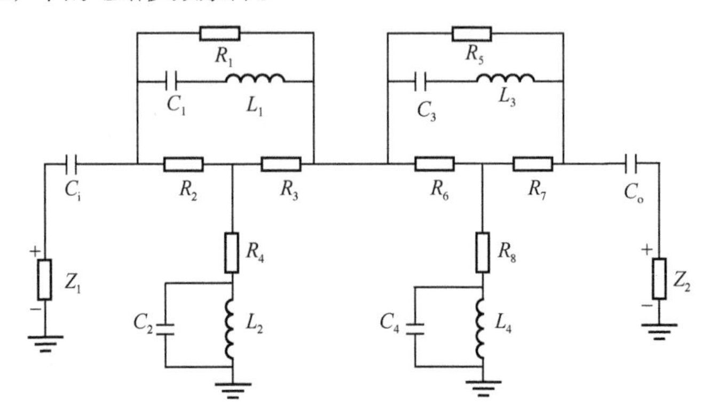

图 5-6 双级联定阻对称 T 型幅度均衡器仿真电路

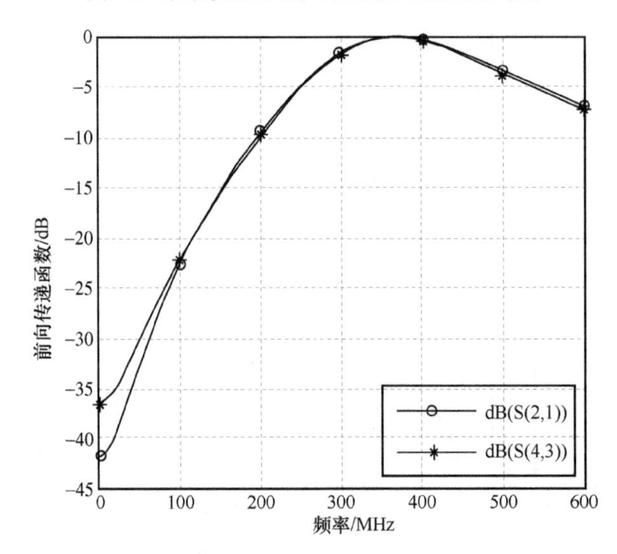

图 5-7 双级联定阻对称 T 型幅度均衡器仿真结果

由图 5-5 可以看出，当频率 f 趋向于 0 时，最低均衡幅度的大小由电阻 R_4 决定，R_4 越小，则最低均衡幅度越小，相对应的整个幅度均衡器网络的动态均衡范围越大。当最低频率为 1 MHz 时，电路参数（a）、（b）、（c）和（d）的动态均衡范围均约为 15.6 dB，电路参数（c）的约为 20.8 dB。当将最低频率设置为 10 MHz 时，电路参数（a）、（b）、（c）和（d）的动态均衡范围分别约为 15.1 dB、15.2 dB、15.5 dB 和 20.5 dB，近似于最小频率等于 1 MHz。最高均衡幅度对应的频点由 C_1 或者 L_1 决定，电路参数（a）和（b）的最高均衡幅度对应的频率为 143 MHz 和 173 MHz，电路参数（c）和（d）最高均衡幅度对应的频率均为 368 MHz。以上都和理论分析一致。

根据双级联同构幅度均衡器（e）和双级联异构幅度均衡器（f）的仿真结果（如图 5-7 所示），对比电路参数（c）和（d）的仿真结果，由于在 4 种电路参数（c）、（d）、（e）和（f）下，C_1 或者 L_1 都相等，最高均衡幅度对应的频率均相等，为 368 MHz。由于采用级联，电路参数（e）和（f）的动态均衡范围更宽，当将最低频率设置为 10 MHz 时，分别为 36.4 dB 和 41.6 dB，当将最低频率设置为 10 MHz 时，分别为 36.0 dB 和 41.0 dB。

5.2.3　硬件预均衡电路测试结果

根据硬件预均衡电路仿真原理，并按照均衡器的电路参数（a）、（b）、（c）、（d）、（e）和（f）进行实际 PCB 电路板设计和实物焊接，得到这几种电路参数下的硬件实物电路板。

采用微波网络分析仪（Agilent，N5230C，工作频率为 10 MHz～40 GHz）对均衡器的参数 S 进行测试。图 5-8～图 5-11 所示的是单级幅度均衡器仿真和测试结果，图 5-12 和图 5-13 所示的是分别是双级联同构幅度均衡器和双级联异构幅度均衡器仿真和测试结果，每个图中均加入了对应的仿真结果，以和测试的结果进行对比。

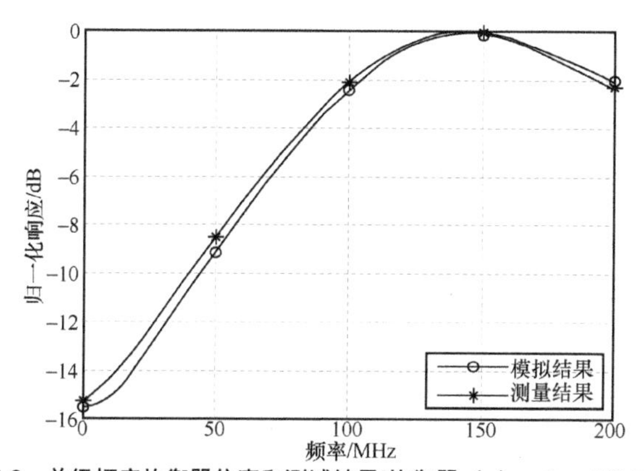

图 5-8　单级幅度均衡器仿真和测试结果[均衡器（a），f_0 = 143 MHz]

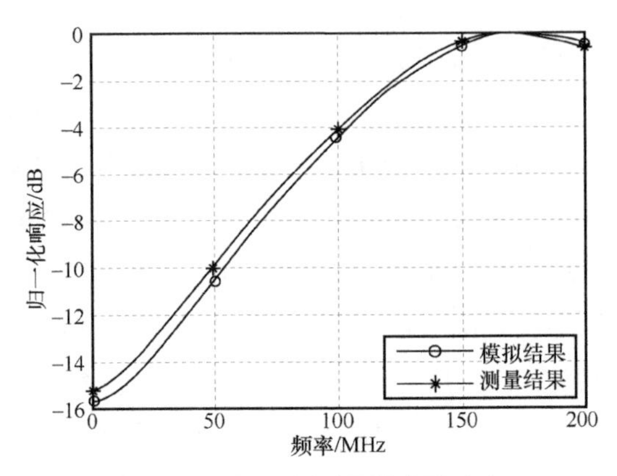

图 5-9　单级幅度均衡器仿真和测试结果[均衡器（b），f_0 = 173 MHz]

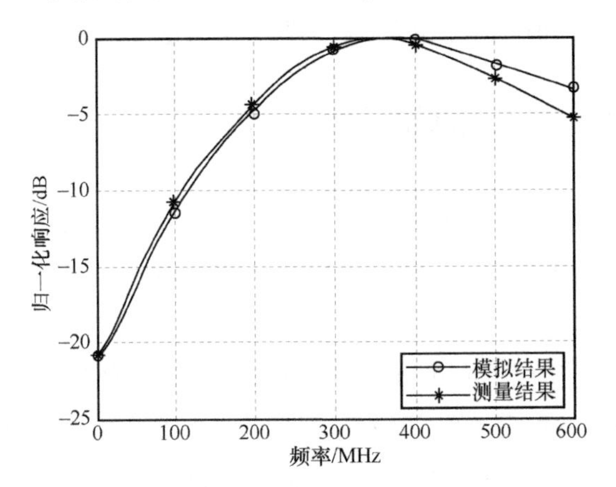

图 5-10　单级幅度均衡器仿真和测试结果[均衡器（c），f_0 = 368 MHz]

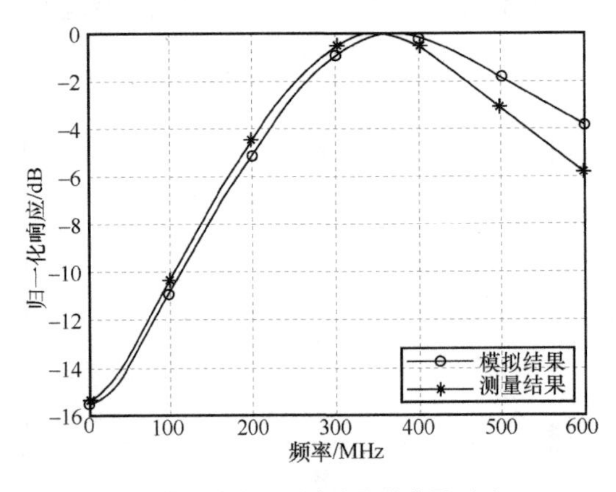

图 5-11　单级幅度均衡器仿真和测试结果[均衡器（d），f_0 = 368 MHz]

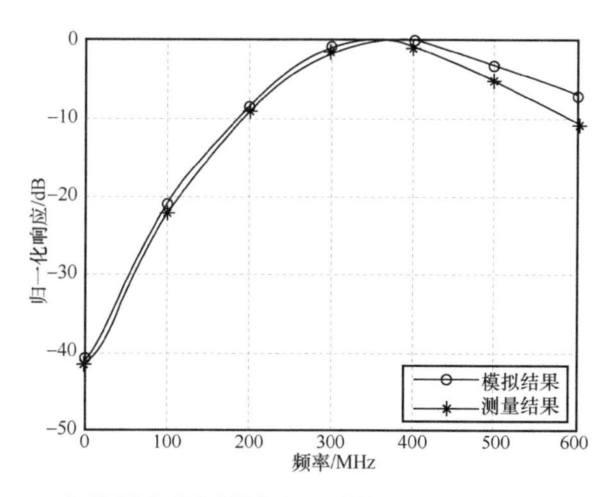

图 5-12　双级联同构幅度均衡器仿真和测试结果[均衡器（e），f_0= 368 MHz]

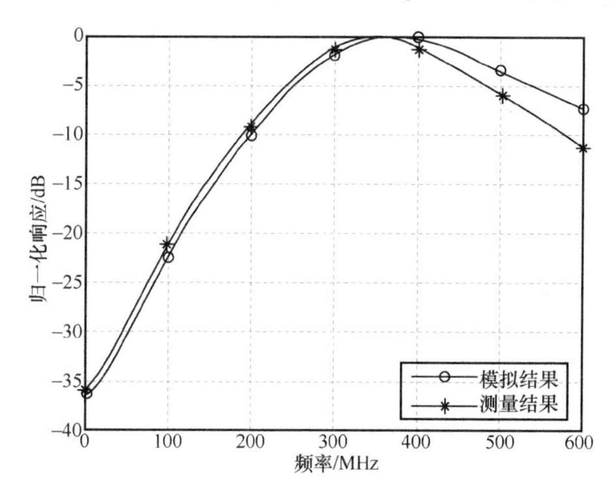

图 5-13　双级联异构幅度均衡器仿真和测试结果[均衡器（f），f_0 = 368 MHz]

根据各种均衡器的测试结果，各种电路参数（a）f_0 = 143 MHz、（b）f_0 = 173 MHz、（c）f_0 = 368 MHz、（d）f_0 = 368 MHz、（e）f_0 = 368 MHz 和（f）f_0 = 368 MHz，测试结果最高频率响应对应的频率分别为（a）$f_{0measured}$ = 141.1 MHz、（b）$f_{0measured}$= 169.6 MHz、（c）$f_{0measured}$ = 351.6 MHz、（d）$f_{0measured}$ = 351.6 MHz、（e）$f_{0measured}$ = 351.6 MHz 和（f）$f_{0measured}$ = 351.6 MHz，测试结果得到的最高频率响应对应的频率 $f_{0measured}$ 和仿真结果之间有一定的差异，频率越高，差异越大，这是由实际所用电阻、电容和电感决定的，实际器件都需要考虑阻抗特性，而仿真结果没有考虑这些因素。

对于测试结果频率响应趋势，在 $f_{0\text{measured}}$ 之前，实际测得的曲线和仿真曲线具有很好的一致性，而在 $f_{0\text{measured}}$ 之后，实际测得的曲线的衰减较大。因此，针对这一特性，在数据传输试验中需要考虑合适的数据传输带宽。

5.3 软件预均衡技术

正如前文介绍，现有的均衡方案大多采用传统的模拟电路实现，虽然这种方法在一定程度上能够增加系统的带宽，但是仍然存在很大的局限性。一方面，传输速率受限，模拟电路存在时间抖动、抗干扰能力弱、带宽受限等缺点，不适用于高速率信号的传输。另一方面，缺乏灵活性，VLC 信道受环境噪声影响较大，对均衡器调节的灵活性有较高的要求。而模拟电路不便于根据实际 VLC 信道的需要随时进行调试与改进。

软件预均衡技术则可以根据系统需求灵活调节，在本节中，我们将对基于软件的预均衡技术进行研究，包括基于有限冲激响应（Finite Impulse Response，FIR）滤波器的软件预均衡技术和基于 OFDM 调制的软件预均衡技术。

5.3.1 时域均衡器

均衡可分为频域均衡和时域均衡。频域均衡，是从校正系统的频率特性出发，使包括均衡器在内的基带系统的总特性满足无失真传输条件；时域均衡，是利用均衡器产生的时间响应去直接校正已畸变的波形，使包括均衡器在内的整个基带系统的冲激响应满足无 ISI 条件。

频域均衡不随信道特性的变化而变化，在低速数据传输时适用；而时域均衡可以根据信道特性的变化进行调整，从而有效地减小 ISI，因此时域均衡在高速数据传输中广泛应用。

时域均衡器由无限多的横向排列的时延单元和抽头系数组成，因此被称为横向滤波器。其结构图 5-14 所示。横向滤波器的功能是将输入端（即接收滤波器输出端）抽样时刻上有 ISI 的响应波形变换成抽样时刻上 ISI 的响应波形。由于横向滤波器的均衡原理是建立在响应波形上的，故这种均衡被称为时域均衡。

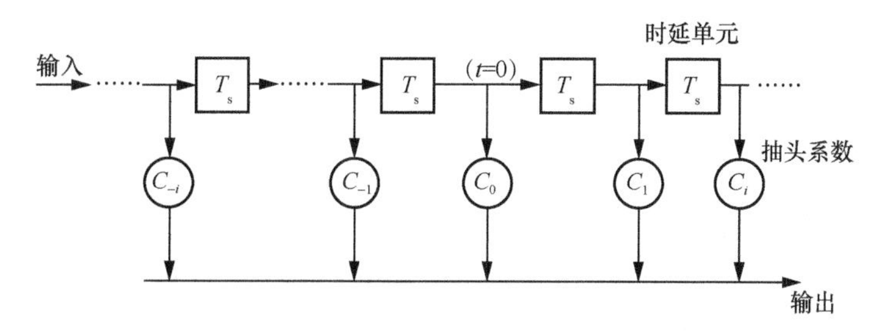

图 5-14　横向滤波器结构

从以上分析可知，横向滤波器可以实现时域均衡。无限长的横向滤波器在理论上可以完全消除抽样时刻上的 ISI,然而因为均衡器的长度受经济条件和各系数调整准确度的限制，在实际中不可实现。如果系数调整准确度无法得到保证，那么即使增加均衡器长度，也无法获得预期的效果。

而 FIR 滤波器的设计原理，不仅可以实现有限长的横向滤波器，还能够确定每个抽头的系数，使得横向滤波器的实用性得以加强。

5.3.2　基于 FIR 滤波器的软件预均衡技术

下面将首先介绍 FIR 滤波器原理，随后介绍 VLC 系统中 FIR 滤波器的设计方法，最后基于 VLC 系统进行预均衡仿真。

1. FIR 滤波器原理

FIR 滤波器，是数字信号系统中最基本的元件。FIR 滤波器的系统输入输出差分方程为

$$y[n]=\sum_{k=0}^{N-1}h(k)x(n-k) \tag{5-25}$$

FIR 滤波器的系统函数为

$$H(z)=\frac{Y(z)}{X(z)}=\sum_{n=0}^{N-1}h(n)z^{-n} \tag{5-26}$$

由于 FIR 滤波器的单位脉冲响应 $h(n)$是一个有限长序列，$H(z)$是 Z^{-1} 的$(N-1)$次多项式，它在 Z 平面上有$(N-1)$个零点，同时在原点有$(N-1)$阶重极点。因此，$H(z)$永远稳定。FIR 滤波器的设计任务是选择有限长度的 $h(n)$，使传输函数

$H(e^{j\omega})$ 满足一定的幅度特性和线性相位要求。由于 FIR 滤波器很容易实现严格的线性相位，所以 FIR 滤波器设计的核心思想是求出有限的脉冲响应以逼近给定的频率响应。

FIR 滤波器设计主要采用窗函数设计法和频率抽样设计法，其中较为常用的是窗函数设计法。使用窗函数设计法设计 FIR 滤波器的过程如下。

步骤 1：给定设计的滤波器频率响应函数 $H(e^{j\omega})$。

步骤 2：求出滤波器单位脉冲响应 $h(n) = \mathrm{IFFT}[H(e^{j\omega})]$。

步骤 3：选定窗函数 $w(n)$ 及窗口大小（即滤波器阶数）N，常用的窗函数有矩形窗、角窗、汉明（Hamming）窗、汉宁（Hanning）窗、凯泽（Kaiser）窗等。

步骤 4：求得所设计的 FIR 滤波器的单位抽样响应 $h_d(n) = h(n) \times w(n)$。

步骤 5：得到 FIR 滤波器的频率响应函数 $H_d(e^{j\omega}) = \mathrm{FFT}[h(n)]$，并检验是否满足设计要求。

同时，FIR 滤波器有以下优点：① 可以有任意的幅频特性；② 严格的线性相位；③ 单位抽样响应是有限长的，因而滤波器是稳定的系统；④ 总能用因果系统实现(因为只要经过一定的时延，任何非因果有限长序列都能变成因果有限长序列)；⑤ 单位冲激响应有限长，可以用 FFT 频偏补偿算法实现，提高运算效率；⑥ 避免出现类似于模拟滤波器的时间抖动。由于上述众多优点，FIR 滤波器在通信、图像处理、模式识别等领域中都有着广泛的应用。

2. 基于 FIR 滤波器的软件预均衡器设计

使用 FIR 滤波器作为预均衡器的 VLC 系统如图 5-15 所示。

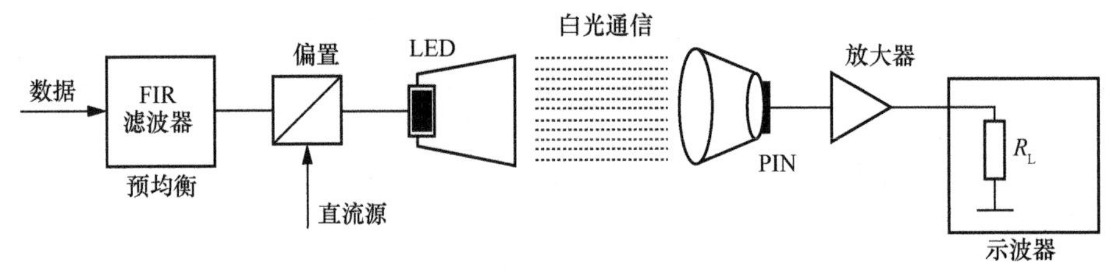

图 5-15　使用 FIR 滤波器作为预均衡器的 VLC 系统

在对白光 LED 的频率响应曲线进行建模分析后，得出的理想滤波器频率响应曲线如图 5-16（a）所示。其分段斜率为

$$s=\begin{cases}1.02\ \text{dB/MHz},\ 0\leqslant\omega\leqslant 10\ \text{MHz}\\0.42\ \text{dB/MHz},\ 10\text{MHz}\leqslant\omega\leqslant 60\ \text{MHz}\end{cases}\tag{5-27}$$

将频率响应曲线离散化，利用 MATLAB 软件进行 IFFT 处理，得到相应的时域冲激响应，如图 5-16（b）所示。

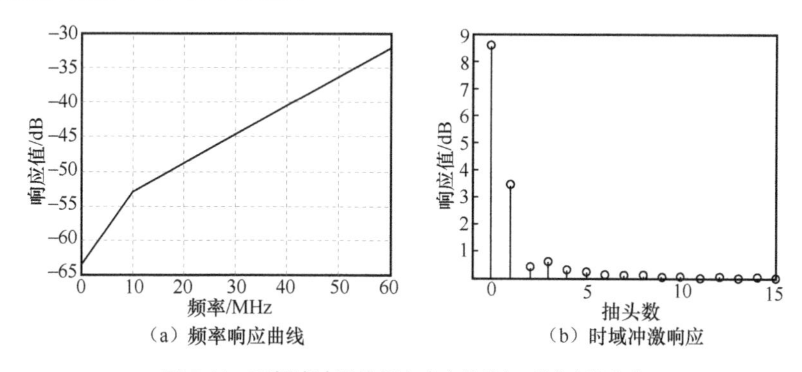

（a）频率响应曲线　（b）时域冲激响应

图 5-16　理想滤波器的频率响应曲线与时域冲激响应

FIR 滤波器的设计原理即对图 5-16（b）中的时域冲激响应进行加窗截断，以获取与理想滤波器近似的频率响应曲线。本书使用 Kaiser 窗函数。图 5-17～图 5-20 分别为 FIR 滤波器阶数（order）为 2～5 时对应的时域冲激响应与频率响应曲线。因为理想滤波器的时域冲激响应的有效值主要集中在 N=0 与 N=1，所以 2 阶 FIR 滤波器已经可以大致接近理想滤波器。当然，阶数越高，设计的 FIR 滤波器就越接近于理想滤波器。但是滤波器阶数与模块的复杂性是呈正比的，因此在实际的 FIR 滤波器设计过程中，需要平衡滤波器性能与复杂度之间的关系，选择合适的滤波器阶数。

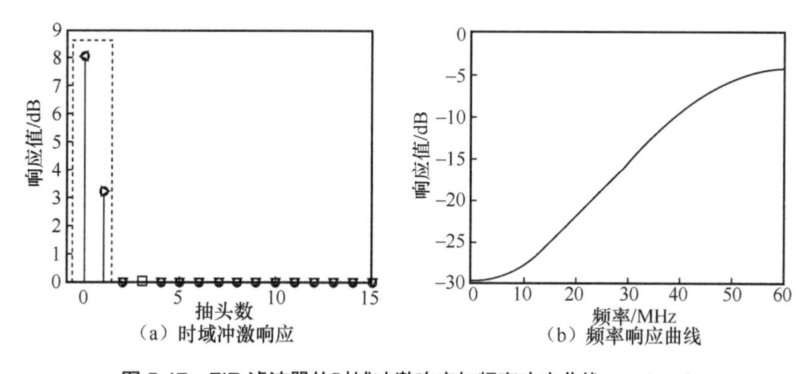

（a）时域冲激响应　（b）频率响应曲线

图 5-17　FIR 滤波器的时域冲激响应与频率响应曲线，order=2

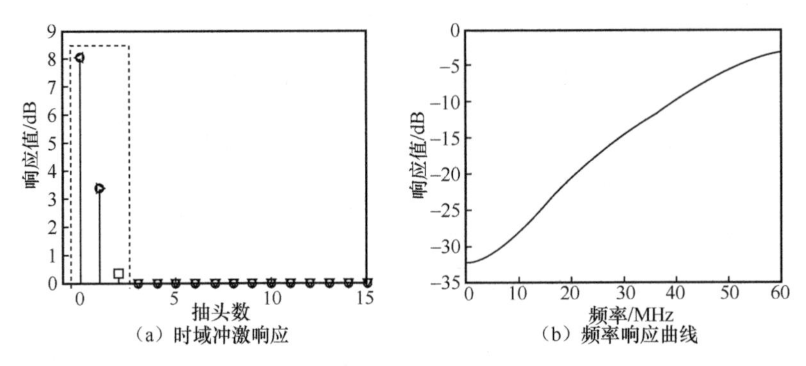

图 5-18 FIR 滤波器的时域冲激响应与频率响应曲线，order=3

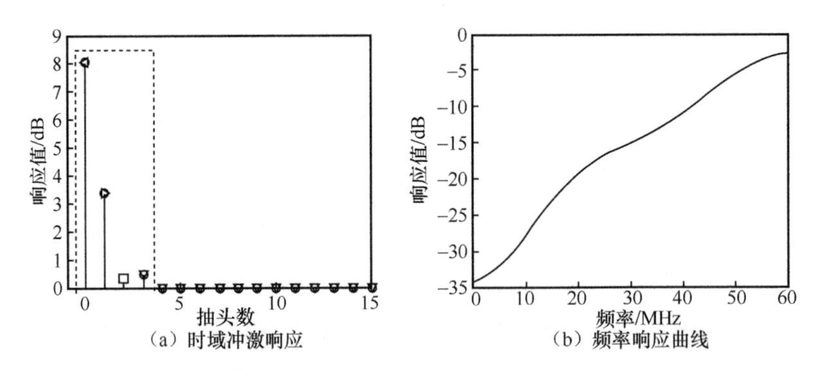

图 5-19 FIR 滤波器的时域冲激响应与频率响应曲线，order=4

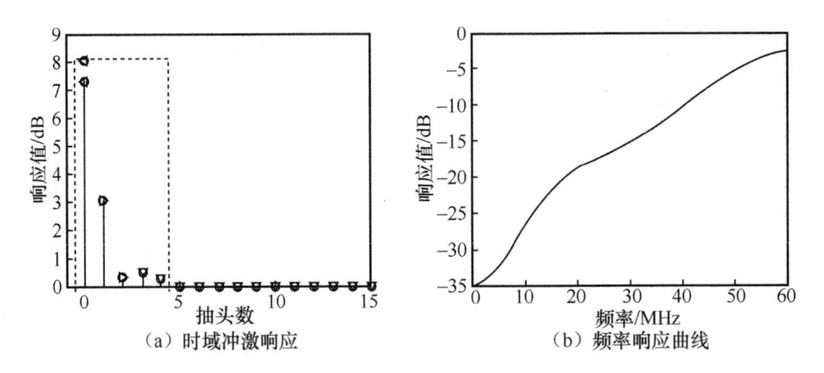

图 5-20 FIR 滤波器的时域冲激响应与频率响应曲线，order=5

使用 Kaiser 窗函数对不同阶数的 FIR 滤波器进行仿真，随着 FTR 滤波器阶数的增加，VLC 系统响应带宽增加。在没有进行预均衡的情况下，VLC 系统带宽仅为

2.5 MHz 左右，而在使用 4 阶 FIR 滤波器均衡后，VLC 系统 3 dB 带宽可达到 60 MHz，说明使用 FIR 滤波器可以有效提高 VLC 系统的带宽，为验证 FIR 滤波器的均衡效果，采用 16QAM-OFDM 信号进行仿真。OFDM 信号具有抗选择性衰落、频谱利用率高等众多优点，已被广泛应用于 VLC 系统，实验室搭建的 VLC 平台也多基于 OFDM 调制技术，因此基于 OFDM 信号的仿真具有现实意义。

设定 SNR=20 dB，在采用不同阶数的 FIR 滤波器均衡后的 OFDM 信号频谱与星座图如图 5-21 和图 5-22 所示，其中横、纵坐标均使用归一化单位。可以看出，即使 OFDM 调制技术有较好的抗选择性衰落性能，由于白光 LED 的频率响应特性曲线衰减十分严重（负指数衰减），接收信号的星座图亦十分模糊。经过 FIR 滤波器均衡后，星座点可以较好地收敛在标准点附近。此外，随着 FIR 滤波器阶数的增加，OFDM 信号频谱更加平坦，星座图上星座点的收敛性也随之改善。

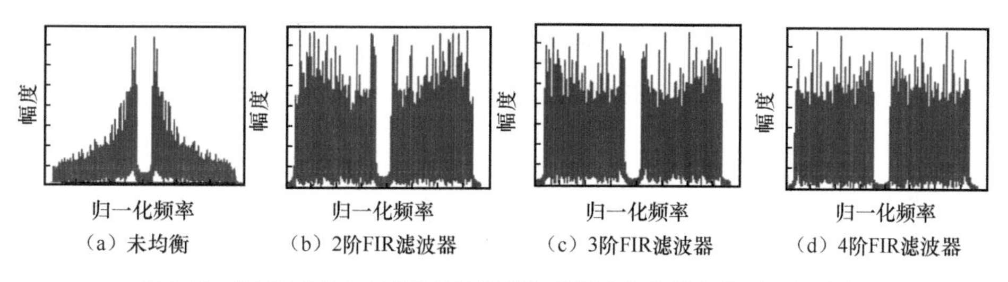

图 5-21　不同阶数的 FIR 滤波器均衡后的 OFDM 信号频谱（SNR=20 dB）

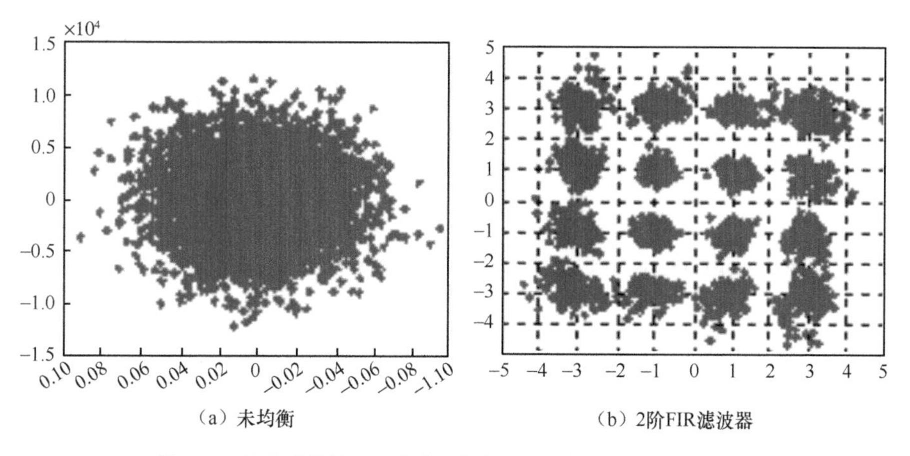

图 5-22　不同阶数的 FIR 滤波器均衡后的星座图（SNR=20 dB）

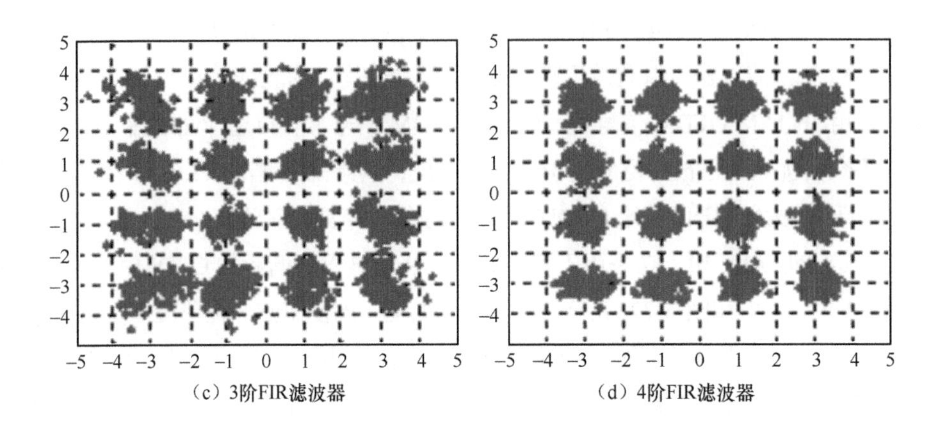

（c）3阶FIR滤波器　　（d）4阶FIR滤波器

图 5-22　不同阶数的 FIR 滤波器均衡后的星座图（SNR=20 dB）（续）

16QAM-OFDM 信号的不同阶数 FIR 滤波器下 VLC 系统的 BER 和 EVM 性能如图 5-23 所示。可以看出，对于 OFDM 信号，随着 FIR 滤波器阶数的增加，VLC 系统对噪声的容忍度增加，抗噪声性能增强。其中 5 阶 FIR 滤波器的噪声容忍度在 HD-FEC 下限可达到 15 dB。

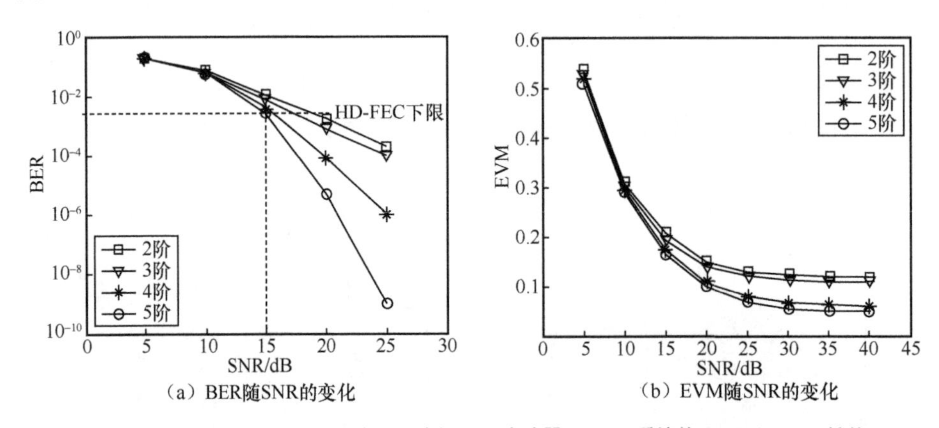

（a）BER随SNR的变化　　（b）EVM随SNR的变化

图 5-23　16QAM-OFDM 信号的不同阶数 FIR 滤波器下 VLC 系统的 BER 和 EVM 性能

接下来探究 FIR 滤波器的阶数与信号调制格式的关系。

512QAM 信号经不同阶数 FIR 滤波器均衡后的星座图如图 5-24 所示。可以看出，随着 FIR 滤波器阶数的增加，均衡效果越好。这是因为 FIR 滤波器阶数越高，其频率响应特性就越接近理想滤波器。

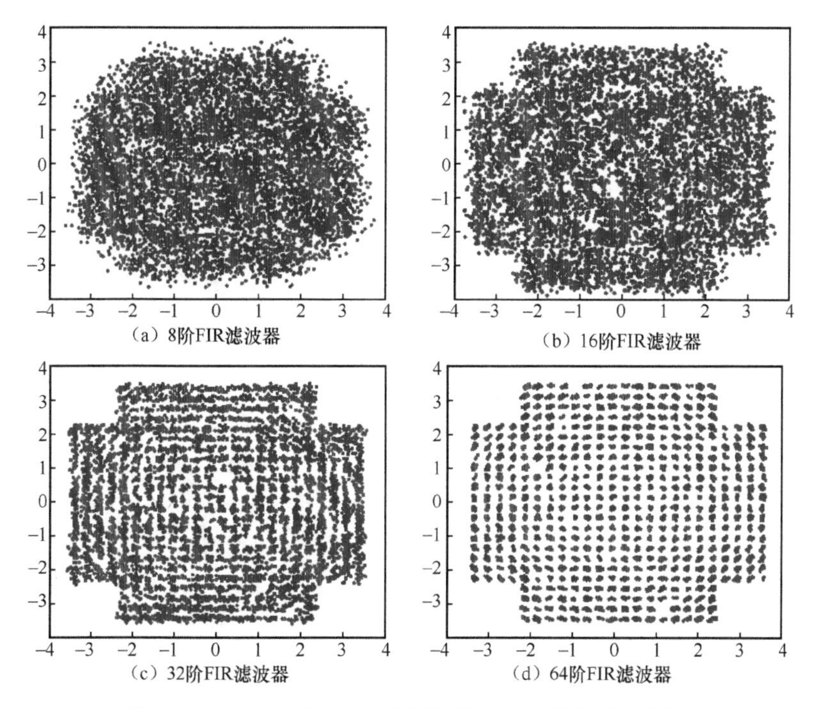
（a）8阶FIR滤波器
（b）16阶FIR滤波器
（c）32阶FIR滤波器
（d）64阶FIR滤波器

图 5-24　512QAM 信号经不同阶数 FIR 滤波器均衡后的星座图

32 阶 FIR 滤波器对不同调制格式信号均衡后的星座图如图 5-25 所示。可以看出，对于同一阶滤波器而言，信号调制越复杂，其均衡效果越差。这是因为高阶调制信号的星座点欧几里得距离更近，对均衡器的要求也更高，需要高阶的 FIR 滤波器才能达到较好的均衡效果。

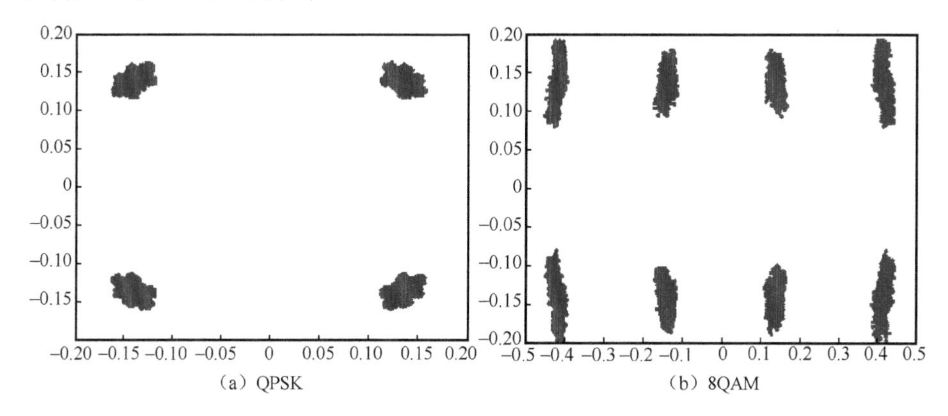
（a）QPSK
（b）8QAM

图 5-25　32 阶 FIR 滤波器对不同调制格式信号均衡后的星座图

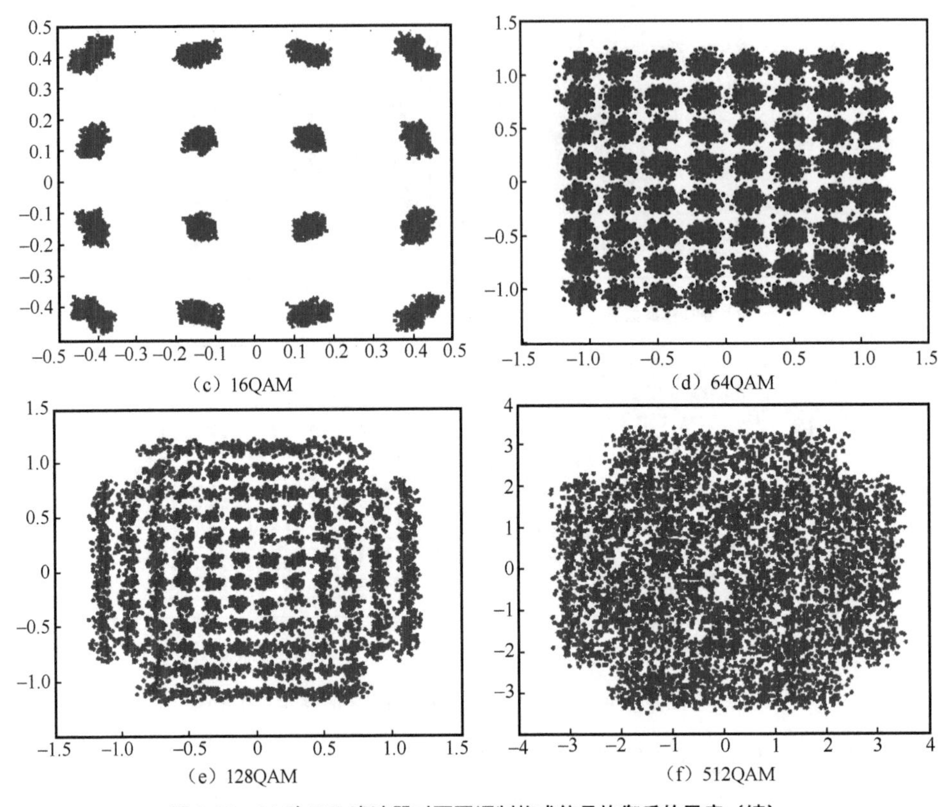

（c）16QAM　（d）64QAM

（e）128QAM　（f）512QAM

图 5-25　32 阶 FIR 滤波器对不同调制格式信号均衡后的星座（续）

5.3.3　基于 OFDM 调制的软件预均衡技术

根据采用了 OFDM 调制的 VLC 系统的荧光粉 LED 蓝光频率响应特性曲线，可以估计出 VLC 系统对于任何 OFDM 子载波的频率响应。针对不同衰减程度的 OFDM 子载波，可以很容易通过对应的频率预均衡技术改善 VLC 系统信道响应，从而提高 VLC 系统性能。具体来说，预均衡技术可以用来提高高频信号增益或者降低低频信号增益，从而获得平坦的 VLC 系统信道响应。

基于 OFDM 调制的频率预均衡技术原理如图 5-26 所示，由 QAM 映射、导频插入、IFFT、加入循环前缀和并串转换 5 个部分组成。在 IFFT 之前，加入均衡器，通过对不同 OFDM 子载波乘以不同的均衡系数，实现 OFDM 子载波幅度的均衡。

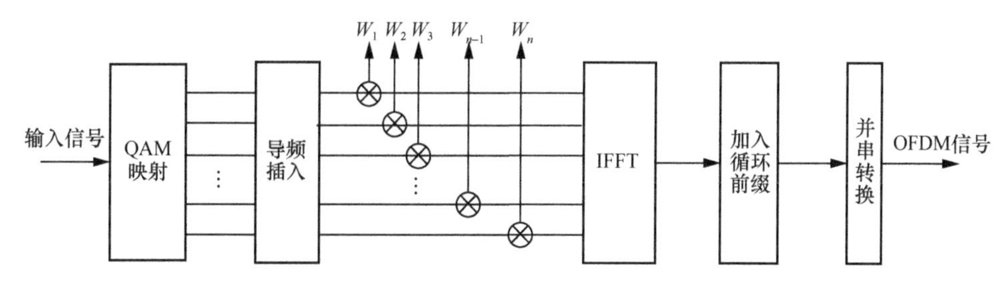

图 5-26　基于 OFDM 调制的频率预均衡技术原理

OFDM 信号包含 N 个 OFDM 子载波，用 $\boldsymbol{X}=\left(x_1,x_2,\cdots,x_N\right)$ 来表示，将接收到的频域信号表示为 $\boldsymbol{Y}=\left(y_1,y_2,\cdots,y_N\right)$，每个 OFDM 子载波的均衡系数用 $\boldsymbol{W}=\left(w_1,w_2,\cdots,w_N\right)$ 来表示，三者之间的关系由式（5-28）给出。因此，在获得到达接收端的信号的频域信息之后，可以计算出均衡系数如式（5-29）所示。在得到均衡矩阵之后，将 OFDM 子载波与对应的均衡系数相乘，最终可以得到均衡之后的信号，如式（5-30）所示。利用此均衡技术，可以得到一个平坦的 OFDM 子载波间频率响应，虽然并不能克服 OFDM 子载波带内的不均衡增益，但是对 VLC 系统的性能有明显的提高。

$$\begin{pmatrix} x_1 \\ x_2 \\ \vdots \\ x_N \end{pmatrix}=\begin{pmatrix} y_1 & 0 & \cdots & 0 \\ 0 & y_2 & \cdots & 0 \\ \vdots & \vdots & & \vdots \\ 0 & 0 & \cdots & y_N \end{pmatrix}\begin{pmatrix} w_1 \\ w_2 \\ \vdots \\ w_N \end{pmatrix} \tag{5-28}$$

$$\boldsymbol{W}=\begin{pmatrix} w_1 \\ w_2 \\ \vdots \\ w_N \end{pmatrix}=\begin{pmatrix} y_1 & 0 & \cdots & 0 \\ 0 & y_2 & \cdots & 0 \\ \vdots & \vdots & & \vdots \\ 0 & 0 & \cdots & y_N \end{pmatrix}^{-1}\begin{pmatrix} x_1 \\ x_2 \\ \vdots \\ x_N \end{pmatrix}=\begin{pmatrix} \dfrac{x_1}{y_1} \\ \dfrac{x_2}{y_2} \\ \vdots \\ \dfrac{x_N}{y_N} \end{pmatrix} \tag{5-29}$$

$$\boldsymbol{X}_{\text{pre}}=\left(w_1x_1,w_2x_2,\cdots,w_Nx_N\right) \tag{5-30}$$

5.3.4 软件预均衡技术仿真

在上一节中，已经对我们提出的软件预均衡技术的原理进行了详细介绍。本节我们将对其性能进行仿真分析。

利用 MATLAB 搭建一个 VLC 系统传输的仿真实验平台，以验证预均衡技术在 VLC 系统中的应用性能。此仿真系统采用了后均衡技术对白光信道中的相位噪声、频率偏移进行了补偿，相当于只考虑了白光信道对信号的衰减作用，以验证预均衡技术在均衡信道增益方面的作用。在仿真中，采用 16QAM-OFDM 调制格式，信号调制带宽为 100 MHz，利用 5%的训练序列进行后均衡。使用和不使用预均衡技术，16QAM-OFDM 信号经过信道传输后的信号频谱和星座图分别如图 5-27 和图 5-28 所示。可以看出，尽管 OFDM 调制具有良好的抗衰落性能，但是由于白光信道的增益不平坦，在不使用预均衡的情况下，接收信号的高频信号衰减亦非常严重，导致星座图较模糊；在使用预均衡技术之后，由于抵抗了信道衰落，接收信号的频谱变得更加平坦，因而星座点可以更好地收敛到标准点附近，从而使传输的信息能够被高质量地提取出来。我们同时对使用和不使用预均衡技术的 VLC 系统的 BER 随 SNR 变化的仿真结果进行了对比，结果如图 5-29 所示。可以看出，使用预均衡技术之后，系统的 BER 性能明显得到了提高。

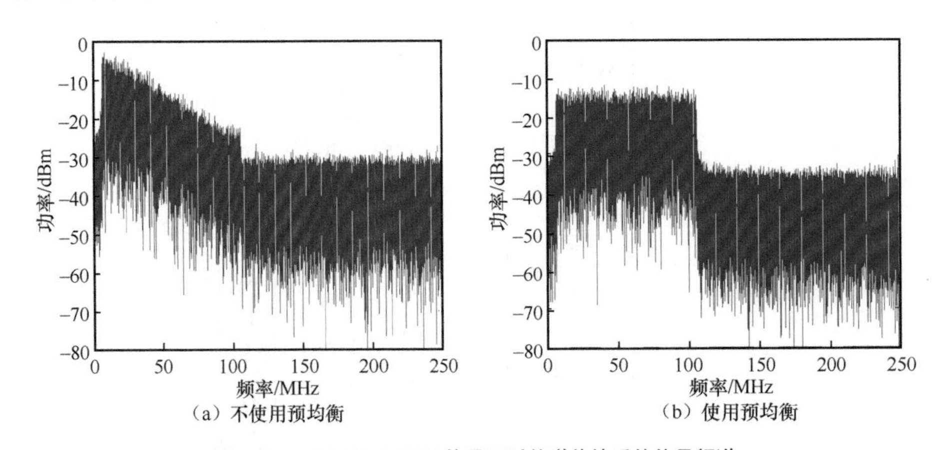

图 5-27 16QAM-OFDM 信号经过信道传输后的信号频谱

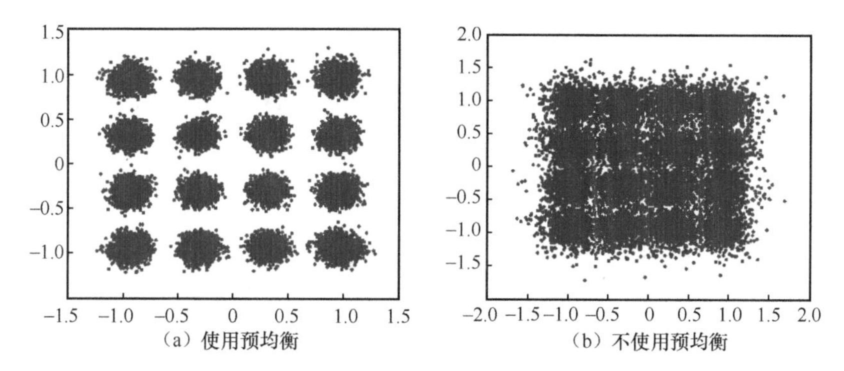

图 5-28　当 SNR=13 dB 时，16QAM-OFDM 信号经过信道传输后的星座图

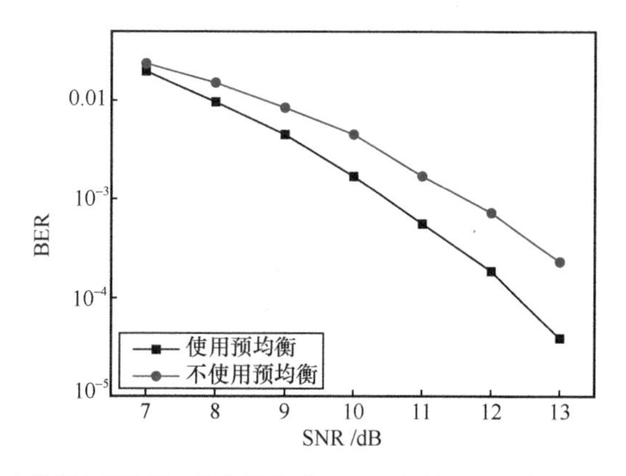

图 5-29　在使用和不使用预均衡技术时，VLC 系统的 BER 随 SNR 的变化曲线

5.4　线性后均衡技术

后均衡技术诞生的目的，在于解决 CAP 中常见的线性失真问题。该问题通常来自时钟偏差，或是 VLC 系统本身，如 LED 的带宽限制对信号频谱的压缩和时域上的码元扩展，甚至是传播途中的多径效应。其后果通常为严重的码元混叠和 ISI。采用机器学习的方法，可以逆向补偿系统中的线性失真问题，消除来自 ISI 的影响。通常使用 FIR 滤波器来进行后均衡处理，FIR 线性后均衡滤波器结构如图 5-30 所示。向长度为 N 的滤波器输入信号向量 $[x(n),x(n-1),\cdots,x(n-N+1)]^{\mathrm{T}}$ 并与滤波器抽头系

数向量 $[w_0(n), w_1(n), \cdots, \ w_{N-1}(n)]^{\mathrm{T}}$ 相乘，得到当前时刻均衡后的滤波器的信号输出值 $y(n)$，同时根据自适应算法计算误差来对抽头系数进行更新，从而不断地调整和优化滤波输出最佳值，以达到信号均衡效果。

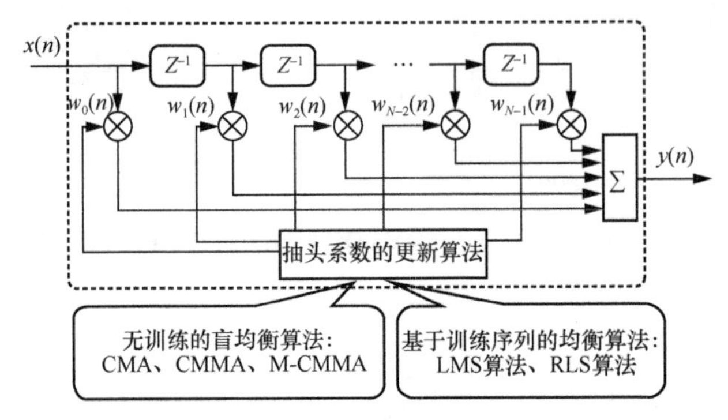

图 5-30　FIR 线性后均衡滤波器结构

不同的 FIR 线性后均衡滤波器之间的主要区别在于其抽头系数的更新算法各有不同，主要可以分为无训练的盲均衡算法和基于训练序列的均衡算法两种。其中，无训练的盲均衡算法在抽头系数更新时不需要利用已知的训练序列作为参考信号，其输出误差主要通过计算信号的统计规律等方式来得到。常见的无训练的盲均衡算法包括恒模算法（Constant Modulus Algorithm，CMA）、级联多模算法（Cascaded Multi-Modulus Algorithm，CMMA）和改进的级联多模算法（M-CMMA）等。而基于训练序列的均衡算法的误差计算则需要借助已知的训练序列来与滤波器输出值相减得到，常见的基于训练序列的均衡算法包括 LMS 算法和递归最小二乘（Recursive Least-Squares，RLS）算法等。

5.4.1　LMS 后均衡技术

LMS 算法的优势是在平稳环境中收敛速度快，具有很好的信号均衡特性。而相应地，LMS 算法由于需要通过采集训练序列得到输出误差函数，需要占用一部分的有效速率。然而相比早期从 CMA 发展而来的 CMMA 和由此发展来的 M-CMMA 等无训练的盲均衡算法，LMS 算法简洁，复杂度低，适合于低成本 VLC 系统。

LMS 算法在训练过程中，利用最陡下降法，不断更新其滤波器的抽头系数，使得输出值与参考信号 $d(k)$之间的均方误差最小，并使得线性均衡器的参数收敛。更新函数为

$$\boldsymbol{W}(n+1)=\boldsymbol{W}(n)-\mu\boldsymbol{G}_w(n) \tag{5-31}$$

$\boldsymbol{G}_w(n)$ 是目标函数相对于滤波器抽头系数的梯度向量的估计值。这一参数根据输入信号的瞬时值，使用 LMS 算法进行估计，从而简化了梯度向量的计算，这使得其在各种线性自适应均衡技术中应用最为广泛[10]。LMS 算法可以表示为

$$\boldsymbol{G}_w(n)=-2\varepsilon X^*(n) \tag{5-32}$$

而 LMS 算法的输出和抽头系数的更新函数表示为

$$y(n)=\boldsymbol{W}(n)^{\mathrm{H}}\boldsymbol{X}(n)=\sum_{i=0}^{N=1}w_i(n)x(n-i) \tag{5-33}$$

$$\boldsymbol{W}(n+1)=\boldsymbol{W}(n)+2\mu\varepsilon\boldsymbol{X}^*(n) \tag{5-34}$$

其中，$\boldsymbol{X}(n)=\left[x(n),x(n-1),\cdots,x(n-N+1)\right]^{\mathrm{T}}$，是第 n 时刻输入滤波器的信号向量，$\boldsymbol{W}(n)=\left[w_0(n),w_1(n),\cdots,w_{N-1}(n)\right]^{\mathrm{T}}$ 是滤波器抽头系数向量，N 是滤波器阶数，$y(n)$ 是当前滤波器的信号输出值，μ 是滤波器收敛步长参数。滤波器的误差函数为

$$\varepsilon=d(n)-y(n) \tag{5-35}$$

其中，$d(n)$ 为训练的参考值，当误差函数 ε 取得最小值时，输出信号最为接近原始的发送信号。训练完成后，该均衡器可以应用在相同信道中处理接收信号，以改善 VLC 系统的 BER。

LMS 算法的抽头设计极为简洁，已在 VLC 系统中得到广泛使用。例如，在室内 VLC 场景下，英国的 Haigh 等[11]已经在 2014 年运用 LMS 算法实现了 120 Mbit/s 的传输速率。

5.4.2 RLS 后均衡技术

作为另一种常用的线性均衡算法，RLS 算法也被运用在涉及机器学习的后均衡技术中。其原理为：更新滤波器的抽头系数，使得期望信号与滤波器输出信号之差的平方和达到最小，同时抽头系数也得到收敛。最小化过程需要利用可获取的全部

输入信号的信息[12]。其目标函数为

$$\xi(n)=\sum_{i=1}^{n}\lambda^{n-i}\varepsilon^{2}(i)=\sum_{i=1}^{n}\lambda^{n-i}\left[d(i)-\boldsymbol{W}^{\mathrm{H}}(n)\boldsymbol{X}(i)\right]^{2} \tag{5-36}$$

其中，$\lambda\in[0,1]$，为指数加权因子。RLS 算法通过更新该参数得到对应目标函数的最小值。更新函数可以表示为

$$y(n)=\boldsymbol{W}(n)^{\mathrm{H}}\boldsymbol{X}(n)=\sum_{i=0}^{N-1}w_{i}(n)x(n-i) \tag{5-37}$$

$$\boldsymbol{W}(n+1)=\boldsymbol{W}(n)+\varepsilon\boldsymbol{K}(n) \tag{5-38}$$

与 LMS 算法相似，RLS 算法在更新参数时更改滤波器的抽头系数。在式（5-36）～式（5-38）中，$\boldsymbol{X}(n)=\left[x(n),x(n-1),\cdots,x(n-N+1)\right]^{\mathrm{T}}$，是第 n 时刻输入滤波器的信号向量，$\boldsymbol{W}(n)=\left[w_{0}(n),w_{1}(n),\cdots,w_{N-1}(n)\right]^{\mathrm{T}}$ 是滤波器抽头系数向量，N 是滤波器阶数，$y(n)$ 是当前滤波器的输出信号。由于涉及卡尔曼滤波，这里的 $\boldsymbol{K}(n)$ 是卡尔曼增量，可以表示为

$$\boldsymbol{K}(n)=\frac{\boldsymbol{P}(n-1)\boldsymbol{X}(n)}{\lambda+\boldsymbol{X}^{\mathrm{T}}(n)\boldsymbol{P}(n-1)\boldsymbol{X}(n)} \tag{5-39}$$

其中，矩阵 $\boldsymbol{P}$ 是输入信号的确定性相关矩阵的逆矩阵，初始化定义为

$$\boldsymbol{P}(0)=\boldsymbol{I}/\delta \tag{5-40}$$

在式（5-40）中，δ 是初始化值，$\boldsymbol{I}$ 是单位矩阵。则 $\boldsymbol{P}(n)$ 可以表示为

$$\boldsymbol{P}(n)=\lambda^{-1}[\boldsymbol{P}(n-1)-\boldsymbol{K}(n)\boldsymbol{X}^{\mathrm{T}}(n)\boldsymbol{P}(n-1)] \tag{5-41}$$

同样地，滤波器输出值与训练序列参考值相减得到 RLS 滤波器的误差函数

$$\varepsilon=d(n)-y(n) \tag{5-42}$$

可以看到，相比于 LMS 算法，由于引入了卡尔曼滤波，RLS 算法的计算复杂度较高。但与此相对应的，是其快速收敛的特性。惯序递归方式所需要的训练序列抽头系数数量较少，收敛速度要明显快于 LMS 算法，并且信号均衡性能要明显优于 LMS 算法。鉴于此，已有对高速 VLC 系统中的 RLS 均衡技术的仿真模拟，如 Kasun 等的研究[13-14]。在这些研究的基础上，复旦大学于 2015 年提出，将 RLS 算法运用于基于高阶 CAP 调制的高速 VLC 系统中，首次在实验中验证了均衡算法

在 VLC 系统的可行性，并分析了在 VLC 系统中的信号均衡性能[15]。在滤波器一次迭代中 RLS 算法、LMS 算法、M-CMMA 和 CMMA 所需要的计算量对比见表 5-1。

表 5-1　在滤波器一次迭代中 RLS 算法、LMS 算法、M-CMMA 和 CMMA 所需要的计算量对比

均衡算法	RLS 算法	LMS 算法	M-CMMA	CMMA
乘法器	$4N^2+4N+1$	$2N+2$	$8N+16$	$2N+8$
加法器	$3N^2+N$	$2N$	$8N+20$	$2N+44$
比较器	0	0	28	54

5.5　非线性后均衡技术

除带宽限制和 ISI 等线性失真外，VLC 系统器件带来的非线性和接收机平方率探测引起的 VLC 系统非线性失真，会导致在接收信号中出现原始信号的平方项、相邻信号的交调项、甚至更高阶项或高次谐波。在信号调制阶数及传输速率较低时，这些非线性效应对系统性能的影响有限，有时甚至可以忽略。但是随着高阶调制技术在 VLC 系统中的普遍应用及传输速率的不断提高，非线性效应使系统性能的恶化愈发严重，已经成为影响 VLC 发展的关键问题。特别是作为发射机的 LED 调制曲线的非线性，不仅使得系统传输性能恶化，而且严重影响了信号的调制深度。因此，寻找有效手段对系统非线性效应进行均衡补偿已经成为国际 VLC 领域中的一个重要研究课题。

由于基于数字信号处理的先进后均衡技术具有实时性强、处理速度快、自适应能力强、可扩展性强、均衡效果好等特点，近年来已经成为解决 VLC 系统非线性问题的主流方向[16-18]，如基于 Volterra 级数、无记忆多项式、时频域联合均衡等算法。本节将介绍基于 Volterra 级数和无记忆多项式的非线性均衡技术。

Volterra 级数是泰勒级数的一种推广，并于 1942 年首次被应用在非线性系统分析中。其主要思路是利用 Volterra 级数对系统的非线性响应进行近似和展开，通过

高阶乘积项来表征信号的非线性，从而实现系统的非线性响应估计[19]。系统输入输出信号的 p 阶 Volterra 级数展开关系可以表示为

$$
\begin{aligned}
y(n)=&\sum_{k_1=0}^{N_1-1} w_{k_1}(n)x(n-k_1)+\sum_{k_1=0}^{N_2-1}\sum_{k_2=k_1}^{N_2-1} w_{k_1k_2}(n)x(n-k_1)x(n-k_2)+\\
&\sum_{k_1=0}^{N_3-1}\sum_{k_2=k_1}^{N_3-1}\sum_{k_3=k_2}^{N_3-1} w_{k_1k_2k_3}(n)x(n-k_1)x(n-k_2)x(n-k_3)+\cdots+\\
&\sum_{k_1=0}^{N_p-1}\cdots\sum_{k_p=k_{p-1}}^{N_p-1} w_{k_1\cdots k_p}(n)x(n-k_1)\cdots x(n-k_p)
\end{aligned}
\tag{5-43}
$$

其中，$x(n)$和 $y(n)$分别是 n 时刻的输入和输出信号，可以看到系统的输出是由不同阶次的信号乘积项相加后得到的。$N_1,N_2,\cdots,N_p$ 表示的是第 p 阶的系统记忆长度，而 $w_{k_1},w_{k_1k_2},\cdots,w_{k_1\cdots k_p}$ 表示的是第 p 阶的 Volterra 非线性项系数。当 p=1 时就是系统的一阶线性表示，而后面的二阶项和更高阶项则代表了系统的非线性响应。也就意味着整个系统的响应可以由一个 p 阶的 Volterra 级数模型来表示。

基于以上分析，我们就可以将 Volterra 级数模型应用到系统的非线性均衡中，主要方式为和前文介绍的自适应滤波器相结合。系统的输入项 $x(n)$为滤波器输入，输出 $y(n)$为经过非线性均衡后的滤波器输出，通过滤波器抽头更新算法对 Volterra 非线性项系数进行更新，从而达到信号均衡的目的。然而随着记忆长度和非线性阶次的提高，采用完整的 Volterra 级数进行非线性均衡的计算复杂度非常高，不利于系统实现。因此，综合考虑均衡性能和计算复杂度，在一般情况下都会将级数长度截短，只采用二阶 Volterra 级数进行非线性均衡，其非线性均衡器结构如图 5-31 所示。当只考虑二阶 Volterra 级数时，该均衡器就只包含了一阶线性部分和二阶非线性部分，均衡器第 n 时刻的输出可以表示为

$$
\begin{aligned}
y(n)=y_l(n)+y_{nl}(n) &= \\
&\underbrace{\sum_{k_1=0}^{N_1-1} w_{k_1}(n)x(n-k_1)}_{y_l(n)}+\underbrace{\sum_{k_1=0}^{N_2-1}\sum_{k_2=k_1}^{N_2-1} w_{k_1k_2}(n)x(n-k_1)x(n-k_2)}_{y_{nl}(n)}
\end{aligned}
\tag{5-44}
$$

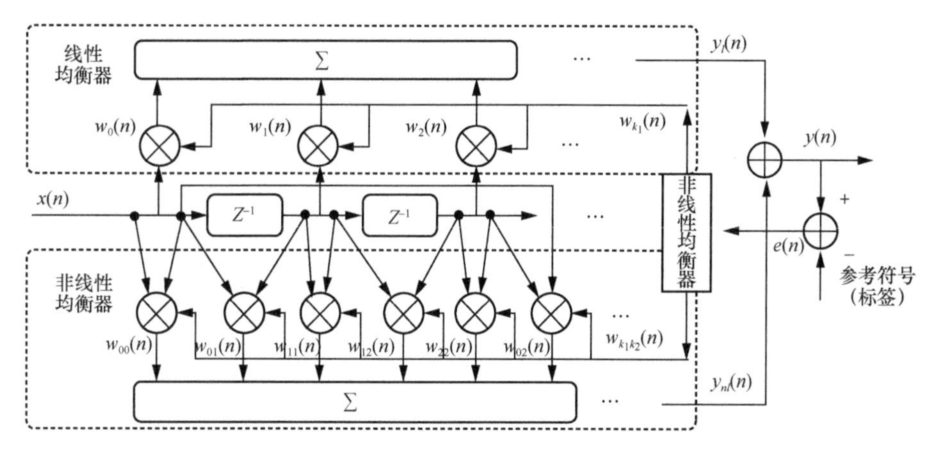

图 5-31　基于二阶 Volterra 级数的非线性均衡器结构

在式（5-44）中，$x(n)$是第 n 时刻滤波器的输入信号，$y_l(n)$ 和 $y_{nl}(n)$ 分别是一阶线性输出和二阶非线性输出，N_1 和 N_2 分别是一阶线性项阶数和二阶非线性项阶数，而 w_{k_1} 和 $w_{k_1k_2}$ 则分别是一阶线性项和二阶非线性项的抽头系数。可以看到，在利用 Volterra 级数进行非线性均衡时，滤波器同时也会对信号的线性失真进行补偿，只需要额外加入线性项估计值就能实现，因此 Volterra 级数模型非常适合与自适应滤波器相结合。

和其他自适应滤波器相同，基于 Volterra 级数的非线性滤波器也需要采用更新算法对滤波器的抽头系数进行更新。上文中提到的 LMS 算法、RLS 算法、M-CMMA、CMMA 等均适用于该非线性滤波器。综合考虑均衡性能和计算复杂度等因素，我们提出了采用 M-CMMA 进行非线性项系数的更新，用于高阶 CAP 信号均衡。此时滤波器二阶非线性抽头系数的更新方程为

$$\begin{cases} w_{k_1k_2\_11}(n+1) = w_{k_1k_2\_11}(n) + \mu\varepsilon_{\mathrm{I}} M_{\mathrm{I}} x_{\mathrm{I}}(n-k_1) x_{\mathrm{I}}(n-k_2) \\ w_{k_1k_2\_12}(n+1) = w_{k_1k_2\_12}(n) + \mu\varepsilon_{\mathrm{I}} M_{\mathrm{I}} x_{\mathrm{Q}}(n-k_1) x_{\mathrm{Q}}(n-k_2) \\ w_{k_1k_2\_21}(n+1) = w_{k_1k_2\_21}(n) + \mu\varepsilon_{\mathrm{Q}} M_{\mathrm{Q}} x_{\mathrm{I}}(n-k_1) x_{\mathrm{I}}(n-k_2) \\ w_{k_1k_2\_22}(n+1) = w_{k_1k_2\_22}(n) + \mu\varepsilon_{\mathrm{Q}} M_{\mathrm{Q}} x_{\mathrm{Q}}(n-k_1) x_{\mathrm{Q}}(n-k_2) \end{cases} \tag{5-45}$$

通过与 M-CMMA 结合，基于 Volterra 级数的非线性均衡器可以实现无训练的抽头系数快速更新，从而达到信号非线性均衡的目的。

| 5.6 VLC 线性/非线性联合后均衡技术 |

上文分别介绍了用于 CAP 调制 VLC 系统的线性和非线性均衡技术，通过 RLS 算法和 M-CMMA 等并结合 Volterra 级数对系统非线性响应的表征，实现了对 VLC 系统信号损伤的有效补偿。为了突破 LED 带宽限制、追求更高的频谱利用率和传输容量，64QAM、128QAM 乃至更高阶的调制技术开始在 VLC 系统中得到广泛应用，从而对系统的信号均衡能力提出了更高的要求。在本节中，我们将介绍该线性/非线性联合后均衡技术的基本结构，以及第三级 DD-LMS 均衡器的基本原理，提出将该联合后均衡技术应用在基于高阶 CAP 调制的超高速 VLC 系统中，实现对系统线性失真和非线性失真的联合均衡补偿。

在 VLC 系统中，普遍存在着由 LED 带宽限制、空间传输多径效应和采样时钟偏差等带来的线性 ISI 失真，以及由于 LED 调制曲线非线性和平方率探测导致的非线性失真。当系统采用高阶调制技术时，这些失真对系统性能的影响愈发严重，需要更为有效的均衡技术对其进行补偿。为此，我们提出了一种全新的线性/非线性联合后均衡技术，来提升对高阶调制信号的均衡性能。三级联合后均衡器结构如图 5-32 所示。可以看到，该均衡技术由三级均衡器级联组成。其中，第 1 级是基于 M-CMMA 的线性均衡器，第 2 级是基于 Volterra 级数的非线性均衡器，它也同样采用 M-CMMA 对滤波器抽头系数进行更新。通过这两级均衡器的叠加，对信号的线性失真和非线性失真进行联合均衡补偿。这两级均衡器合并后的输出 $y'(n)$ 可以表示为

$$y'(n) = y_l(n) + y_{nl}(n) = \underbrace{\sum_{k_1=0}^{N_1-1} w_{k_1}(n)x(n-k_1)}_{y_l(n)} + \underbrace{\sum_{k_1=0}^{N_2-1}\sum_{k_2=k_1}^{N_2-1} w_{k_1k_2}(n)x(n-k_1)x(n-k_2)}_{y_{nl}(n)} \tag{5-46}$$

其中，$x(n)$是第 n 时刻滤波器的输入信号，$y_l(n)$ 和 $y_{nl}(n)$ 分别是第 1 级线性滤波器输出和第 2 级非线性滤波器输出，N_1 和 N_2 、w_{k_1} 和 $w_{k_1k_2}$ 分别是线性和非线性滤波器的阶数与抽头系数。

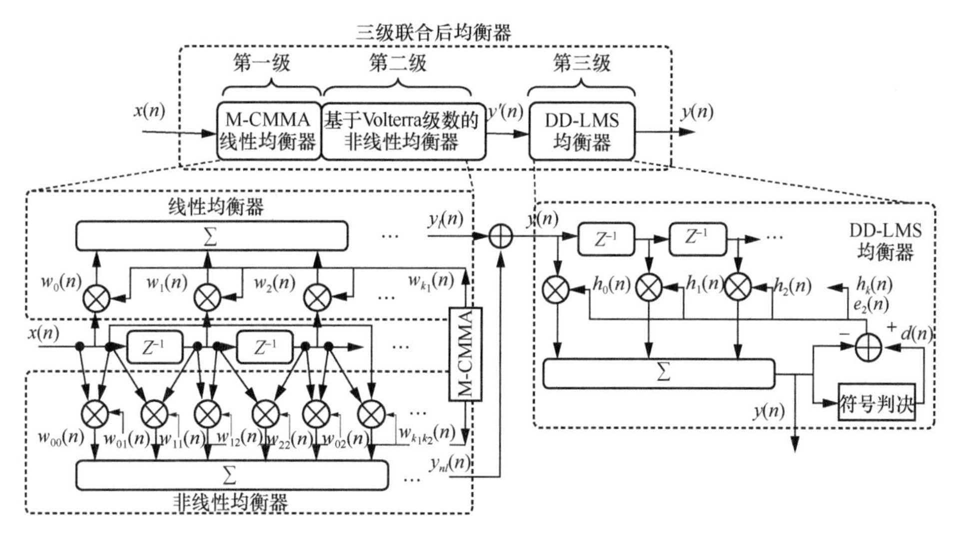

图 5-32　三级联合后均衡器结构

接下来，将这两级均衡器合并后的输出值 $y'(n)$ 送入第 3 级均衡器中，这里我们采用了 DD-LMS 算法对均衡器的抽头系数进行更新。与 M-CMMA 等依靠信号统计规律来计算滤波器输出误差的无训练的盲均衡算法不同，DD-LMS 算法的误差通过当前时刻输出码元的判决值与该输出值相减得到。DD-LMS 算法的最大特点是如果当前输入信号的 BER 较高，则均衡器的初始判决输出误差很大，会导致其抽头无法收敛。而当输入信号的误码性能在一定范围内时（一般在 1×10^{-2} 以内），DD-LMS 均衡器将具有很高的均衡性能。因此我们将该均衡器作为联合均衡的第 3 级，利用前两级均衡器对信号进行预收敛，确保输入到 DD-LMS 均衡器的信号的 BER 已经达到要求的范围。此时 DD-LMS 均衡器的输出和抽头系数更新方程可以表示为

$$y(n)=\sum_{k=0}^{N_3-1}h_k(n)y'(n-k) \tag{5-47}$$

$$\varepsilon=d(n)-y(n) \tag{5-48}$$

$$h_k(n+1)=h_k(n)+2\mu\varepsilon x(n) \tag{5-49}$$

其中，$y(n)$就是该联合均衡器的最终输出值，$h_k(n)$ 是 DD-LMS 均衡器的抽头系数，

N_3是该均衡器阶数，μ是均衡器收敛步长，$d(n)$是当前时刻滤波器输出值$y(n)$的码元判决值。其抽头系数更新算法与 LMS 算法类似，但是与之不同的地方是，LMS 算法的滤波器输出误差是由训练序列与当前输出值相减得到的，而 DD-LMS 均衡器的误差则由当前输出值的码元判决值$d(n)$与该输出值$y(n)$相减得到，是无训练的盲均衡算法。

通过这 3 级均衡器的级联，实现了对系统线性失真和非线性失真的联合均衡补偿，同时利用 DD-LMS 算法进一步提高了对高阶调制信号的均衡性能。

5.7 基于无记忆幂级数的自适应软件预均衡技术

通过使用硬件预均衡技术和拟线性模型软件预均衡技术可以有效地补偿由 LED 带宽限制引起的线性失真，但是来自于 VLC 系统中诸如 LED、EA、光电探测器等器件的非线性失真仍是亟需解决的问题。中国科学院上海微系统与信息技术研究所在 2014 年提出了基于记忆多项式的自适应后均衡器以补偿 VLC 系统中的非线性失真[20]。2016 年，Mitra 等[21]提出了基于切比雪夫多项式的自适应预均衡器以纠正 LED 的非线性特性。但是这些方法都只是基于仿真研究，并没有通过实验验证，而且只关注 LED 产生的非线性，忽略了 VLC 系统中其他器件引起的非线性失真。

基于多项式模型的预均衡技术是抵抗系统非线性失真的有效方法[22-23]，但是目前很少有研究将多项式模型用于速率大于 1 Gbit/s 的高速 VLC 系统。因此，在本节中我们提出了一种新型的基于无记忆幂级数的自适应软件预均衡方案来消除 VLC 系统中的非线性失真，该方法具有较低的复杂度，并且能够带来明显的系统性能提升。

大多数对于 VLC 系统中非线性的研究都只关注 LED 产生的非线性，但实际上 EA、数模转换器、模数转换器和光电探测器等诸多器件产生的非线性也会影响 VLC 系统的性能。因此，有必要测量整个 VLC 系统非线性响应的静态特性以实现更全面的补偿。考虑到计算复杂度和预均衡性能之间的折中，我们提出了基于无记忆幂级数的自适应软件预均衡技术，该技术忽略信道的记忆特性以降低复杂度，并使用训练序列来实现自适应性。

基于无记忆幂级数的自适应软件预均衡技术原理如图 5-33 所示。$x_s(n)$是经过 IFFT 运算之后的发射训练信号，n 代表时间参数，而未经过预均衡的接收训练信号是 $y_s(n)$，K 代表信道非线性阶数。我们需要估计出信道多项式的系数和其反转来实现自适应性，通过训练序列和式（5-50）可以将预均衡系数 D_k 估计出来。

$$x_s(n) = D_1 y_s(n)\left|y_s(n)\right| + D_2 y_s(n)\left|y_s(n)\right|^2 + \cdots + D_{K-1} y_s(n)\left|y_s(n)\right|^{K-1} = \sum_{k=0}^{K-1} D_k y_s(n)\left|y_s(n)\right|^k \tag{5-50}$$

根据系数 D_k 进一步产生预均衡后的发射信号 $x_d(n)$，从而生成预均衡后的接收信号 $y_d(n)$。

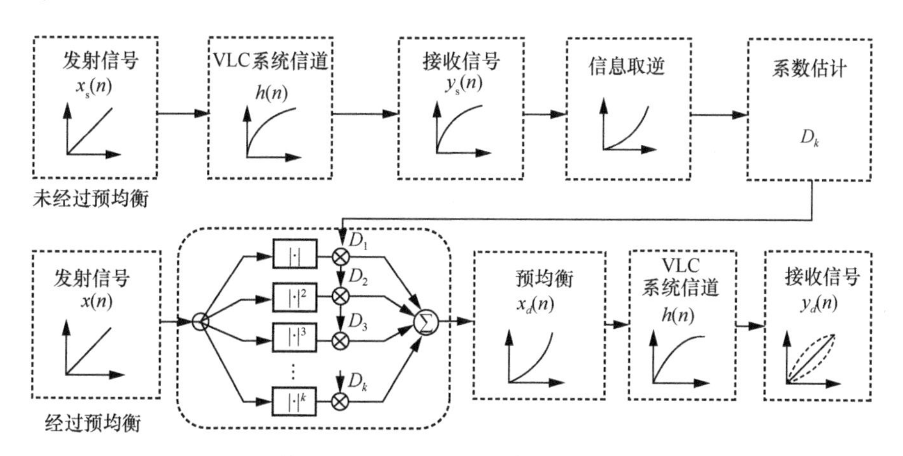

图 5-33　基于无记忆幂级数的自适应软件预均衡技术原理

5.8　本章小结

本章内容介绍了 VLC 中的信号处理技术，主要包括预均衡技术和后均衡技术。其中，预均衡技术分为硬件预均衡和软件预均衡两个方面进行介绍，后均衡技术分为 LMS 后均衡技术、RLS 后均衡技术，以及非线性后均衡技术等。通过软件/硬件、线性/非线性均衡技术的结合，VLC 系统的容量能够得到进一步的提升。

参考文献

[1] CHI N, ZHOU Y J, SHI J Y, et al. Enabling technologies for high speed visible light communication[C]//Proceedings of the Optical Fiber Communication Conference. Piscataway: IEEE Press, 2017: Th1E. 3.

[2] HUANG X X, SHI J Y, LI J H, et al. A Gbit/s VLC transmission using hardware preequalization circuit[J]. IEEE Photonics Technology Letters, 2015, 27(18): 1915-1918.

[3] HUANG X X, WANG Z X, SHI J Y, et al. 1.6 Gbit/s phosphorescent white LED based VLC transmission using a cascaded pre-equalization circuit and a differential outputs PIN receiver[J]. Optics Express, 2015, 23(17): 22034-22042.

[4] 迟楠, 周盈君, 赵嘉琦, 等. 基于硬件预均衡电路的高速可见光通信系统[J]. 科技导报, 2016, 34(16): 144-149.

[5] HUANG X X, SHI J Y, LI J H, et al. 750 Mbit/s visible light communications employing 64QAM-OFDM based on amplitude equalization circuit[C]//2015 Optical Fiber Communications Conference and Exhibition (OFC). Piscataway: IEEE Press, 2015.

[6] WANG F M, LIU Y F, SHI M, et al. 3.075 Gbit/s underwater visible light communication utilizing hardware pre-equalizer with multiple feature points[J]. Optical Engineering, 2019, 58(5): 056117.

[7] WANG Y G, TAO L, WANG Y Q, et al. High speed WDM VLC system based on multi-band CAP64 with weighted pre-equalization and modified CMMA based post-equalization[J]. IEEE Communications Letters, 2014, 18(10): 1719-1722.

[8] ZHANG J W, YU J J, CHI N, et al. Time-domain digital pre-equalization for band-limited signals based on receiver-side adaptive equalizers[J]. Optics Express, 2014, 22(17): 20515-20529.

[9] ZHOU Y J, LIANG S Y, CHEN S Y, et al. 2.08 Gbit/s visible light communication utilizing power exponential pre-equalization[C]//2016 25th Wireless and Optical Communication Conference (WOCC). Piscataway: IEEE Press, 2016: 1-3.

[10] WIDROW B, MCCOOL J M, LARIMORE M G, et al. Stationary and nonstationary learning characteristics of the LMS adaptive filter[J]. Proceedings of the IEEE, 1976, 64(8): 1151-1162.

[11] HAIGH P A, GHASSEMLOOY Z F, RAHVGABDARI S, et al. A 100 Mbit/s visible light communications system using a linear adaptive equalizer[C]//19th European Conference on Networks and Optical Communications. Piscataway: IEEE Press, 2014: 136-139.

[12] ARDALAN S. Floating-point error analysis of recursive least-squares and least-mean-squares

adaptive filters[J]. IEEE Transactions on Circuits and Systems, 1986, 33(12): 1192-1208.

[13] KASUN D B, PARARAJASINGAM N, CHUNG Y H. Improved indoor visible light communication with PAM and RLS decision feedback equalizer[J]. IETE Journal of Research, 2013, 59(6): 672-678.

[14] BANDARA K, CHUNG Y. Reduced training sequence using RLS adaptive algorithm with decision feedback equalizer in indoor visible light wireless communication channel[C]//2012 International Conference on ICT Convergence (ICTC). Piscataway: IEEE Press, 2012: 149-154.

[15] WANG Y G, HUANG X X, TAO L, et al. 4.5 Gbit/s RGB-LED based WDM visible light communication system employing CAP modulation and RLS based adaptive equalization[J]. Optics Express, 2015, 23(10): 13626-13633.

[16] DENG P, KAVEHRAD M, KASHANI M A. Nonlinear modulation characteristics of white LEDs in visible light communications[C]//Optical Fiber Communication Conference. Piscataway: IEEE Press, 2015: W2A.64.

[17] STEPNIAK G, SIUZDAK J, ZWIERKO P. Compensation of a VLC phosphorescent white LED nonlinearity by means of volterra DFE[J]. IEEE Photonics Technology Letters, 2013, 25(16): 1597-1600.

[18] YING K, YU Z H, BAXLEY R J, et al. Nonlinear distortion mitigation in visible light communications[J]. IEEE Wireless Communications, 2015, 22(2): 36-45.

[19] AGAROSSI L, BELLINI S, BREGOLI F, et al. Equalization of non-linear optical channels[C]//1998 IEEE International Conference on Communications Conference Record Affiliated with SUPERCOMM'98. Piscataway: IEEE Press, 1998: 662-667.

[20] QIAN H, YAO S J, CAI S Z, et al. Adaptive post distortion for nonlinear LEDs in visible light communications[J]. IEEE Photonics Journal, 2014, 6(4): 1-8.

[21] MITRA R, BHATIA V. Chebyshev polynomial-based adaptive predistorter for nonlinear LED compensation in VLC[J]. IEEE Photonics Technology Letters, 2016, 28(10): 1053-1056.

[22] ZHANG J W, WANG J, XU M, et al. Memory-polynomial digital pre-distortion for linearity improvement of directly-modulated multi-if-over-fiber LTE mobile fronthaul[C]// 2016 Optical Fiber Communications Conference and Exhibition (OFC). Piscataway: IEEE Press, 2016: 1-3.

[23] NEZAMI K M. Fundamentals of power amplifier linearization using digital pre-distortion[J]. High Frequency Electronics, 2004, 3(8): 54-59.

第6章

传统机器学习在 VLC 中的应用

本章围绕 VLC 系统中的传统机器学习算法用于消除非线性等方面进行了阐述，主要介绍基于聚类的 K-Means 算法、高斯混合模型（Gaussian Mixture Model，GMM）算法、具有噪声的基于密度的应用空间聚类（Density-Based Spatial Clustering of Applications with Noise，DBSCAN）算法，支持向量机（Support Vector Machines，SVM）算法和基于独立成分分析（Independent Component Analysis，ICA）的多带 CAP 算法。

6.1 传统机器学习在 VLC 中的应用概述

VLC 系统信道是一个极为特殊的传输信道，当信号在信道中传输时会受到严重的线性与非线性效应的影响[1]。尤其是在一些空间复杂信道和高发射功率下，VLC 系统的非线性效应会占主导地位，并会严重影响系统的传输性能，导致 BER 急剧上升。对于 VLC 系统而言，其非线性效应主要来自于 LED 器件本身的非线性效应、信道的非线性、接收端 PIN 器件的非线性，以及诸如放大器等器件的非线性[2]。

机器学习人工智能在过去的 10 多年已被成功用于预测、分类、模式识别、数据挖掘、特征提取，以及行为识别等领域。随着 5G 通信的发展以及海量通信数据处理带来的挑战，通信系统与人工智能相结合已成为大势所趋。已有研究表明，人工智能领域的诸多算法均可以用于解决通信系统中的非线性问题，如从噪声中估计参数，确定输入与输出之间的复杂映射关系，推断接收信号的概率分布，以及基于输入样本估计输出值等。

人工智能在 VLC 领域中的应用前景非常广阔，其主要应用场景包括非线性抑制、抖动消减、调制格式识别和相位估计。非线性抑制算法主要通过从接收的数据中学习不同的非线性失真并综合它们的概率模型，以便于在以后补偿系统的非线性并量化引入的ISI。在VLC系统中，可以使用深度神经网络（Deep Neural Network，DNN）[3]、带高斯核函数的深度神经网络（Gaussian Kernel Deep Neural Network，GK-DNN）[4]、辅助核函数深度神经网络（Auxiliary Kernel Deep Neural Network，AK-DNN）以及长短期记忆网络（Long Short-Tenn Memory Network，LSTM）[5]实现后均衡器补偿信号的非线性失真。对于VLC系统中的信号抖动问题，主要采用聚类算法中的二维以及三维具有噪声的基于密度的应用空间聚类（2D-DBSCAN，3D-DBSCAN）[6-8]算法来解决。而对于盲调制格式识别，尤其是在星座点出现非线性失配的情况下，可以使用K-Means[9]算法及其聚类算法感知模型（Clustering Algorithm-Based Perception Decision，CAPD）来实现。SVM[10]算法可以用于相位估计并纠偏。

人工智能聚类算法中，将K-Means 算法作为后均衡器，欧几里得距离作为判定准则，将距离较近的点归为一类，通过寻找接收信号每个类的中心，得到CAPD，并将其替代原有的标准星座点判定边界，可以有效抵抗系统带来的非线性，提升系统的性能。Lu等[7]使用K-Means算法在多带CAP VLC（Multi-CAP VLC）系统中分别对IQ两路的非线性不均衡失真进行了后均衡，并完成了调制格式识别。Lu等[9]将K-Means算法用在系统的预均衡中，其与K-Means算法相同，区别在于预均衡是通过K-Means算法得出接收星座点每个类的中心坐标，求出与其最近的标准星座点之间的距离，并将其作为预失真向量，然后根据预失真向量对发射星座点进行预失真，来抵消系统带来的非线性的影响。Wu等[11]比较了GMM算法和K-Means算法在强非线性条件下的性能。实验结果表明，在使用GMM算法时，信号峰峰值电压（Vpp）约为0.25 V，满足前向纠错的BER阈值。在传输速率为1.5 Gbit/s时，采用GMM算法条件下的信号发射Vpp低于HD-FEC门限的范围显著大于使用K-Mean算法的。在消除时域抖动方面，复旦大学Yu等[8]提出了利用DBSCAN算法来区分引起时域抖动的不同信号电平，文中实验证明了采用DBSCAN算法的PAM4 VLC系统，系统Q因子提高了3.9 dB。在此基础上，Lu等[12]提出了2D-DBSCAN算法，可以实时对时域信号幅度抖动进行跟踪。实验验证，系统Q因子提升了1.6～3.2 dB。参考上述时域抖动补偿方案，Lu等[6]又提出了3D-DBSCAN算法，其从IQ两路和时间3个维度讨论后均衡问题，并使用基于3D-DBSCAN算法的16QAM CAP成功使系统Q因子提升1.5～2.5 dB，首次将DBSCAN算法应用到了QAM系统。Niu等[10]

采用线性核 SVM 对多带 CAP VLC 系统进行了相位估计和纠偏，采用 CAP-正交相移键控（Quadrature Phase Shift Keying，QPSK）作为调制格式，使用线性核 SVM 进行分类和纠偏，并在两个带上进行了实验。

6.2 机器学习算法

6.2.1 基于聚类的 K-Means 算法

K-Means 算法是一种典型的基于中心的无监督学习算法，被称为 K-Means 是因为它可以自发地将很多样本聚成 K 个不同的类别，每一个类别即为一个簇，这一个簇由若干个相对紧凑的样本团组成，这个簇的中心由簇中所有点的均值计算得出。K-Means 算法是将簇数量已知作为唯一条件，对未知的每个点进行聚类标识的过程。

1. K-Means 算法原理

K-Means 算法的步骤可以表示为：给定样本集 $D=\{\boldsymbol{x}_1,\boldsymbol{x}_2,\cdots,\boldsymbol{x}_n\}$， $\boldsymbol{x}_i$ 是一个 m 维的向量，代表样本集中的每一个样本，其中 m 表示样本 $\boldsymbol{x}$ 的属性个数。聚类的目的是将样本集 D 中相似的样本归入同一集合。我们将划分后的集合称为簇，用 G 表示，其中 G 的个数用 k 来表示。每个簇有一个中心点，即簇中所有点的中心，被称为质心，用 μ_k 表示。因此，K-Means 算法可以表示为将 $D=\{\boldsymbol{x}_1,\boldsymbol{x}_2,\cdots,\boldsymbol{x}_n\}$ 划分为 $G=\{\boldsymbol{G}_1,\boldsymbol{G}_2,\cdots,\boldsymbol{G}_k\}$ 的过程，每个划分好的簇中的各点，到质心的距离平方之和称为误差平方和，即 SSE（Sum of Squared Error）。

$$\text{SSE}=\sum_{i=1}^{k}\sum_{x\in \boldsymbol{G}_i}\|\boldsymbol{x}-\mu_i\|^2 \tag{6-1}$$

其中，μ_i 表示第 i 个的质心的坐标。因此 K-Means 算法的优化器本质是通过迭代达到 $\boldsymbol{G}_1,\boldsymbol{G}_2,\cdots,\boldsymbol{G}_k$，内部的样本相似性大，簇与簇之间的样本相似性小的效果，即尽可能地减小 SSE 的值。

输入为：样本集 D，簇的数量 k。

输出为：$G=\{\boldsymbol{G}_1,\boldsymbol{G}_2,\cdots,\boldsymbol{G}_k\}$，即 k 个划分好的簇。

2. 基于 K–Means 算法的感知判决

一般来说，通信系统是一些相互作用的子系统的组合。在 VLC 系统中的非线性，包括光纤信道中的克尔非线性，光电检测器、发射机驱动电路和放大器存在的非线性现象等。因此，有研究使用机器学习中的 K-Means 算法对强度调制直接检测（Intensity Modulation Direct Detection，IM-DD）的 VLC 系统中存在的综合非线性/线性现象进行补偿。

CAPD 适用于使用归纳而不是扣除的失真信号的补偿。考虑到系统的特点和实用性，机器学习中的聚类模型更为合适。K-Means 算法流程及星座图操作如图 6-1 所示。

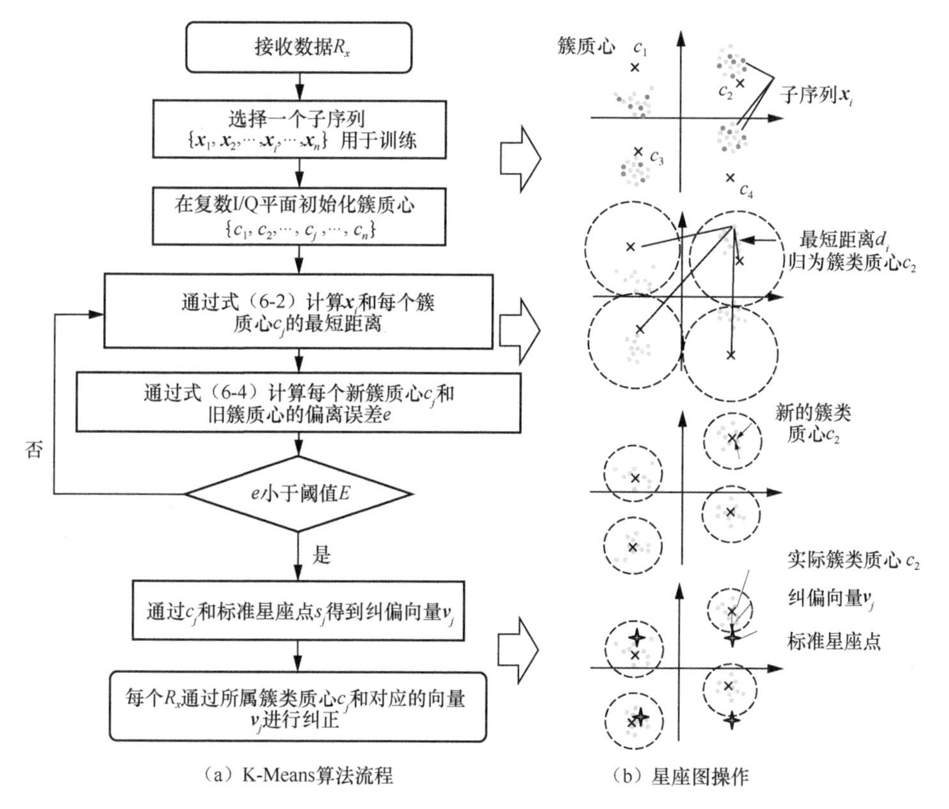

（a）K-Means算法流程　　（b）星座图操作

图 6-1　K-Means 算法流程及星座图操作

① 从 R_x 数据中选择一个子序列。作为计算复杂度和性能之间的折中，可以使用合适的子序列来替换整个 R_x 序列，而几乎不会降低性能。② 随机初始化簇质心

$c_1, c_2, \cdots, c_k$。特别地，为了使质心收敛更快，可以选择标准星座点作为初始值。③ 用式（6-2）计算 $\boldsymbol{x}_i$ 与每个簇质心 c_j 之间的最短距离 d_i。

$$d_i = \underset{j}{\operatorname{argmin}}\, f(\boldsymbol{x}_i, c_j) \tag{6-2}$$

其中，$\boldsymbol{x}_i$ 是由其 I/Q 数据样本对形成的二维向量 $[\boldsymbol{x}_i(n), \boldsymbol{x}_q(n)]$。$c_j$ 是当前的质心点。$f(\boldsymbol{x}_i, c_j)$ 是距离函数，可以由欧几里得距离、曼哈顿距离、马哈拉诺比斯距离等定义。这里我们选择欧几里得距离作为距离函数，如式（6-2）所示。

$$f(\boldsymbol{x}_i, c_j) = |\boldsymbol{x}_i - c_j|^2 \tag{6-3}$$

通过式（6-4）迭代各个质心点，直到前后两次质心点的偏差小于阈值 E。否则，不断重复式（6-1）～式（6-4）。

$$c_j \to \frac{\sum_{i=1}^{m} 1\{d_i = j\} \boldsymbol{x}_i}{\sum_{i=1}^{m} 1\{d_i = j\}} \tag{6-4}$$

其中，$1\{d_i = j\}$ 的值为 $\{0, 1\}$。

3. CAPD 的多带 CAP VLC 系统的非线性补偿

VLC 系统引起非线性的原因很多，包括 PIN 光电检测器、发射机驱动电路和放大器。因此，通过使用机器学习模型补偿整个 VLC 系统的非线性是一种可行而有效的方法。VLC 系统信道的发射机（Tx）数据和接收机（Rx）数据之间的背对背关系的传输曲线如图 6-2 所示。

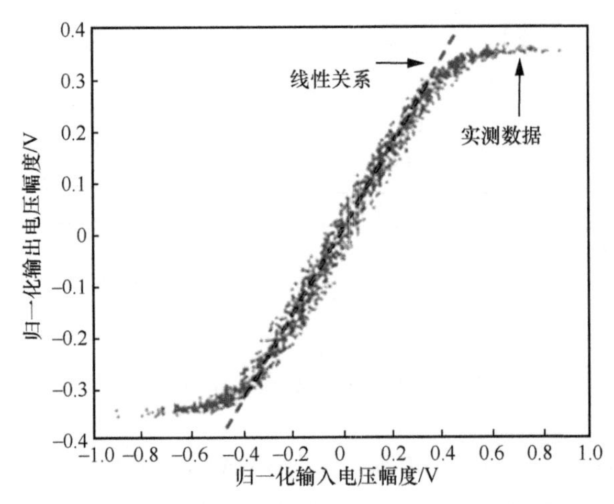

图 6-2　VLC 系统信道的 Tx 数据和 Rx 数据之间的背对背关系的传输曲线

CAPD 是一种仅考虑接收到的数据本身的统计定律，而不关心系统的哪一部分导致非线性效应产生的算法。

传统判决准则如图 6-3（a）所示。从图中的圆圈可以看出，如果整个系统产生非线性效应，则可能会出现局部簇畸变，因此会出现很多误差。CAPD 判决准则如图 6-3（b）所示，CAPD 可以通过聚类算法找到每个聚类的质心，并通过校正矢量来补偿整个聚类。因此，CAPD 在一定程度上补偿了非线性对系统的影响。

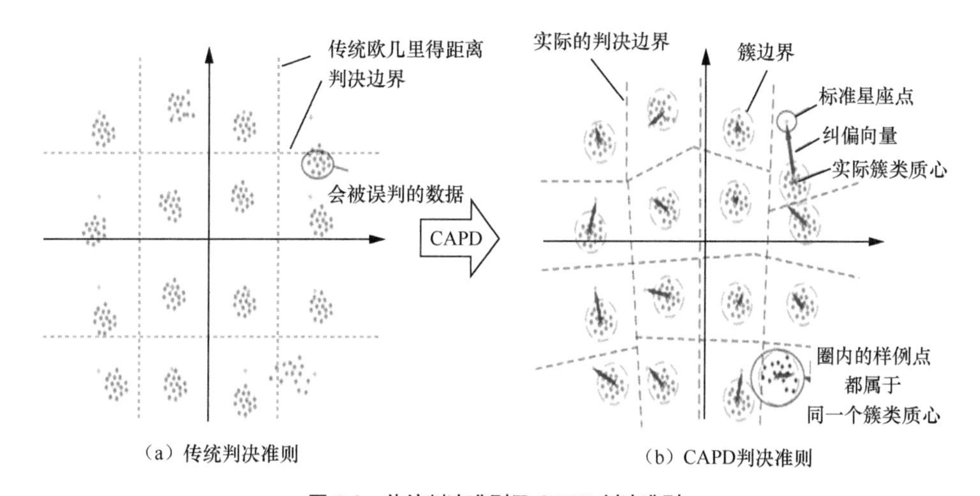

图 6-3　传统判决准则及 CAPD 判决准则

过多的子序列极大程度地导致了算法的复杂性，但是，子序列数量太少会影响算法的准确性。我们以合适的子训练序列长度测量了 16-CAP VLC 系统。不同数量子训练序列的总误差值如图 6-4 所示，当子训练序列长度小于 1 000 点时，质心点不准确并且误差是不可接受的。当子训练序列长度小于 2 000 点时，该算法中可能会出现一些不稳定性。当子训练序列长度在 2 000～3 000 点时，系统误差在可接受的范围内。

为了进行清晰的比较，我们测量了每个子带的 Q 因子与偏置电压的关系。因此，我们将其 Q 因子设置为 14 dB，以便于演示 Q 因子。不同子带下的传统判决和 CAPD 判决的 Q 因子比较如图 6-5 所示，可以发现子带 1 和子带 2 的性能明显优于子带 3、子带 4 和子带 5。因为整个调制电压都落在线性区域内，所以子带 2 仅在线性均衡下具有良好的性能。随着子带索引的增加，子带被携带在更高的子载波频率中，因此，高频衰减引起的低 SNR 将使系统性能严重恶化。此外，我们比较了有无 CAPD 的 Q 因子。测量结果表明，通过使用 CAPD 补偿非线性失真,可以显著改善系统整体性能。每个子带的 Q 因子至少可以提高 0.8 dB。特别是对于子带 1 和子带 3，Q 因子的最大改善可以达到 2.5 dB。当采用 CAPD 时，子带 2 可以实现与子带 1 相同的性能。

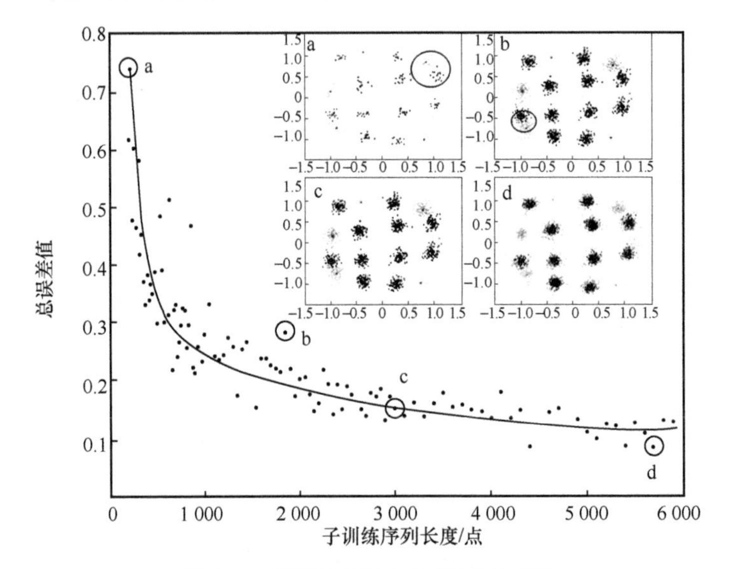

图 6-4 不同数量子训练序列的总误差值

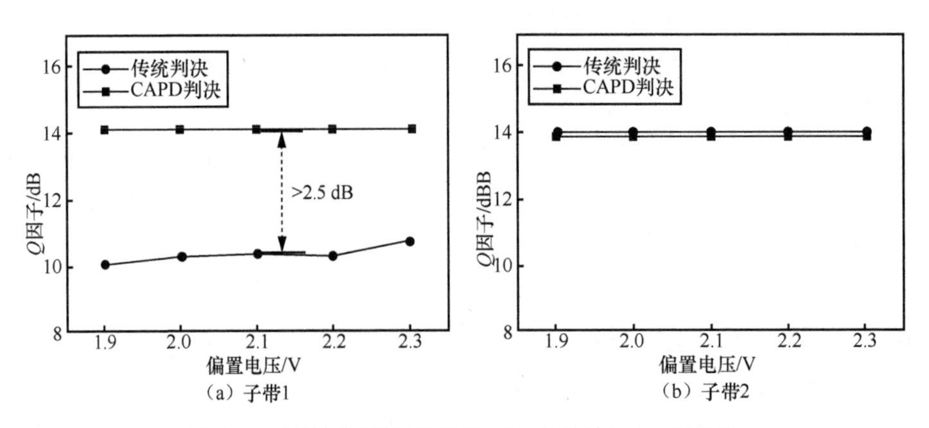

图 6-5 不同子带下的传统判决和 CAPD 判决的 Q 因子比较

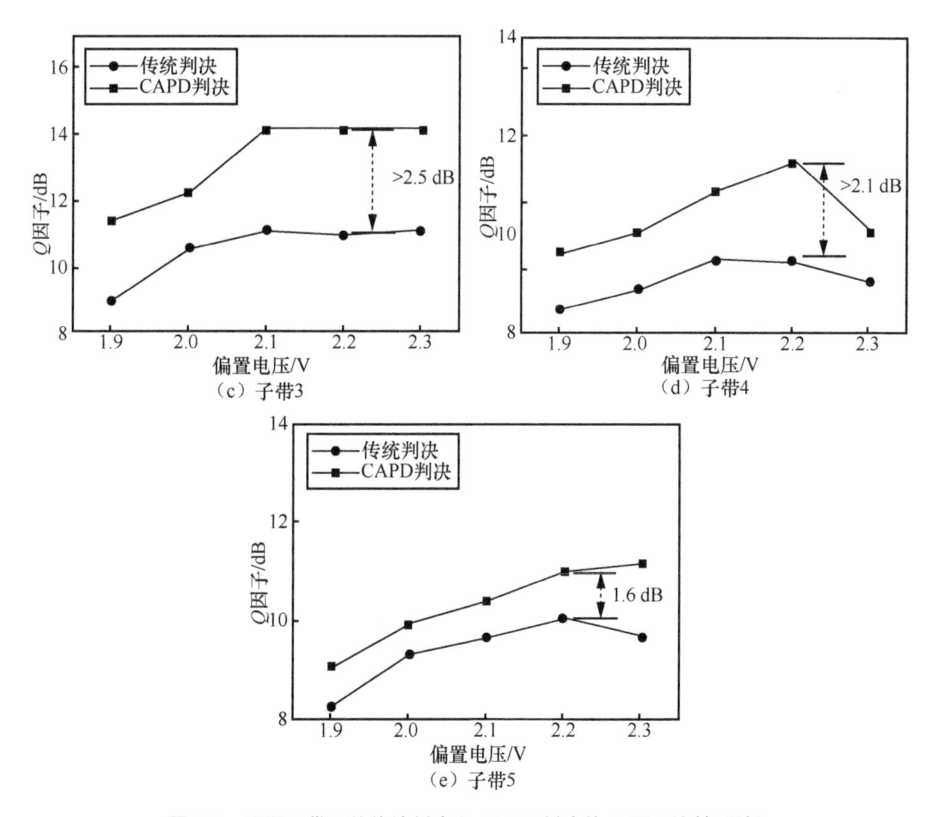

图 6-5　不同子带下的传统判决和 CAPD 判决的 Q 因子比较（续）

为了进一步测试 CAPD 的抗非线性，我们比较了 CAPD 和 Volterra 均衡器。特别是，我们将无误码的 BER 设置为 10^{-6}，以便于演示 BER 性能。从图 6-5 可以看出，线性区域中子带 2 具有很好的效果，在实验中仅使用线性均衡就可以实现无误码。另外，可以看出子带 3～子带 5 的性能相似，因此我们选择子带 4 进行性能测试。严格来说，CAPD 是一种决策方法，而不是均衡器。由于高复杂度，Volterra 均衡器在实验中仅实现 2 阶或 3 阶均衡[13]，并且在更复杂的非线性中，拟合性能受到限制。M-CMMA、M-CMMA+Volterra 和 M-CMMA+CAPD 的 BER 比较如图 6-6 所示，利用非线性和线性补偿的系统比线性补偿具有更好的性能。对于非线性补偿，CAPD 的性能优于 Volterra 均衡器，因为错误率平均下降到 10%。低 SNR（在较低的偏置电压和信号 Vpp 时）和非线性（在较高的偏置电压和信号 Vpp 时）都会降低系统性能。根据实验结果，最佳的工作点是 2.2 V 的偏置电压和 1.2 V 的输入信号 Vpp，它可以满足 5 个子带的需求。具体地说，在高光强度的环境中，CAPD 还可以改善系统的工作范围。

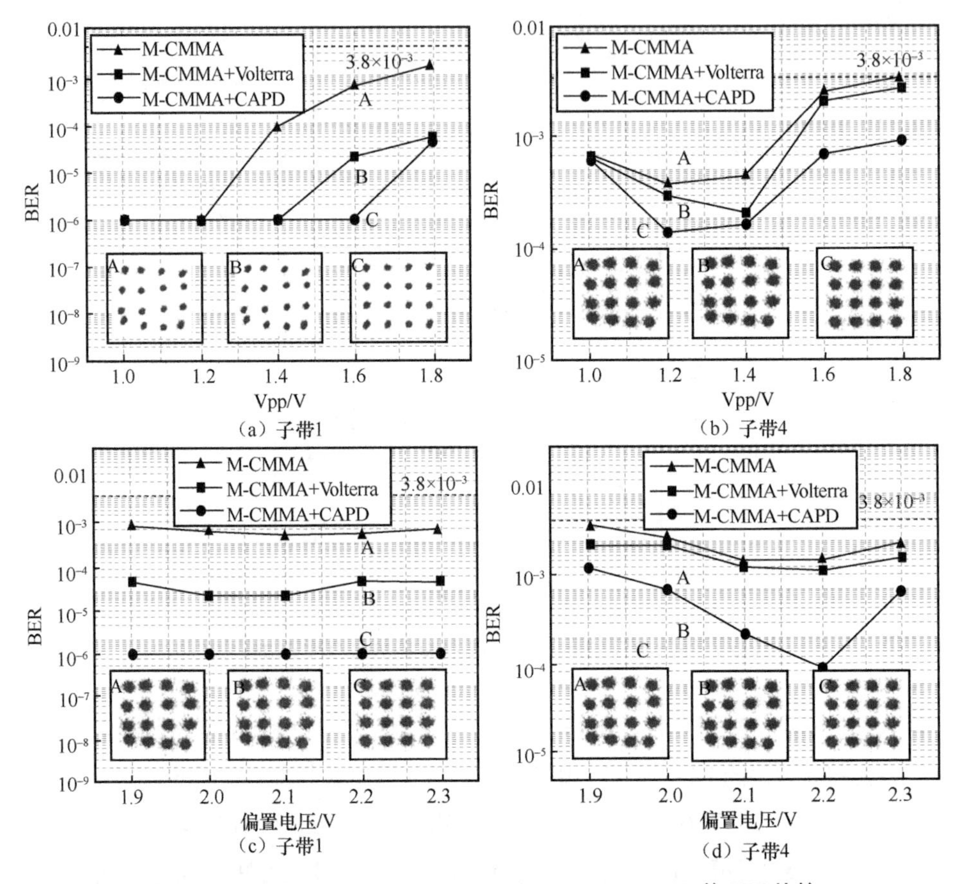

（a）子带1 （b）子带4 （c）子带1 （d）子带4

图 6-6 M-CMMA、M-CMMA+Volterra 和 M-CMMA+CAPD 的 BER 比较

4. VLC 中基于 K-Means 算法的几何整形 8QAM 的相位估计

几何整形 8QAM 信号星座图如图 6-7 所示，我们改进了 Thomas 提出的星座整形方案，并提出了一种基于 K-Means 算法的异型 8QAM 信号相位校正方法。通过相位校正可以改善异型 8QAM 信号的传输性能。

机器学习训练一系列样本，是以推断数据集的潜在有用结构特性或数据趋势的函数。因此，训练序列的长度直接影响机器学习的效果。由于发射端非线性的影响，几何整形信号具有相位偏差。在此部分中，计算了不同训练序列长度下的几何整形 8QAM 星座点的相位偏差。将 K-Means 算法用于估计和校正通道传输后的几何整形 8QAM 信号的相位偏差。将在模拟过程中相位偏差稳定下来的最小训练序列长度称为饱和训练序列长度。圆形、星形、方形和圆 26 的饱和训练序列长度分别为 3 000 点、3 000 点、8 000 点和 4 000 点。当相位偏差小于一定范围时，还存在最小训练序列长度。圆形、星形、方形和圆 26 的最小训练序列长度分别为 300 点、600 点、3 000 点和 3 000 点。相位偏差与训练序列长度之间的关系仿真结果如图 6-8 所示，分别对应于最小训练序列长度和饱和训练序列长度下的接收信号星座图。

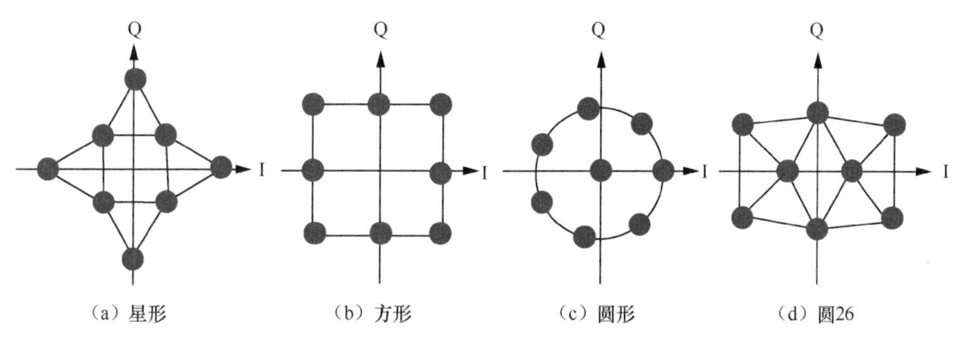

图 6-7　几何整形 8QAM 信号星座图

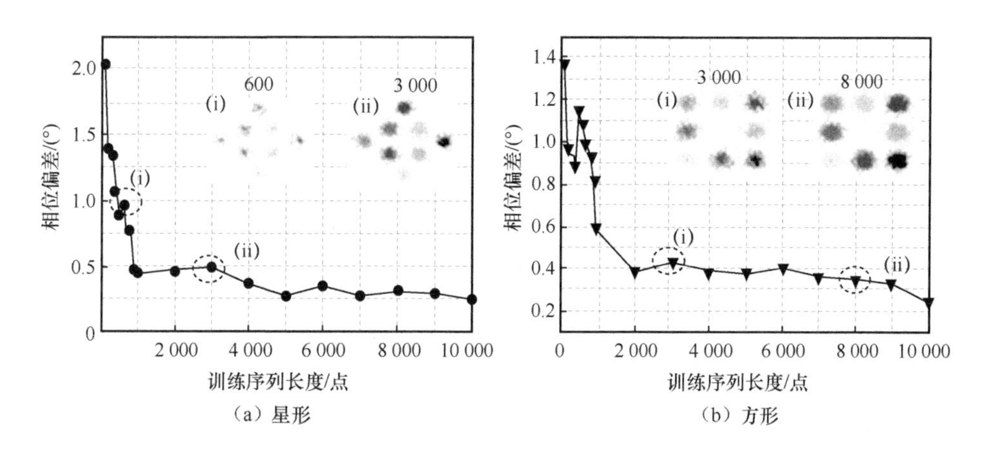

图 6-8　相位偏差与训练序列长度之间的关系仿真结果

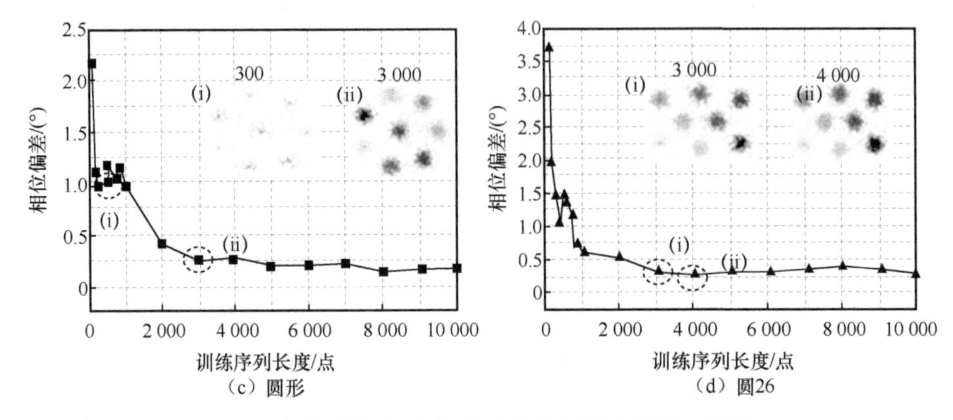

（c）圆形 （d）圆26

图 6-8 相位偏差与训练序列长度之间的关系仿真结果（续）

星座图的相位偏差是由于噪声和非线性的影响而发生的。我们在不同传输速率下使用 K-Means 算法进行相位校正，并测量了相位校正前后的 Q 因子。相位校正前后的星座图如图 6-9 所示。相位校正前后的星座图在图 6-9 的插图中显示。虚线“×”表示相位校正之前的星座聚类中心，实线“×”代表相位校正后的星座聚类中心。在使用 K-Means 算法相位校正后，每个星座图的 BER 性能都有了一定程度的提高。当传输速率为 1.2 Gbit/s 时，圆形的 BER 性能提高了几个数量级，相应的相位偏差为 3.927 6°。在 1.125 Gbit/s 的传输速率下，星形的 BER 得到了显著改善，并且相应的相位偏差为 11.518 6°。圆 26 的相位偏差为 14.241 6°，并在传输速率为 1.312 5 Gbit/s 时实现最大的 BER 性能改善。在实验的最大传输速率为 1.5 Gbit/s 时，方形的相位偏差为 12.257 9°，并且具有最大的 BER 性能增益。在不同传输速率下使用 K-Means 算法相位校正前后的 Q 因子如图 6-10 所示，圆形的性能具有最大程度的性能改进。对于圆形而言，当传输速率为 1.162 5 Gbit/s 时，Q 因子提高了 1.494 1 dB。当传输速率达到 1.5 Gbit/s 时，星形的 Q 因子提高了 1.086 6 dB。与星形相比，方形 Q 因子的提升更为明显，在相同传输速率下达到 2.343 6 dB。对于圆 26，当传输速率为 1.312 5 Gbit/s 时，Q 因子的提高为 1.652 1 dB。在使用 K-Means 算法相位校正之前，圆形可以达到的最高传输速率为 1.387 5 Gbit/s。应用 K-Means 算法相位校正之后，最高传输速率增加到 1.462 5 Gbit/s。

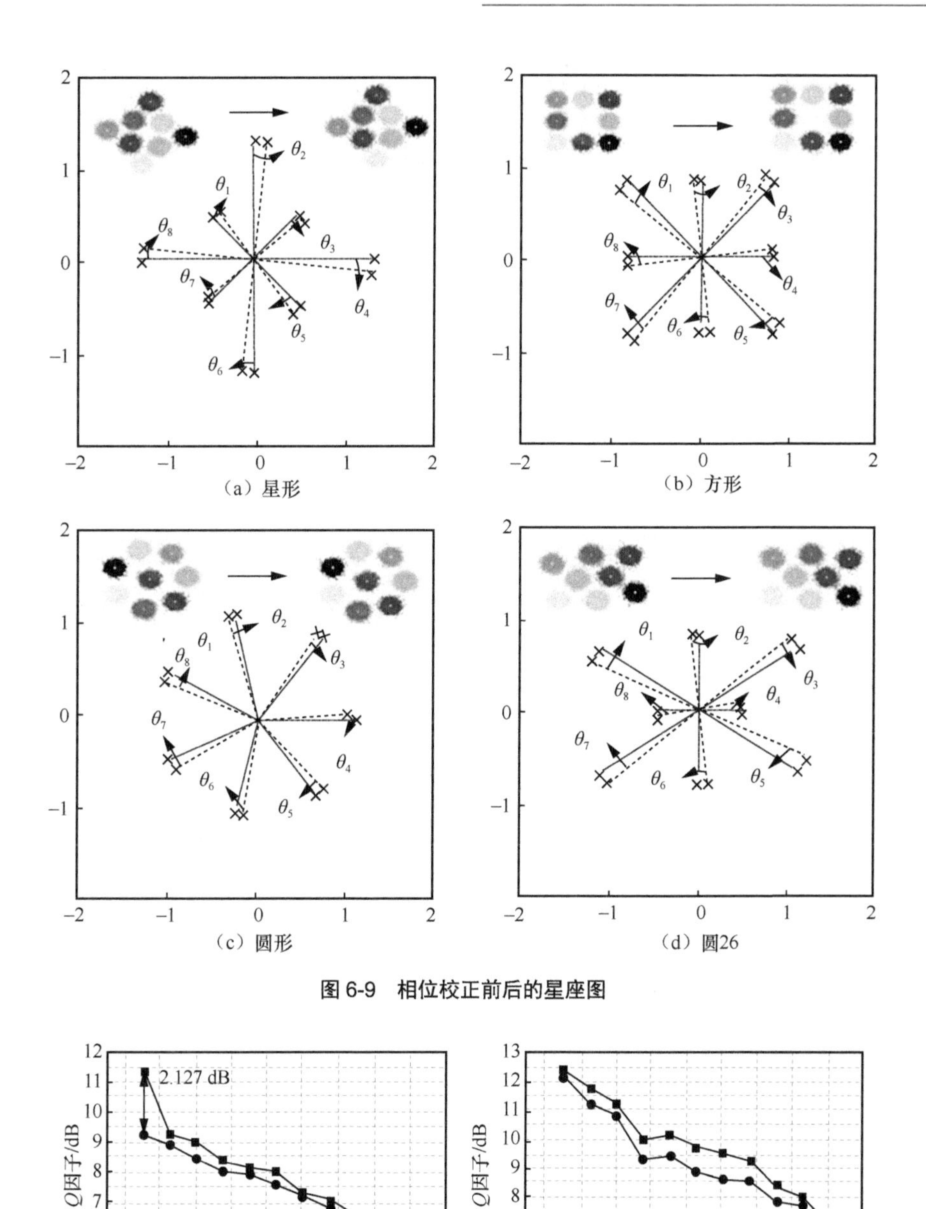

图 6-9 相位校正前后的星座图

图 6-10 在不同传输速率下使用 K-Means 算法相位校正前后的 Q 因子

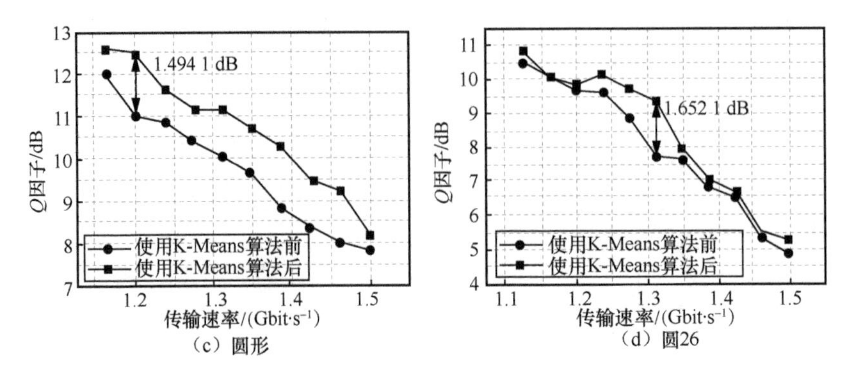

图 6-10　在不同传输速率下使用 K-Means 算法相位校正前后的 Q 因子（续）

6.2.2 GMM 算法

GMM 是将一个样本的概率密度函数分解为若干个高斯概率密度函数的比例组合，来实现样本概率密度函数的精确量化。当样本的概率分布较为复杂时，单个高斯概率密度函数不足以描述，GMM 能够融合若干单个高斯概率密度函数，使得模型能够拟合更加复杂的概率分布。理论上，如果 GMM 包含的高斯概率密度函数足够多，且合理设定权重，该模型可以对任意分布的样本进行拟合。

1．GMM 原理

GMM 的参数估计是最大期望（Expectation-Maximization，EM）算法的一个重要应用。EM 算法是 Dempster 等[14]提出的。通过迭代求解含有隐变量的似然函数的最大值，对概率模型的参数进行估计[15]。EM 算法每次迭代分为两步：第一步，求似然函数的期望值；第二步，求最大化似然函数的参数。GMM 的表达式为

$$p\left(x|p,\ \mu,\ \Sigma\right)=\sum_{k=1}^{K}p_kN\left(x|p,\ \mu_k,\ \Sigma_k\right) \tag{6-5}$$

其中，$N\left(x|p,\ \mu_k,\ \Sigma_k\right)$是 GMM 中的第 k 组分，p_k 为第 k 组分在 GMM 中的比例系数并且满足 $\sum_{k=1}^{K}p_k=1(0\leqslant p_k\leqslant 1)$，$x$ 为观测样本，μ_k 和 Σ_k 表示第 k 组分的均值和方差。

求出 GMM 的对数似然函数。

$$\ln L\left(x,\ z \mid \mu,\ \Sigma,\ p\right)=\sum_{k=1}^{K}\left(\sum_{n=1}^{N} z_{nk}\right)\ln p_k+$$
$$\sum_{n=1}^{N} z_{nk}\left(-\ln(2p)-\frac{1}{2}\ln\left|\Sigma_k\right|-\frac{1}{2}\left(x_n-\mu_k\right)^{\mathrm{T}}\left(\Sigma_k\right)^{-1}\left(x_n-\mu_k\right)\right) \tag{6-6}$$

其中，z_{nk} 是一个隐变量，该变量表示第 n 样本 x_n 属于第 k 个 GMM。

将最大期望算法用于 GMM 的参数估计，包括以下步骤。

（1）求期望

初始化混合系数 p_0、均值 μ_0 和方差 Σ。定义一个函数表示对数似然函数的期望，如式（6-7）所示。

$$H\left(\mu,\ \Sigma,\ p,\ \mu^i,\ \Sigma^i,\ p^i\right)=E_Z\left[\ln L\left(x,\ z \mid \mu,\ \Sigma,\ p\right) \mid X,\ \mu^i,\ \Sigma^i,\ p^i\right]=$$
$$\sum_{k=1}^{K}\left[\sum_{n=1}^{N} E\left(z_{nk} \mid x_n,\ \mu^i,\ \Sigma^i,\ p^i\right)\right]\ln p_k+\sum_{n=1}^{N} E\left(z_{nk} \mid x_n,\ \mu^i,\ \Sigma^i,\ p^i\right)$$
$$\left[-\ln(2p)-\frac{1}{2}\ln\left|\Sigma_k\right|-\frac{1}{2}\left(x_n-\mu_k\right)^{\mathrm{T}}\left(\Sigma_k\right)^{-1}\left(x_n-\mu_k\right)\right] \tag{6-7}$$

其中，i 表示迭代的次数，$E\left(z_{nk}|x_n,\ \mu^i,\ \Sigma^i,\ p^i\right)$ 是对隐变量的估计，如式（6-8）所示。

$$E\left(z_{nk}|x_n,\ \mu^i,\ \Sigma^i,\ p^i\right)=\frac{p_k^i N(x_n;\mu_k^i,\ \Sigma_k^i)}{\sum_{k=1}^{K} p_k^i N(x_n;\mu_k^i,\ \Sigma_k^i)} \tag{6-8}$$

（2）求最大化似然函数的模型参数

$$\mu^{i+1},\ \Sigma^{i+1},\ p^{i+1}=\arg\max H\left(\mu,\ \Sigma,\ p,\ \mu^i,\ \Sigma^i,\ p^i\right) \tag{6-9}$$

对 $H\left(\mu,\ \Sigma,\ p,\ \mu^i,\ \Sigma^i,\ p^i\right)$ 令其导数为 0，获得 $\mu^{i+1},\ \Sigma^{i+1},\ p^{i+1}$，如式（6-10）所示。

$$\begin{cases} \mu_k^{i+1}=\dfrac{\sum_{n=1}^{N}\dfrac{p_k^i N\left(x_n;\mu_k^i,\ \Sigma_k^i\right)}{\sum_{k=1}^{K} p_k^i N\left(x_n;\mu_k^i,\ \Sigma_k^i\right)} x_n}{E\left(z_{nk}|x_n,\ \mu^i,\ \Sigma^i,\ p^i\right)} \\ \Sigma_k^{i+1}=\dfrac{\sum_{n=1}^{N}\dfrac{p_k^i N\left(x_n;\mu_k^i,\ \Sigma_k^i\right)}{\sum_{k=1}^{K} p_k^i N\left(x_n;\mu_k^i,\ \Sigma_k^i\right)}\left(x_n-\mu_k^i\right)^2}{E\left(z_{nk}|x_n,\ \mu^i,\ \Sigma^i,\ p^i\right)} \\ p_k^{i+1}=\dfrac{E\left(z_{nk}|x_n,\ \mu^i,\ \Sigma^i,\ p^i\right)}{N} \end{cases} \tag{6-10}$$

2. 基于 GMM 的强非线性 VLC 系统的性能改进

机器学习中的非线性算法为处理 VLC 系统中的非线性问题提供了新思路。在通信系统接收端使用聚类算法对接收信号进行聚类，使其收敛以提高传输性能。K-Means 算法作为 VLC 中的新兴技术，可以减轻非线性相位噪声[16-17]。但这些研究都是针对低阶调制的。在高阶 QAM VLC 系统中，非线性的影响更为显著。非线性情况下，使用 GMM 算法和 K-Means 算法进行聚类的结果如图 6-11 所示，在强非线性的情况下，高阶 QAM 信号的外环星座点可能不是规则的圆形分布，会导致 VLC 系统性能显著下降。K-Means 算法通过最小化距离进行聚类，且不考虑接收信号的概率分布。而 GMM 算法考虑数据的概率分布。在强非线性情况下，当聚类呈现椭圆形时，与 K-Means 算法相比，GMM 算法对 VLC 系统的性能提升更明显，并通过一系列实验进行了验证。

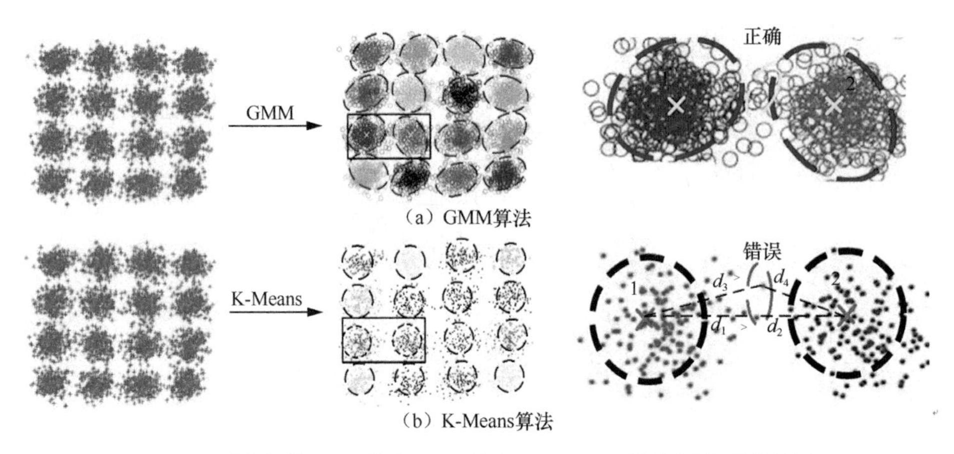

（a）GMM算法

（b）K-Means算法

图 6-11 非线性情况下，使用 GMM 算法和 K-Means 算法进行聚类的结果

使用不同聚类算法后，Vpp 与 BER 的关系如图 6-12 所示。我们发现在不同的 Vpp 下，使用 GMM 算法聚类后的 BER 均小于使用 K-Means 算法后的 BER，并且使用 GMM 算法聚类可以实现更大的 Vpp 范围。图 6-12 表明，当传输速率为 1.4 Gbit/s 和 1.5 Gbit/s 时，使用 GMM 算法聚类的 Vpp 范围分别比 K-Means 算法聚类的 Vpp 范围大 0.03 V 和 0.13 V。这也表明非线性越强，与 K-Means 算法相比 GMM 算法对系统性能的提升越明显。

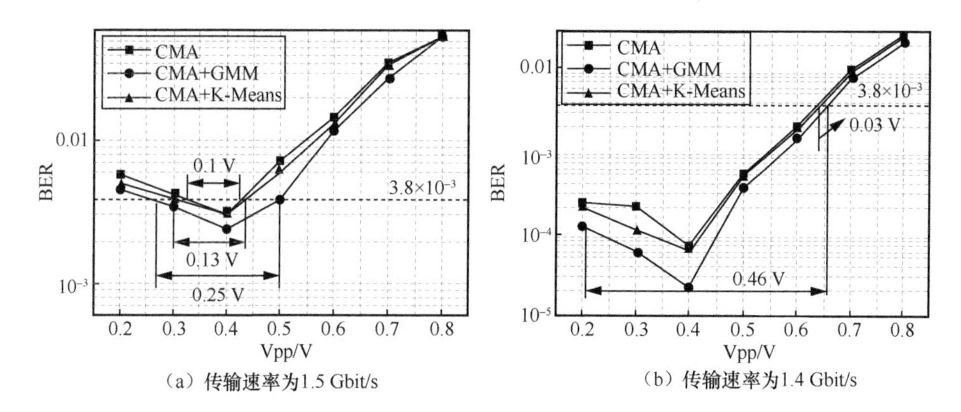

（a）传输速率为1.5 Gbit/s　（b）传输速率为1.4 Gbit/s

图 6-12　Vpp 与 BER 的关系

使用不同聚类算法后，信号偏置电流与 BER 的关系如图 6-13 所示。当偏置电流较小时，主要受噪声影响；当偏置电流较大时，主要受非线性影响，这两种情况下系统性能较差。实验结果表明，在系统性能较差的情况下，GMM 算法比 K-Means 算法的聚类效果好。

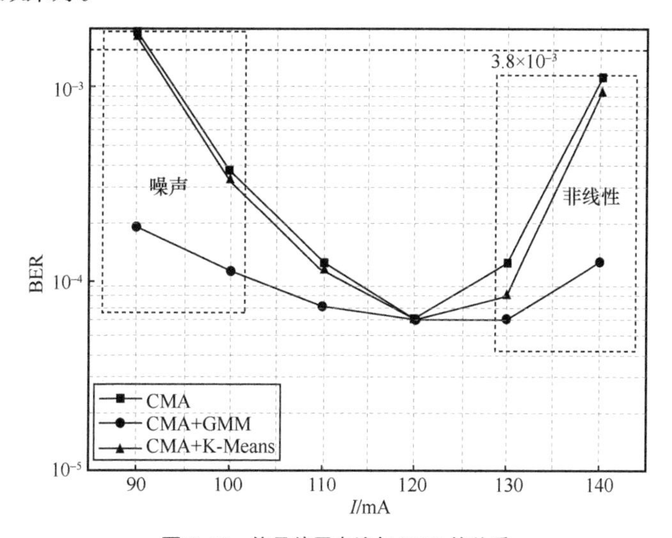

图 6-13　信号偏置电流与 BER 的关系

Q 因子与传输速率的关系如图 6-14 所示，图 6-14 表明在 Vpp 为 0.4 V 和 0.3 V 的情况下，使用 GMM 算法比使用 K-Means 算法的可达传输速率分别高 0.1 Gbit/s 和 0.15 Gbit/s。

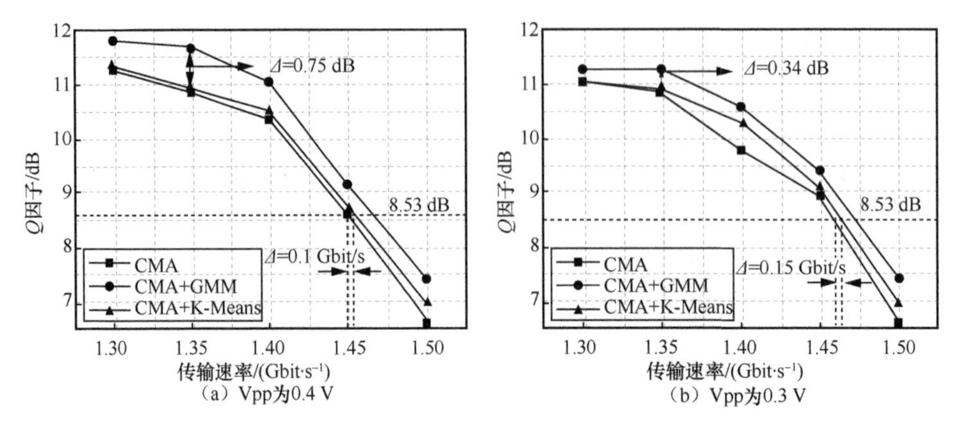

图 6-14　Q 因子与传输速率的关系

3. GMM 在 PAM8 水下 VLC 系统通信中解决 ISI 的应用

研究表明，均衡后相邻符号之间存在相关性。而传统的软判决或硬判决会直接舍去符号之间的相关性，导致无法补偿由相关性引入的线性和非线性失真，造成信息的缺失，并导致系统性能下降。为了减少由于信息不足而导致的系统性能下降，我们在 PAM8 水下 VLC 系统通信中使用 GMM 模拟相邻符号之间的相关性。用 GMM 算法对连续符号形成的观测矢量进行聚类，获得连续符号之间的分布关系。观测向量的表达式如下[18]。

$$\boldsymbol{v}_i = \left[s_{i-D}, \cdots, s_{i-1}, s_i, s_{i+1}, \cdots, s_{i+D}\right] \tag{6-11}$$

其中，$\boldsymbol{v}_i$ 为第 i 个观测向量，s_i 为第 i 个符号，D 是所考虑的相邻符号的数量，此时 GMM 的表达式如下。

$$T = \sum_{j=1}^{8}\sum_{c=1}^{C} p_{j,c}\varphi\left(\boldsymbol{v}_i \mid \mu_{j,c}, \Sigma_{j,c}\right) \tag{6-12}$$

$\varphi\left(\boldsymbol{v}_i \mid \mu_{j,c}, \Sigma_{j,c}\right)$ 的表达式如下。

$$\varphi\left(\boldsymbol{v}_i \mid \mu_{j,c}, \Sigma_{j,c}\right) = \frac{1}{\sqrt{(2\pi)^{2D+1}\left|\Sigma_{j,c}\right|}} \exp\left[-\frac{1}{2}\left(\boldsymbol{v}_i - \mu_{j,c}\right)^{\mathrm{T}} \Sigma_{j,c}^{-1}\left(\boldsymbol{v}_i - \mu_{j,c}\right)\right] \tag{6-13}$$

其中，$\varphi\left(\boldsymbol{v}_i \mid \mu_{j,c}, \Sigma_{j,c}\right)$ 是 GMM 中的第 i 个高斯分布函数，φ 的均值向量和方差矩阵分别为 $\mu_{j,c}$ 和 $\Sigma_{j,c}$。数据点属于某一个子聚类的概率为 $p_{j,c}$。模型中的 j 表示

PAM 符号的状态数，c 表示观测向量所属的子聚类的数量，对该 GMM 求对数似然函数后，用 EM 算法可以估计其参数。这在上文提到过，这里就不赘述了。

我们考虑了连续 2 个相邻符号和连续 3 个相邻符号这两种情况，如图 6-15 所示。我们考虑相邻符号之间的相关性，能够有效提升系统性能，并且考虑连续的符号越多，性能提升越明显。

我们进行了以下的实验验证。测量了 2 个和 3 个相邻符号后偏置电流及 Vpp 与 BER 的关系。不同偏置电流和 Vpp 下的 BER 性能如图 6-15 所示，对 3 个相邻符号进行聚类后的 BER 均小于对 2 个相邻符号进行聚类后的 BER，并且对 3 个相邻符号进行聚类相较于对 2 个相邻符号进行聚类可以实现更大的偏置电流和 Vpp 范围。在 1.2 Gbit/s 的传输速率和 0.6 V 的 Vpp 下，3 个相邻符号的聚类比 2 个相邻符号的聚类的偏置电流范围大 3 mA。在 1.2 Gbit/s 的传输速率和 120 mA 的偏置电流下，3 个相邻符号的聚类比 2 个相邻符号的聚类的 Vpp 范围大 30 mV。

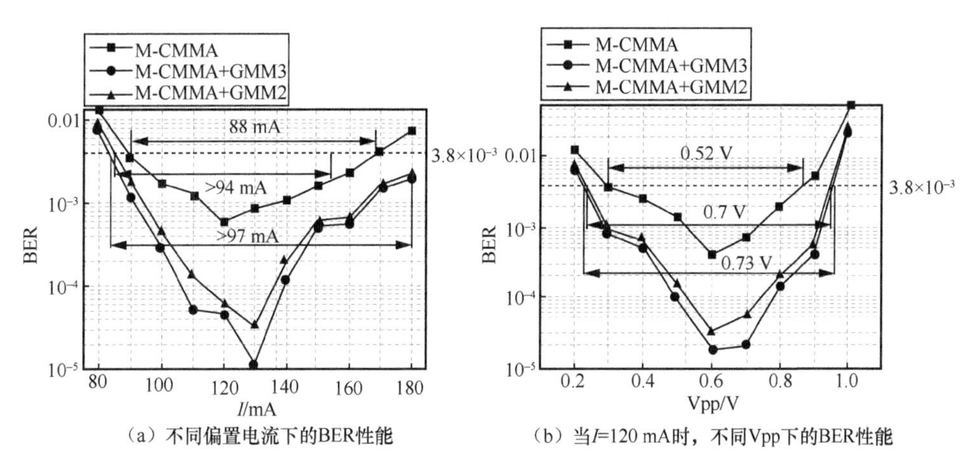

（a）不同偏置电流下的BER性能　　（b）当I=120 mA时，不同Vpp下的BER性能

图 6-15　不同偏置电流和 Vpp 下的 BER 性能

当传输速率为 1.2 Gbit/s 时，不同偏置电流和 Vpp 下测量的 BER 性能如图 6-16 所示。图 6-16 中的黑线表示 7%HD-FEC 门限（3.8×10^{-3}）。不同 Vpp 和偏置电流下的 BER 性能实验结果如图 6-16（a）～图 6-16（c）所示，可以看出，使用 GMM 算法聚类后可以获得更大的操作范围。在 3 种情况下，3 个相邻符号的聚类相对应的操作范围最大。

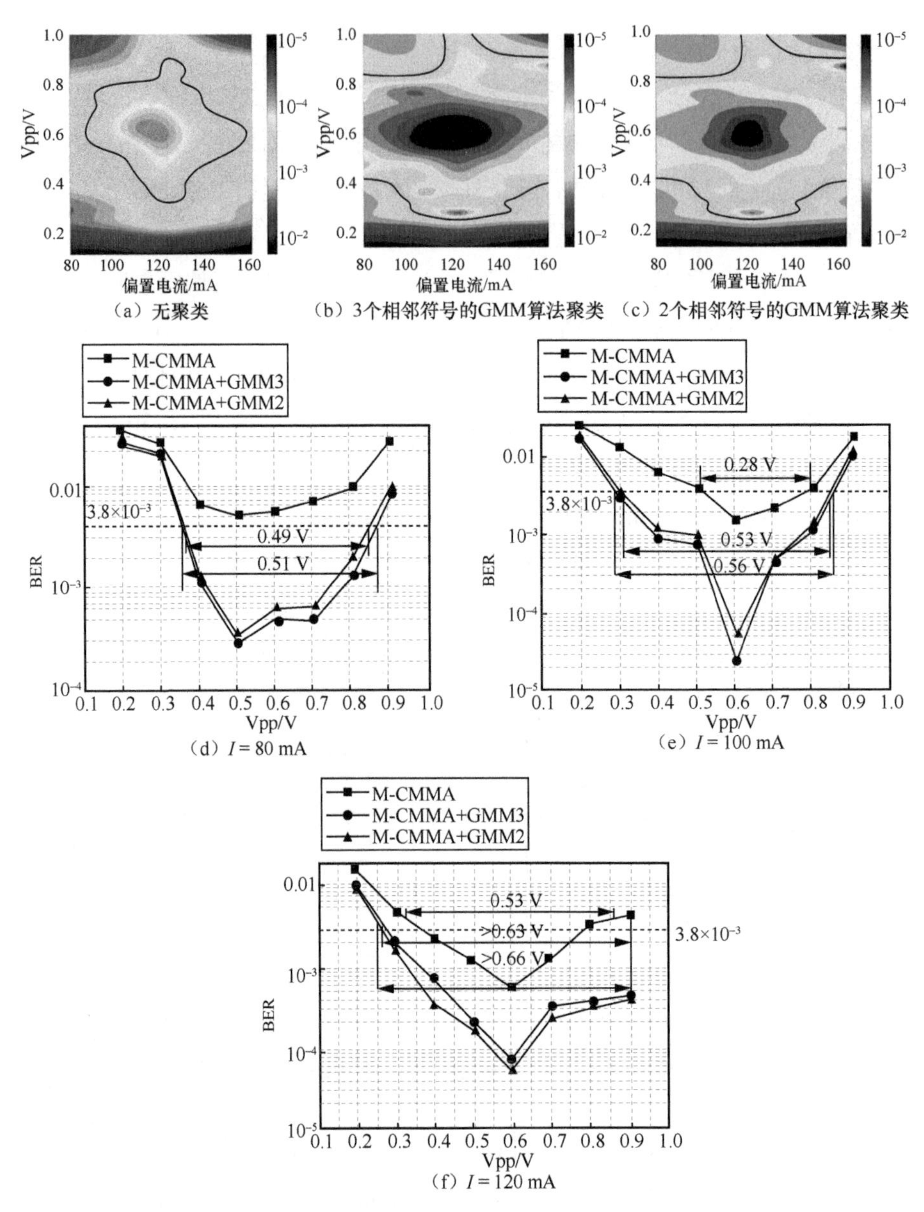

图 6-16 不同偏置电流和 Vpp 下测量的 BER 性能

在偏置电流为 120 mA 且 Vpp 为 0.6 V 时，测量了不同的传输速率相应的 BER，BER 和 Q 因子与传输速率的关系如图 6-17 所示。实验结果表明，连续的符号越多，性能提升越明显。在不使用 GMM 算法聚类的情况下，系统在 HD-FEC 门限下，可以实现的最大传输速率小于 1.45 Gbit/s，而在使用 GMM 算法聚类后，最高传输速率超过 1.5 Gbit/s。考虑对 3 个相邻符号进行 GMM 算法聚类的 Q 因子比无聚类的情况提升了 1.19 dB。在相同的传输速率下，在考虑 3 个相邻符号时，GMM 算法聚类的性能优于在考虑 2 个相邻符号时 GMM 算法的聚类效果。

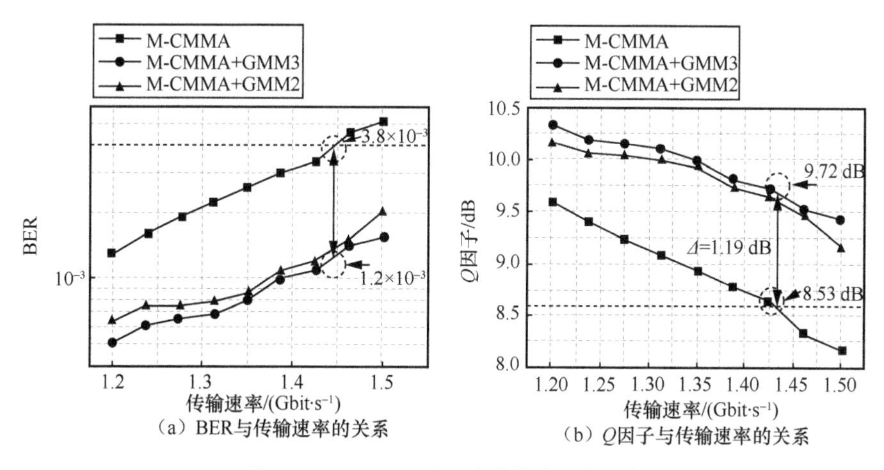

图 6-17 BER 和 Q 因子与传输速率的关系

6.2.3 DBSCAN 算法

1. DBSCAN 原理

DBSCAN 算法是 Ester 等[13]于 1996 年提出的一种基于密度的空间数据聚类方法，该算法是十分常用的一种聚类方法。该算法将具有足够密度的区域作为距离中心，不断生长该区域，该算法基于一个事实：一个聚类可以由其中的任何核心对象唯一确定。该算法利用基于密度的聚类概念，即要求在聚类空间中的一定区域内所包含对象（点或其他空间对象）的数目不小于某一给定阈值。该算法能在具有噪声的空间数据库中发现任意形状的簇，可将密度足够大的相邻区域连接，能有效处理异常数据，主要用于对空间数据的聚类。

重要概念如下。

① E 领域：给定一个点，以该点为中心，半径为 E 内的区域叫作这个点的 E 邻域。

② 核心点：当给定一个样本点的 E 邻域内的点数（包含这个点自身）不少于 MinPts（最小点数）时，那么这个点叫作核心点。

③ 直接密度可达：如果点 b 在点 a 的 E 邻域中，并且 a 属于核心点，那么可以说 b 从 a 直接密度可达。

④ 密度可达：如果有一串点 b_1，$b_2\cdots$，b_n，c，如果点 b_i 从 b_{i-1} 直接密度可达，那么点 c 从 b_1 密度可达。

举个例子，MinPts=3 时的聚类效果如图 6-18 所示。图 6-18 中使用 DBSCAN 算法的扫描半径为 E，包含最少点数的 MinPts 为 3。图 6-18 中的 A 点均为核心点，因为其 E 邻域之内都包含了至少 3 个点，A_1 和 A_2、A_2 和 A_3 相互直接密度可达，而 A_1 和 A_3 相互密度可达；B 点为非核心点，但是和 A 点同属一类，B 从 A_1 密度可达，但 A_1 不能从 B 密度可达；N 点为噪声点，因为 N 点自己不是核心点，同时也不在任何一个核心点的 E 邻域之内。

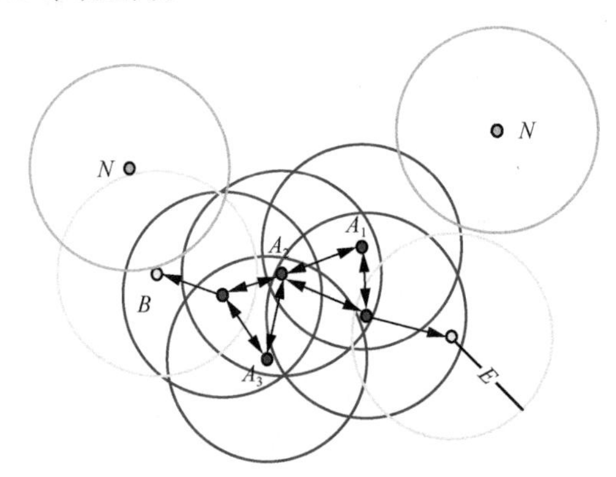

图 6-18　MinPts=3 时的聚类效果

DBSCAN 算法首先从一个没有被访问过的任意起点开始，通过遍历查验这个点的 E 邻域，并且如果它包含足够多的点（不少于 MinPts），则从这个点开始形成一个簇。否则，若 E 邻域内点数少于 MinPts，则该点暂时被标记为噪声点。不过该点可能稍后会在另一个不同点的 E 邻域中被找到，从而成为另一个簇中的一个点。在使用 DBSCAN 算法时，若发现一个点属于一个簇的密集部分，则这个点的 E 邻域也是该簇的一部分。因此，在该点 E 邻域内发现的所有点都被加进这个簇中，如果新加入的这些点自身也是密集的，那么把这些点的 E 邻域也都加入这个簇。如此递归，不断扩大簇的范围，直到找到属于这个簇的所有点。然后，用同样的方法检索一个新的未被访问过的点并对其进行同样处理，从而发现一个新的簇或者噪声。

DBSCAN 算法需要 3 个参数：待处理的数据集、扫描半径 E 和形成密集区域所需要的 MinPts。数据从实验中获得，不需自己进行设置调整。在进行具体实验时，如何设置 E 和 MinPts 这两个参数的值是一个需要思考的问题。

DBSCAN 算法步骤如下。

① 从一个被标记为未被访问过的点开始，找出在其 E 邻域内的所有点。

② 若点数≥MinPts，则该点为核心点，形成一个新的簇，E 邻域内所有点都属于这个簇。若点数<MinPts，则暂时标记为噪声点。

③ 从簇内其余点开始依次找出对应的 E 邻域，判断是否为核心点，重复步骤②，直到找到属于该簇的所有点。所有已经被判定为属于某个簇的点都标记为已访问过的。

④ 找到下一个被标记为未被访问过的点，回到步骤②。若已经遍历所有点，则把所有被标记为未被访问过的点都归为噪声。

⑤ 算法结束。

DBSCAN 算法的优点。

① DBSCAN 算法不需要提前知晓数据集合中的聚类种类，DBSCAN 算法会根据规定的密度（由 E 和 MinPts 决定）自主发现所有簇，不像 K-Means 算法需要设定数据一共有几类，因为 K-Means 算法是基于中心的，要设置中心点的个数。

② DBSCAN 算法可以发现任意形状的簇，哪怕一个簇被另一个簇包围，比如数据集是两个同心圆环形状。而且由于 MinPts 参数，不同簇之间有个别点相连并不会影响聚类的效果。

③ DBSCAN 算法能区分出噪声数据点，对找出数据集合中的异常值有很大

帮助。

④ DBSCAN 算法只需要人工设置指定两个参数值，并且对数据集中绝大多数数据点的排列顺序并不敏感（但是，如果是处在相邻簇中间边缘的点，不同的数据排序可能会导致这些点被归到不同的簇中）。

⑤ 如果对数据集的总体分布理解比较透彻，DBSCAN 算法的两个参数 E 和 MinPts 可以很容易设置。

DBSCAN 算法的缺点。

① DBSCAN 算法对同一组数据运行结果并不是完全确定的，比如位于两个相邻簇边界位置的点，同时该点属于这两个簇的 E 邻域之内而又不是核心点，那么被归为哪一个簇就取决于该点先被哪个簇遍历到。但是这种情况并不常见，即使出现也是极个别现象，对聚类结果的影响也不大。

② DBSCAN 算法中的 E 参数，使用的最常见的距离度量指标就是欧几里得距离。但是对于所谓“维度诅咒”的高维数据，在高维情况下欧几里得距离基本没有意义，这时要找到合适的 E 值相当困难。当然，这个缺点也存在于任何基于欧几里得距离的算法中。

③ DBSCAN 算法对于密度差异比较大的数据集聚类效果并不是非常理想，因为 E 和 MinPts 两个参数不是动态变化的，无法满足对不同密度数据点聚类的需求。

2. 基于 DBSCAN 算法的 PAM8 VLC 系统的二维振幅抖动补偿

在 PAM8 VLC 系统中，不同的幅度代表不同的 PAM 符号。具有振幅抖动的符号可能会导致基于传统的绝对欧几里得距离的决策方法进行错误地判决。PAM8 VLC 系统中的 DBSCAN 算法振幅抖动补偿原理如图 6-19 所示，尽管在某些系统中使用了自适应判决边界，但无法区分脉冲抖动。如今，CPU 处理速度和 FPGA 缓冲区容量已呈指数级增长。允许将较大抽头长度的 FIR 滤波器应用在系统中。因此，一定数量的时延内存可用于进行基于密度的重新估计。在某种程度上，这是一种新的软判决形式。我们将这种算法命名为基于 DBSCAN 算法的时间-幅度二维重新估计（Time-Amplitude 2-Dimensional Re-estimation based on DBSCAN Algorithm，2DDB）。

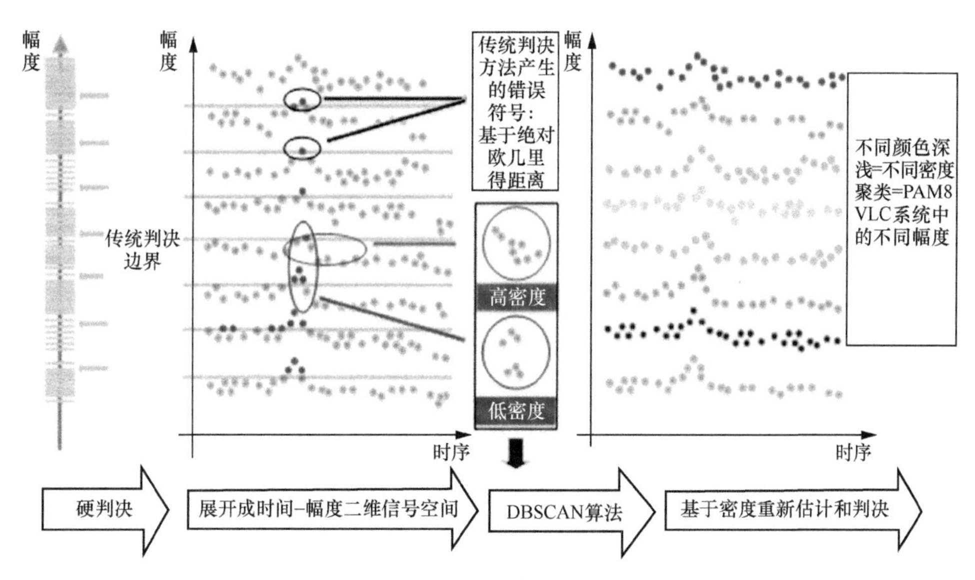

图 6-19　PAM8 VLC 系统中的 DBSCAN 算法振幅抖动补偿原理

不同抖动幅度下的系统性能比较如图 6-20 所示，说明了使用和不使用 2DDB 重新估计的 Q 因子比较。在低抖动情况下，对系统性能的主要限制是 SNR。当归一化抖动幅度为 0.061 6 时，Q 因子增加了 2.299 dB，当归一化抖动幅度增加至 0.106 9 时，该值增加了 3.229 dB。当归一化抖动幅度超过某个值时，系统性能主要受抖动幅度的约束而不是 SNR 的约束。因此，使用具有较高抖动的 2DDB 可获得更好的系统性能。

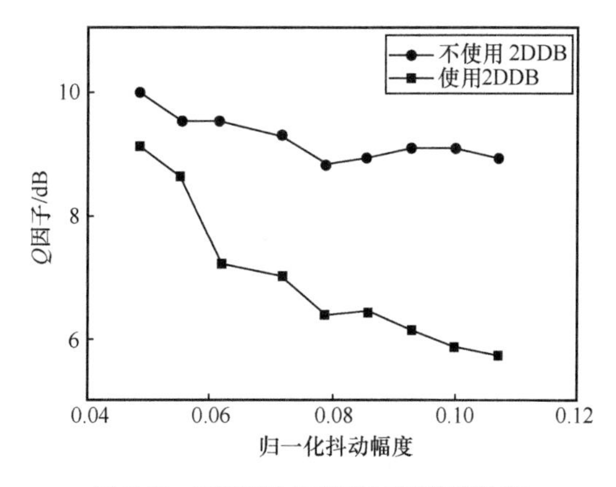

图 6-20　不同抖动幅度下的系统性能比较

为了进一步测试系统性能，我们比较了使用和不使用 2DDB 改变直流电压和峰峰值电压（Vpp）的系统。使用和不使用 2DDB 时的 BER 比较如图 6-21 所示，使用 2DDB 的系统性能比不使用该算法的系统性能更好。低 SNR（在较低的偏置电压和输入信号 Vpp 时）和非线性（在较高的偏置电压和输入信号 Vpp 时）都会降低系统性能。根据实验结果，2.0 V 的偏置电压和 0.6 V 的输入信号 Vpp 是最佳工作点。

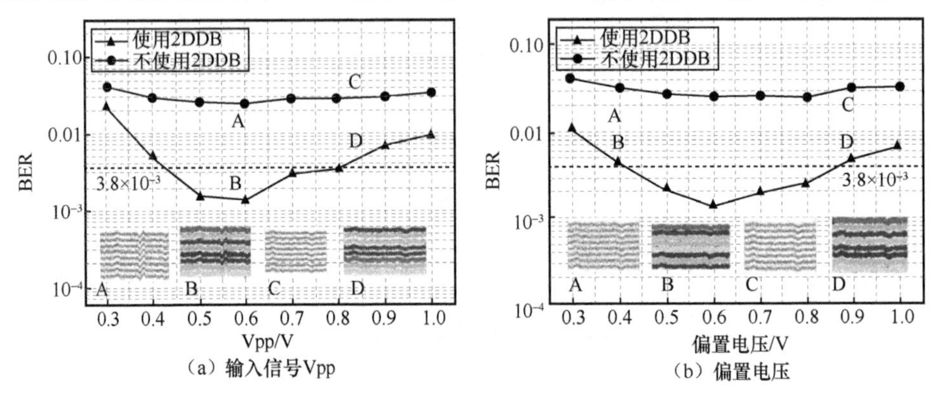

图 6-21 使用和不使用 2DDB 时的 BER 比较

3. CAP VLC 系统中基于 DBSCAN 的 I-Q-T 三维后均衡算法

与传统的 IQ 坐标相比，增加时间维度的 I-Q-T（Time）可以有效地提供更多信息来区分不同的符号。I 路同向分量，Q 路正交分量以及 I、Q 路上的抖动影响如图 6-22 所示，在振幅波动是限制系统性能的主要因素的传输系统中，具有适当振幅时间坐标的星座图可以直观清晰地区分不同的符号。

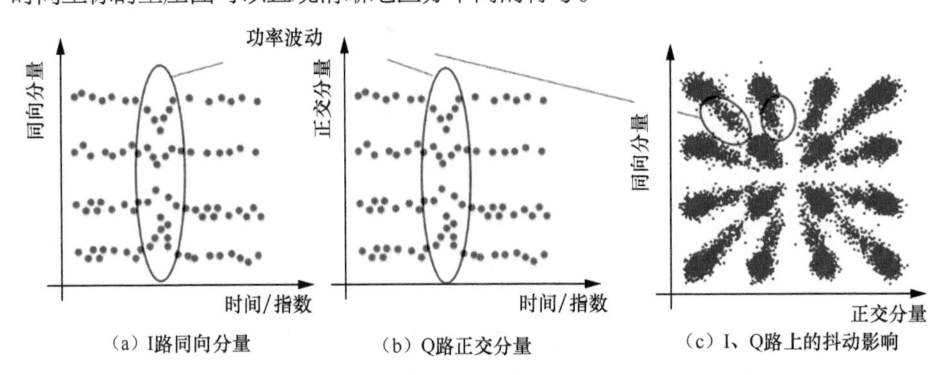

图 6-22 I 路同向分量，Q 路正交分量以及 I、Q 路上的抖动影响

增加时间维度后的星座图以及在此三维基础上应用 DBSCAN 算法的聚类效果如图 6-23 所示。

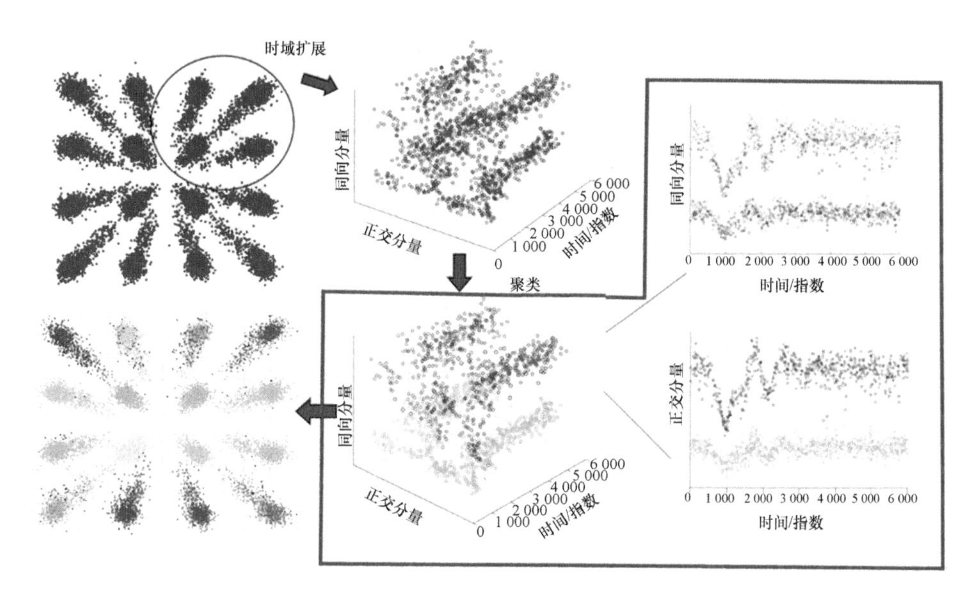

图 6-23　增加时间维度后的星座图以及在此三维基础上应用 DBSCAN 算法的聚类效果

我们在实验中选择了一个典型案例如图 6-24（a）所示。在图 6-24（a）中，受波动影响的系统容易使符号与一般的非线性效应相混淆，这也损害了 VLC 系统的 BER 性能。通过扩展 I-Q-T，可以很容易地通过星座点来区分损坏的类型。当确定系统的瓶颈来自波动而不是由其他系统损坏引起的高斯噪声时，如图 6-24（c）和图 6-24（d）所示，基于 DBSCAN 的 I-Q-T 三维后均衡算法可以很好地提高系统的传输性能。

使用基于 DBSCAN 的 I-Q-T 三维后均衡算法，系统的 Q 因子提高了 1.5～2.5 dB。此外，我们研究了极端波动条件下 16QAM CAP VLC 系统中基于 DBSCAN 的 I-Q-T 三维后均衡算法的极限。在使用传统的判决模式时，系统性能会大大降低，而使用基于 DBSCAN 的 I-Q-T 三维后均衡算法则可以保持稳定。当峰值幅度的波动为信号的 70% 以下时，BER 可以始终低于 7% HD-FEC（3.8×10^{-3}）的误码门限。

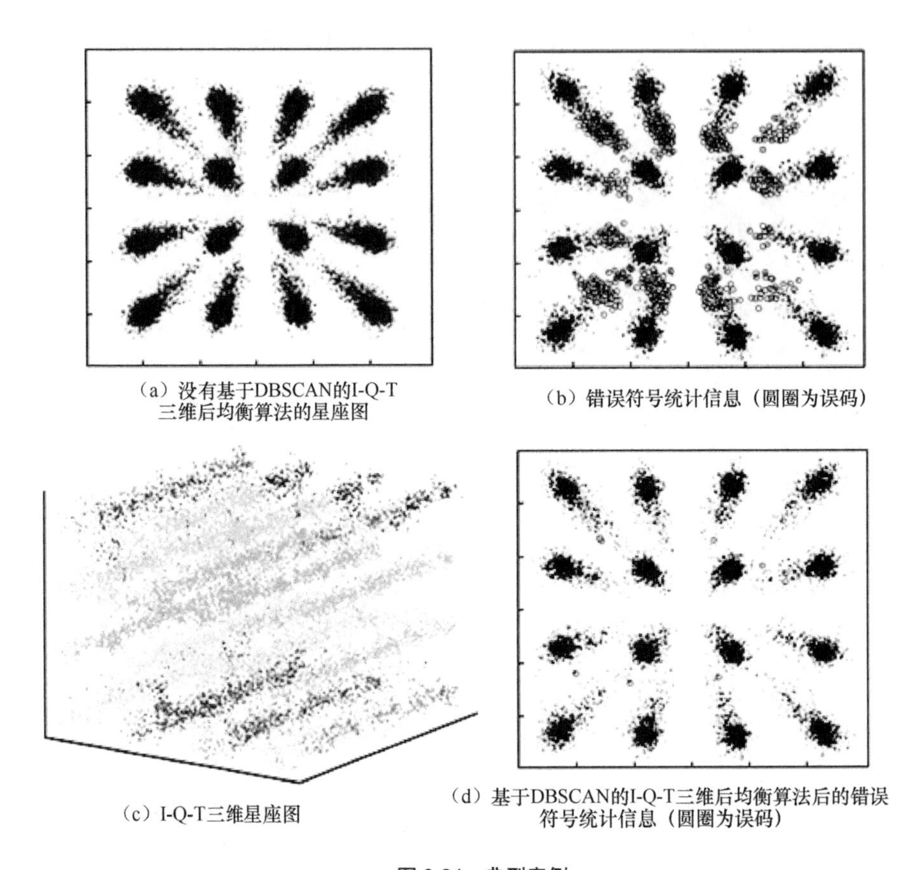
(a) 没有基于DBSCAN的I-Q-T三维后均衡算法的星座图
(b) 错误符号统计信息（圆圈为误码）
(c) I-Q-T三维星座图
(d) 基于DBSCAN的I-Q-T三维后均衡算法后的错误符号统计信息（圆圈为误码）

图 6-24 典型案例

6.2.4 基于 SVM 的信号处理

1. SVM 原理

假设一个有 n 个点的训练数据集 $(\boldsymbol{x}_1, y_1), \cdots, (\boldsymbol{x}_n, y_n)$，其中，$\boldsymbol{x}_i$ 为 p 维实向量，也被称为特征向量，y_i 为 1 或–1，y_i 的值表示 $\boldsymbol{x}_i$ 所属的类别[19]，通过最大化离超平面最近数据点与超平面的距离进行分类。因此，线性分类器被称为最大余量分类器，超平面被称为最大余量超平面。两侧离超平面最近的数据点被称为支持向量。为了求解最佳超平面，用式（6-14）表示一个超平面。

$$\boldsymbol{\omega x} - b = 0, \boldsymbol{\omega} \in R^M, b \in R \tag{6-14}$$

其中，$\boldsymbol{\omega}$ 为超平面的法向向量。如果数据是线性可分的，我们可以找到两个平行的超平面将两类分离。

$$\begin{cases}\boldsymbol{\omega x}-b\geqslant 1, y_i=1\\ \boldsymbol{\omega x}-b\leqslant -1, y_i=-1\end{cases} \tag{6-15}$$

由两个超平面界定的区域被称为“边缘”。最大余量超平面位于它们中间。

接下来，我们通过确定 $\boldsymbol{\omega}$ 和 b 来解决优化问题[19]。

$$\min\left[\frac{1}{n}\sum_{i=1}^{n}\zeta_i\right]+\lambda\|\boldsymbol{\omega}\|^2 \tag{6-16}$$

$$\text{s.t}\quad y_i\left(\boldsymbol{\omega x}-b\right)\geqslant 1-\zeta_i,\ \ \zeta_i\geqslant 0，对所有\ i\ 值成立 \tag{6-16a}$$

其中，$\zeta_i=\max\left(0,1-y_i\left(\boldsymbol{\omega x}-b\right)\right)$。参数 λ 用于在确定边距大小和准确性之间进行折中[20]。基于蒙特卡洛欧几里得距离的分类平面与基于 SVM 的分类平面的对比[21]如图 6-25 所示。由于噪声和非线性失真，星座会变形，基于欧几里得距离的分类可能会使边缘点被错判。而基于 SVM 的分类通过训练数据，可以根据当前的星座分布调整分类平面。

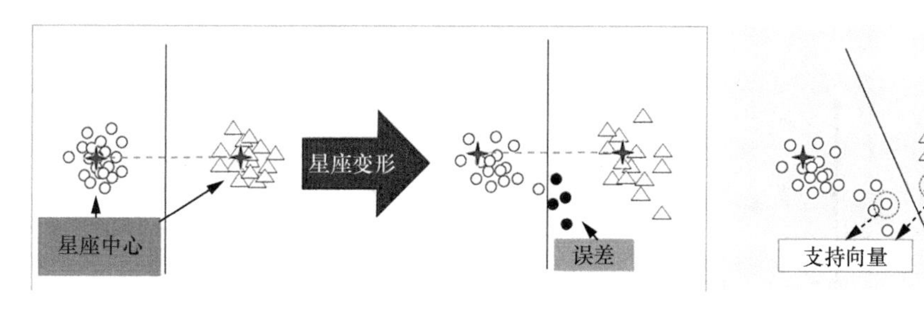

（a）基于蒙特卡洛欧几里得距离的分类平面　　（b）基于SVM的分类平面

图 6-25　基于蒙特卡洛欧几里得距离的分类平面与基于 SVM 的分类平面的对比

可以使用拉格朗日对偶、次梯度下降和坐标下降等方法计算 SVM 分类器。输入特征向量通过核函数映射到更高维的空间,然后在变换后的特征空间中线性分离。常见的核包括线性核、多项式核、高斯核等。我们可以通过式（6-17）来预测新输入数据的分类。

$$\boldsymbol{z}\mapsto \operatorname{sgn}\left(\boldsymbol{\omega}\varphi(\boldsymbol{z})-b\right) \tag{6-17}$$

其中，$\boldsymbol{z}$ 是输入数据的特征向量，$\varphi(\boldsymbol{z})$ 是变换后的特征。

2. 基于 SVM 的多带 CAP VLC 系统相位估计新方案

VLC 虽然具有高安全性、高数据容量和抗电磁干扰的优势，但是系统限制了性能的提升。减轻线性噪声和非线性噪声导致的失真是在通信系统中广泛应用的一种手段，并且已经成功地以较低的复杂度在多种通信场景中实现[10,19-30]。

对于 VLC，研究者在短距离光数据链路的 CAP 方面进行了一系列研究，发现多带 CAP 能显著提高频谱效率[27-28]。经典的均衡算法，如 CMA 等能使星座点有效收敛，但 CMA 对载波频偏和相位偏移不敏感，可能会引入相位偏移，从而增加误判的可能性。SVM 仅需要较少训练数据，并且通过核函数获得非线性决策边界，可以降低噪声和非线性失真对 VLC 系统的影响。Niu 等[21]通过实验证明了 SVM 可以有效地进行相位估计，降低 CMA 引入的相位偏移造成的系统性能劣化。

对于 4-CAP，信号分为 4 类，特征向量的维数等于 2（I/Q 分量）。因此，我们可以使用一对一策略进行多类分类。多类 SVM 如图 6-26 所示，在 n 类数据集的每两个类之间建立了 $n(n-1)/2$ 个分类器。输入新的特征向量时，每个分类器都会返回一个分类。星座图中的 4 种点通常是线性可分离的，因此我们采用线性核。

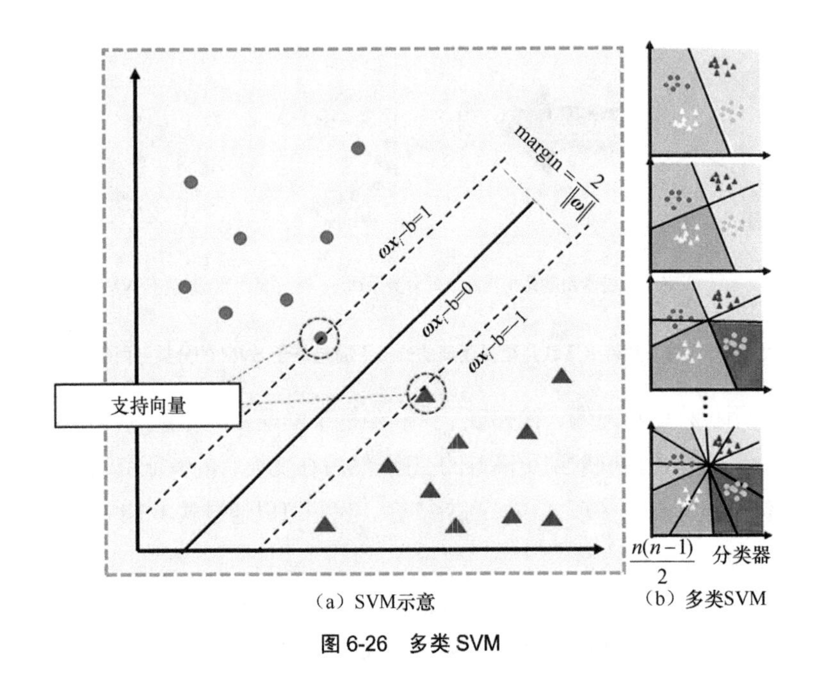

（a）SVM示意　（b）多类SVM

图 6-26　多类 SVM

实验结果证明，相位偏移得到了明显的校正。不同带宽和算法在 400 Mbit/s 的总传输速率下的 BER 性能，CMA 和 CMA+SVM 的星座图如图 6-27 所示。左侧显示了每频段总传输速率为 400 Mbit/s 的 BER 性能及是否使用 SVM，其中数据数量与相位偏移度有关。右侧显示了两种极端情况下的星座图。曲线 A、C 是频带 2 未使用 SVM 的星座，而曲线 B、D 是已经校正相位偏移的星座。实验结果表明 SVM 在相位估计中效果很好，实现了 400 Mbit/s 的总传输速率，并且降低了频带 2 在 VLC 系统的 BER。

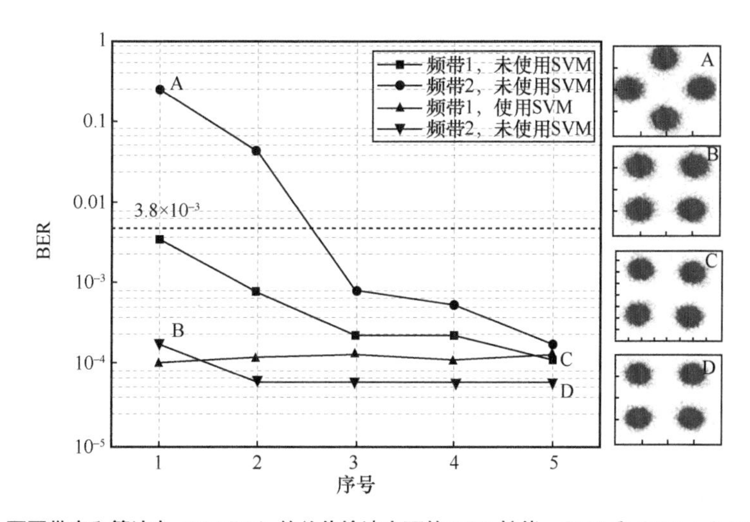

图 6-27　不同带宽和算法在 400 Mbit/s 的总传输速率下的 BER 性能，CMA 和 CMA + SVM 的星座图

此外，在每个传输速率下选择 BER 最差的数据时，频带 1 和频带 2 使用 SVM 都可以有效降低 BER。由于衰减，在提高传输速率时，频带 2 的 SVM 性能会变差，在传输速率超过 430 Mbit/s 时，超出了 7%HD-FEC（3.8×10^{-3}）的 BER 阈值。

3. 基于 SVM 的车辆照明多路访问互联网几何星座分类机器学习方案

随着越来越多的车辆连接到 IoT，传统的车辆自组织网络（VANET）正在转变为车联网（Internet of Vehicle，IoV）。通信的质量是 IoV 的基础，它决定着系统的性能[31]。IoV 中基于车灯的 VLC 应用如图 6-28 所示，当通过车灯进行通信时，IoV 中的多用户访问将导致相互干扰，并使系统更加复杂。

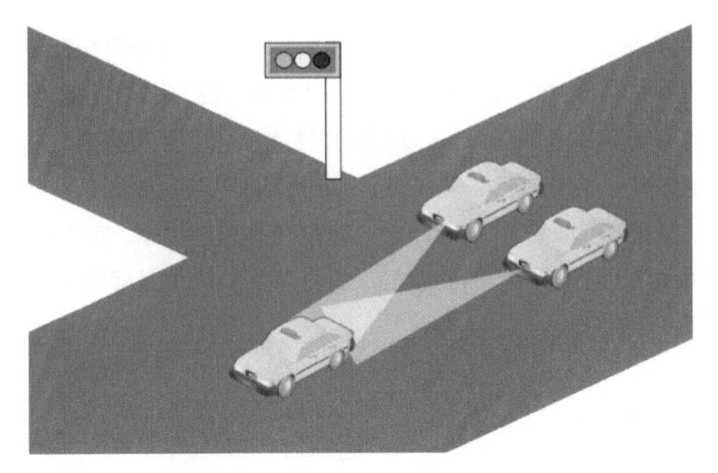

图 6-28 IoV 中基于车灯的 VLC 应用

DFT-S OFDM 具有高频谱效率，可以降低 PAPR，因此在抗非线性方面十分有效。几何整形 16QAM 的星座如图 6-29 所示，分别为矩形、六边形和圆形 169 星座，可最大化最小欧几里得距离，减少噪声影响。但当星座失真时，基于蒙特卡洛欧几里得距离的星座分类效果不佳。

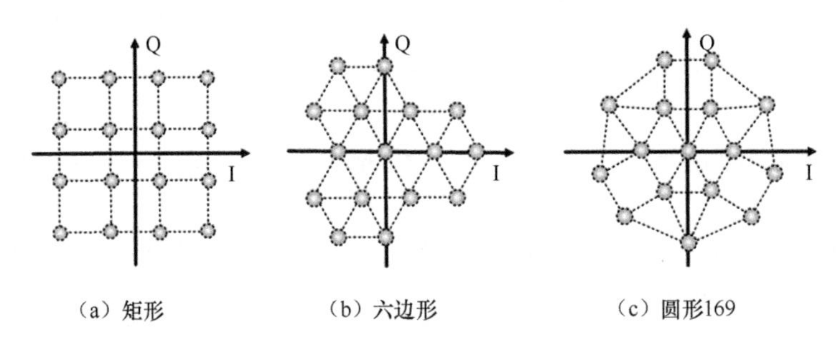

图 6-29 几何整形 16QAM 的星座

我们提出了一种在几何整形 16QAM DFT-S OFDM VLC 系统中采用 SVM 进行星座分类的新方案。车头灯用作发射机，引入了 2 个子带来模拟多输入单输出（Multiple-Input Single-Output，MISO）系统，并进行了实验验证。

当传输速率为 250 Mbit/s 时，子带 1 和子带 2 的 BER 性能与发射信号的平均功率的关系如图 6-30 和图 6-31 所示。

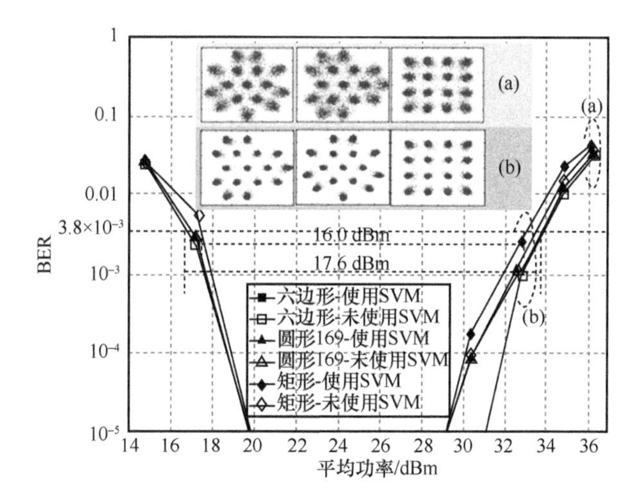

图 6-30　子带 1 的 BER 性能与发射信号的平均功率的关系

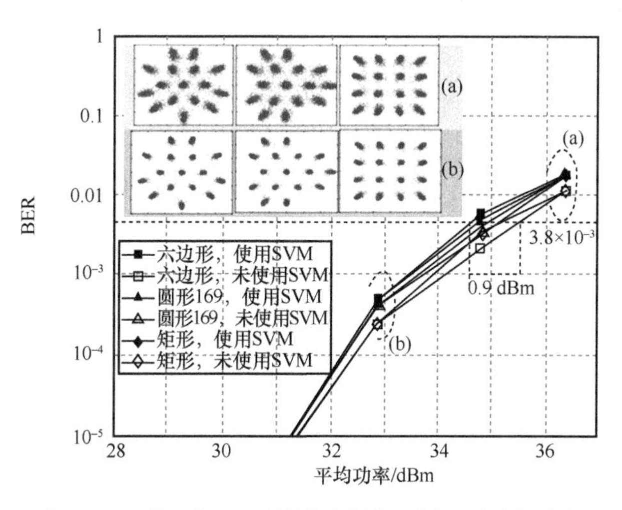

图 6-31　子带 2 的 BER 性能与发射信号的平均功率的关系

实验结果表明，SVM 能有效降低 BER，特别是在强非线性的情况下。在 7% HD-FEC（3.8×10^{-3}）的 BER 阈值下，使用 SVM 的六边形的信号平均功率动态范围扩展到 17.6 dBm，比未使用 SVM 的矩形的信号平均功率高 1.6 dBm。基于欧几里得距离和 SVM 的分类平面如图 6-32 所示，其中，“×”表示误差，并且在 SVM 的精度显著提高处用椭圆进行了标记。

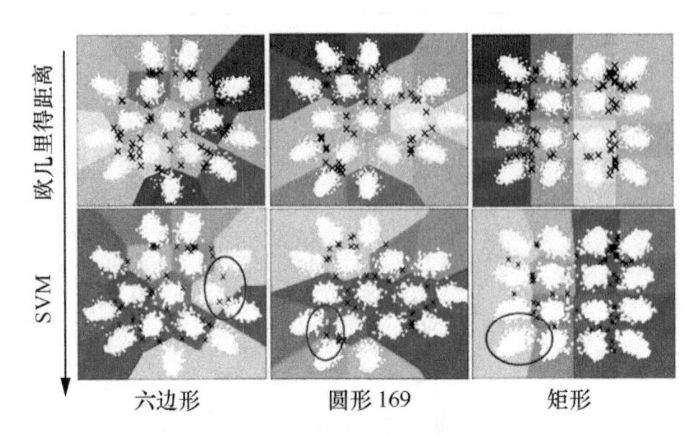

图 6-32　基于欧几里得距离和 SVM 的分类平面

6.2.5　基于 ICA 的多带 CAP 算法

我们常受到“数据超载”的困扰，访问包含相对少量有用信息的大量数据。ICA 本质上是围绕基于机器学习理论的盲源分离（Blind Source Separation，BSS）问题展开的[32]，是一种从数据中提取有用信息的方法。ICA 在无线通信不同领域中的应用如图 6-33 所示。

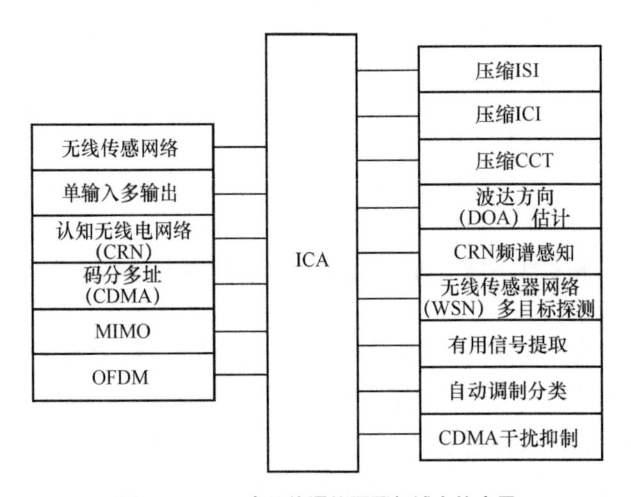

图 6-33　ICA 在无线通信不同领域中的应用

基于多载波调制的技术，多载波 CAP（Multi-Carrier CAP，M-CAP）方案，用以充分利用频谱资源，在获得高容量的同时，兼顾频谱利用率的提升。为了通过打破载波间正交性来提升频谱效率，我们提出了支持二维调制方案的超频谱效率频分复用技术，以 ICI 为代价提升频谱效率。

1．基于 SCE-ICA 算法的 M-CAP 子载波干扰消除技术基本原理

载波成分提取辅以复数独立成分分析（Subcarrier Component Extraction with the complex Independent Component Analysis，SCE-ICA）算法的原理是：发射端生成独立的子载波，并将每个子载波分配给一个用户。但是，子载波间正交性的破坏造成了载波间的交叠，不可避免地产生了 ISI 和 ICI。这将导致接收到的符号序列受干扰严重。因此，我们提出了 SCE-ICA 算法以均衡非正交多频带情况下的失真符号序列。

下面介绍基于 SCE-ICA 算法的 M-CAP 子载波干扰消除技术基本原理。首先，生成 m 组伪随机二进制序列（Pseudo Random Binary Sequence，PRBS），将其一一分配给相应的子载波并映射到 M-QAM，分别表示为 $d_1,d_2,\cdots,d_m$，其中 $M=2^b$，b 表示每个符号的位数。然后，$u_{\mathrm{SS}}=\lceil 2m(1+\alpha)\rceil$ 表示对符号序列的上采样倍数，其中，u_{SS} 表示每个符号的上采样数，$\lceil\bullet\rceil$ 表示取顶函数，α 是脉冲成形滤波器（PSF）滚降系数。至于 PSF 选择，常用 PSF 包括平方根升余弦（Square Root Raised Cosine，SRRC）、奈奎斯特脉冲和 Xia 脉冲[33]。这里我们选择使用 SRRC 作为 PSF。发射端 PSF 对可表示为

$$f_{\mathrm{I}}^{n}(t)=\left[\frac{\sin\left(\pi\dfrac{t}{T_{\mathrm{s}}}[1-\alpha]\right)+4\alpha\dfrac{t}{T_{\mathrm{s}}}\cos\left(\pi\dfrac{t}{T_{\mathrm{s}}}[1+\alpha]\right)}{\pi\dfrac{t}{T_{\mathrm{s}}}\left[1-\left(4\alpha\dfrac{t}{T_{\mathrm{s}}}\right)^{2}\right]}\right]\cos\left(2\pi f_{\mathrm{c}}^{n}\frac{t}{T_{\mathrm{s}}}\right) \quad (6\text{-}18)$$

$$f_{\mathrm{Q}}^{n}(t)=\left[\frac{\sin\left(\pi\dfrac{t}{T_{\mathrm{s}}}[1-\alpha]\right)+4\alpha\dfrac{t}{T_{\mathrm{s}}}\cos\left(\pi\dfrac{t}{T_{\mathrm{s}}}[1+\alpha]\right)}{\pi\dfrac{t}{T_{\mathrm{s}}}\left[1-\left(4\alpha\dfrac{t}{T_{\mathrm{s}}}\right)^{2}\right]}\right]\sin\left(2\pi f_{\mathrm{c}}^{n}\frac{t}{T_{\mathrm{s}}}\right) \quad (6\text{-}19)$$

其中，T_s 为符号持续时间，α 是 PSF 滚降系数，f_c^n 是第 n 个子载波的中心频率。使用式（6-18）和式（6-19）作为 PSF，M-CAP 时域信号可以表示为

$$s(t)=\sum_{n=1}^{m}a_n(t)\otimes f_I^n(t)-b_n(t)\otimes f_Q^n(t) \tag{6-20}$$

其中，a_n 和 b_n 是第 n 个子载波 QAM 信号的同相和正交分量上采样后的序列，$\otimes$ 表示时域卷积。显然，利用 PSF 卷积的余弦项和正弦项作为正交基可以全程保证正交性。为了实现高频谱效率传输，我们对多载波总带宽进行压缩，这里定义压缩因子（Compression Factor，CF）β 来表示对总带宽为 B_{CAP} 的多载波的压缩量。此时，所有子载波占用的总带宽为 $B_{CAP}(1-\beta)$。显然，较大的 β 对应于较小的子载波间隔。因此，每个子载波的中心频率可以表示为

$$f_c^n=\frac{2n-1}{2m}B_{CAP}(1-\beta) \tag{6-21}$$

其中，n 表示在 M-CAP 中的第 n 个子载波。鉴于算法执行的先后顺序，我们将 SCE-ICA 算法分为 SCE 子算法和 ICA 子算法分别介绍。

在介绍 SCE 子算法之前，定义 N 为 M-CAP 系统中子载波的总数，可通过式（6-21）得到每个子载波的中心频率，以生成 N-CAP 时域信号。在接收端，N-CAP 时域信号由 PD 采集，并与接收侧 PSF 对卷积，接收侧 PSF 对是发射侧 PSF 的时间翻转形式，可以表示为

$$m_I^n(t)=f_I^n(-t) \tag{6-22}$$

$$m_Q^n(t)=f_Q^n(-t) \tag{6-23}$$

其中，n 表示第 n 个子载波 PSF 对。在经过 PSF 卷积和下采样之后，接收端获得了 N 个子载波并行的符号序列，记作 $r_1,r_2,\cdots,r_N$。至此，传统 M-CAP 调制和解调工作全部完成。

基于此，我们提出了在频域上提取出交叠成分符号域表达的方案。为了从原理上易于表述，我们将获得子载波符号序列的上述传统方案执行过程称为“循环 1”，源于传统过程包含了发射端从符号域向时域，接收端从时域向符号域的转变。而将

获得辅助符号序列的 SCE 子算法称为“循环 2”，由于其再次完成了由符号域到时域再到符号域的运算。具体而言，对于“循环 2”的子载波，SCE 子算法完成了如下两项工作。

① 与调制端 PSF 相同，实现上采样，I/Q 分离，与第 k 个子载波卷积，与发射端在“循环 1”中所完成相同。

② 选择相邻子载波（即 $k\pm1$）的接收端 PSF 再次卷积并下采样，以获得辅助符号序列 $\boldsymbol{r}_{k,k\pm1}$。

非正交 M-CAP 方案中的 SCE 子算法生成多组辅助符号序列如图 6-34 所示。

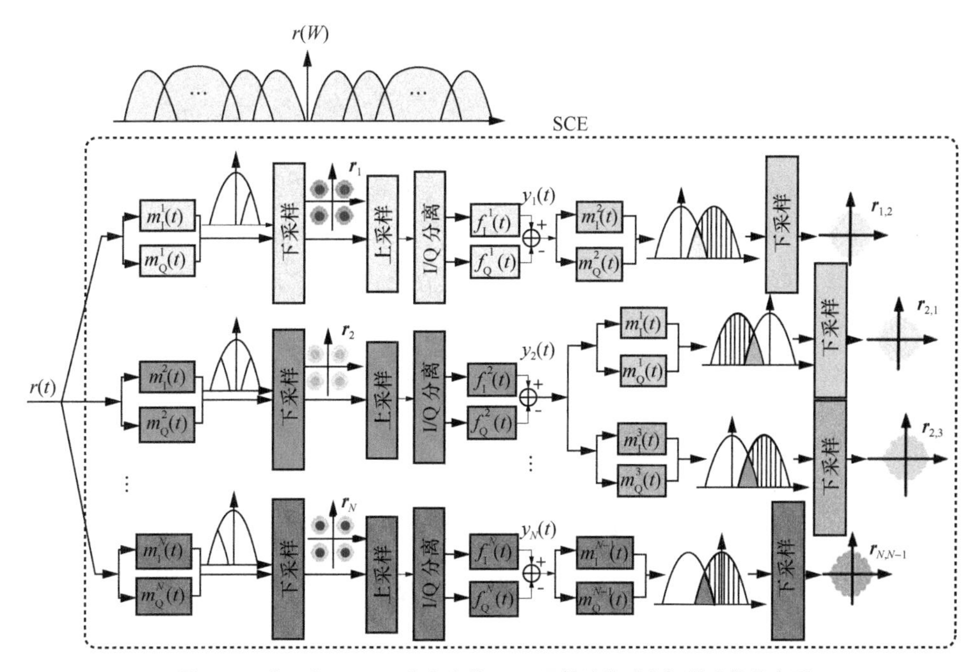

图 6-34　非正交 M-CAP 方案中的 SCE 子算法生成多组辅助符号序列

举例，“循环 2”的过程可被理解为子载波 2 通过“循环 1”获得的符号序列再次通过子载波 2 的发射 PSF 转换到时域，并与相邻子载波序号的解调 PSF（即 $m_\mathrm{I}^1(t), f_\mathrm{Q}^1(t)$ 和 $m_\mathrm{I}^3(t), f_\mathrm{Q}^3(t)$）再次卷积，生成两组辅助符号序列 $\boldsymbol{r}_{2,1}$ 和 $\boldsymbol{r}_{2,3}$。“循环 2”中生成的辅助符号序列表征的是 N-CAP 频谱交叠区域。从原理出发，传统 M-CAP 过程获得的夹杂 ICI 和 ISI 的失真符号序列同相分量可以表示为

$$\boldsymbol{r}_{\mathrm{I}}^{k}=\left\{\sum_{n=1}^{m}\left[a_{n}(t)\otimes f_{\mathrm{I}}^{n}(t)-b_{n}(t)\otimes f_{\mathrm{Q}}^{n}(t)\right]\right\}\otimes m_{\mathrm{I}}^{k}(t)=$$
$$\left\{\sum_{l=-1}^{1}\left[a_{k+l}(t)\otimes f_{\mathrm{I}}^{k+l}(t)-b_{k+l}(t)\otimes f_{\mathrm{Q}}^{k+l}(t)\right]\right\}\otimes m_{\mathrm{I}}^{k}(t)=$$
$$\sum_{t_0=0}^{+\infty}\sum_{l=-1}^{1}a_{k+l}(t-t_0)h_{\mathrm{I,I}}^{k+l,k}(t_0)+\sum_{t_0=0}^{+\infty}\sum_{l=-1,1}b_{k+l}(t-t_0)h_{\mathrm{I,Q}}^{k,k+l}(t_0) \tag{6-24}$$

其中，$a_k(t)$ 和 $b_k(t)$ 表示第 k 个子载波 QAM 符号的同相和正交分量上采样后的序列，这里使用卷积后的新滤波器 $h_{\mathrm{I,Q}}^{k,k+l}(t)$ 代替 $f_{\mathrm{I}}^{k}(t)\otimes m_{\mathrm{Q}}^{k+l}(t)$ 以简化表达。

在式（6-25）中，失真符号序列的实部可以分为 3 部分。

① 传输的同相分量 $a_k(t-t_0)$，当 $t_0\geqslant 0$。

② 相邻子载波同相分量 $a_{k+l}(t-t_0)$，其中 $l=\pm1$，$t_0\geqslant 0$。

③ 相邻子载波正交分量 $b_{k+l}(t-t_0)$，其中 $l=\pm1$，$t_0\geqslant 0$。

类似于式（6-25），基于正交互换性，也可推导得到 $\boldsymbol{r}_{\mathrm{Q}}^{k}$ 的表达式。此时，“循环 1”过程后得到的符号序列可以表示为 $\boldsymbol{r}_k=\boldsymbol{r}_{\mathrm{I}}^{k}+\mathrm{j}\boldsymbol{r}_{\mathrm{Q}}^{k}$。$\boldsymbol{r}_k$ 序列的主要成分仍为 $a_k(t)$ 和 $b_k(t)$，以及两者的时延副本 $a_{k+l}(t-t_0)$ 和 $b_{k+l}(t-t_0)$。为了消除其中隐含的时延副本（即 ICI），这里借助自“循环 2”过程中得到的辅助符号序列 $\boldsymbol{r}_{k,k\pm1}$、$\boldsymbol{r}_{k\pm1,k}$。至于消除方案，留在 ICA 子算法的部分中阐释。理论上，$\boldsymbol{r}_{k,k+l'}(l'=\pm1)$ 序列的同相分量可表示为

$$\begin{aligned}\boldsymbol{r}_{\mathrm{I}}^{k,k+l'}&=\left[r_{\mathrm{I}}^{k}(t)\otimes f_{\mathrm{I}}^{k}(t)-r_{\mathrm{Q}}^{k}(t)\otimes f_{\mathrm{Q}}^{k}(t)\right]\otimes m_{\mathrm{I}}^{k+l'}(t)=\\&r_{\mathrm{I}}^{k}(t)\otimes h_{\mathrm{I,I}}^{k,k+l'}(t)-r_{\mathrm{Q}}^{k}(t)\otimes h_{\mathrm{Q,I}}^{k,k+l'}(t)=\\&\sum_{l=-1}^{1}\sum_{t_0=0}^{+\infty}a_{k+l}(t-t_0)\left[h_{\mathrm{I,I,I,Q}}^{k+l,k,k,k+l'}(t_0)-h_{\mathrm{I,Q,Q,I}}^{k+l,k,k,k+l'}(t_0)\right]-\\&\sum_{l=-1}^{1}\sum_{t_0=0}^{+\infty}b_{k+l}(t-t_0)[h_{\mathrm{Q,I,I,Q}}^{k+l,k,k,k+l'}(t_0)-h_{\mathrm{Q,Q,Q,I}}^{k+l,k,k,k+l'}(t_0)]\end{aligned} \tag{6-25}$$

其中，滤波器 $h_{\mathrm{I,I,I,Q}}^{k+l,k,k,k+l'}(t)$ 表示 4 个 PSF 的卷积 $h_{\mathrm{I,I,I,Q}}^{k+l,k,k,k+l'}(t)=f_{\mathrm{I}}^{k+l}(t)\otimes m_{\mathrm{I}}^{k}(t)\otimes f_{\mathrm{I}}^{k}(t)\otimes m_{\mathrm{Q}}^{k+l'}(t)$，即将每个上标和下标按顺序合并于 $h_{\mathrm{I,I,I,Q}}^{k+l,k,k,k+l'}(t)$ 中。参照式（6-25），亦可推导正交分量 $\boldsymbol{r}_{\mathrm{Q}}^{k,k+l'}$ 的表达式。最后，$\boldsymbol{r}_{k+l',k}(l'=\pm1)$ 和 $\boldsymbol{r}_{k,k+l'}(l'=\pm1)$ 辅助复数序列均可通过卷积计算获得。此外，通过分析式（6-25），复矢量 $\boldsymbol{r}_{k,k+l'}$ 和 $\boldsymbol{r}_{k+l',k}$ 具备如下特征：① 在式（6-25）的同相序列中，幅值占比最大的仍是 $a_k(t)$，同理，$b_k(t)$ 在

正交分量序列中亦为最大占比项；② 在成分 $\boldsymbol{r}_{k,k+l'}$ 和 $\boldsymbol{r}_{k+l',k}$ 所卷积的滤波器序列中的每个元素互为相反数。

对于给定的子载波索引 $k\ (1<k<N)$，SCE 子算法可以提供另外 4 个辅助序列，即 $\boldsymbol{r}_{k,k+1}$、$\boldsymbol{r}_{k,k-1}$、$\boldsymbol{r}_{k+1,k}$、$\boldsymbol{r}_{k-1,k}$，与失真符号序列 $\boldsymbol{r}_k$ 一起，以最大化分量 $a_k(t)$ 和 $b_k(t)$，与此同时最小化其他成分。对于处于两侧的子载波 $k=1,N$，只有两个辅助符号序列可用，此时将 5 行 L 列矩阵优化问题降为针对 3 行 L 列矩阵的线性优化问题。

下面研究如何从失真符号序列 $\boldsymbol{r}_k$ 和辅助符号序列 $\boldsymbol{r}_{k,k+1}$、$\boldsymbol{r}_{k,k-1}$、$\boldsymbol{r}_{k+1,k}$、$\boldsymbol{r}_{k-1,k}$ 联合的矩阵样本中提取出 $a_k(t)+\mathrm{j}b_k(t)$ 包含的符号序列。本质上这是一种盲搜索线性后均衡器的问题，从式（6-25）中可以看出，$\boldsymbol{r}_k$ 是由一系列相邻符号与滤波器项的卷积的加和导致的。而通常，滤波器拖尾长度随着 CAP 滚降系数的降低而逐渐拉长，进行逐一补偿的算法复杂度通常也较高。相反，通过观察 $\boldsymbol{r}_{k,k+l'}$、$\boldsymbol{r}_{k+l',k}$ 及 $\boldsymbol{r}_k$ 我们发现无论是“循环 1”得到的符号序列 $\boldsymbol{r}_k$，还是“循环 2”得到的符号序列 $\boldsymbol{r}_{k,k+l'}$ 和 $\boldsymbol{r}_{k+l',k}$ 均包含 $a_k(t)$ 和 $b_k(t)$。因此，这里提出使用 ICA 子算法统一对 N 个子载波符号序列中的独立成分进行提取，借助该工具，可将共计 N 个子载波的失真符号序列和辅助符号序列全部输入，全部 N 个子载波的 ICI 即可同时获得均衡。

在我们提出的应用中，ICA 子算法可定义为

$$\hat{\boldsymbol{S}}=\boldsymbol{W}^{\mathrm{H}}\boldsymbol{X} \tag{6-26}$$

其中，矩阵 $\boldsymbol{X}$ 是接收端构建的矩阵，由失真符号序列 $\boldsymbol{r}_k$ 和辅助符号序列 $\boldsymbol{r}_{k,k+1}$、$\boldsymbol{r}_{k,k-1}$、$\boldsymbol{r}_{k+1,k}$、$\boldsymbol{r}_{k-1,k}$ 构建，$\boldsymbol{W}$ 是解混矩阵，$()^{\mathrm{H}}$ 表示共轭转置操作。为了便于讨论，这里关注第 k 个子载波，此时输入矩阵 $\boldsymbol{X}=[\boldsymbol{r}_k,\ \boldsymbol{r}_{k,k-1},\ \boldsymbol{r}_{k,k+1},\ \boldsymbol{r}_{k-1,k},\ \boldsymbol{r}_{k+1,k}]$。需要说明的是，输入复数矩阵 $\boldsymbol{X}$ 并不能直接输入式（6-26），而需首先进行白化操作。白化过程记作

$$\boldsymbol{X}_{\mathrm{white}}=\boldsymbol{C}^{-1/2}(\boldsymbol{X}-\bar{\boldsymbol{X}}) \tag{6-27}$$

其中，矩阵 $\boldsymbol{C}$ 为矩阵 $\boldsymbol{X}$ 的协方差矩阵，即 $\boldsymbol{C}=(\boldsymbol{X}-\bar{\boldsymbol{X}})(\boldsymbol{X}-\bar{\boldsymbol{X}})^{\mathrm{H}}/N$，$\bar{\boldsymbol{X}}$ 为矩阵 $\boldsymbol{X}$ 零均值处理后的矩阵。经过式（6-27），输出 $\boldsymbol{X}_{\mathrm{white}}$ 可满足 $\boldsymbol{X}_{\mathrm{white}}\boldsymbol{X}_{\mathrm{white}}^{\mathrm{H}}=\boldsymbol{I}$。此时送入式（6-26），可将该式改写为

$$\hat{\boldsymbol{S}}=\boldsymbol{W}^{\mathrm{H}}\boldsymbol{X}_{\mathrm{white}} \tag{6-28}$$

其次，构建非线性对照函数 $\mathcal{J}_G(\boldsymbol{w})$，该对照函数取极值恰好对应于各成分中的独立成分最大化输出。对照函数可以记作

$$\mathcal{J}_G(\boldsymbol{w})=\sum_{i=1}^{N}E\left\{G(\boldsymbol{w}_i^{\mathrm{H}}\boldsymbol{x}_{\text{white}})\right\} \tag{6-29}$$

其中，非线性函数$G()$通常使用连续偶函数，N为输入序列的个数，$\boldsymbol{w}$和$\boldsymbol{x}_{\text{white}}$分别是矩阵$\boldsymbol{W}$和$\boldsymbol{X}_{\text{white}}$的列向量，$E$表示期望。需注意，基于$\boldsymbol{w}$的搜索是在$E\left\{\left|\boldsymbol{w}_i^{\mathrm{H}}\boldsymbol{x}_{\text{white}}\right|^2\right\}=\|\boldsymbol{w}^2\|=1$的约束下完成的。基于式（6-29），这里给出了对矩阵$\boldsymbol{W}$中列矢量$\boldsymbol{w}$的迭代公式。

$$\boldsymbol{w}^{+}=E\left\{\boldsymbol{x}_{\text{white}}\left(\boldsymbol{w}^{\mathrm{H}}\boldsymbol{x}_{\text{white}}\right)^{*}g\left(\left|\boldsymbol{w}^{\mathrm{H}}\boldsymbol{x}_{\text{white}}\right|^{2}\right)\right\}-E\left\{g\left(\left|\boldsymbol{w}^{\mathrm{H}}\boldsymbol{x}_{\text{white}}\right|^{2}\right)+\left|\boldsymbol{w}^{\mathrm{H}}\boldsymbol{x}_{\text{white}}\right|^{2}g'\left(\left|\boldsymbol{w}^{\mathrm{H}}\boldsymbol{x}_{\text{white}}\right|^{2}\right)\right\}\boldsymbol{w} \tag{6-30}$$

$$\hat{\boldsymbol{w}}=\frac{\boldsymbol{w}^{+}}{\|\boldsymbol{w}^{+}\|} \tag{6-31}$$

其中，$g'(\cdot)$是$g(\cdot)$的导函数，$g(\cdot)$是$G(\cdot)$的导函数，$\hat{\boldsymbol{w}}$是迭代更新的解混列向量，$(\cdot)^*$是共轭运算，$G(y)=\log(0.1+y)$作为非线性函数。为了计算完整的矩阵，在式（6-30）和式（6-31）中每个矢量$\hat{\boldsymbol{w}}$需重新正交化和归一化，该过程可记作

$$\boldsymbol{W}=(\hat{\boldsymbol{W}}\hat{\boldsymbol{W}}^{\mathrm{H}})^{-1/2}\hat{\boldsymbol{W}} \tag{6-32}$$

其中，$\hat{\boldsymbol{W}}$为$\hat{\boldsymbol{w}}_k$列向量构造的矩阵，$\boldsymbol{W}$是经过一轮迭代更新后的解混矩阵。经过式（6-32），$\boldsymbol{W}$矩阵满足$\boldsymbol{W}\boldsymbol{W}^{\mathrm{H}}=\boldsymbol{I}$。综上，为了从接收到的第$k$个子载波失真符号序列中解混符号序列，所提出的 SCE-ICA 算法可以总结如下。

① 令符号序列$\boldsymbol{r}_{k,k+1}$、$\boldsymbol{r}_{k,k-1}$、$\boldsymbol{r}_{k+1,k}$、$\boldsymbol{r}_{k-1,k}$和$\boldsymbol{r}_k$向量构建为混合矩阵$\boldsymbol{X}$。

② 对混合矩阵$\boldsymbol{X}$中心化、白化，通过式（6-26）和式（6-27），得到白化后矩阵$\boldsymbol{X}_{\text{white}}$。

③ 利用式（6-30）、式（6-31）和式（6-32），对解混序列进行迭代，直至收敛。

基于以上步骤，如每个子载波 ICI 消除执行一次 SCE-ICA 算法，则至少要进行N次 SCE-ICA 算法才可完成所有 ICI 消除工作。为了进一步提高计算效率，“循环 2”中可将所有失真序列和辅助序列统一送入 ICA 子算法。在 ICA 输出端使用部分已知

序列进行互相关和相位偏移校正等操作即可实现 ICI 消除，优化后方案运算复杂度进一步降低。ICA 子算法原理如图 6-35 所示。

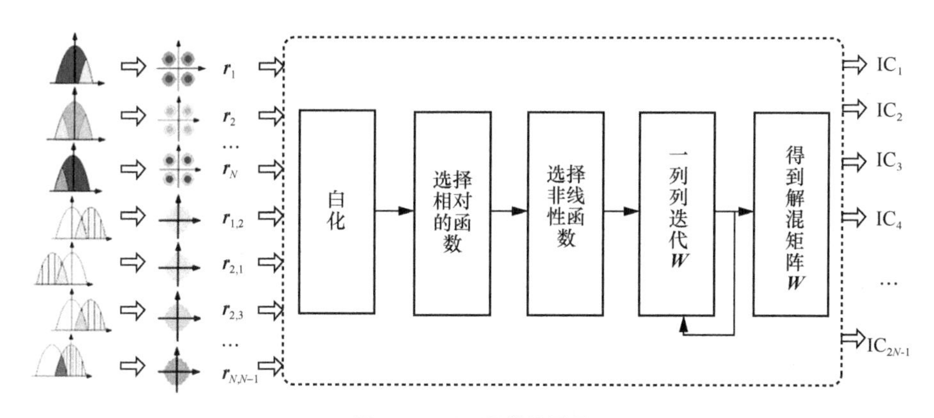

图 6-35　ICA 子算法原理

下面评价 SCE-ICA 算法的计算复杂度。一方面，对于 SCE 子算法，计算复杂度与 PSF 的长度有关，文献[34]已对 M-CAP 方案给出计算复杂度的公式，可记作

$$C_{\text{M-CAP}_{\text{SCE}}} = 2\sum_{n=1}^{3N-2} M_n L R_s \tag{6-33}$$

其中，M_n 表示第 n 个子载波每个符号所需采样数，L 表示 SRRC 滤波器符号级长度，R_s 表示符号率。参考文献[34]，将 M_n 设定为 $2n+1$。另一方面，ICA 子算法复杂度参考文献[35]，可记作

$$C_{\text{M-CAP}_{\text{ICA}}} = \min\left(\frac{KN_C{}^2}{2} + \frac{4N_C{}^3}{3} + N_C{}^2K, 2KN_C{}^2\right) + N_C{}^3 + \left(16N_C{}^3/3 + N_C{}^2 + 3KN_C{}^2\right)\text{iter} \tag{6-34}$$

其中，N_C 表示输入成分的数量，N 表示 M-CAP 中的子载波的数量，K 表示符号长度，iter 表示迭代数，容易得知 $N_C = 3N-2$。结合记录分析，我们选取中位值——13 次迭代作为式（6-34）的代入值。至此，我们令 $L=8$，$R_s = K$，不同符号长度和子载波数量下的 SCE-ICA 算法的计算复杂度如图 6-36 所示。

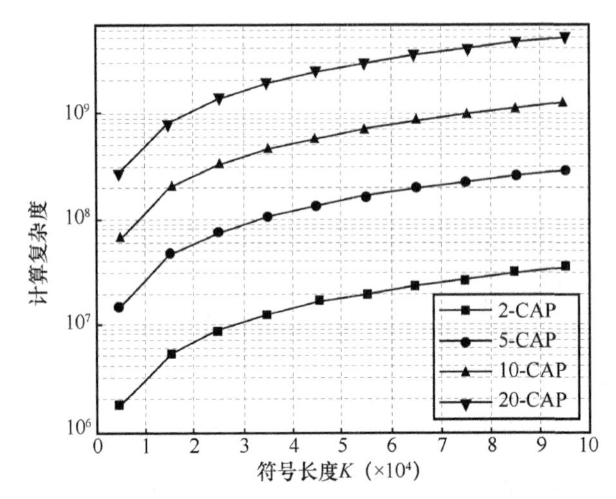

图 6-36 不同符号长度和子载波数量下的 SCE-ICA 算法的计算复杂度

2. 基于 SCE-ICA 算法的 M-CAP 子载波干扰消除技术仿真实验

对于 2-CAP 和 5-CAP 方案，分别将上采样倍数设置为 10 和 25。PSF 长度分别设定为 81 和 201。每个子载波均通过 16QAM 对 PRBS 进行映射。仿真添加 SNR=16 dB 的 AWGN 选定 SNR 为 16 dB，主要结合 $\mathrm{SNR}_i = 20\lg\left(\frac{\mathrm{EVM}_{\mathrm{RMS}_i}(\%)}{100}\right)$ 对水下可见光通信（Underwater Visible Light Communication，UVLC）信道进行测量，在 2-CAP 方案中，实验实际测量的 SNR 对于两个子载波分别为 14.81 dB 和 18.16 dB，基于上述实验测量结果，选定仿真 SNR=16 dB 时，系统子载波平均 BER 随滚降系数 α 和压缩因子 β 变化如图 6-37 所示。

观察图 6-37，图 6-37（a）～图 6-37（c）的下方区域均表示频谱交叠较少的情形，而上方区域则代表频谱交叠较多的情形。显然，SCE-ICA 算法可支持更多的频谱交叠比例，因此可获得更高的频谱利用率。这主要得益于使用 SCE-ICA 算法可有效实现 ICI 消除。从图 6-37 中可以看出，采用 SCE-ICA 算法低于 HD-FEC 阈值 BER 的区域相比于传统 CAP 算法而言增大了一倍。此外，5-CAP 方案比 2-CAP 方案使用 SCE-ICA 算法还略有提升，但是 5-CAP 方案比 2-CAP 方案调制本身计算复杂度更高。因此，系统频谱效率的提升与所采取方案的计算复杂度之间是矛盾的，需要在实际应用背景下进行具体权衡。

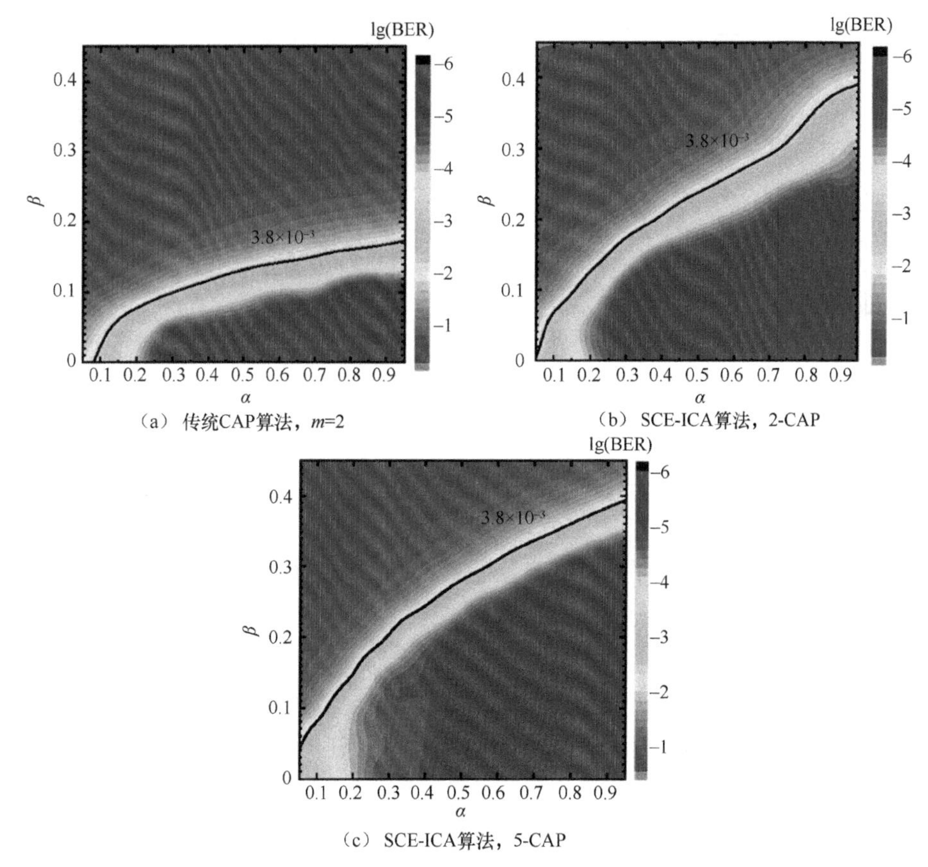

（a）传统CAP算法，m=2

（b）SCE-ICA算法，2-CAP

（c）SCE-ICA算法，5-CAP

图6-37 SNR=16 dB时，系统子载波平均BER随α和β变化

为了使结论更客观，将SNR设定为范围量，对5-CAP方案在不同SNR下的结果以7%HD-FEC对应3.8×10^{-3}的BER进行研究，BER随α和β在不同SNR下的性能如图6-38所示。显然，无论SNR取值如何，SCE-ICA算法与传统CAP算法相比，可以支持更高的系统容量。

为了使仿真与实际VLC信道吻合，我们设定每个子载波的SNR由子载波中心频率决定，仿真频谱由平坦频谱变为频域衰落频谱。具体而言，参考实测UVLC信道，将零频率SNR设置为16 dB，将300 MHz频域处SNR设定为10 dB。因此，将SNR降低的频率相关的恒定斜率指定为更接近VLC情况的实际通道频率响应。5-CAP方案模拟VLC频域衰落信道，无频谱交叠下的频谱如图6-39所示。

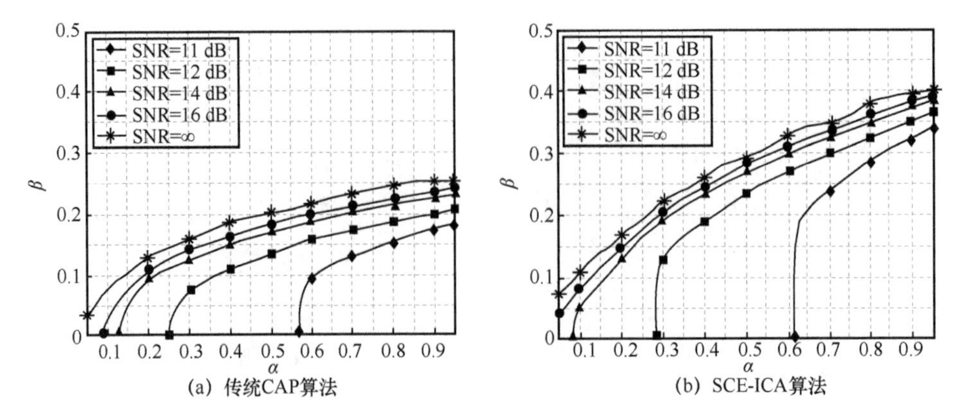

图 6-38 BER 随 α 和 β 在不同 SNR 下的性能

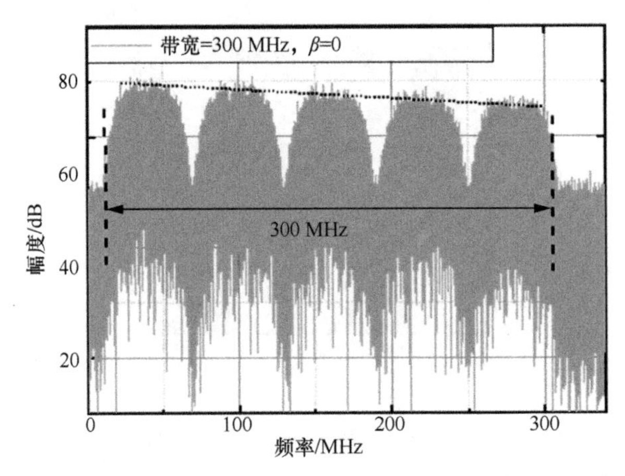

图 6-39 5-CAP 方案模拟 VLC 频域衰落信道，无频谱交叠下的频谱

基于上述讨论，我们将关注点放在子载波 BER 评价上。这里我们评估不同的频谱 CF β，以观察它将如何影响 VLC 系统的子载波 BER。随着 CF 增加，常规 M-CAP 方案的子载波 BER 性能不会单调下降。这是由于，频谱交叠带来的 ICI 与频谱向低频压缩使得高频区子载波向低频区移动提升了子载波的 SNR，两者在交叠不大的条件下相互平衡，对子载波 BER 的影响能相互抵消。而使用 SCE-ICA 算法后，由于 ICI 子算法能够有效补偿，会使得在频谱逐渐交叠条件下，子载波 BER 逐渐降低，系统性能逐渐提升。该现象对于高频谱区的子载波而言表现最为明显，在模拟 UVLC 频域衰落信道中，子载波 BER 随 CF 的变化结果如图 6-40 所示。

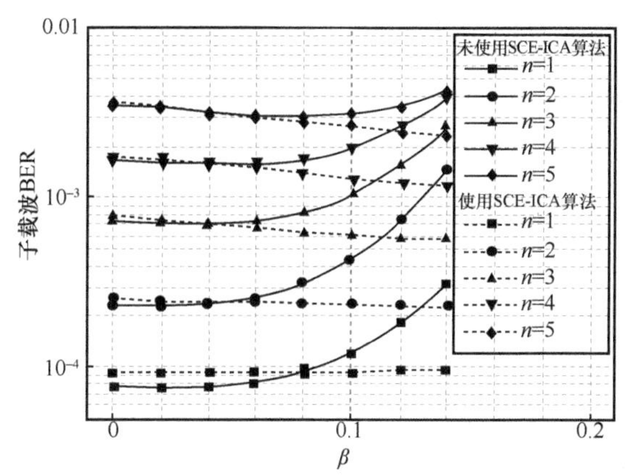

图 6-40　在模拟 UVLC 频域衰落信道中，子载波 BER 随 CF 的变化结果

此外，为了模拟 UVLC 系统，还在仿真中研究了 UVLC 系统的脉冲响应特性。在固定 SNR 的仿真 AWGN 信道的基础上，仿真还考虑了 UVLC 系统的脉冲响应特性。文献[36]提出了在不同水质和 FoV 的情况下的时域冲激响应蒙特卡洛模型，并采用双伽马（Gamma）函数拟合冲激响应曲线。在给定曲线中港口水质作为 UVLC 信道仿真模型，FoV=40°，通信链路长度为 12 m 的港口水质时域冲激响应如图 6-41（a）所示。确定时域冲激响应后，调用其时域响应与 M-CAP 时域信号进行卷积，以模拟 ISI。最后，恒定 SNR=16 dB 的高斯白噪声叠加到时域信号中。频谱 β 和 Q 因子之间的关系如图 6-41（b）所示。

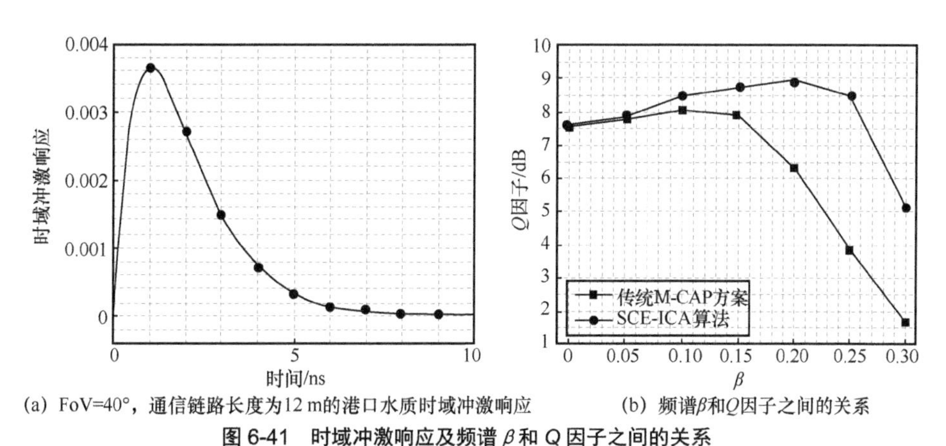

(a) FoV=40°，通信链路长度为12 m的港口水质时域冲激响应　　(b) 频谱β和Q因子之间的关系

图 6-41　时域冲激响应及频谱 β 和 Q 因子之间的关系

从图 6-41（b）中可看出，SCE-ICA 算法从 β 为 10%时开始显示出更高的 Q 因

子。值得一提的是，当β达到 25%时，SCE-ICA 算法的Q因子比传统 M-CAP 方案的Q因子高 4.5 dB。有关固有水散射特性影响仿真也显示出 SCE-ICA 算法的优越性。因此，在考虑 ISI 后，SCE-ICA 算法的系统性能也可以保证。

3. 基于 SCE-ICA 算法的 M-CAP 子载波干扰消除技术系统实验

非正交M-CAP UVLC系统中SCE-ICA算法实现ICI补偿实验装置如图6-42所示。

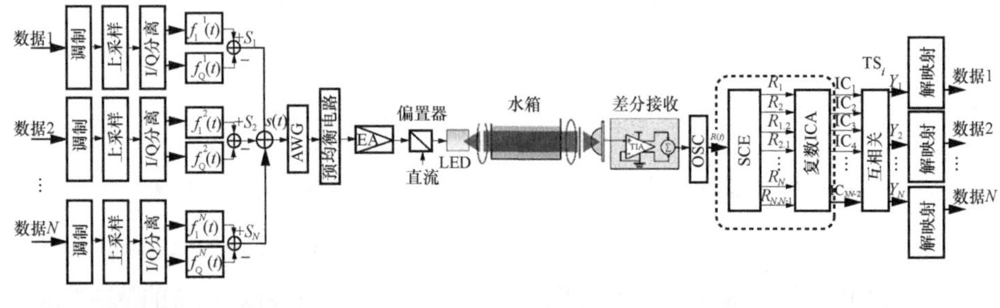

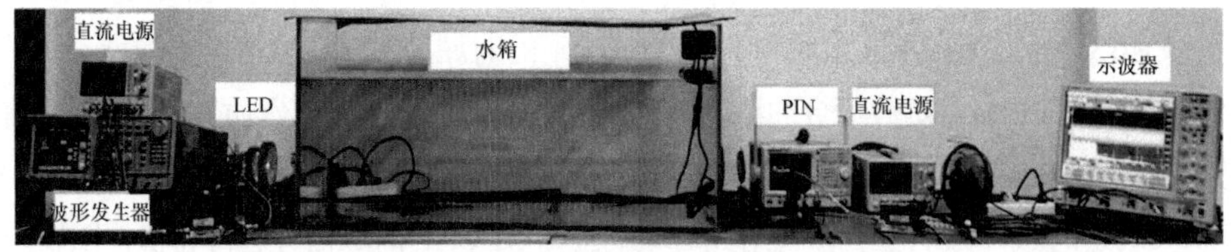

图 6-42　非正交 M-CAP UVLC 系统中 SCE-ICA 算法实现 ICI 补偿实验装置

如上所述，符号序列根据式$u_{SS}=\lceil 2m(1+\alpha)\rceil$进行上采样。将 SRRC 滤波器的长度$L$设置为覆盖前后共计 8 个符号。每个子载波生成长度为 215 的 PRBS。在 2-CAP 方案中，在滚降系数$\alpha=\{0.2,0.5\}$两种条件下，上采样倍数分别设置为 8 和 10。在 5-CAP 方案中，相应上采样倍数分别设置为 20 和 25。基于此，我们实测并横向比较 SCE-ICA 算法与传统 M-CAP 方案。实验研究的随滚降系数$\alpha=\{0.2,0.5\}$变化接收到非正交 2-CAP 和 5-CAP 方案的实测频谱如图 6-43 和图 6-44 所示。两方案在子载波互相正交条件下的总频谱占用为 300 MHz。

系统 BER 与频谱 CF　β之间的关系如图 6-45 所示。令子载波数目为$m=\{2,5\}$分别进行讨论。在 2-CAP 和 5-CAP 方案中，图 6-45 研究了变化的 CF 对系统性能的影响。当β等于 0 时，两种方案的子载波之间的正交性均得以保持，每个子载波中心频率分别为（75 MHz，225 MHz）和（30 MHz，90 MHz，150 MHz，210 MHz，270 MHz）。但随着β的增大，子载波交叠也会愈发严重。

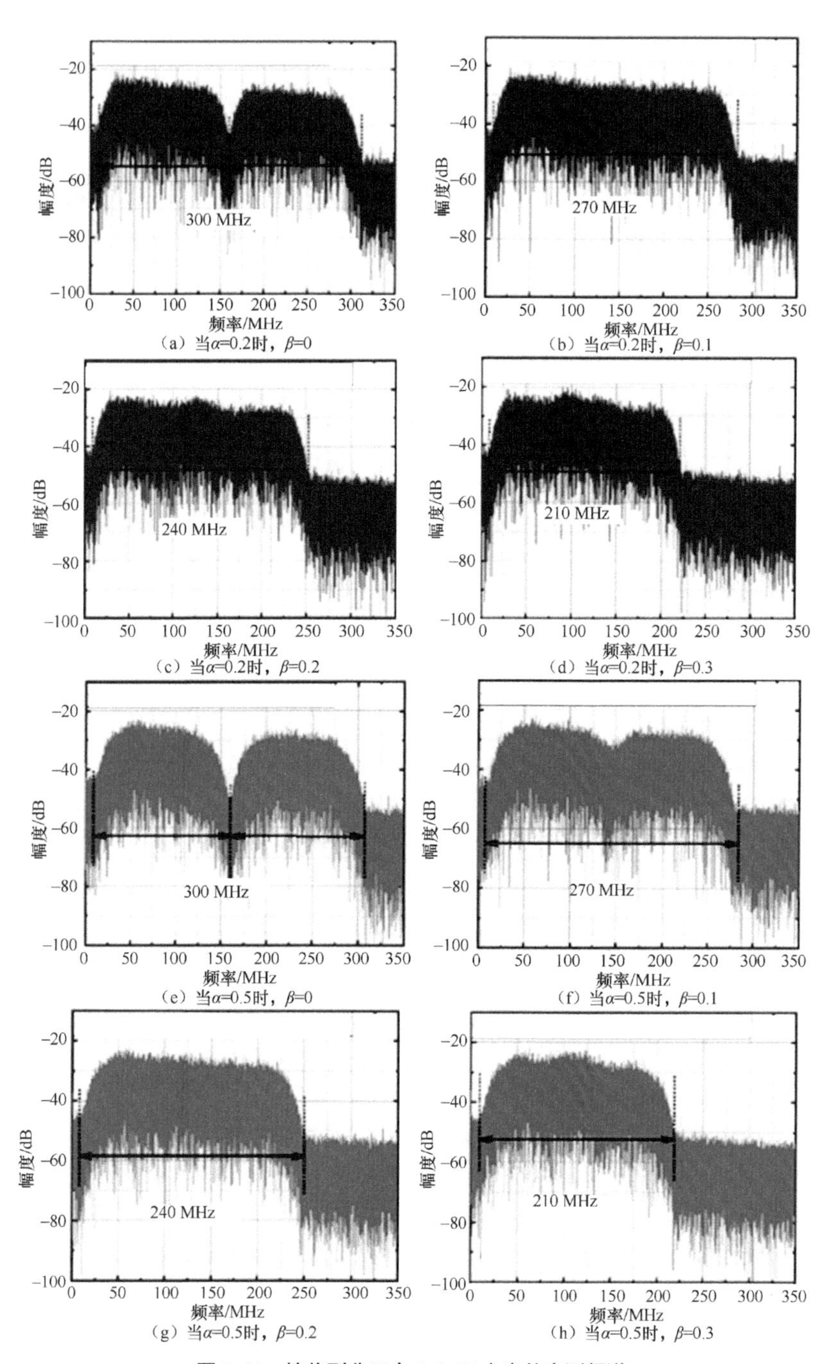

（a）当α=0.2时，β=0
（b）当α=0.2时，β=0.1
（c）当α=0.2时，β=0.2
（d）当α=0.2时，β=0.3
（e）当α=0.5时，β=0
（f）当α=0.5时，β=0.1
（g）当α=0.5时，β=0.2
（h）当α=0.5时，β=0.3

图 6-43 接收到非正交 2-CAP 方案的实测频谱

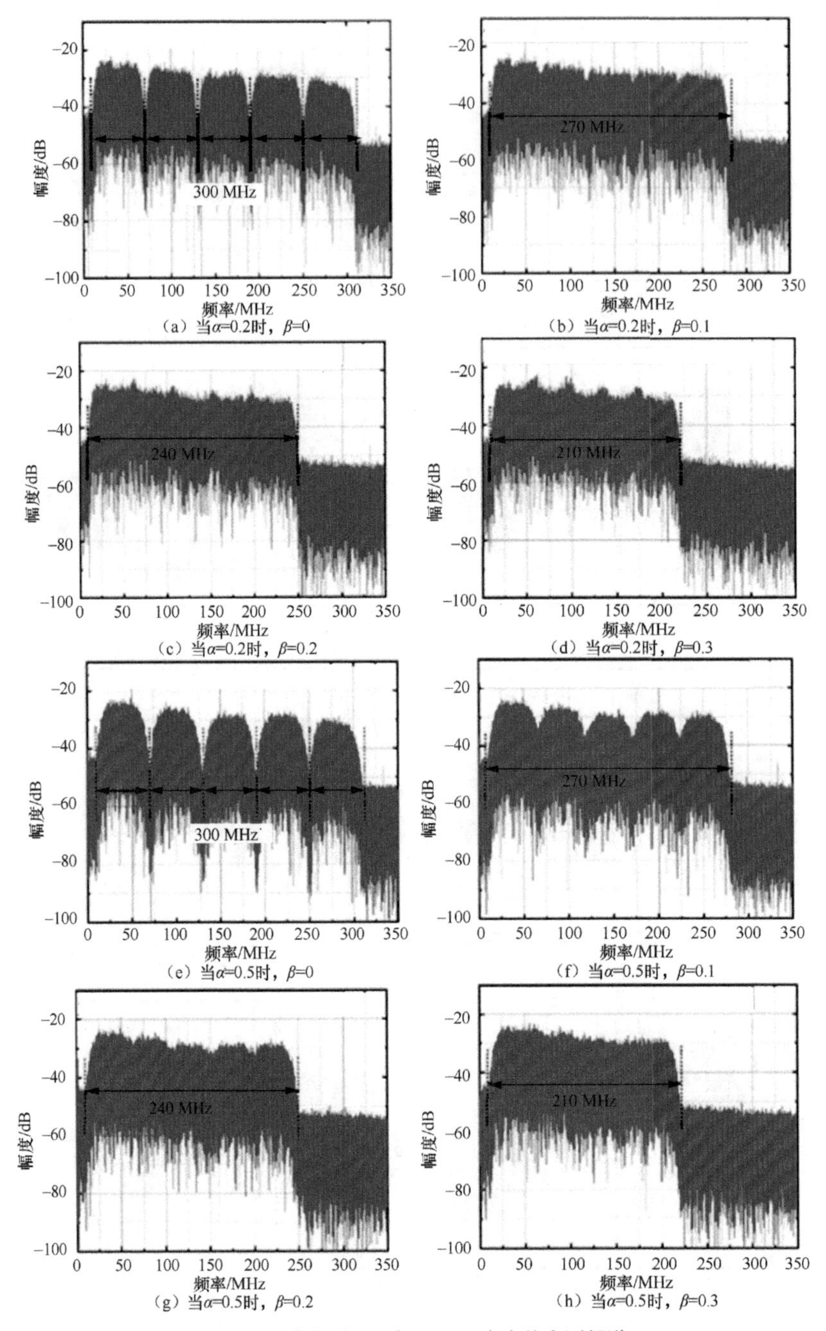

（a）当α=0.2时，β=0　（b）当α=0.2时，β=0.1

（c）当α=0.2时，β=0.2　（d）当α=0.2时，β=0.3

（e）当α=0.5时，β=0　（f）当α=0.5时，β=0.1

（g）当α=0.5时，β=0.2　（h）当α=0.5时，β=0.3

图 6-44　接收到非正交 5-CAP 方案的实测频谱

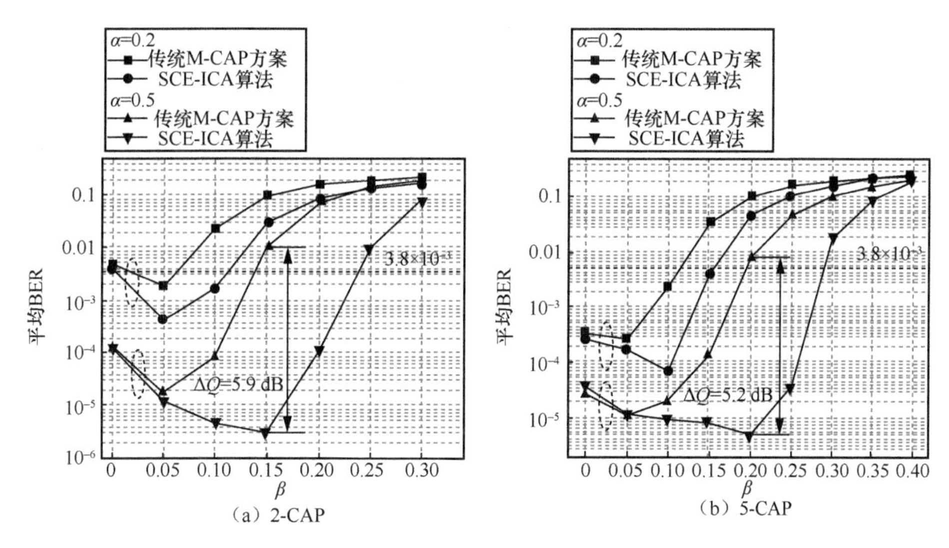

（a）2-CAP　（b）5-CAP

图 6-45　系统 BER 与频谱 CF β 之间的关系

此外，通过传统 M-CAP 方案与 SCE-ICA 算法比较，可以得出以下结论。

① 在恒定系统带宽下，更高的滚降系数（即 $\alpha = 0.5$ ），M-CAP 方案 BER 性能更好。

② 5-CAP 方案较于 2-CAP 方案可支持更高的频谱 CF。

③ 在 2-CAP 和 5-CAP 方案下，Q 因子提升分别为 5.9 dB 和 5.2 dB。

结论①与仿真结果一致。滚降系数 α 增大表示 CAP 频谱衰落变缓，此时每个子载波所占带宽相对于承载的符号而言更宽。对于结论②，从数值上看，对于 $\alpha = 0.2$ 和 $\alpha = 0.5$ 两种情况，5-CAP 方案的 CF 分别从 11%提高到 15%，从 19%提高到 28%。2-CAP 方案的 CF 分别从 6.5%提升到 11.5%，从 13%提升到 24%。此外，整体看来，使用 SCE-ICA 算法的系统，相比于传统 M-CAP 方案的系统，BER 也获得了一个数量级的提升。

下面研究子载波 BER 在不同参数下的表现，在 2-CAP 和 5-CAP 频谱交叠方案中，CF 与子载波 BER 之间的关系如图 6-46 和图 6-47 所示。结论可归结为以下两点。

① 当系统选择更高滚降系数 α 时，M-CAP 信号可以支持更高频 CF。

② 传统 M-CAP 方案与 SCE-ICA 算法相比，2-CAP 方案 Q 因子提升程度比 5-CAP 方案 Q 因子提升程度更高。

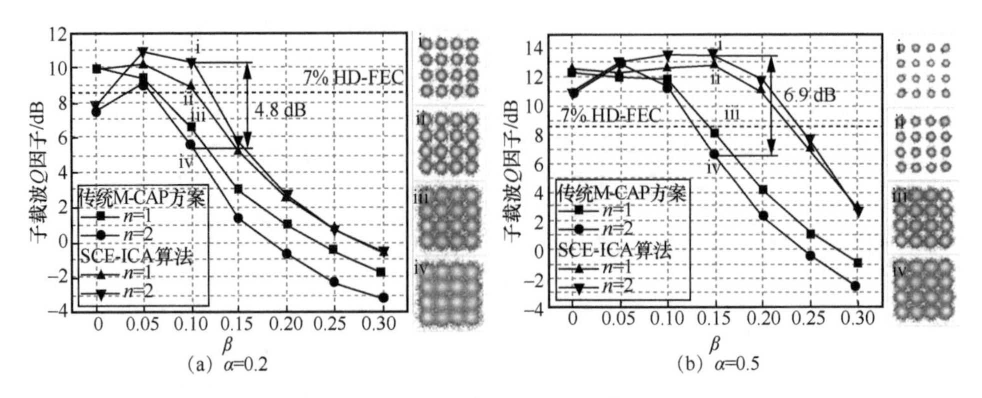

(a) α=0.2　　(b) α=0.5

图 6-46　在 2-CAP 频谱交叠方案中，CF 与子载波 BER 之间的关系

注：i 和 ii 分别是采用 SCE-ICA 算法第 1 子载波和第 2 子载波的星座图；iii 和 iv 是传统 M-CAP 方案的第 1 子载波和第 2 子载波星座图。

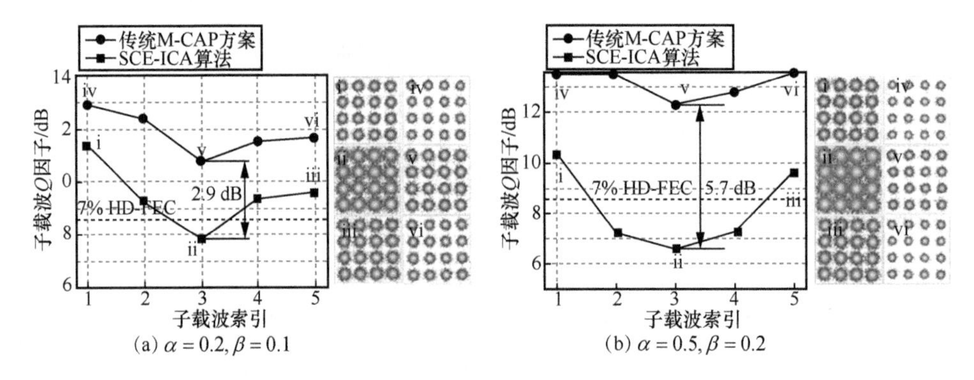

(a) $\alpha=0.2, \beta=0.1$　　(b) $\alpha=0.5, \beta=0.2$

图 6-47　在 5-CAP 频谱交叠方案中，CF 与子载波 BER 之间的关系

注：i、ii、iii 分别为传统 M-CAP 方案第 1、3、5 子载波的星座图；iv、v 和 vi 分别为采用 SCE-ICA 算法的第 1、3、5 子载波星座图。

在讨论频谱交叠变化之后，我们将关注点集中在 SCE-ICA 算法对子载波性能的提升上。显然，SCE-ICA 算法对处于高频位置的子载波展现出更高的 Q 因子提升。从数值上讲，图 6-46 中的第 2 个子载波分别体现出 4.8 dB 和 6.9 dB 的 Q 因子提升，表现出了高于子载波 1 的提升。在 5-CAP 方案中，每个子载波 Q 因子提升如图 6-47 所示。回顾实验设置，均衡电路用于补偿 UVLC 通道的频率衰减特性，这有助于减小频率衰减的斜率，但并不能完全将频谱补偿为平坦响应。在 5 个子载波 Q 因子提升中，图 6-47（b）中的 Q 因子提升更为明显，第 3 个子载波的 Q 因子提升达到 5.7 dB，

$\alpha = 0.2$ 时，第 3 个子载波 Q 因子提升了 2.9 dB。为了匹配图 6-47 的结果，我们还对 UVLC 系统的频率响应进行了单独测量，UVLC 系统频率响应及在无频谱交叠条件下，5 个子载波理论频谱分配位置情况如图 6-48 所示。

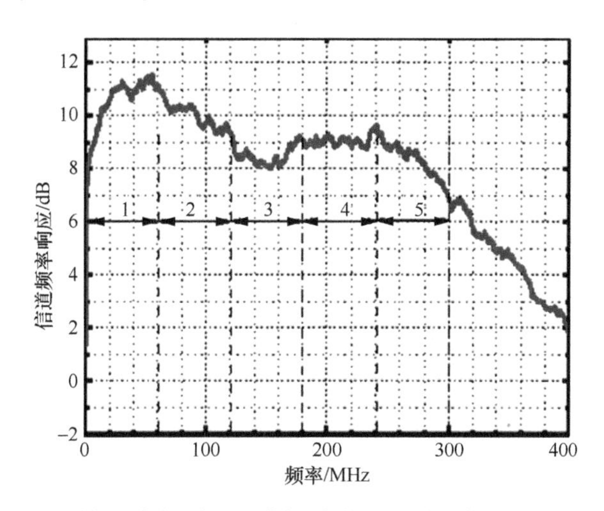

图 6-48　UVLC 系统频率响应及在无频谱交叠条件下，5 个子载波理论频谱分配位置情况

从 UVLC 系统实测频率响应可知，在 120～180 MHz 范围内，频率响应比相邻频谱低约 2 dB。为了双向验证图 6-47 中子载波 3 的 Q 因子最低的原因，这里将实测的 UVLC 信道频率响应引入仿真，通过将 M-CAP 频率响应与图 6-48 中的频率响应相乘，并经过 IFFT 运算可得到时域信号的方式，验证了第 3 个子载波确实在 5 个子载波中性能最差。侧面证明子载波性能表现主要还是受到频谱响应强度以及频谱平坦程度等因素的影响。

我们引入频谱效率（Spectral Efficiency，SE）并采用 SCE-ICA 算法量化分析 SE 究竟有多大提升。SE 是表征每单位频率传输波特率的关键指标。基于 M-CAP 框架的 SE 公式为

$$\eta_{\text{SPEC}} = \frac{\text{lb}(M)}{(1+\alpha)(1-\beta)} \tag{6-35}$$

基于 SE 表达式，并将图 6-47、图 6-48 的结果应用于式（6-35）中，SE 与系统 BER 之间的关系如图 6-49 所示。

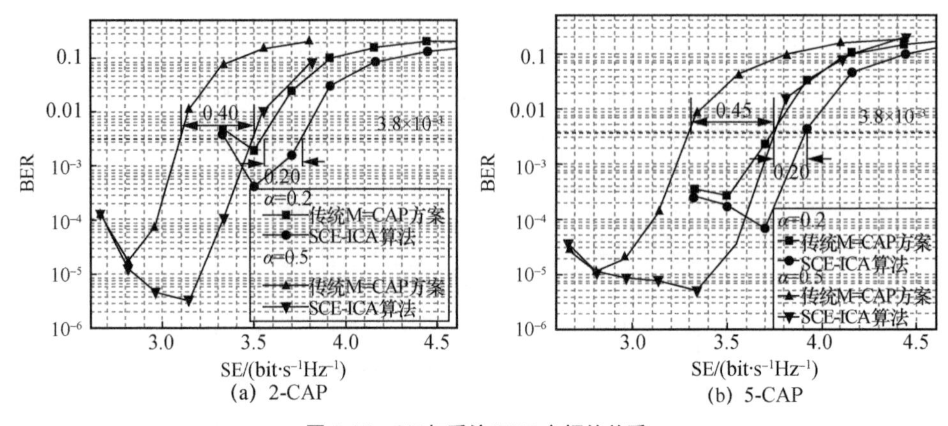

图 6-49 SE 与系统 BER 之间的关系

将滚降系数 α 和频谱 CF β 的数值代入，可得：2-CAP 方案中，传统 M-CAP 方案可以支持 3.10 bit·s^{-1}·Hz^{-1} 和 3.55 bit·s^{-1}·Hz^{-1} 的 SE，而使用 SCE-ICA 算法后，两种滚降系数下的最高 SE 分别提升至 3.50 bit·s^{-1}·Hz^{-1} 和 3.75 bit·s^{-1}·Hz^{-1}，与正交 2-CAP 方案相比，采用 SCE-ICA 算法实现 ICI 消除获得的 SE 提升分别为 31%和 13%。5-CAP 方案中，传统 M-CAP 方案可以支持 3.30 bit·s^{-1}·Hz^{-1} 和 3.73 bit·s^{-1}·Hz^{-1} 的 SE，而使用 SCE-ICA 算法后，两种滚降系数下的最高 SE 分别提升至 3.75 bit·s^{-1}·Hz^{-1} 和 3.93 bit·s^{-1}·Hz^{-1}，与正交 5-CAP 方案相比，采用 SCE-ICA 算法实现 ICI 消除获得的 SE 提升分别为 40%和 18%。

6.3 本章小结

本章围绕 VLC 系统中传统机器学习算法进行了阐述。具体介绍了基于聚类的 K-Means 算法、GMM 算法、DBSCAN 算法、SVM 算法和基于 ICA 的多带 CAP 算法。本章内容围绕 VLC 系统中用于消除非线性等方面影响的人工智能深度学习算法展开。

参考文献

[1] NEOKOSMIDIS I, KAMALAKIS T, WALEWSKI J W, et al. Impact of nonlinear LED

transfer function on discrete multitone modulation: analytical approach[J]. Journal of Lightwave Technology, 2009, 27(22): 4970-4978.

[2] INAN B, LEE S C J, RANDEL S, et al. Impact of LED nonlinearity on discrete multitone modulation[J]. Journal of Optical Communications and Networking, 2009, 1(5): 439-451.

[3] YE H, LI G Y, JUANG B H F. Power of deep learning for channel estimation and signal detection in OFDM systems[J]. IEEE Wireless Communications Letters, 2017, 7(1): 114-117.

[4] CHI N, ZHAO Y, SHI M, et al. Gaussian kernel-aided deep neural network equalizer utilized in underwater PAM8 visible light communication system[J]. Optics Express, 2018, 26(20): 26700-26712.

[5] LU X Y, LU C, YU W X, et al. Memory-controlled deep LSTM neural network post-equalizer used in high-speed PAM VLC system[J]. Optics Express, 2019, 27(5): 7822-7833.

[6] LU X Y, QIAO L, ZHOU Y J, et al. An IQ-Time 3-dimensional post-equalization algorithm based on DBSCAN of machine learning in CAP VLC system[J]. Optics Communications, 2019, 430: 299-303.

[7] LU X Y, WANG K H, QIAO L, et al. Nonlinear compensation of multi-CAP VLC system employing clustering algorithm based perception decision[J]. IEEE Photonics Journal, 2017, 9(5): 1-9.

[8] YU W X, LU X Y, CHI N. Signal decision employing density-based spatial clustering of machine learning in PAM4 VLC system[C]//International Symposium on Optoelectronic Technology and Application 2018. [S.l]: SPIE, 2018: 295-299.

[9] LU X Y, ZHAO M M, QIAO L, et al. Non-linear compensation of multi-CAP VLC system employing pre-distortion base on clustering of machine learning[C]//2018 Optical Fiber Communications Conference and Exposition (OFC). Piscataway: IEEE Press, 2018: M2K. 1.

[10] NIU W Q, HA Y, CHI N. Novel phase estimation scheme based on support vector machine for multiband-CAP visible light communication system[C]//2018 Asia Communications and Photonics Conference (ACP). Piscataway: IEEE Press, 2018: 5.

[11] WU X B, HU F C, ZOU P, et al. The performance improvement of visible light communication systems under strong nonlinearities based on gaussian mixture model[J]. Microwave and Optical Technology Letters, 2020, 62(2): 547-554.

[12] LU X Y, ZHOU Y J, QIAO L, et al. Amplitude jitter compensation of PAM8 VLC system employing time-amplitude two-dimensional re-estimation base on density clustering of machine learning[J]. Physica Scripta, 2019, 94(5): 055506.

[13] ESTER M, KRIEGEL H P, SANDER J, et al. A density-based algorithm for discovering clusters in large spatial databases with noise[C]//Proceedings of the Second International Conference on Knowledge Discovery and Data Mining. [S.l.]: AAAI Press, 1996: 226-231.

[14] DEMPSTER A P, LAIRD N M, RUBIN D B. Maximum likelihood from incomplete data via

the EM algorithm[J]. Journal of the Royal Statistical Society: Series B (Methodological), 1977, 39(1): 1-22.

[15] KUSHARY D. The EM algorithm and extensions[J]. Technometrics, 1998, 40(3): 260-260.

[16] GONZALEZ N G, ZIBAR D, CABALLERO A, et al. Experimental 2.5 Gbit/s QPSK WDM phase-modulated radio-over-fiber link with digital demodulation by a K-Means algorithm[J]. IEEE Photonics Technology Letters, 2010, 22(5): 335-337.

[17] GONZALEZ N G, ZIBAR D, YU X B, et al. Optical phase-modulated radio-over-fiber links with K-Means algorithm for digital demodulation of 8PSK subcarrier multiplexed signals[C]//2010 Conference on Optical Fiber Communication (OFC/NFOEC), collocated National Fiber Optic Engineers Conference. Piscataway: IEEE Press, 2010: OML3.

[18] LU F, PENG P C, LIU S M, et al. Integration of multivariate gaussian mixture model for enhanced PAM4 decoding employing basis expansion[C]//2018 Optical Fiber Communications Conference and Exposition (OFC). Piscataway: IEEE Press, 2018: M2F. 1.

[19] DU P J, TAN K, XING X S. A novel binary tree support vector machine for hyperspectral remote sensing image classification[J]. Optics Communications, 2012, 285(13-14): 3054-3060.

[20] MIAN A. Illumination invariant recognition and 3D reconstruction of faces using desktop optics[J]. Optics Express, 2011, 19(8): 7491-7506.

[21] NIU W Q, HA Y, CHI N. Machine learning scheme for geometrically-shaped constellation classification utilizing support vector machine in multi-access internet of vehicle lighting[C]// 18th IEEE International Conference on Optical Communications and Networks(ICOCN 2019). Piscataway: IEEE Press, 2019: 1-3.

[22] WATANABE T, KESSLER D, SCOTT C, et al. Disease prediction based on functional connectomes using a scalable and spatially-informed support vector machine[J]. NeuroImage, 2014, 96: 183-202.

[23] WANG D, ZHANG M, LI Z, et al. Optimized SVM-based decision processor for 16QAM coherent optical systems to mitigate NLPN[C]//Asia Communications and Photonics Conference 2015. [S.l.]: Optica Publishing Group, 2015: ASu3F. 4.

[24] CUI Y, ZHANG M, WANG D S, et al. Bit-based support vector machine nonlinear detector for millimeter-wave radio-over-fiber mobile fronthaul systems[J]. Optics Express, 2017, 25(21): 26186-26197.

[25] CHI N, HAAS H, KAVEHRAD M, et al. Visible light communications: demand factors, benefits and opportunities[J]. IEEE Wireless Communications, 2015, 22(2): 5-7.

[26] LUO P F, GHASSEMLOOY Z, LE M H, et al. Fundamental analysis of a car to car visible light communication system[C]// 2014 9th International Symposium on Communication Systems, Networks and Digital Sign (CSNDSP). Piscataway: IEEE Press, 2014: 1011-1016.

[27] ZHANG J W, YU J J, LI F, et al. 11× 5× 9.3 Gbit/s WDM-CAP-PON based on optical single-side band multi-level multi-band carrier-less amplitude and phase modulation with direct detection[J]. Optics Express, 2013, 21(16): 18842-18848.

[28] CHI N, ZHOU Y J, LIANG S Y, et al. Enabling technologies for high-speed visible light communication employing CAP modulation[J]. Journal of Lightwave Technology, 2018, 36(2): 510-518.

[29] PRESS W, TEUKOLSKY S, VETTERLING W, et al. Numerical recipes: the art of scientific computing[M]. Cambrige: Cambridge University Press, 2007.

[30] CORTES C, VAPNIK V. Support-vector networks[J]. Machine Learning, 1995, 20(3): 273-297.

[31] YANG F C, WANG S G, LI J L, et al. An overview of internet of vehicles[J]. China Communications, 2014, 11(10): 1-15.

[32] HYVÄRINEN A, OJA E. Independent component analysis: algorithms and applications[J]. Neural Networks, 2000, 13(4-5): 411-430.

[33] HAIGH P A, CHVOJKA P, ZVANOVEC S, et al. Analysis of Nyquist pulse shapes for carrierless amplitude and phase modulation in visible light communications[J]. Journal of Lightwave Technology, 2018, 36(20): 5023-5029.

[34] WEI J L, SÁNCHEZ C, GIACOUMIDIS E. Fair comparison of complexity between a multi-band CAP and DMT for data center interconnects[J]. Optics Letters, 2017, 42(19): 3860-3863.

[35] ALBERA L, KACHENOURA A, COMON P, et al. ICA-based EEG denoising: a comparative analysis of fifteen methods[J]. Bulletin of the Polish Academy of Sciences: Technical Sciences, 2012, 60(3 Special issue on Data Mining in Bioengineering): 407-418.

[36] DONG Y H, ZHANG H H, ZHANG X D. On impulse response modeling for underwater wireless optical MIMO links[C]//2014 IEEE/CIC International Conference on Communications in China (ICCC), Piscataway: IEEE Press, 2014: 151-155.

第7章

深度学习在 VLC 中的应用

本章主要介绍基于 GK-DNN、双分支多层感知机（Double Branch Multi-layer Perception，DBMLP）、MIMO 多分支混合神经网络（MIMO Multi-Branch Neural Network，MIMO-MBNN）以及基于短时傅里叶变换（Short Time Fourier Transform，STFT）的二维图像网络算法等深度学习神经网络算法原理。基于深度学习的非线性补偿技术对于高速 VLC 系统而言有着重要的作用，是实现高速 VLC 的重要保障。

7.1 深度学习在 VLC 中的应用概述

在上一章中，我们提到 VLC 信道是一个极为特殊的传输信道，当信号在信道中传输时会受到严重的线性与非线性效应的影响。

基于人工神经网络（Artificial Neural Network，ANN）的均衡算法，是 ANN 在 VLC 系统应用研究的一大热点。Haigh 等[1-4]在这一领域做了大量开拓性的研究。2013 年，他在一个以 OLED 为发射端的基于 OOK 调制的 MIMO-VLC 系统中，通过采用 ANN 作为后均衡算法成功将传输速率从 200 kbit/s 提高到 2.8 Mbit/s[2]。此后，在以窄带白光 LED（4.5 MHz）为发射机的 OOK-VLC 系统中，Haigh 等[3]成功将系统的传输速率从线性均衡的 40 Mbit/s 提高到 170 Mbit/s，证明了 ANN 可以有效地补偿信道中的非线性失真从而提高 VLC 系统的误码性能。

在信道仿真方面，Yesilkaya 等[5]通过实验证明了有效训练的神经网络可以预测不同环境条件下的信道抽头。实验结果表明，这样的过程可以有效地用于预测 VLC 的信道参数，基于 ANN 的信道仿真可以替代昂贵且费时的仿真软件。Kowalik 等[6]建立了一种基于深度学习的信道脉冲响应估计算法，并通过与蒙特卡洛光线追踪的仿真结果对比验证了这种信道脉冲响应估计算法的有效性。

考虑到 DNN 能够以任意的精度来近似任何从一个有限维空间到另一个有限维空间的博雷尔（Borel）可测函数。我们认为在 UVLC 系统中，基于 DNN 的数字信号处理算法可以有效地对水下光无线信道响应进行估计，并对非线性失真信号进行补偿。因此，在文献[7]中我们在 PAM8 调制的 UVLC 系统中提出了基于高斯核函数的 DNN 算法在接收端用于对失真信号的判决与补偿，并在 1.2 m 的水下光无线传输中实现了传输速率为 1.5 Gbit/s 的高速传输。同时通过实验证明了，高斯核函数可以明显地加速神经网络的训练过程，缩短神经网络收敛所需要的时间。迟楠教授课题组，对 ANN 与 UVLC 结合的这一交叉领域开展了大量的研究。该课题组在 UVLC 系统中提出长短期记忆（LSTM）网络、GK-DNN、TFDNet、DBMLP 及函数连接人工神经网络（FLANN）等后均衡与预均衡算法[8-10]，通过大量实验与理论研究证明了 ANN 在 UVLC 系统中存在巨大的应用潜力。此外，在 2019 年，课题组通过采用 DBMLP，结合线性映射支路与非线性映射支路在 1.2 m 的水下光无线传输过程中实现了 3.2 Gbit/s 的单灯珠 UVLC 的世界最高传输速率。

7.2　深度学习神经网络算法

本节将围绕 VLC 系统中用于消除其非线性影响的人工智能深度学习神经网络算法展开，重点介绍基于 GK-DNN、DBMLP、MIMO-MBNN 以及基于 STFT 的二维图像网络等深度学习神经网络算法原理。基于深度学习的非线性补偿技术对于高速 VLC 系统而言有着重要的作用，是实现高速 VLC 的重要保障。

7.2.1　GK-DNN

在 UVLC 系统中，由于 LED IV 曲线的非线性效应，驱动电路和接收器中的非线性失真，UVLC 系统在信号传输过程会对信号引入较为严重的非线性失真。在文献[11]中，作者证明了 Volterra 级数可以作为有效的非线性均衡器。但是，由于考虑到后均衡算法的计算复杂度，通常将 Volterra 级数的阶数限制为二阶，因此对于具有严重 ISI 的高非线性 UVLC 系统，Volterra 均衡器无法对高阶非线性失真进行有效补偿。根据万能近似定理，ANN 可以高精度地补偿信道线性和非线性失真。但是相对较长的训练周期将限制其在实时 UVLC 系统中的实际应用。因此，在高速 UVLC 系统中，找到一种具有与 DNN 均衡算法性能相当的，而训练周期却要短得多的非线性均衡方案是一个巨大的挑战。

在本节中，我们提出使用 GK-DNN 进行非线性后均衡和信号判决。采用高斯核对特征序列进行预收敛，可以显著加快 DNN 训练过程中的收敛速度，缩短训练周期。我们的实验结果表明，使用高斯核可以将 DNN 训练迭代次数从 1 700 减少到 800（47.06%）。最后，基于 GK-DNN 的判决，我们在 1.2 m 水下传输的基于 LED 的 PAM8 UVLC 系统中实现了 1.5 Gbit/s 的传输速率。

1. 基于 GK–DNN 的判决原理

本章所采用的 DNN 模型是多层感知机（Multi-Layer Perceptron，MLP）。MLP 是由一个输入层，多个（L 个）全连接隐藏层和一个输出层组成。在此基础上，我们在输入层和隐藏层之间加入了一层高斯核层。高斯核层与输出层之间的每一层的节点仅前向连接到后续层的节点。每个连接都具有一个权重（ $w_{i,j}^{l}$ ）。所有权重都可以用以下矩阵表示。

$$w_{i,j}^{l} \in \boldsymbol{W}^{l} = \begin{pmatrix} w_{1,1}^{l} & \cdots & w_{1,n}^{l} \\ \vdots & & \vdots \\ w_{m,1}^{l} & \cdots & w_{m,n}^{l} \end{pmatrix}, l = 1, 2, \cdots, L, L+1 \tag{7-1}$$

其中，i 和 j 分别表示当前层和后续层的第 i 个节点和第 j 个节点。l 表示第 l 个隐藏层（当 l 等于 $L+1$ 时，表示输出层）。当数据从一个节点传输到下一节点时，需要乘以相应连接的权重。

GK-DNN 的网络结构如图 7-1 所示。第一层是输入层，由标量改进的级联多模算法（S-MCMMA）均衡后的信号每 n_f 个为一组作为输入层的特征向量 $\boldsymbol{x} = [I_1, I_2, \cdots, I_{n_f-1}, I_{n_f}]$ 进入神经网络。n_f 是一个奇数，表示特征向量中元素的总数。之所以是奇数是考虑到 ISI，当中心信号 $I_{(n_f+1)/2}$ 在 UVLC 信道中传播时，会受到其相邻信号的影响，而我们假设前序信号与后序信号的影响是对称的，后续所有实验均基于此假设，因此特征向量中元素的总数都为奇数。

第二层是高斯核层。在这一层中，我们假设高斯分布可以近似描述 ISI，使用高斯核对输入的特征信号进行预收敛从而来加速神经网络的训练过程。高斯核的函数

表达为

$$k(t,t')_i = \mathrm{e}^{-\left(\frac{\pi(t-t')}{a}\right)^2} = \mathrm{e}^{-\left(\frac{\pi((i)-(i+1)/2)}{a}\right)^2} = \mathrm{e}^{-\left(\frac{\pi(i-1)}{2a}\right)^2}, i=1,2,\cdots,n_{f-1},n_f, a=\frac{1}{\beta}\sqrt{\frac{\mathrm{lb}}{2}} \quad (7\text{-}2)$$

其中，a 是一个与 3 dB 带宽（$1/\beta$）相关的用于控制高斯分布的参数。

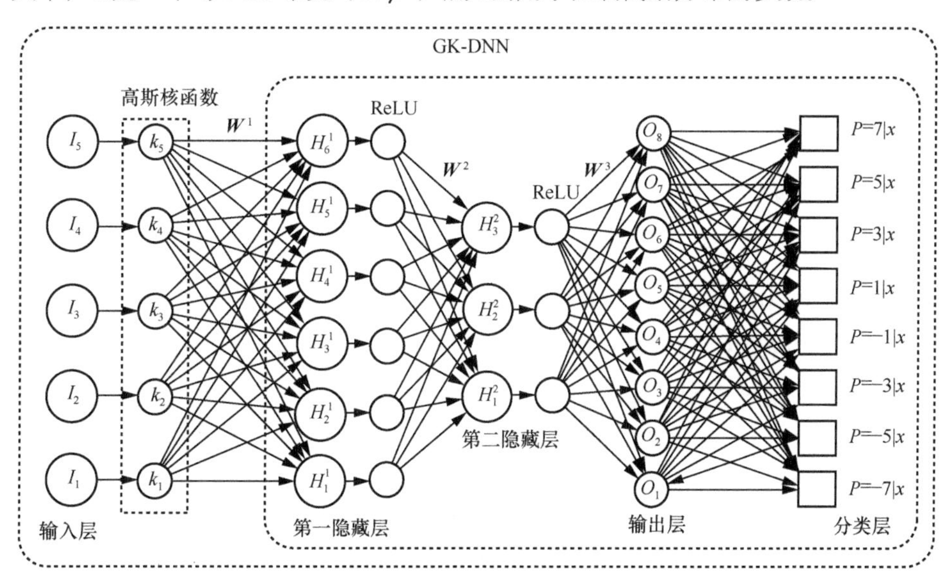

图 7-1　GK-DNN 的网络结构

不同高斯核函数的幅度系数与时间序列数之间的关系如图 7-2 所示。随着 β 减小，向量中幅度系数的方差也减小。相邻信号对中心信号的影响与幅度系数呈正相关。换句话说，较高 ISI 要求较小的 β。输入层的所有特征都应乘以高斯核的相应幅度系数，以近似估算从相邻信号到中心信号的干扰强度，以达到预收敛 DNN 的目的。

高斯核层的输出可以表示为

$$g(\boldsymbol{x}) = \boldsymbol{x} \circ \boldsymbol{k} = \left[I_1k_1, I_2k_2, \cdots, x_{n_f-1}k_{n_f-1}, x_{n_f}k_{n_f}\right] \quad (7\text{-}3)$$

其中，$\boldsymbol{x} \circ \boldsymbol{k}$ 为向量相应元素进行相乘操作。

夹在高斯核层和输出层之间的层是神经网络的隐藏层。隐藏层中的节点将对来自前一层的输入求和并将总和加上偏置系数 $\boldsymbol{b}^l = [b_1^l, b_2^l, \cdots, b_n^l]$，如式（7-4）所示。

$$H_j^1 = \sum\nolimits_{i=1}^{n} w_{i,j}^1 k_i + b_i^1 \quad (7\text{-}4)$$

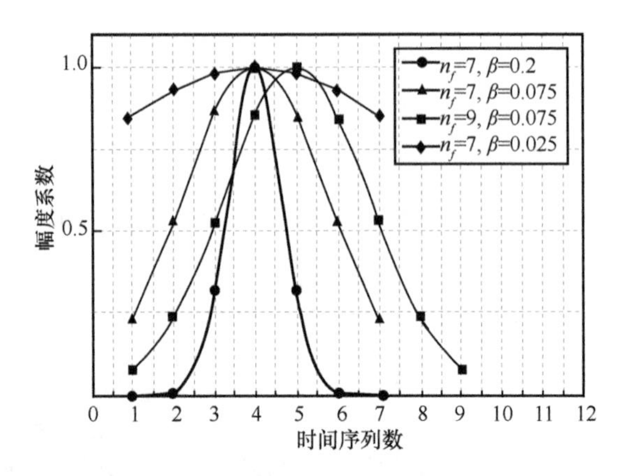

图 7-2　不同高斯核函数的幅度系数与时间序列数之间的关系

我们的网络中使用的非线性激活是整流线性单元（ReLU），它将线性神经网络转换为非线性神经网络。ReLU 可以表示为 $f(x)=\max(0,x)$。值得注意的是，在使用 ReLU 作为激活函数的 ANN 中，$\boldsymbol{b}^l$ 决定了一个节点的开关阈值。即当 ReLU 的输入信号小于 $\boldsymbol{b}^l$ 时，这个节点的输出恒为 0，信息丢失，此时我们认为节点关闭。引入激活函数隐藏层的传递函数如式（7-5）所示。

$$H_j^l=\sum\nolimits_{i=1}^{n} w_{i,j}^l f\left(H_j^{l-1}\right)+b_i^l, 1<l<L+1 \tag{7-5}$$

在第一隐藏层中，所有通过高斯核预收敛后的特征信号进行初次相互作用。换言之，每个特征信号之间的相互影响将在第一隐藏层中执行。为了确保模型能够包含所有对中心信号影响的因素，第一隐藏层中应有足够数量的节点。实际上，我们可以将 DNN 视为描述特征值集与标签集之间关系的一组模型。更多节点会创建具有更大模型集的 DNN。模型集越大，模型集就越有可能存在与真实分布更加接近的模型分布。因此，第一隐藏层中的节点数量应足够多。但是，DNN 越复杂，其训练时间就越长，需要的训练集也就越大。考虑到计算复杂度与 BER 性能之间的折中，我们通过实验发现了输入特征数与第一隐藏层中最佳节点数量之间的表达式。

$$N_{h1}=\sum\nolimits_{i=1}^{n_f} C_{n_f}^i \tag{7-6}$$

由于信号间存在 ISI，必须考虑神经网络中所有输入信号之间的相互作用。因此，我们假设所有来自高斯核的信号在第一隐藏层中实现相互作用。第一隐藏层应包括高斯核层中各个节点的所有组合。即，隐藏层节点直接连接高斯核层中的节点、高斯核中任意两个节点的组合、高斯核中任意 3 个节点的组合等。因此，第一隐藏层中的节点数量可以由组合 N_{h1} 来确定。通过这种方式，DNN 可以在系统资源有限的 PAM8 UVLC 系统中实现高性能均衡与判决算法。同时，我们通过实验发现，在数据到达输出层之前，必须经过第二隐藏层，以提高 DNN 建模能力。

输出层中的节点数量 N_0 与发送信号的电平位的数量相同。对于 PAM8 UVLC 系统 $N_0=8$。我们采用柔性最大（Softmax）传递函数对输出进行分类。Softmax 传递函数的输出是将当前输入特征映射到每个电平位的概率，可以表示为

$$P(y=L_j|x)_j = \mathrm{e}^{O_j} / \sum_{i=1}^{n} \mathrm{e}^{O_i}, L_j = -7,-5,-3,-1,1,3,5,7 \tag{7-7}$$

其中，O_i 是输出层第 i 个节点输入 Softmax 传递函数的值，可以表示为

$$O_i = \sum_{i=1}^{n} w_{i,j}^{L+1} f\left(H_j^{L+1}\right) + b_i^{L+1} \tag{7-8}$$

基于训练后的模型，GK-DNN 模型可以将输入特征向量分类到概率最大的电平位上。应该注意的是，GK-DNN 使用 Softmax 分类器作为输出层。因此，输出层的节点数量应与调制星座图中电平位的数量相匹配。由于 PAM8 具有 8 个电平，因此应将输出层和 Softmax 分类器中的节点数量设置为 8。对于使用不同调制格式的传输方案，应相应地修改 GK-DNN 的输出层。

在训练过程中，我们基于负对数似然，将包含特征和标签的训练数据集输入到代价函数中，该负对数似然率等于标签 $q(x)$ 和预测类别 $p(x)$ 的概率分布之间的交叉熵。代价函数如式（7-9）所示。

$$C(q,p) = -\sum_i q_i \log p_i \tag{7-9}$$

其中，标签采用独热编码（one-hot）表示。例如，如果标签属于第 7 类则，则 $q(x)$ 如式（7-10）所示。

$$q(x) = [0,0,0,0,0,0,1,0] \tag{7-10}$$

可见 $q(x)$ 使用元素的序号代表类别，而元素本身代表这个类别的概率。此时

$$\begin{aligned} C(q,p) = &-(0\log p_1 + 0\log p_2 + 0\log p_3 + 0\log p_4 + 0\log p_5 + \\ &0\log p_6 + 1\log p_7 + 0\log p_8) = -\log p_7 \end{aligned} \tag{7-11}$$

最后采用反向传播算法求得各个权重的梯度，并通过自适应矩估计（Adaptive Moment Estimation，ADAM）优化算法对权重 $\boldsymbol{W}$ 进行迭代更新以获得最优化的 GK-DNN。

2. 基于 GK-DNN 的判决实验

基于 GK-DNN 均衡的 PAM8 UVLC 系统的结构和实验装置如图 7-3 所示。在本实验中，原始的 2 进制信号被映射为 8 进制的 PAM8 信号。然后采用相移曼彻斯特（PS-Manchester）编码减轻共模噪声并提高系统性能。之后进行上采样及奈奎斯特滤波。将波束成形后的信号输入到任意波形发生器（AWG）（Tektronix AWG710B）的信道中以产生模拟的电信号。产生的 PAM8 信号通过一个自行设计的双桥均衡器（Eq.），以补偿信号高频分量的衰减。在通过增益为 25 dB 的电放大器（EA）进行放大后，偏置器（Bias-Tee）将电信号和偏置电压耦合到一起，并施加到 RGBYC 硅基板 LED 灯的蓝光芯片（457 nm）上（由南昌大学研制）。经过 1.2 m 的水下传输后，光信号在接收器处通过商用 PIN 光电二极管接收。接收到的信号由 EA 放大并由数字存储示波器（OSC）（Agilent DSO54855A）记录，以进行进一步的离线信号处理。

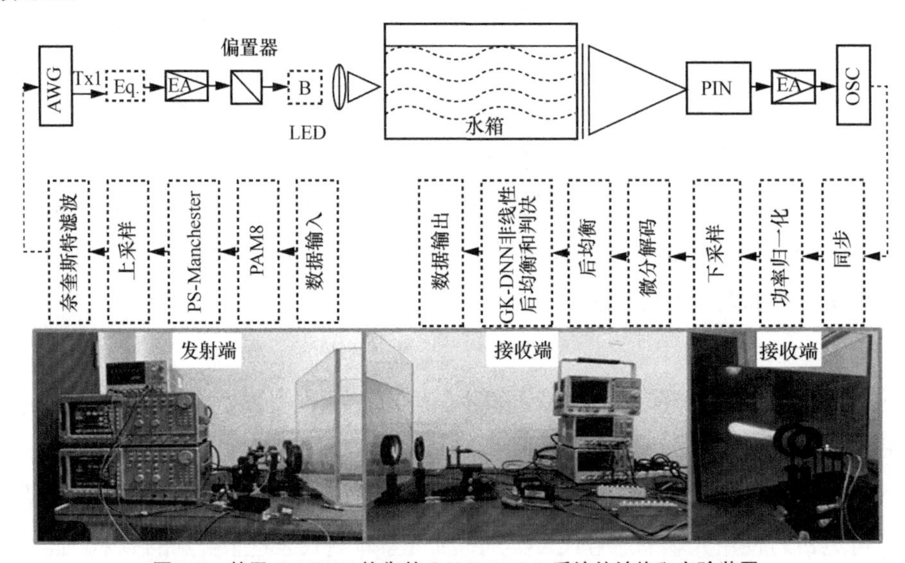

图 7-3 基于 GK-DNN 均衡的 PAM8 UVLC 系统的结构和实验装置

在离线处理中，依次执行信号同步、功率归一化和下采样以获得标准化的 PAM8 信号。接下来，PAM8 信号通过基于 S-MCMMA 的自适应后均衡算法，以消除 ISI。然后，采用本节提出的 GK-DNN 信号进行非线性后均衡和判决。由于输入特征是按时间序列接收的信号，因此 GK-DNN 均衡器基于时域均衡。因为 Softmax 分类器用作输出层，所以 8 个输出节点代表 8 组不同的 3 位二进制序列。最后，对 PAM8 信号进行解调以获得原始位序列，并计算 UVLC 系统 BER。

为了验证上文提出的 GK-DNN 隐藏层的设计策略，我们通过实验进行了测试。GK-DNN 不同隐藏层的超参数与 BER 的关系如图 7-4 所示。假设输入层有 5 个节点，图 7-4 给出了第一隐藏层的节点数量与 UVLC 系统 BER 性能的关系。随着节点数量的增加，BER 不断下降。当第一隐藏层的节点数量达到 25 时，可以实现最低的 BER。此时继续增加第一隐藏层的节点数量不会显著降低 BER。因此，实验结果证明了我们在第一层隐藏层节点数量设计策略的正确性。因此，可以确定神经网络的第一隐藏层中的最小节点数量，以实现系统误码性能和计算复杂度之间的平衡。同时，在图 7-4 中，我们还测试了第二和第三隐藏层存在与否以及其节点数量对 UVLC 系统 BER 性能的影响。可以发现，第三隐藏层的存在与否对系统 BER 的影响非常有限。考虑到增加一层隐藏层会额外增加神经网络模型的计算复杂度，在后续实验中，我们只采用两层隐藏层的神经网络结构。根据图 7-4 可知，一旦第二隐藏层中的节点数量与输入层节点数量相同，即 5 个，继续增加节点数量并不能有效地降低 BER。因此，第二隐藏层中的节点数量应设置为与输入特征值的数量相同。总之，我们在设计神经网络结构的过程中应该根据式(7-6)设定第一隐藏层中的节点数量。并且第二隐藏层中的节点数量可以与输入特征向量的元素数量（输入层中的节点数量）相同。

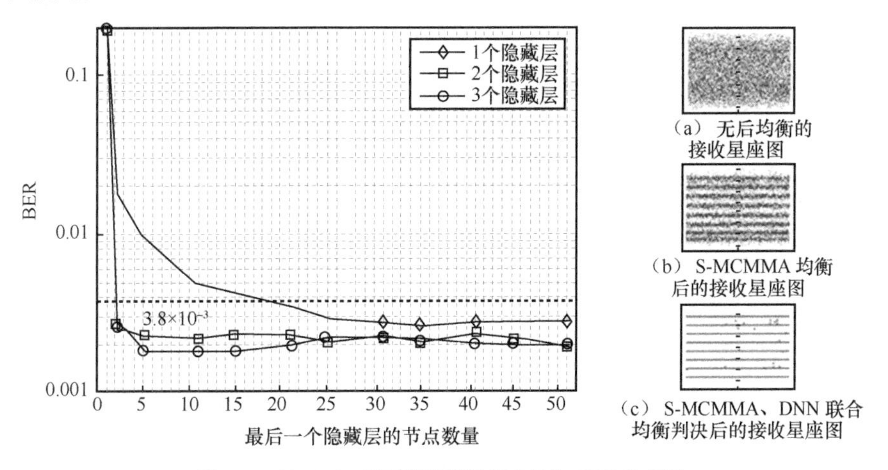

图 7-4　GK-DNN 不同隐藏层的超参数与 BER 的关系

同时，考虑到输入层节点数量直接决定 GK-DNN 的感受野，决定了 ANN 能够计算多大范围内的 ISI，我们对不同输入节点（输入特征）数量的神经网络结构进行了测试。例如，具有输入节点的 DNN 模型只能对 3 个相邻信号之间的相互干扰进行建模和均衡，这样的 GK-DNN 模型不能很好地均衡失真信号并做出正确的判决。BER 与训练迭代次数及输入节点数量之间的关系如图 7-5 所示。根据图 7-5 可知，只有 3 个输入节点的 GK-DNN 模型无法将 UVLC 系统的接收信号的 BER 优化到 HD-FEC 限制以下。而在高度非线性的 PAM8 UVLC 系统中，具有 7 个输入节点的 GK-DNN 在训练过程中的收敛速度最快，并且能够保证 UVLC 系统具有比较低的 BER。在经过充分训练的情况下，9 个输入节点能使 GK-DNN 判决器获得最佳的均衡性能。然而当输入节点超过 9 个时，VLC 系统的 BER 开始增加。这是因为更多的输入节点会导致 GK-DNN 复杂度的上升，而复杂的 GK-DNN 在训练过程中需要进行更多的迭代训练和更大的训练数据集。在训练数据集和训练迭代次数有限的情况下，无法有效地让过于复杂的 GK-DNN 收敛到性能最佳的状态。因此，在输入节点的数量、训练数据的数量及训练的迭代次数之间要做一个平衡。考虑到有限的训练数据和训练资源，在我们的实验中，将输入节点的数量设置为 7，并将训练的迭代次数设置为 2 000。根据上述结果我们设计了一个输入层节点为 7 个，第一隐藏层具有 127 个节点，第二隐藏层具有 7 个节点的 GK-DNN。接下来我们将讨论高斯层对于 GK-DNN 的作用。

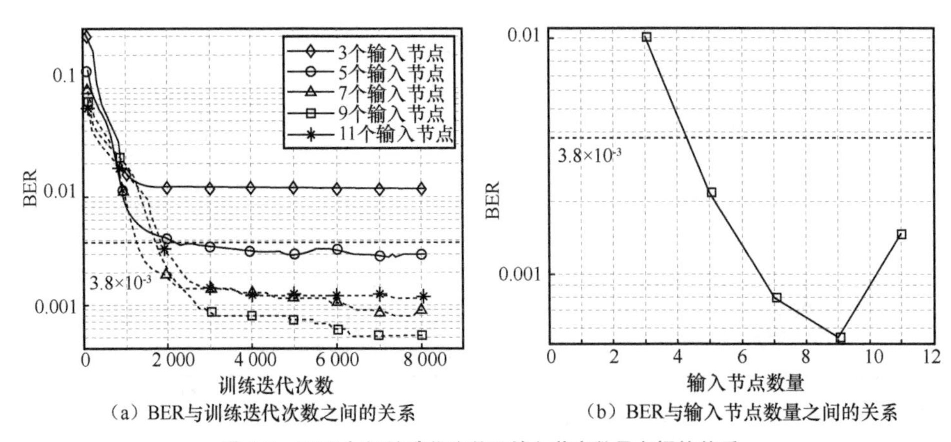

(a) BER与训练迭代次数之间的关系　　(b) BER与输入节点数量之间的关系

图 7-5　BER 与训练迭代次数及输入节点数量之间的关系

通过控制 AWG 生成的信号的 Vpp，可以获得两组具有不同程度非线性失真的信号。在偏置电压相同的情况下，较高的 Vpp 将导致 LED 具有较高非线性和较高的非线性信道。在我们的实验中，高非线性失真和低非线性失真的 UVLC 系统中不同 GK-DNN 的训练过程如图 7-6 所示，图 7-6（a）中的 Vpp 设置为 0.6 V，图 7-6（b）中的 Vpp 设置为 0.4 V。通过图 7-6（a）可知，高斯核可以显著提高训练速率并减少 GK-DNN 训练迭代次数。在不加入高斯核的情况下，DNN 判决器需要进行 1 700 次迭代训练才能达到 HD-FEC 阈值（3.8×10^{-3}）。在引入高斯核（$\beta=0.075$）之后，只需进行 800 次迭代训练即可达到 HD-FEC 阈值。相比于传统的 DNN，GK-DNN 的训练过程所需要的迭代次数可以降低到 DNN 的 47.06%。当 $\beta=0.075$ 时，GK-DNN 经过 2 000 次迭代训练后 UVLC 系统的 BER 为 0.001 97，是没有高斯核（$\beta\to0$）的 DNN 判决器 BER 的 75%。通过对图 7-6（a）的高非线性失真和图 7-6（b）的低非线性失真的训练过程进行比较，可以得出以下结论，较小的 β 可以提高 GK-DNN 判决的 BER 性能，但会降低训练速率；较大的 β 可以提高训练速率但是会降低 GK-DNN 判决的 BER 性能。但是，训练一个较小 β 的 GK-DNN 均衡器需要大量的迭代次数，占用大量的计算资源。因此，在最佳 BER 性能和训练速率之间需要权衡。考虑到有限的计算资源，β 较小的 GK-DNN 均衡器适用于较高的非线性和 ISI 的水下信道，β 较大的 GK-DNN 均衡器适用于较低的非线性和 ISI 的水下信道。

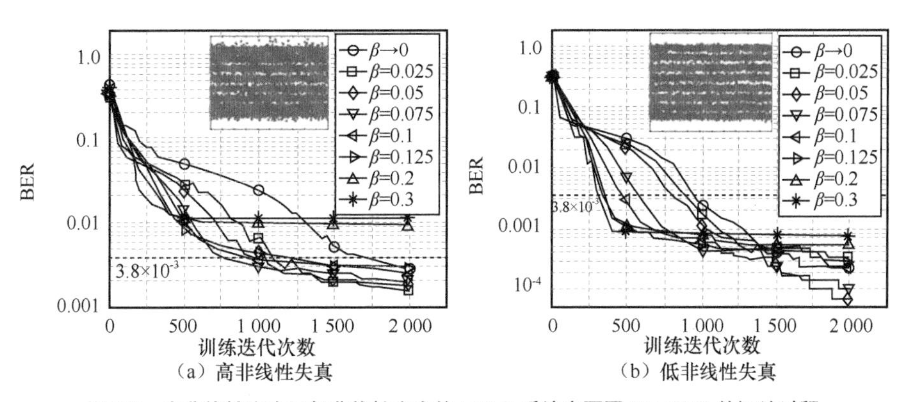

图 7-6　高非线性失真和低非线性失真的 UVLC 系统中不同 GK-DNN 的训练过程

在确保 UVLC 系统达到 HD-FEC 阈值的 BER 要求的前提下，训练迭代次数和训练

效率与 β 的关系如图 7-7 所示。图 7-7（a）更加详细地描述了基于 GK-DNN 判决器的 UVLC 系统达到 HD-FEC 阈值所需要的迭代训练次数与 β 的关系。训练效率与 β 的关系如图 7-7（b）所示。当非线性失真较高时，训练迭代次数是一个凹函数。换句话说，存在一个 β 可以最大程度地减少 GK-DNN 判决器所需要的训练迭代次数（47.06%）。当非线性失真较低时，随着 β 的增加，训练速率变得更快，这表明预测信号与特征向量的中心信号密切相关。以上实验分析表明，高斯核的应用可以显著提高基于 DNN 判决器的 UVLC 系统的 BER 性能，并加快基于 DNN 判决器的训练速率。

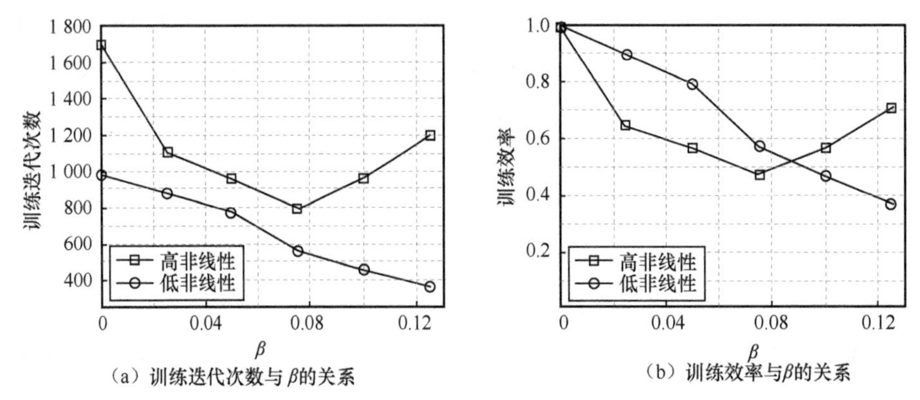

（a）训练迭代次数与 β 的关系　　（b）训练效率与 β 的关系

图 7-7　在确保 UVLC 系统达到 HD-FEC 阈值的 BER 要求的前提下，训练迭代次数和训练效率与 β 的关系

基于以上分析，我们在 PAM8 UVLC 系统中应用了 DNN 判决器，该判决器由具有 7 个输入功能的双隐藏层结构组成。第一和第二隐藏层中的节点数量分别为 127 和 7。实验分别研究了在偏置电流为 80 mA 和 150 mA 两种情况下，基于 GK-DNN 的 PAM8 UVLC 系统的 BER 与 Vpp 之间的关系。UVLC 系统的 BER 与 Vpp 及比特率的关系如图 7-8 所示。图 7-8（a）中的结果表明，当偏置电流为 80 mA 且 Vpp 为 0.4 V 时，与单独使用 S-MCMMA 相比，S-MCMMA 和 GK-DNN 的组合可将 UVLC 系统的 BER 降低 0.99 dB。当偏置电流为 150 mA 且 Vpp 为 0.5 V 时，与 S-MCMMA 均衡的 UVLC 系统相比，BER 降低了 1.78 dB。同时，由于 GK-DNN 允许 UVLC 系统的 BER 在更大的 Vpp 范围内保持在 HD-FEC 阈值以下，可以提高 UVLC 系统的稳定性。以 LED 偏置电流为 150 mA 的 UVLC 系统为例，通过应用 GK-DNN，低于 HD-FEC 阈值的 Vpp 范围从 0.2 V 增加到 0.35V。

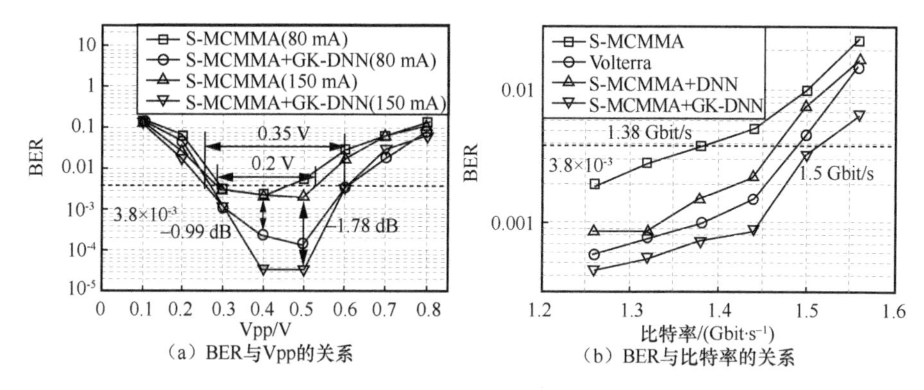

（a）BER与Vpp的关系　　（b）BER与比特率的关系

图 7-8　UVLC 系统的 BER 与 Vpp 及比特率的关系

为了与其他后均衡加硬判决的方案进行比较，我们通过实验研究了 4 种不同的非线性补偿和信号判决方案，包括 S-MCMMA 加硬判决、Volterra 均衡加硬判决、DNN 判决器和 GK-DNN 判决器。图 7-8（b）显示，基于 GK-DNN 的 UVLC 系统相较于其他3种方案具有更低的BER和更高的传输速率，特别是在比特率比较高时，GK-DNN 判决器对 UVLC 系统的优化更加明显。基于 Volterra 均衡器的 UVLC 系统的BER性能优于经过2 000次迭代训练的DNN判决器的BER性能。而基于GK-DNN判决器的 UVLC 系统性能优于基于 Volterra 均衡器的 UVLC 系统。这是因为我们对 Volterra 均衡器中的抽头数没有任何限制，Volterra 均衡器可以很好地补偿接收信号的二阶非线性失真。而由于 DNN 判决器的训练过程中需要大量的迭代，2 000 次迭代未能让其收敛到性能最佳的状态，因此基于DNN判决器的UVLC系统的BER性能比基于 Volterra 均衡器的 UVLC 要差一些。在符号率较高的情况下，窄信号脉冲将导致更严重的 ISI 和非线性失真。二阶 Volterra 均衡器不足以补偿非线性失真。此时，GK-DNN 判决器的作用就会变得非常明显。具体而言，当 BER 低于 HD-FEC 阈值时，在使用纯 S-MCMMA 均衡器后，PAM8 UVLC 系统可实现比特率为 1.38 Gbit/s 的无误码传输。相对应的波特率为 460 Mbit/s。通过使用级联的 S-MCMMA 和 GK-DNN 判决器，可以将最高波特率提高到 500 Mbit/s，并且最高比特率可以达到 1.5 Gbit/s。

最后，通过应用 GK-DNN 判决器，PAM8 UVLC 系统的比特率从 1.38 Gbit/s 增加到了 1.5 Gbit/s。这些结果表明，在 S-MCMMA 均衡后残余在信号中的非线性失真可以通过 GK-DNN 进行补偿。

通过实验表明，GK-DNN 可以拓宽系统的有效工作电压范围，从而提高系统的稳定性。GK-DNN 判决器可以作为 UVLC 系统中非常有效的非线性均衡和判决器，应用高斯核可以减少 GK-DNN 判决器在训练过程中需要的训练迭代次数。

7.2.2 基于双分支神经网络的 DBMLP

基于 Volterra 级数和基于 MLP 的后均衡算法的网络结构如图 7-9 所示。我们可以看出，基于 Volterra 级数的后均衡算法与基于 MLP 的后均衡算法在结构上的相似度是非常高的。不同的是，Volterra 级数分为线性映射和非线性映射两部分，非线性映射部分则通过平方项和乘法项为模型引入非线性。而 MLP 则是全连接结构，它没有单独的线性映射。MLP 是通过隐藏层的激活函数为模型引入非线性的。在对 UVLC 系统中的线性失真进行补偿时，MLP 由于不存在单独的线性映射，因此在前向传播过程中必然对输入信号产生非线性失真。然后再用 MLP 本身对于非线性强大的建模能力（意味着更多的节点和参数）对非线性失真进行补偿。这显然是一种对计算资源的浪费。相对而言，基于 Volterra 级数的后均衡算法由于可以分别处理非线性失真和线性失真而具有更高的效率。这也是基于 Volterra 级数的后均衡算法的复杂度低于基于 MLP 的后均衡算法的复杂度的原因之一。因此我们便考虑设计一种结构上与 Volterra 技术相似，但是其非线性建模的能力又可以与 MLP 相似的异构神经网络——DBMLP。接下来对 DBMLP 的原理进行详细描述。

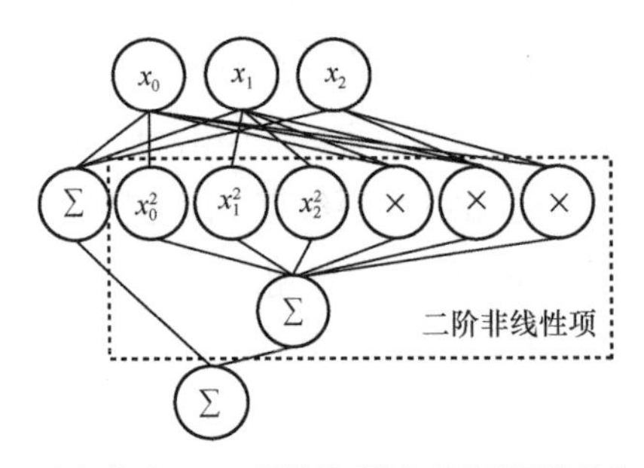

（a）基于Volterra级数的后均衡算法的网络结构

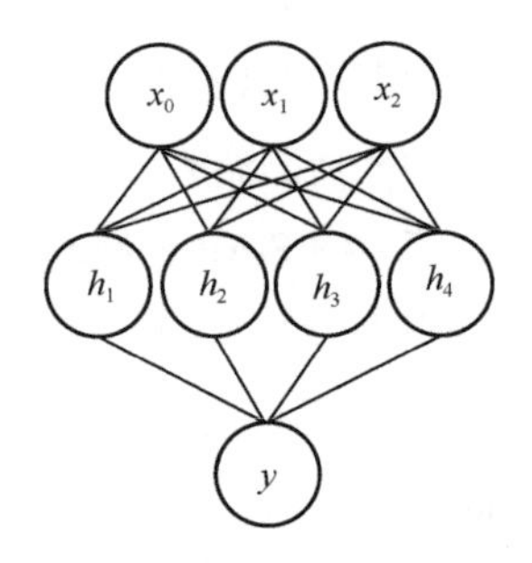

（b）基于MLP的后均衡算法的网络结构

图 7-9　基于 Volterra 级数和基于 MLP 的后均衡算法的网络结构

1. 基于 DBMLP 的后均衡算法原理

众所周知，DNN 具有强大的建模能力，这主要来自于其过度的参数化。但是，过度的参数化将不可避免地导致神经网络模型具有非常大的空间复杂度。为了降低神经网络模型的空间复杂度，我们提出了 DBMLP，其详细网络结构如图 7-10 所示。第一个分支的功能是实现输入信号和发射信号之间的线性映射，这里我们称之为线性映射支路。线性映射的正向传播方程式为

$$\boldsymbol{y}^1 = \boldsymbol{W}_1^{\mathrm{T}} \boldsymbol{x} + \boldsymbol{b} \tag{7-12}$$

其中：$\boldsymbol{y}^1$ 是线性映射的输出信号；$\boldsymbol{x}$ 是 DBMLP 的输入向量，其长度等于基于 DBMLP 的后均衡算法的记忆深度；$\boldsymbol{W}_1$ 是 $\boldsymbol{x}$ 中元素的权重矩阵，可以将其视为线性自适应滤波器抽头的权重；$\boldsymbol{b}$ 是线性映射的偏置项。

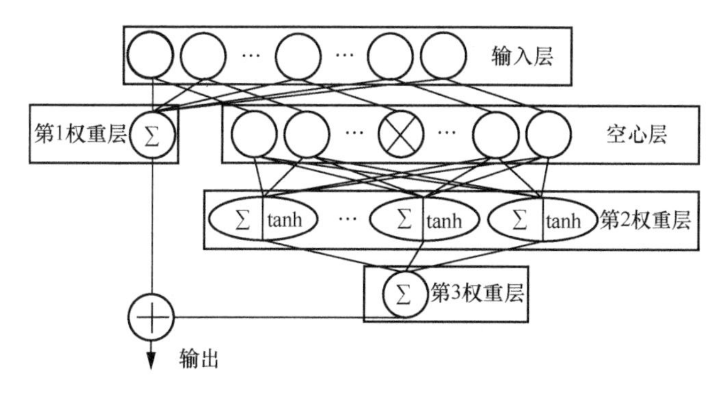

图 7-10　DBMLP 的详细网络结构

第二个分支的任务是修正线性映射支路输出的信号中残余的非线性失真，我们称之为非线性映射支路。由于传统的 MLP 具有补偿线性失真和非线性失真的能力，在训练过程中非线性映射支路也会对 UVLC 系统的线性失真进行补偿。这不仅会导致非线性映射支路上计算资源的浪费，同时也会导致线性映射支路的失效（如果网络足够大，非线性映射支路可以同时并很好地完成对线性失真和非线性失真的补偿）。因此，为了确保非线性映射支路专注于补偿非线性失真，我们使用空心层（hollow layer）从输入向量中删除中心元素。以记忆深度 L 为例，空心层可以表示为

$$\text{hollow}\left(\left[x_{n-\frac{L-1}{2}}, x_{n-\frac{L-1}{2}+1}, \cdots, x_{n-1}, x_n, x_{n+1}, \cdots, x_{n+\frac{L-1}{2}-1}, x_{n+\frac{L-1}{2}}\right]\right)=$$
$$\left[x_{n-\frac{L-1}{2}}, x_{n-\frac{L-1}{2}+1}, \cdots, x_{n-1}, x_{n+1}, \cdots, x_{n+\frac{L-1}{2}-1}, x_{n+\frac{L-1}{2}}\right] \tag{7-13}$$

其中，x_n 表示第 n 个接收信号。在前向传播过程中的非线性映射支路可以表示为

$$\boldsymbol{y}^2=\boldsymbol{W}_{2,2}^{\mathrm{T}}\tanh(\boldsymbol{W}_{2,1}^{\mathrm{T}}\text{hollow}(x)+b_{2,1})+b_{2,2} \tag{7-14}$$

其中：$\boldsymbol{y}^2$ 表示非线性修正的矢量；$\boldsymbol{W}_{2,1}^{\mathrm{T}}$ 和 $\boldsymbol{W}_{2,2}^{\mathrm{T}}$ 分别是第 1 权重层和第 2 权重层的权重矩阵；$b_{2,1}$ 和 $b_{2,2}$ 分别是第 1 权重层和第 2 权重层的偏置参数。在非线性映射支路中使用的激活函数是 tanh，它为 DBMLP 引入了非线性。该函数的定义为

$$\tanh x=\frac{\sinh x}{\cosh x}=\frac{\mathrm{e}^x-\mathrm{e}^{-x}}{\mathrm{e}^x+\mathrm{e}^{-x}} \tag{7-15}$$

最终 DBMLP 的输出可以表示为

$$\boldsymbol{y}=\boldsymbol{y}^1+\boldsymbol{y}^2 \tag{7-16}$$

最后，我们采用最小 MSE 计算输出值 $\boldsymbol{y}$ 和标签值 $\hat{\boldsymbol{y}}$ 两个分布之间的差距，其定义为

$$\text{MSE}=\frac{1}{n}\sum_{i=1}^{n}\left(y_i-\hat{y}_i\right)^2 \tag{7-17}$$

反向传播算法过程的权重更新策略遵循 ADAM 规则。

MLP 的最终输出可以表示为

$$\boldsymbol{y}=\boldsymbol{W}_3^{\mathrm{T}}\tanh(\boldsymbol{W}_2^{\mathrm{T}}\tanh(\boldsymbol{W}_1^{\mathrm{T}}\boldsymbol{x}+\boldsymbol{b}_1)+\boldsymbol{b}_2)+\boldsymbol{b}_3 \tag{7-18}$$

相应的，基于 Volterra 级数的后均衡算法的输出可以表示为

$$y(n)=\underbrace{\sum_{k_1=0}^{N-1}w_{k_1}(n)x(n-k_1)}_{y_l(n)}+\underbrace{\sum_{k_1=0}^{N-1}\sum_{k_2=k_1}^{N-1}w_{k_1k_2}(n)x(n-k_1)x(n-k_2)}_{y_{nl}(n)} \tag{7-19}$$

其中，N 是输入的节点数量，w 是线性抽头和二阶非线性项的权重。

为了证明基于 DBMLP 的后均衡算法的高误码性能和低计算复杂度，对比基于 DBMLP、MLP 以及 Volterra 级数的后均衡算法计算流程，我们发现 DBMLP 和

Volterra 级数的结构非常相似。线性映射和非线性映射分别对应于 LMS 和 Volterra 级数。由于我们知道 LMS 可以有效补偿接收信号中的线性失真，因此线性映射的传输方程与 LMS 完全相同。但是，由于 Volterra 级数受到复杂度的限制，不能非常精确地补偿接收信号中的高阶非线性失真。因此，在非线性映射中，我们使用 MLP 来补偿接收信号中的非线性失真。由于 DNN 可以以任意进度建模任意映射，因此其补偿非线性失真的能力必然高于 Volterra 级数。线性映射可以有效地补偿线性失真，因此基于 DBMLP 的后均衡算法的非线性映射支路算法承受的建模压力较小，可以有效地降低 DBMLP 的计算复杂度。因此，在计算资源有限的情况下，DBMLP 的性能将优于 MLP 的性能。但是，如果训练集很大，MLP 的计算复杂度会继续增加，则 MLP 的性能可能与 DBMLP 的性能相当。我们通过实验证明，在计算复杂度高于 DBMLP 的状态下，基于 MLP 的后均衡算法的 BER 性能低于基于 DBMLP 的后均衡算法的 BER 性能。

基于 DBMLP、MLP 及 Volterra 级数的后均衡算法结构与复杂度对比见表 7-1，表 7-1 中给出了图 7-10 中的每个权重层的节点数量。MLP 和 DBMLP 的输入层中的节点数量均为 21 个，这也是 ANN 的记忆深度。基于 Volterra 级数的后均衡算法需要 25 个节点才能获得最佳 BER 性能。对于 MLP，共有 3 个权重层；每层中的节点数量分别为 32 个、16 个、1 个。就 DBMLP 而言，第 1 权重层中只有 1 个节点，第 2 权重层有 21 个节点，第 3 权重层中只有 1 个节点。基于 Volterra 级数的后均衡算法具有最小的空间复杂度，其所需要的存储空间仅为基于 MLP 的后均衡算法的 25.9%。基于 DBMLP 的后均衡算法的空间复杂度介于基于 MLP 的后均衡算法和基于 Volterra 级数的后均衡算法之间，基于 DBMLP 的后均衡算法所需要的存储空间为基于 MLP 的后均衡算法的 40.5%。与基于 MLP 的后均衡算法相比，基于 DBMLP 的后均衡算法的训练参数数量从 1 249 减少到了 506。

表 7-1　基于 DBMLP、MLP 及 Volterra 级数的后均衡算法结构与复杂度对比

算法	输入层	第 1 权重层	第 2 权重层	第 3 权重层	训练参数数量	占用储存空间
DBMLP	21	1	21	1	506	1.98 MB
MLP	21	32	16	1	1 249	4.88 MB
Volterra	25	—	—	—	325	1.26 MB

2. 基于 DBMLP 的后均衡算法实验研究

本节实验装置与前面的后均衡实验相同，不再赘述。在 MLP 和 DBMLP 的训练过程中，我们使用基于小批量的学习策略。一轮内有 400 次权重迭代更新。为了更方便地显示，我们将基于 Volterra 级数的后均衡算法的训练过程中的每 400 次迭代换算为一轮。将 UVLC 系统的传输速率设置为 2.9 Gbit/s。基于 Volterra 级数、MLP 和 DBMLP 的后均衡算法的收敛过程如图 7-11 所示，随着时间的增加，BER 逐渐降低。当在训练过程中达到 24～28 轮迭代时，基于 Volterra 级数、MLP 和 DBMLP 的后均衡算法可以将 UVLC 系统的 BER 优化至最低值。继续训练不会进一步优化 UVLC 系统的 BER。使用基于 Volterra 级数、MLP 和 DBMLP 的后均衡算法，UVLC 系统的最小 BER 分别可以达到 0.002 4、0.001 57 和 0.001 4。显然，基于 DBMLP 的后均衡算法可以使 UVLC 系统达到最低 BER。从星座图中还可以看出，基于 DBMLP 的后均衡算法均衡后的信号星座比其他算法更清晰，接收星座点更向标准星座点聚拢。同样，可以得出结论，基于 DBMLP 的后均衡算法会在训练迭代 28 轮后收敛并达到最佳性能。同时，可以注意到，训练迭代轮数达到一定数目时，继续训练将导致 UVLC 系统的 BER 性能下滑。这是因为在训练和验证过程中使用了两组完全不同的数据集，可以有效地防止高估 ANN 后均衡算法的 BER 性能。由于 DNN 的强大建模能力，当训练集有限时，随着训练迭代轮数的增加，神经网络将在训练集上过拟合，从而导致其泛化能力下降，最终导致其在测试集上的 BER 性能下降。

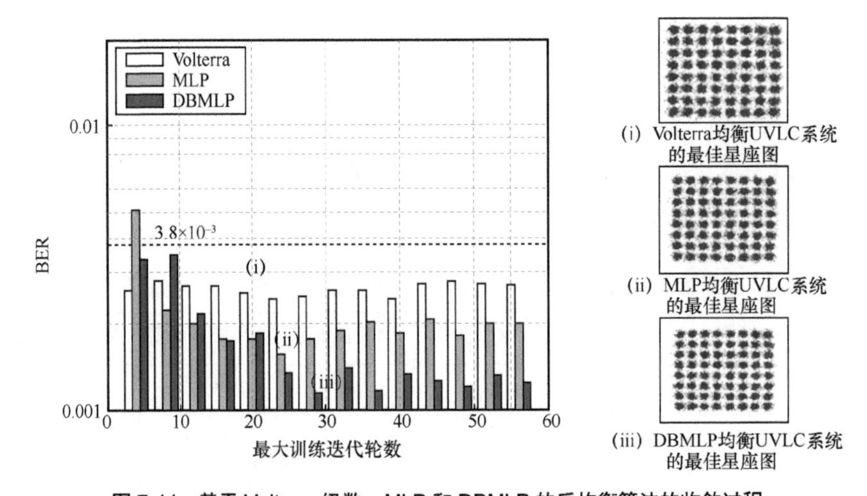

图 7-11　基于 Volterra 级数、MLP 和 DBMLP 的后均衡算法的收敛过程

我们将 64QAM UVLC 系统的传输速率设置为 2.9 Gbit/s，来测试不同的后均衡算法对 UVLC 系统的有效工作范围的影响。偏置电流和 Vpp 对–lg BER 的影响如图 7-12 所示，我们利用 –lg BER 表示 BER。当 BER 为 0.003 8 时，被认为是满足 HD-FEC 阈值，其边界线也在图 7-12 中标出。显然，在阈值下，基于 Volterra 级数的后均衡算法均衡的 UVLC 系统的功能工作范围比基于 MLP 的后均衡算法和基于 DBMLP 的后均衡算法均衡的 UVLC 系统小得多，其系统稳定性较差。基于 Volterra 级数的后均衡算法均衡的 UVLC 系统的偏置电流和电压的最佳工作点分别约为 150 mA 和 0.5 V。而基于 MLP、DBMLP 的后均衡算法均衡的 UVLC 系统的偏置电流和电压的最佳工作点分别约为 170 mA 和 0.65 V。这是因为较高的偏置电流和电压下的 LED 会对信号引入非线性失真。具体而言，由于基于 Volterra 级数的后均衡算法相对于基于 MLP 和 DBMLP 的后均衡算法非线性建模能力要弱一些，因此在高偏置电流和电压条件下，基于 Volterra 级数的后均衡算法均衡 UVLC 系统的 BER 高于基于 MLP 和 DBMLP 的后均衡算法均衡的 UVLC 系统的 BER。值得注意的是，基于 DBMLP 的后均衡算法均衡的 ULVC 在最佳工作点具有最低的 BER。具体的最佳工作点和 BER 分析将在图 7-13 中提供。高偏置电流和 Vpp 虽然会给发射信号引入严重的非线性失真，它同样可以在接收端为我们提供更高的 SNR。不过如果能够有效地补偿这部分非线性失真，将可以有效地利用其高 SNR 的特性实现更低的 BER，不同均衡算法下偏置电流和 Vpp 对 UVLC 系统 BER 性能的影响如图 7-13 所示。当后均衡算法可以有效补偿非线性失真时，UVLC 系统可以在高偏置电流和高 Vpp 操作下实现较低的 BER。

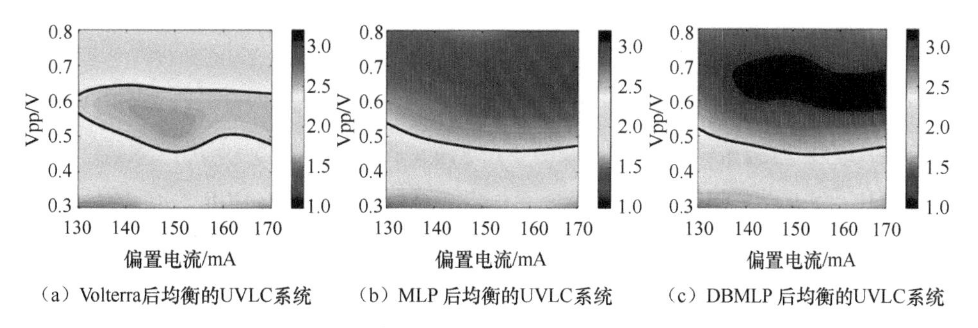

（a）Volterra后均衡的UVLC系统　（b）MLP 后均衡的UVLC系统　（c）DBMLP 后均衡的UVLC系统

图 7-12　偏置电流和 Vpp 对 –lg BER 的影响

我们通过尝试调整偏置电流并观测 UVLC 系统 BER 的变化，来找出 UVLC 系统的最佳工作偏置电流。图 7-13(a)中基于 Volterra 级数的后均衡算法均衡的 UVLC 系统的 BER 在 150 mA 时达到其最小值 0.002 7；基于 MLP 的后均衡算法均衡的 UVLC 系统的 BER 在 170 mA 时达到 0.001；基于 DBMLP 的后均衡算法均衡的 UVLC 系统的 BER 在 170 mA 时达到 0.000 6。图 7-13（b）中基于 Volterra 级数、MLP 和 DBMLP 的后均衡算法均衡的 UVLC 系统的最佳工作点分别为 0.5 V、0.7 V 和 0.6 V。到目前为止，我们已经找到了不同均衡算法下 UVLC 系统的最佳工作点：Volterra 级数（150 mA，0.5 V）、MLP（170 mA，0.7 V）和 DBMLP（170 mA，0.6 V）。接下来，我们将以 HD-FEC 为阈值来测量不同均衡算法下 UVLC 系统可以达到最佳工作点的最大传输速率。

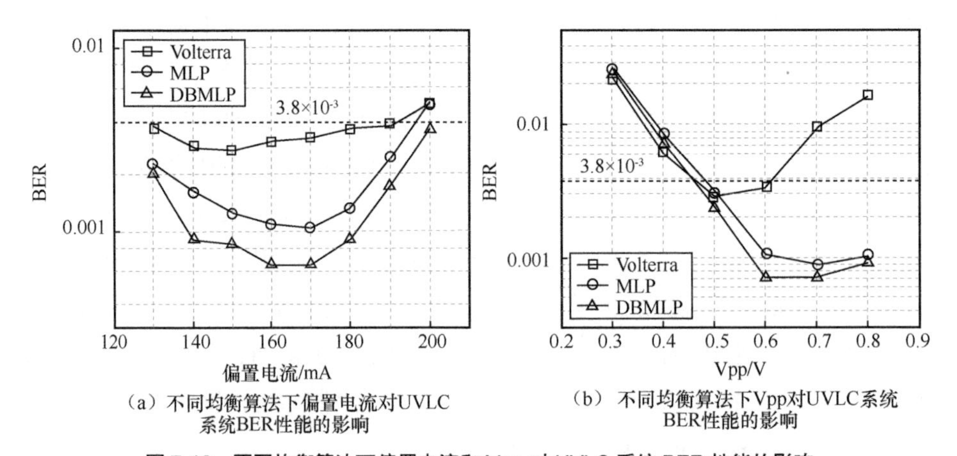

（a）不同均衡算法下偏置电流对UVLC系统BER性能的影响

（b）不同均衡算法下Vpp对UVLC系统BER性能的影响

图 7-13 不同均衡算法下偏置电流和 Vpp 对 UVLC 系统 BER 性能的影响

我们在 3 个均衡算法的最佳工作点上，以不同的传输速率测试了 UVLC 系统的误码性能，不同均衡算法优化的 UVLC 系统的 BER 与传输速率以及无后均衡的 UVLC 系统接收信号与发射信号频谱对比如图 7-14 所示，随着信号带宽的增加，系统的 BER 也在上升。使用基于 DBMLP 的后均衡算法均衡的 UVLC 系统的 BER 性能始终优于其他两种均衡算法优化的 UVLC 系统。以 3.1 Gbit/s 的传输速率为例，基于 Volterra 级数、MLP 和 DBMLP 的后均衡算法均衡的 UVLC 系统的 BER 分别为 0.002 9、0.002 2 和 0.001 2。基于 DBMLP 的后均衡算法均衡的 UVLC 系统的 BER 仅为基于 Volterra 级数的后均衡算法均衡的 UVLC 系统的 41.4%和基于 MLP 的后均衡算法均衡的 UVLC 系统的 54.5%。显然，基于 DBMLP 的后均衡算法的误码性能优于基于 Volterra 级数的后均衡算法和基于 MLP 的后均衡算法。因此，当我们以 3.2 Gbit/s 的传输速率测试 CAP64 UVLC 系统时，只有基于 DBMLP 的后均衡算法才能使 UVLC 系统的 BER（0.003 2）满足 HD-FEC 阈值。根据图 7-14（b）可以看出，接收到的信号在功率谱中存在明显的高频衰减，这是导致 UVLC 系统 BER 增加的主要因素。

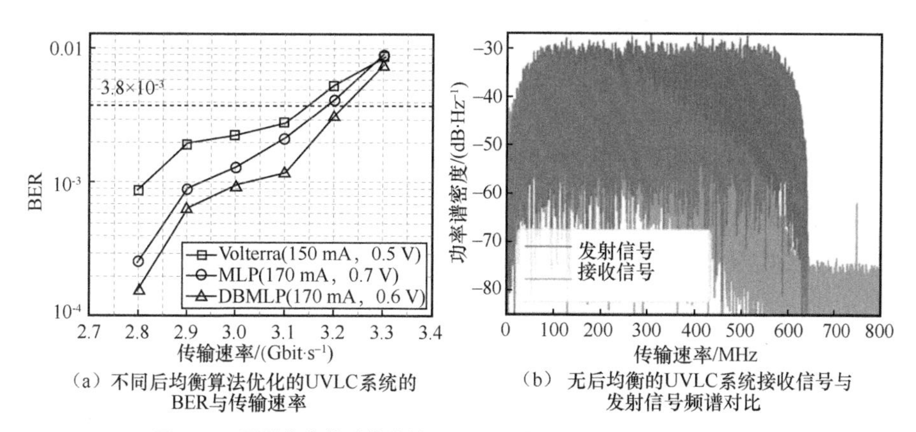

图 7-14　不同均衡算法优化的 UVLC 系统的 BER 与传输速率以及无后均衡的 UVLC 系统接收信号与发射信号频谱对比

功率谱的对比给出了基于 DBMLP 的后均衡算法均衡的 UVLC 系统的 BER 性能要优于基于 Volterra 级数和 MLP 的后均衡算法均衡的 UVLC 系统的原因，发射频谱如图 7-15 所示。基于 Volterra 级数的后均衡算法有效地补偿了 300～500 MHz 之间的频谱失真。但是，对于 200～300 MHz（浅色环内）和大于 500 MHz（深色环内）的频谱范围的频谱失真的补偿是不够的。就深色环中的频谱而言，基于 MLP 的后均衡算法等效于基于 DBMLP 的后均衡算法。但是，对于浅色环中的频谱，基于DBMLP的后均衡算法均衡后的信号相对于基于MLP的后均衡算法均衡后的信号与发射频谱更加接近，这也是基于 DBMLP 的后均衡算法均衡的 UVLC 系统 BER 更低的原因。在图 7-15（d）中提供了 100～300 MHz 的区域详细的频谱。在 150 MHz 附近，基于 DBMLP 的后均衡算法均衡的信号比基于 MLP 的后均衡算法均衡的信号更接近发射信号的频谱，这也是基于 DNMLP 的后均衡算法均衡的 UVLC 系统的 BER 性能优于基于 MLP 的后均衡算法均衡的 UVLC 系统的 BER 性能的直观体现。

综上，我们在本节提出了一种新的基于 DBMLP 的后均衡算法。通过实验证明，基于 DBMLP 的后均衡算法补偿 UVLC 系统中的线性和非线性失真的能力要比基于 Volterra 级数和 MLP 的后均衡算法更强。以传输速率为 3.1 Gbit/s 的 UVLC 系统为例，基于 DBMLP 的后均衡算法均衡的 UVLC 系统的 BER 仅为基于 Volterra 级数的后均衡算法均衡的 UVLC 系统的 41.4%和基于 MLP 的后均衡算法均衡的 UVLC 系统的 54.5%。此外，基于 DBMLP 的后均衡算法还优化了 DNN 算法空间复杂度高的缺陷，有利于 ANN 后均衡算法在实际通信系统中的应用。基于 DBMLP 的后均衡算法的空间复杂度仅为基于 MLP 的后均衡算法的 40.5%。最后，采用通过基于 DBMLP 的后均衡算法，我们成功地将 UVLC 系统的无误码率从 3.1 Gbit/s 提高到了 3.2 Gbit/s。然而，本节虽然大幅减小了 DNN 后均衡算法的空间复杂度，并提高了其误码性能。但是，基于 DBMLP 的后均衡算法的空间复杂度依然高于基于 Volterra 级数的后均衡算法。下一章我们将进一步优化基于 DBMLP 的后均衡算法的网络结构使其空间复杂度低于基于 Volterra 级数的后均衡算法，并且保留现有的对信号失真进行补偿的能力。

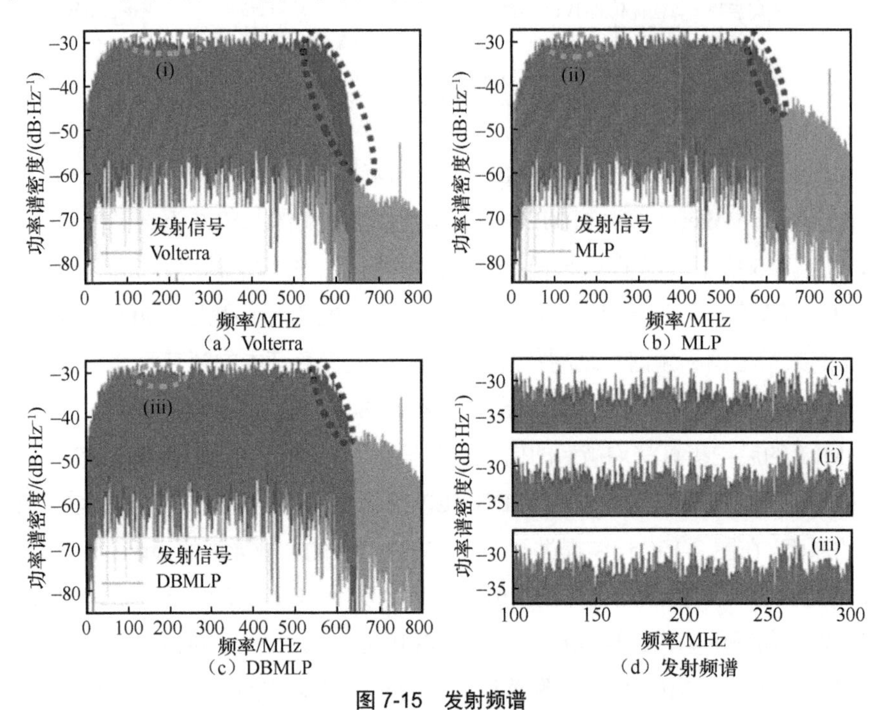

图 7-15　发射频谱

注：（i）、（ii）、（iii）分别为基于 Volterra 级数、MLP 和 DBMLP 的后均衡算法均衡后信号在 100～300 MHz 的频谱对比。

7.2.3 MIMO-MBNN

随着 B5G/6G 时代的到来，室内移动数据流量将呈现爆发式增长。VLC 作为室内无线接入技术的重要候选技术之一，拥有与照明相结合，无频谱资源限制，能耗小，成本低，非视距不可窃听等优点，有望满足室内终端高速接入的巨大需求。然而，受限于 LED 的 3 dB 带宽，实现高速 VLC 系统要面临很多困难。通过采用预均衡结合高阶调制可以极大程度地提升系统的容量。不过，经过近 10 年的发展，基于单输入单输出（Single-Input Single-Output，SISO）的 VLC 技术已经到达了一个瓶颈，继续从 SISO 方向突破 VLC 的容量限制不仅难度很大，而且不经济。因此，更多学者开始将目光投向 MIMO 领域，使得 MIMO-VLC 技术成为了近些年的研究热点。对于 VLC 信道来说，VLC 信道的相关性太强，采用矩阵分解方法会得到一个病态的信道矩阵，这会导致并非所有的数据流都能被解调。叠加编码调制（Superposed Coded Modulation，SCM）技术的提出有效解决了这个问题。在 MIMO-VLC 系统中，很多场景例如 IoV 等，采用 SCM 会在接收端得到一个功率很大的信号。而大功率信号很容易遭受非线性，对常用的分集增益技术如空时块码（STBC）等会产生很严重的影响[12]。而采用 SCM 可以在不降低频谱效率的前提下降低发射端的阶数。另一方面，VLC 系统的非线性是影响高速大功率 VLC 系统性能的一大问题[13]。对于 SCM 信号，由于是将两个信号叠加，其对非线性的影响更加敏感。然而，VLC 信道的传递函数的建模较为复杂，很难通过解析解的方式对其进行分析[14]。借助神经网络强大的非线性拟合能力，接收信号的性能在均衡后会得到很大的提升。

本章我们将提出一个全新 MIMO-MBNN 后均衡器，并在 SCM MIMO-VLC 系统中进行研究。

1．MIMO-MBNN *原理及结构*

MIMO-MBNN 的前向传播流程如图 7-16 所示。图中的符号 $Y_i(t)$、$S_i(t)$ 和 $P_i(t)$ 与公式中相对应。为了让神经网络的性能更加稳定，我们首先需要对信号进行归一化。本章我们采用“最大绝对值归一化”，其表达式为

$$F_{\max(\text{abs})}(\boldsymbol{x}) = \boldsymbol{x} / \max(\text{abs}(\boldsymbol{x})) \tag{7-20}$$

其中，$\boldsymbol{x}$ 为信号的向量。除非特殊注明，否则接下来所有的向量都是列向量。

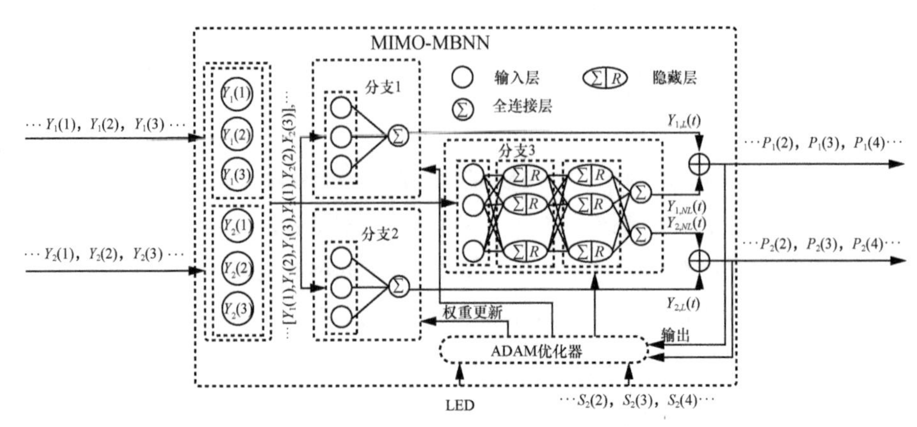

图 7-16 MIMO-MBNN 的前向传播流程

为了简化叙述流程，我们假设 MIMO-MBNN 的输入长度为 3。在接下来的实验中，最优的输入长度为 53。与文献[15]中的 191 输入长度相比，该输入长度可以接受。这里我们定义输入向量为

$$\boldsymbol{Y}(t)=[Y_1(t-1),Y_1(t),Y_1(t+1),Y_2(t-1),Y_2(t),Y_2(t+1)]^{\mathrm{T}},t=2,3,\cdots,N-1 \tag{7-21}$$

其中，N 为训练序列长度。随后，将两个数据流级联，并由第 1、第 2 和第 3 个线性分支加载。则 3 个分支的输出可以表示为

$$\begin{cases} Y_{1,L}(t)=\boldsymbol{W}_1^{(1)\mathrm{T}}\boldsymbol{Y}(t)+\boldsymbol{b}_1^{(1)} \\ \begin{bmatrix} Y_{1,NL}(t) \\ Y_{2,NL}(t) \end{bmatrix}=\boldsymbol{W}_3^{(3)\mathrm{T}}R(\boldsymbol{W}_3^{(2)\mathrm{T}}R(\boldsymbol{W}_3^{(1)\mathrm{T}}\boldsymbol{Y}(t)+\boldsymbol{b}_3^{(1)})+\boldsymbol{b}_3^{(2)})+\boldsymbol{b}_3^{(3)} \\ Y_{2,L}(t)=\boldsymbol{W}_2^{(1)\mathrm{T}}\boldsymbol{Y}(t)+\boldsymbol{b}_2^{(1)} \end{cases} \tag{7-22}$$

其中，$\boldsymbol{W}_k^{(n)\mathrm{T}}$ 和 $\boldsymbol{b}_k^{(n)}$ 为第 n 层第 k 个分支的权重矩阵和偏置向量。T 代表矩阵的转置操作。$R(x)$ 为 ReLU 激活函数并可以写为

$$R(x)=\begin{cases} x, & x>0 \\ 0, & x\leqslant 0 \end{cases} \tag{7-23}$$

另一个使用的激活函数为 tanh 函数，可以写为

$$\tanh(x)=\frac{\mathrm{e}^{x}-\mathrm{e}^{-x}}{\mathrm{e}^{x}+\mathrm{e}^{-x}} \tag{7-24}$$

MIMO-MBNN 的两个输出可以表示为

$$P_1(t)=Y_{1,L}(t)+Y_{1,NL}(t),P_2(t)=Y_{2,L}(t)+Y_{2,NL}(t) \tag{7-25}$$

MIMO-MBNN 的损失函数为最小 MSE。这里我们计算接收信号和上变频前的发射信号之间的损失函数

$$\boldsymbol{W}_k^{(n)},\boldsymbol{b}_k^{(n)}=\underset{\boldsymbol{W}_k^{(n)},\boldsymbol{b}_k^{(n)}}{\operatorname{argmin}}\frac{1}{N}\sum_{t=2}^{N-1}\left\|P_1(t)-S_1(t)\right\|^2+\left\|P_2(t)-S_2(t)\right\|^2 \tag{7-26}$$

本书所使用的优化器为自适应矩估计（Adaptive Moment Estimation，ADAM）优化器[16]。我们同样使用 Keras 中的“Checkpoint”工具来记录训练信息，并使用验证集 Loss 值最小的模型来对信号进行预测。如果神经网络开始过拟合，则训练过程停止，且使用过拟合前的模型。因此，“Checkpoint”在一定程度上也可以防止过拟合。

2. 基于深度学习的 SR-MIMO-VLC 后均衡实验研究

单接收机（SR）-MIMO-VLC 系统数据流和实验平台如图 7-17 所示。经过下变频后的接收信号可以分为 4 个部分：线性失真、线性串扰、非线性失真、非线性串扰。线性失真可以通过线性均衡器进行补偿。对于非线性失真和串扰，则必须要考虑非线性的均衡器。SR-MIMO-VLC 的系统包括两路独立的输入信号，根据异构设计的思路，每路信号应该由两个神经网络补偿，一个补偿非线性失真，一个补偿线性失真。因此，SR-MIMO-VLC 系统需要 4 个神经网络分支来补偿信号。由于两路信号在接收端还有叠加，我们考虑仅使用一个非线性神经网络来同时补偿两路信号，因此最终的神经网络后均衡器一共有 3 个分支。

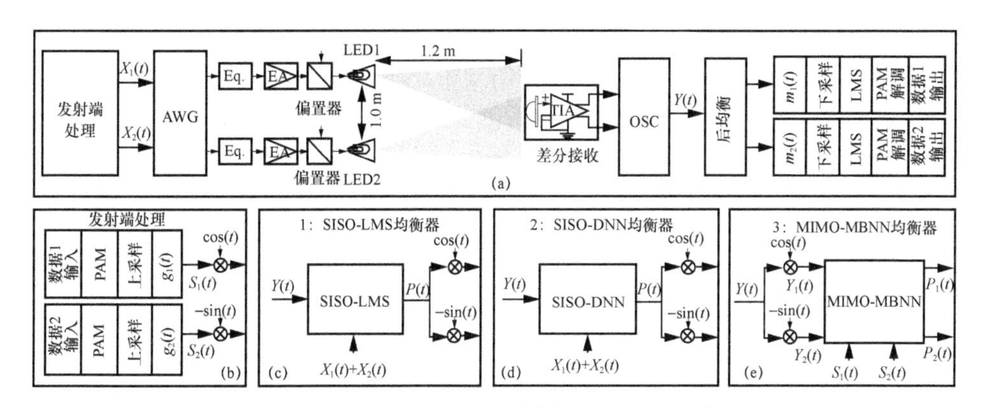

图 7-17　SR-MIMO-VLC 系统数据流和实验平台

经过均衡器的处理后，两个数据流分别通过匹配滤波器 $m_1(t)$ 和 $m_2(t)$ 进行处理。

然后两路信号再通过两个 LMS 均衡器补偿线性失真。与我们将要进行对比的第一级后均衡器 SISO-LMS 不同，这两个 LMS 均衡器不含有 Volterra 级数，不能够补偿非线性失真，只是用来消除残余噪声。它们的输入长度为 33，步长为 0.007。这种补偿残余噪声的方式广泛见于 VLC 系统中[17]。最终，两路信号解调并恢复为比特流。图 7-17 中的 SR-MIMO-VLC 系统器件具体参数见表 7-2。

表 7-2　SR-MIMO-VLC 系统器件具体参数

器件	型号参数
EA	Mini-circuit ZHL-6A-S+
偏置器	Mini-circuit ZFBT-4R2GW-FT+
红光 LED	Engin，LZ4-20MA00
AWG	Agilent M9502
OSC	Agilent MSO9254A

首先我们对 MIMO-MBNN 的参数进行优化。不同节点数量、不同隐藏层数和不同激活函数下 MIMO-MBNN 的 BER 性能如图 7-18 所示。这里测试了不同激活函数和不同隐藏层数下 MIMO-MBNN 均衡后的系统的 BER 性能。每个测试点都没有过拟合，且使用“Checkpoint”来保证最优的模型性能。图 7-18（a）所示为一层隐藏层下的 BER 性能。最优的性能通过采用激活函数 ReLU 得到，且第一层的节点数量为 136 个。因此，我们设置第一层隐藏层的节点数量和激活函数分别为 136 个和 ReLU。图 7-18（b）所示为两层隐藏层和不同激活函数组合下的系统 BER 性能。将第一隐藏层的节点数量定为 136 个。根据图 7-18（b）我们可以得出结论，最优的激活函数组合为“ReLU+ ReLU”，且第二层隐藏层的节点数量最优为 104 个。进一步增加节点数量被证明并不会有效提升系统的 BER 性能。因此，将隐藏层层数、第一层和第二层的节点数量以及激活函数分别定为 2 个、136 个和 104 个以及“ReLU+ ReLU”。Epoch、Batch Size、训练集的比例和总的样本数量分别为 40 个、512 个、50%和 73 728 个。因此，SISO-LMS、SISO-DNN 及 MIMO-MBNN 的训练集样本数量为 36 864 个。训练完成后，SISO-LMS、SISO-DNN 和 MIMO-MBNN 的参数就固定了。然后，我们使用一组全新的数据来测试系统的 BER 性能和 Q 因子性能，其长度为 73 728。SISO-LMS、SISO-DNN 和 MIMO-MBNN 的参数及空间复杂度见表 7-3，其中 N_{taps} 为输入 SISO-LMS 和 SISO-DNN 的每个样本的长度，N_V 为 Volterra 级数所需要的样本的长度。H_1、H_2 和 H_3 分别为隐藏层的节点

数量。因此，计算复杂度与输入样本的长度以及隐藏层的节点数量有关。对于 SISO-LMS 和 SISO-DNN，最优输入节点数量为 53 个，最优的 Volterra 级数的输入节点数量为 9 个。因此，SISO-LMS、SISO-DNN 和 MIMO-MBNN 的参数数量分别为 689 个、46 257 个和 29 224 个。尽管 SISO-LMS 的复杂度最低，但是其性能最差，会导致解调失败。而 MIMO-MBNN 的参数个数为 SISO-DNN 的 63%。

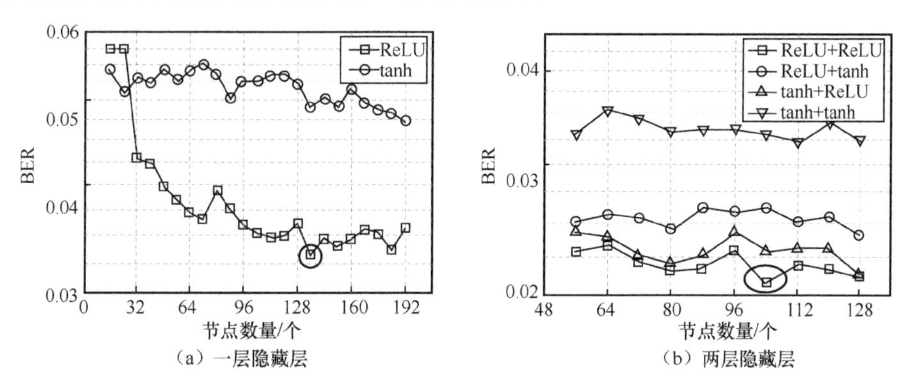

图 7-18　不同节点数量、不同隐藏层数和不同激活函数下 MIMO-MBNN 的 BER 性能

表 7-3　SISO-LMS、SISO-DNN 和 MIMO-MBNN 的参数及空间复杂度

均衡器	SISO-LMS	SISO-DNN	MIMO-MBNN
输入层	53	53	53×2
第一隐藏层	—	168	136
第二隐藏层	—	144	104
第三隐藏层	—	88	—
激活函数	—	ReLU	ReLU
优化器	LMS	ADAM	ADAM
空间复杂度	$N_{\text{taps}}+\frac{N_{\text{V}}(N_{\text{V}}+1)}{2}$	$N_{\text{taps}}H_1+H_1H_2+H_2H_3+H_3$	$2N_{\text{taps}}+2N_{\text{taps}}H_1+H_1H_2+H_2$

随后我们测试了 $Y(t)$、SISO-LMS、SISO-DNN 和 MIMO-MBNN 的频率响应和频谱不匹配度如图 7-19 所示。可以得知 MIMO-MBNN 的频谱匹配度和失真补偿能力都要优于 SISO-LMS 和 SISO-DNN。频谱不匹配度的表达式为

$$M(\omega)=\left|X(\omega)-P(\omega)\right|^2 \tag{7-27}$$

其中，$P(\omega)$ 为 $P(t)$ 的频率响应。$X(\omega)$ 则为 $X_1(t)$ 和 $X_2(t)$ 的频谱响应的和。

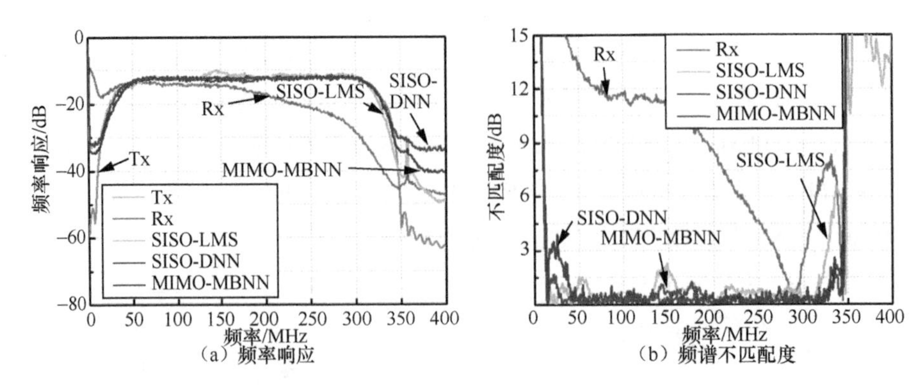

图 7-19 SISO-LMS、SISO-DNN 和 MIMO-MBNN 的频率响应和频谱不匹配度

系统在不同传输速率下的 Q 因子性能如图 7-20 所示。这里 Vpp1=Vpp2=350 mV，是 SR-MIMO-VLC 系统的最优工作点。MIMO-MBNN 的 Q 因子性能优于 SISO-DNN 和 SISO-LMS，且 MIMO-MBNN 在 HD-FEC 门限（3.8×10^{-3}）以上的工作范围为 165 Mbit/s，比 SISO-LMS 和 SISO-DNN 都要大。而且，MIMO-MBNN 测得了当时 HD-FEC 门限（3.8×10^{-3}）以上的 SR-MIMO-VLC 系统的最高传输速率为 2.1 Gbit/s[18]。为了使得结果更加可信，我们也测试了 LMS 均衡器和 Volterra 级数对经过 $\cos(\omega_0 t)$ 和 $-\sin(\omega_0 t)$ 变频后的 SISO-LMS 的性能，如图 7-20 中的 SISO-LMS-COMPLEX 所示。对于 SISO-LMS-COMPLEX 而言，两路信号经过下变频后合成为一路复数信号，并通过 LMS 均衡器结合 Volterra 级数进行均衡。从图 7-20 中的结果可以看出，SISO-LMS 的 Q 因子性能与 SISO-LMS-COMPLEX 的相近。因此，本章后面继续选择 SISO-LMS 作为比对对象。由于传统的基于高斯分布的软判决门限（Soft Decision FEC，SD-FEC）不再适合于非线性极强的 SR-MIMO-VLC 系统，因此，我们选择 HD-FEC 作为我们的判别标准。

随后，我们测试了系统在不同的 Vpp1 和 Vpp2 下的 $-\lg(\text{BER})$ 性能，SISO-LMS、SISO-DNN 和 MIMO-MBNN 的 $-\lg(\text{BER})$ 等高线图如图 7-21 所示。系统的传输速率为 2.1 Gbit/s，越靠近深色代表系统的性能越好。可以看出，经过 MIMO-MBNN 均衡后的系统的性能比 SISO-DNN 和 SISO-LMS 要优。当 Vpp1 为 250～350 mV 且 Vpp2 为 350～450 mV 时，通过 MIMO-MBNN 均衡后的系统还有一部分工作区间在 HD-FEC 门限（3.8×10^{-3}）下，然而 SISO-LMS 和 SISO-DNN 并没有。除此以外，MIMO-MBNN 在 HD-FEC 门限（2.0×10^{-2}）下的工作区间要远大于 SISO-LMS 和 SISO-DNN。

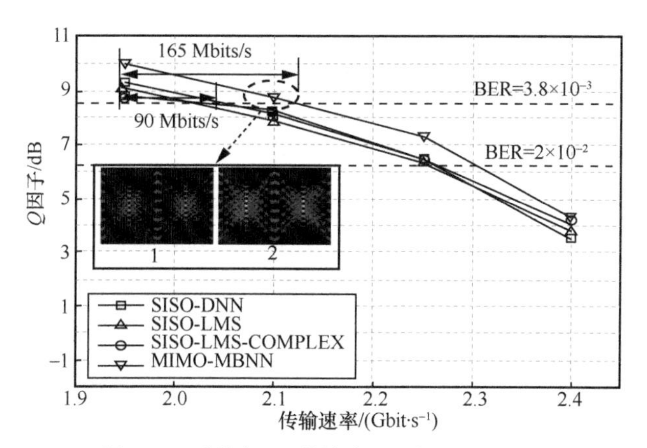

图 7-20 系统在不同传输速率下的 Q 因子性能

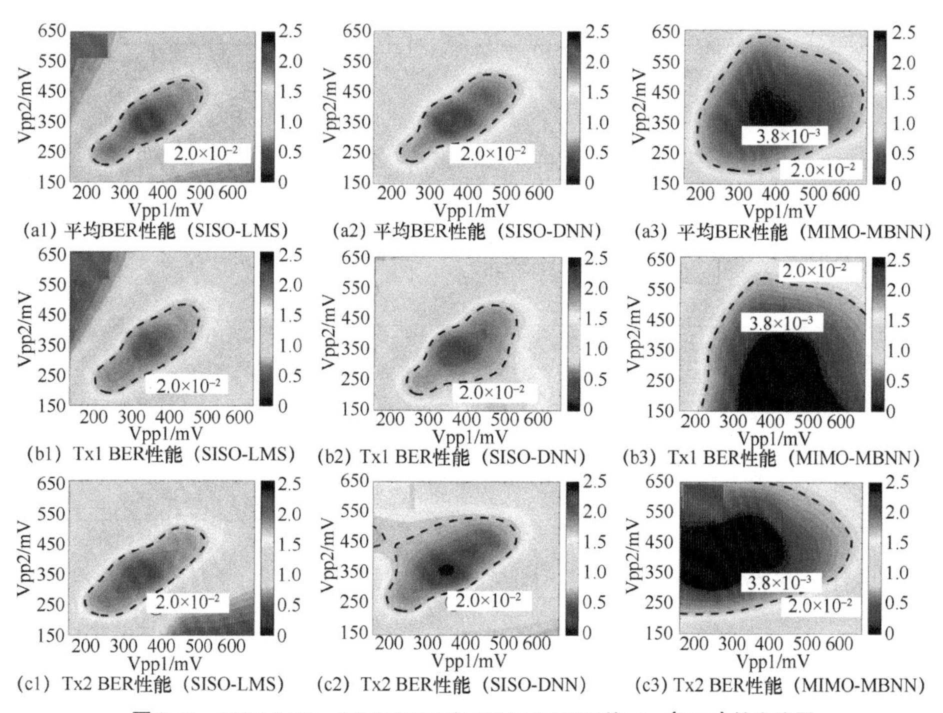

图 7-21 SISO-LMS、SISO-DNN 和 MIMO-MBNN 的 −lg（BER）等高线图

为了进一步分析系统在不同工作点的性能，我们测量了当 Vpp1=250 mV、350 mV 以及 600 mV 时不同 β 下 SISO-LMS、SISO-DNN、MIMO-MBNN 的 Q 因子性能如图 7-22 所示。如图 7-22（a）～图 7-22（c）所示，MIMO-MBNN 在 HD-FEC 门限（2×10^{-2}）

上的工作区间在 0.88～1.68，分别为 SISO-LMS 和 SISO-DNN 的 8 倍和 2.76 倍。如图 7-22（d）～图 7-22（f）所示，当 Vpp1 上升到 350 mV 时，MIMO-MBNN 的工作范围在 0.70～1.63，为 SISO-LMS 和 SISO-DNN 的 2.74 倍和 2.33 倍。此外，MIMO-MBNN 还有一段工作区间 0.98～1.08 在 HD-FEC 门限（3.8×10^{-3}）上，而 SISO-LMS 和 SISO-DNN 并没有。当 Vpp1 上升到 600 mV 时，如图 7-22（g）～图 7-22（i）所示，系统受到非线性扰动，且 MIMO-MBNN 的工作区间缩减到 0.78～0.92，而 SISO-LMS 和 SISO-DNN 没有 HD-FEC 门限之上的工作区间。SISO-LMS、SISO-DNN 和 MIMO-MBNN 在图 7-22（d）～图 7-22（f）中的（c1）、（c2）和（c3）工作点的平均 Q 因子分别为 0.94 dB、2.77dB 和 6.12 dB。因此，MIMO-MBNN 可以带来最多 3.35 dB 的 Q 因子增益。

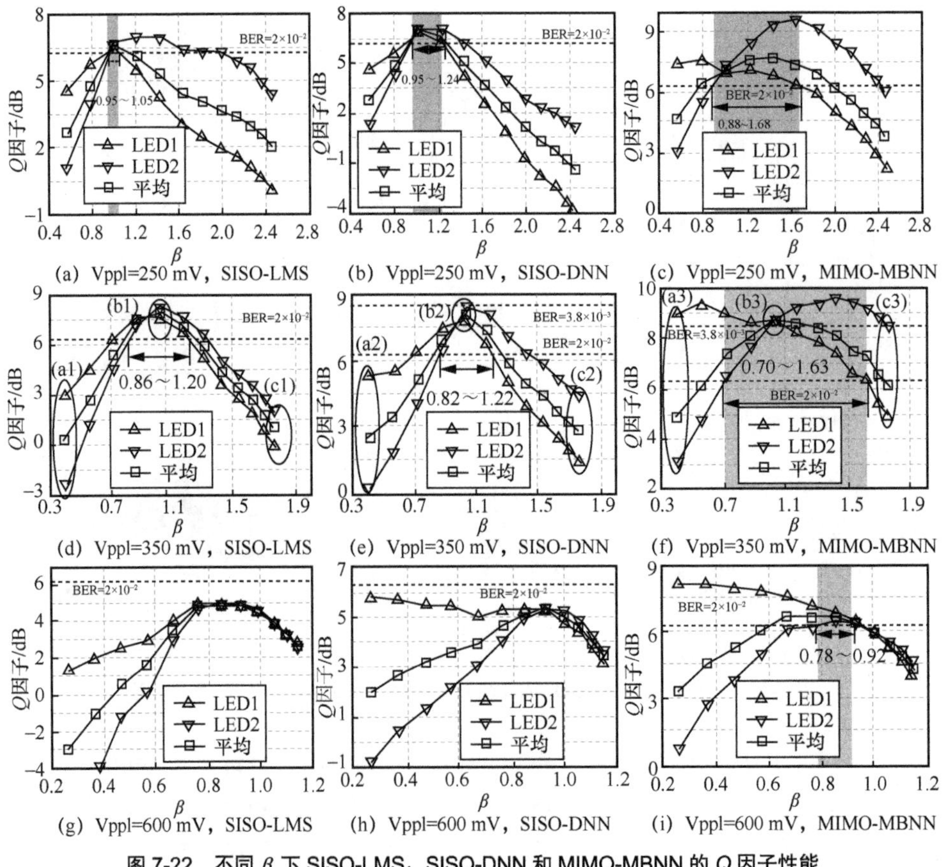

图 7-22 不同 β 下 SISO-LMS、SISO-DNN 和 MIMO-MBNN 的 Q 因子性能

最后，我们展示了 SCM-64QAM SR-MIMO-VLC 系统中 SISO-LMS、SISO-DNN 和 MIMO-MBNN 的 Tx1、Tx2 的眼图和接收端恢复后的星座图，图 7-21（a1）～图 7-21（c3）的星座图和眼图如图 7-23 所示。如图 7-23（a1）～图 7-23（a3）所示，$\beta = 0.39$，这也意味着 LED2 上的电压为 LED1 上电压的 0.4 倍。因此，Tx1 的 SNR 要远大于 Tx2 的 SNR，这可以从图 7-23 中很清晰地看出来。当 Tx1 和 Tx2 的电压接近的时候，如图 7-23（b1）～图 7-23（b3）所示，SCM-64QAM 的接收端星座图展示了标准 64QAM 的形状，LED1 和 LED2 的眼图性能几乎相同。如图 7-23（c1）～图 7-23（c3）所示，β 增加到 1.76 会使得 Tx2 性能优于 Tx1，其结果与图 7-23（a1）～图 7-23（a3）相反。从星座图和眼图可以清晰地看出，MIMO-MBNN 的性能要优于 SISO-LMS 和 SISO-DNN。

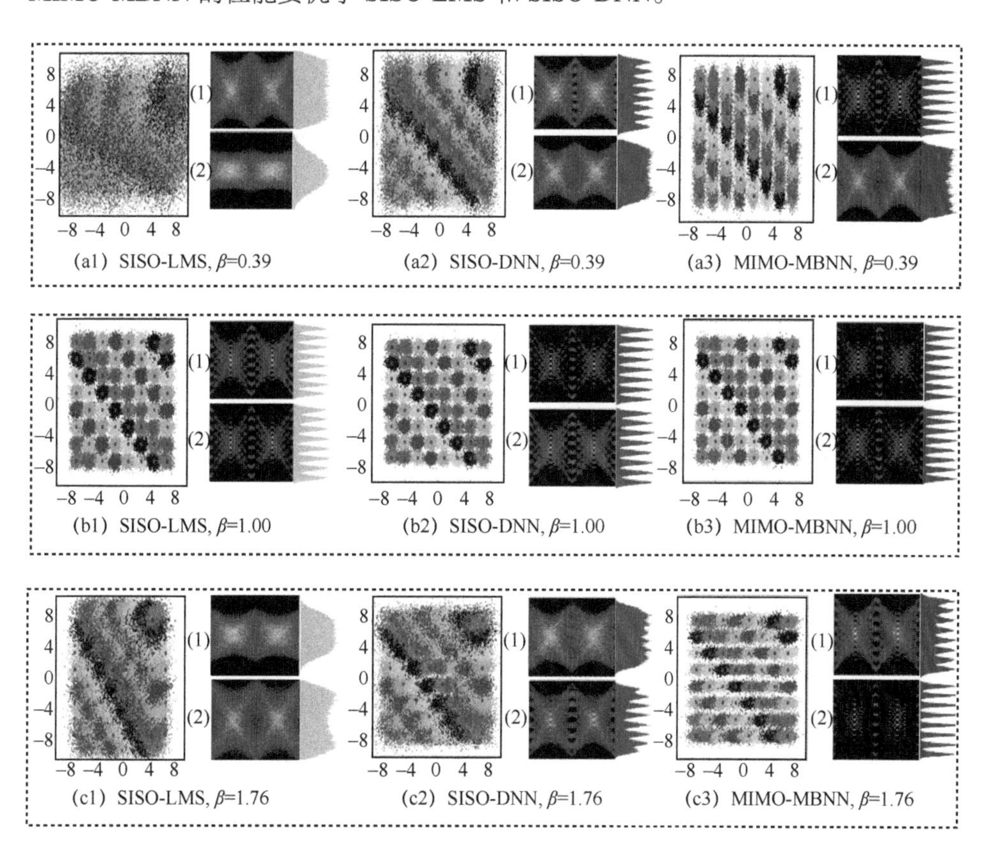

图 7-23　图 7-21（a1）～图 7-21（c3）的星座图和眼图

随着新一代人工智能发展浪潮的到来，基于 DNN 的人工智能算法已经与我们生活中的各个方面深度耦合。而在通信系统中，DNN 在信号判决、噪声补偿、信道仿真、编码解码、网络性能监测等各个方面已显示出其强大的非线性拟合能力。本节就 DNN 在 SR-MIMO-VLC 系统中的后均衡性能展开分析，并进行了验证实验，取得了比较理想的效果。

7.2.4 基于 STFT 的二维图像网络算法

在UVLC系统中，信号在传输过程中会受到来自于系统的线性和非线性的干扰，从而造成信号失真。通常可以使用后均衡算法来补偿信号的畸变，从而能够更精确地从失真的接收信号中恢复出原始发射信号。系统的线性干扰可以用经典的线性后均衡方法，如 LMS 来补偿。系统的非线性干扰主要来自于器件的非线性，如发射光源、驱动电路、光检测器、放大电路等，也可能来自于外部水下因素，如水下湍流、散射等。经典的非线性补偿算法，如 Volterra，然而受到其自身的限制，Volterra 的非线性补偿能力还需要得到进一步改善。

近年来，随着 DNN 的发展，基于 DNN 的非线性均衡算法展示出了强大的非线性补偿能力。现有的基于 DNN 的非线性均衡算法都是将时域上的数据输入到网络中，通过学习接收数据与发射数据之间的映射关系得到预测的发射数据。然而，我们在实验中发现仅仅让 DNN 从时域上学习是不够的，为了进一步提高基于 DNN 的非线性补偿能力，我们考虑通过增加其他域的信息来帮助 DNN 更好地学习信号特征。时频分析是一种广泛应用于信号处理领域的工具，它能够同时分析信号的时域和频域，从而获取有关信号更多的信息。受到时频分析的启发，我们拟采用利用时频分析的方法，基于时频联合分析和神经网络的水下信号后均衡方法如图 7-24 所示。利用 STFT 将接收信号的时域和频域结合并产生二维时频图像，接着将生成的图像送入神经网络中。将原始发射信号的时频信息作为标签监督着神经网络的学习。经过训练后的神经网络输出预测的二维时频图像，经过短时傅里叶逆变换（Inverse Short-Time Fourier Transform，ISTFT）得到最终预测的发射信号。

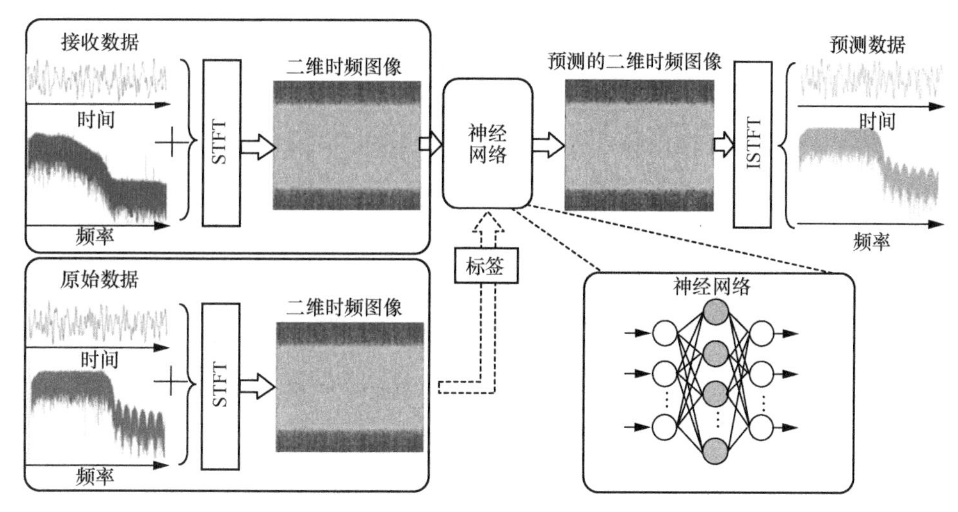

图 7-24　基于时频联合分析和神经网络的水下信号后均衡方法

1. 基于 STFT 的二维图像网络算法原理

基于时频联合分析和神经网络 TFDNet 的水下信号后均衡方法的整体流程如下:将接收到的失真数据及其频谱通过STFT转换为时频域,表示为 $Y=\mathrm{STFT}(y(n))$ 。STFT 矩阵可以被认为是一个二维图像。然后，将图像输入多层神经网络进行学习。原始数据 $x(n)$ 及其频谱也被转化为时频图像，可以提供表示为 $X=\mathrm{STFT}(x(n))$ 的标签信息。经过几次学习迭代，预测的时频图像 $\hat{Y}=L(Y,\Theta)$ 是从训练良好的网络 L 的输出中得到的，其加权参数为 Θ 。最后，使用 ISTFT 对时频图像进行变换，并重构定义为 $\hat{x}(n)=\mathrm{ISTFT}(Y)$ 的预测原始数据，这是所提出方法的目标。提出的 TFDNet 的详细信息如下所述。

首先，我们利用 STFT[19]——一种广泛使用的具有时间窗函数的时频域分析来理解本书中的信号。具体过程是通过在具有总长度为 N 的时间序列信号上滑动长度为 M 的分析窗口来计算其离散傅立叶变换（Discrete Fourier Transform，DFT）。DFT 点数为 D。然后，窗口以采样间隔重复地跳过信号，直到信号结束。使用汉明窗作为窗函数。值得注意的是，在 STFT 中，大多数窗函数在边缘处逐渐变小以避免频谱振铃，应添加具有非零重叠长度 L 的加窗段以补偿窗口边缘处的信号衰减。最后，将每个加窗段的 DFT 添加到包含每个时间点和频率点的幅度和相位的 STFT 矩阵中，表示为

$$\boldsymbol{Y}(f)=[Y_1(f),Y_2(f),\cdots,Y_c(f)] \tag{7-28}$$

STFT 矩阵的第 k 个元素表示为

$$Y_k(f)=\sum_{n=-\infty}^{\infty}y(n)g(n-kR)\mathrm{e}^{-\mathrm{j}2\pi fn} \tag{7-29}$$

其中：$g(n)$ 是长度为 M 的窗函数；R 是相邻 DFT 之间的跳跃大小，$R=M-L$。

我们可以将 STFT 矩阵视为用于信号时频域可视化的二维图像。由于 STFT 矩阵中的元素具有复数值，我们将 STFT 矩阵一列中的实部值和虚部值依次连接起来，形成图像中的对应列。因此，图像的高度等于 STFT 矩阵中的行数，即 DFT 点数的两倍，图像的宽度等于 STFT 矩阵中的列数。图像的高度 H 和宽度 D 表示为

$$H=2D,D=\left\lfloor\frac{N-L}{M-L}\right\rfloor \tag{7-30}$$

其中，$\lfloor\ \rfloor$ 是向下取整的符号。

在我们获取二维时频图像后，我们将图像输入到神经网络中。神经网络具有多节点输入层、多节点输出层和一个隐藏层，激活函数为 ReLU。我们使用图像中的每一列作为神经网络的输入。通过隐藏层传播后，网络输出与输入数据具有相同维度的学习数据。参数优化策略遵循 ADAM 算法，神经网络的损失函数为 MSE，具体如下

$$L(\Theta)=\frac{1}{C}\sum_{c=1}^{C}\|\hat{Y}_c-X_c\|_2^2 \tag{7-31}$$

其中，$\|\cdot\|_2$ 表示欧几里得距离，C 是训练数据总数。

一旦神经网络的训练过程完成，预测的时频图像再使用 ISTFT 进行变换。值得注意的是，在使用 ISTFT[19]时，为确保成功重建原始信号，分析窗口必须满足常量重叠添加（Constant Overlap-Add，COLA）约束[19]。通过对每一列进行 IFFT 并将反相信号重叠相加来重建所需要的信号。

2. 基于 STFT 的二维图像网络算法实验研究

UVLC 系统的实验装置与前面的后均衡实验相同，不再赘述。在发射端，原始比特序列首先被映射成 64QAM 复数符号。经过 4 倍上采样后，生成的 64QAM 信号再通过 IQ 分离进行 CAP 调制。归一化后，信号就可以传输了。AWG（Tektronix AWGG710）用于将数字信号转换为模拟信号。然后信号通过一个桥接 T 幅度均衡

器[20]，它可以扩展发射机的带宽，并被一个 EA（迷你电路，25 dB 增益）放大。最后，信号由硅基板蓝色 LED 发出；信道长 1.2 m。需要注意的是，由于现有实验条件的限制，采用静态水作为 LED 灯的传输通道。在未来的实验中将考虑水下通道的其他扰动，如湍流、散射、扩散等。光源、接收器、EA 等是该 UVLC 系统非线性的主要来源[21-22]。

在接收端，使用商用 PIN 光电二极管检测接收到的光信号，并通过差分放大电路将其转换为电信号。PIN 前的镜头用于聚焦光线。然后由数字存储 OSC 记录两个差分输出信号进行离线处理。在离线处理的过程中，分别使用 Volterra、DNN 和 TFDNet 作为后均衡器，主要补偿非线性失真。LMS 均衡用于进一步补偿线性失真，以提高系统的整体性能[7]。然后匹配滤波器用 CAP 解调。最后，从 QAM 解调中恢复二进制数据。

TFDNet 中有几个参数需要仔细考虑，主要包括窗口尺寸与 STFT 长度、DFT 点数和神经层中的节点数量。不同参数值的 BER 如图 7-25 所示，在 UVLC 系统中测量了 BER 与不同参数值的关系。BER 越低，系统性能越好。窗口尺寸决定了 STFT 中的时频分辨率。无论窗口尺寸过大还是过小，时频分辨率都会不均等地降低，从而降低系统性能。窗口尺寸的选择主要取决于系统的 ISI 水平。窗口尺寸随着 ISI 的增加而增大，原则上可以大于 ISI 以获得良好的均衡效果。但是，如果窗口尺寸太大，则会存在过度拟合的风险。从图 7-25（a）可以看出，随着窗口尺寸的增大，BER 趋于降低。当窗口尺寸达到 24 时，达到最低 BER。然后随着窗口尺寸的进一步增大，BER 趋于增加，这意味着较大的窗口尺寸对系统性能不利。因此，我们在 STFT 过程中选择 24 作为窗口尺寸。DFT 点数决定了获得的 STFT 矩阵的行数。通常，DFT 点数不小于窗口尺寸的长度[19]。如图 7-25（b）所示，随着 DFT 点数的增加，BER 没有出现明显的波动。这是因为当窗口尺寸固定为 24 时，无论 DFT 点数是多少，BER 都是基于加窗数据。更大的 DFT 点数并不意味着它会产生更有价值的信息。因此，我们选择 24 作为与窗口尺寸相同的 DFT 点数。为了满足 COLA 约束，重叠长度设置为 20。此外，STFT 矩阵的实部和虚部元素连接起来形成时频图像。因此，图像的高度是 DFT 点数的两倍，等于 48。至于所提出的 TFDNet 中的神经网络，我们使用密集连接的神经层进行学习。输入层的节点数量与图像的高度相同。网络中仅使用一个隐藏层来验证所提出结构的可行学习性。BER 与隐藏层不同节点数量的关系如图 7-25（c）所示。结果表明，系统性能随着隐藏层节点数量的增加而提高。可以推断，隐藏层的节点数量越多，网络的性能就会越好。当隐藏层节点数量大于 256 个时，它保持相对稳定。因此，将隐藏层的节点数量固定为 256 个。值得注意的是，在所提出的方法中可以添加更多的隐藏层，以形成更深的神经网络。我们只使用一个隐藏层，因为添加更多的隐藏层会带来更多的复杂性。更重要的是，下面的实验表明，只有一个隐藏层的方法已经优于具有多个隐藏层的 DNN，这验证了该方法的有效性。输出层与输入层节点数相同，使得预测图像的维度与原始图像一致。

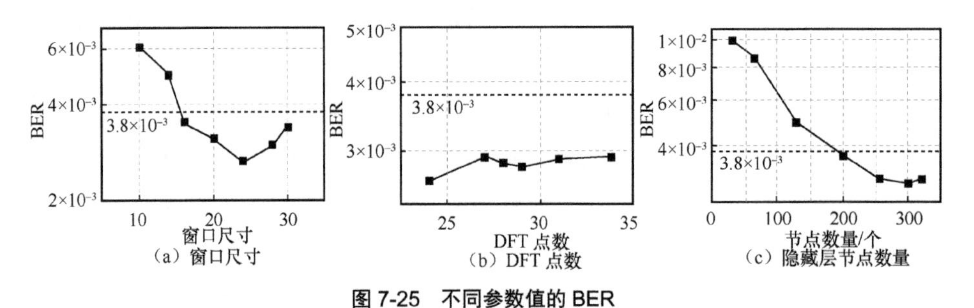

图 7-25　不同参数值的 BER

实验中 DNN 超参数的优化遵循参考文献[7]中的研究方法。我们在实验中发现，分别将当输入层、第一隐藏层、第二隐藏层和输出层的节点数量分别设置为 33 个、128 个、64 个和 1 个时，DNN 的性能最佳。因此，在以下实验中测试了具有这些参数的 DNN。

针对不同的后均衡器，BER 性能与不同 Vpp 在 2.7 Gbit/s 和 2.85 Gbit/s 的传输速率下的关系如图 7-26 所示。我们将提出的 TFDNet 与在时域中处理数据时传统使用的 Volterra 级数和 DNN 进行比较。这些实验是在固定偏置电流（150 mA）和不同 Vpp 下在两种传输速率下进行的。在图 7-26（a）中，我们可以看到 Volterra 级数显示出有限的补偿能力，DNN 的性能优于 Volterra 级数。观察到随着 Vpp 的增加，Volterra 级数和 DNN 之间的 BER 差距变得更大，这表明更高的非线性失真，这与参考文献[23]中的结论一致。TFDNet 通过使用频域提供的附加信息，整体性能优于其他均衡器。可以推断出 TFDNet 在严重的非线性失真下具有很强的补偿能力。因此，在 Volterra 级数和 DNN 的性能总有不足的情况下，TFDNet 可以成为具有竞争力的均衡器。

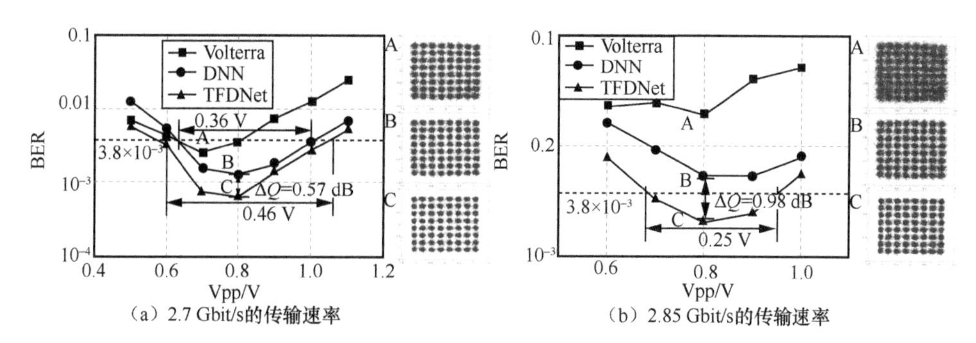

图7-26　BER与不同Vpp在2.7 Gbit/s和2.85 Gbit/s的传输速率下的关系

我们还评估了具有不同传输速率的不同均衡器的BER性能，BER与不同传输速率的关系如图7-27所示。为了说明这些均衡器的最佳性能，将Volterra级数、DNN和TFDNet的最佳Vpp分别设置为0.7 V、0.8 V和0.8 V。随着传输速率的增加，BER也在上升。尽管如此，在不同传输速率下，TFDNet的BER低于其他均衡器。TFDNet在错误阈值下的最大传输速率比DNN多0.1 Gbit/s，比Volterra级数多0.2 Gbit/s，验证了TFDNet优越的补偿效果。

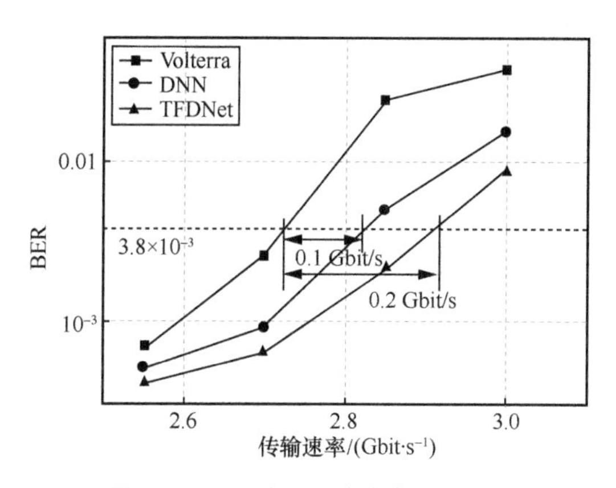

图7-27　BER与不同传输速率的关系

原始发射信号和不同均衡器接收信号的频谱如图7-28所示。可以观察到，在图7-28（a）中，接收端的传输信号严重失真。在图7-28（b）中，经过Volterra级数补偿的接收信号与原始信号相比，无论是带内部分还是带外部分都存在较大的差异，这可能是Volterra级数性能不足的原因。在图7-28（c）中，DNN补偿的接收信号与原始信号的带内信号相似，但带外信号被 DNN 误判。图 7-28（d）显示了 TFDNet 补偿后的接收信号，可以看出带内部分和带外部分的特征重建相似。可以推断，时域和频域的结合为 TFDNet 提供了对信号完整特征的更多洞察，有利于提升 TFDNet 的学习能力。

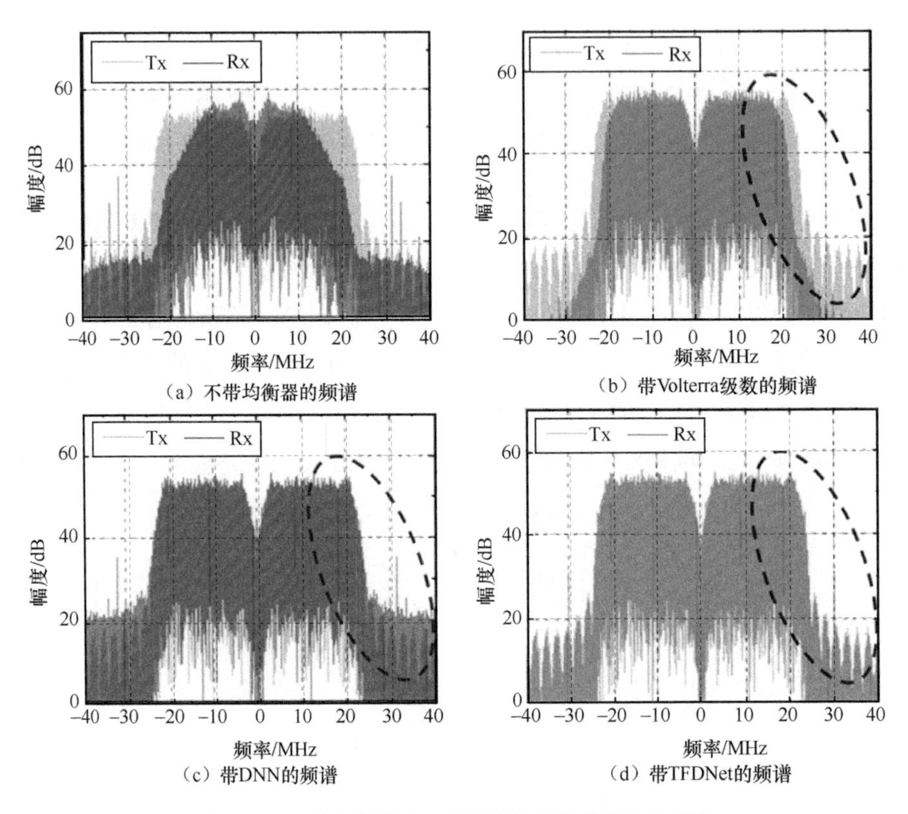

图 7-28　原始发射信号和不同均衡器接收信号的频谱

在本节中，我们首次提出利用时频图像分析将信号转换为二维图像来补偿 UVLC 系统中的非线性失真。通过同时结合时域和频域，所提出的 TFDNet 可以比仅在时域学习信号的 DNN 学习更多关于信号的辅助信息。从更广泛的角度来看，所提出的方法可能适用于无线光通信。

7.3　本章小结

本章围绕 VLC 系统深度学习算法进行了阐述，重点介绍基于 GK-DNN、DBMLP、MIMO-MBNN，以及基于 STFT 二维图像网路算法等深度学习神经网络算法原理。

参考文献

[1] HAIGH P A, GHASSEMLOOY Z, PAPAKONSTANTINOU I, et al. Online artificial neural network equalization for a visible light communications system with an organic light emitting diode based transmitter[C]// Proceedings of 2013 18th European Conference on Network and Optical Communications and 2013 8th Conference on Optical Cabling and Infrastructure (NOC-OC and I). Piscataway: IEEE Press, 2013: 153-158.

[2] GHASSEMLOOY Z, HAIGH P A, ARCA F, et al. Visible light communications: 3.75 Mbit/s data rate with a 160 kHz bandwidth organic photodetector and artificial neural network equalization[J]. Photonics Research, 2013, 1(2): 65-68.

[3] HAIGH P A, GHASSEMLOOY Z, RAJBHANDARI S, et al. Visible light communications: 170 Mbit/s using an artificial neural network equalizer in a low bandwidth white light configuration[J]. Journal of Lightwave Technology, 2014, 32(9): 1807-1813.

[4] HAIGH P A, GHASSEMLOOY Z, PAPAKONSTANTINOU I, et al. A MIMO-ANN system for increasing data rates in organic visible light communications systems[C]//2013 IEEE International Conference on Communications (ICC). Piscataway: IEEE Press, 2013: 5322-5327.

[5] YESILKAYA A, KARATALAY O, OGRENCI A S, et al. Channel estimation for visible light communications using neural networks[C]//2016 International Joint Conference on Neural Networks (IJCNN). Piscataway: IEEE Press, 2016: 320-325.

[6] KOWALIK P, KOWALCZYK M. CIR fast approximation for closed space VLC transmission with the use of a trained artificial neural network[C]//Photonics Applications in Astronomy, Communications, Industry, and High-Energy Physics Experiments 2019. [S.l.]: SPIE, 2019: 12-18.

[7] CHI N, ZHAO Y H, SHI M, et al. Gaussian kernel-aided deep neural network equalizer utilized in underwater PAM8 visible light communication system[J]. Optics Express, 2018,

26(20): 26700-26712.

[8] LU X Y, LU C, YU W X, et al. Memory-controlled deep LSTM neural network post-equalizer used in high-speed PAM VLC system[J]. Optics Express, 2019, 27(5): 7822-7833.

[9] ZHAO Y H, ZOU P, CHI N. 3.2 Gbit/s underwater visible light communication system utilizing dual-branch multi-layer perceptron based post-equalizer[J]. Optics Communications, 2020, 460: 125197.

[10] HU F C, ZHAO Y H, ZOU P, et al. Non-linear compensation based on polynomial function linked ANN in multi-band CAP VLC system[C]//2019 26th International Conference on Telecommunications (ICT). Piscataway: IEEE Press, 2019: 206-209.

[11] WANG Y G, LI T, HUANG X X, et al. Enhanced performance of a high-speed WDM CAP64 VLC system employing Volterra series-based nonlinear equalizer[J]. IEEE Photonics Journal, 2015, 7(3): 1-7.

[12] QIAO L, LU X Y, LIANG S Y, et al. MISO visible light communication system utilizing hybrid post-equalizer aided pre-convergence of STBC decoding[J]. Chinese Optics Letters, 2018, 16(6): 060604.

[13] YING K, YU Z H, BAXLEY R J, et al. Nonlinear distortion mitigation in visible light communications[J]. IEEE Wireless Communications, 2015, 22(2): 36-45.

[14] MIRAMIRKHANI F, UYSAL M. Visible light communication channel modeling for underwater environments with blocking and shadowing[J]. IEEE Access, 2017, 6: 1082-1090.

[15] ZHAO Y H, ZOU P, YU W X, et al. Two tributaries heterogeneous neural network based channel emulator for underwater visible light communication systems[J]. Optics Express, 2019, 27(16): 22532-22541.

[16] KINGMA D P, BA J. Adam: a method for stochastic optimization[J]. Computer Science, 2014.

[17] WANG Y G, LI T, HUANG X X, et al. 8 Gbit/s RGBY LED-based WDM VLC system employing high-order CAP modulation and hybrid post equalizer[J]. IEEE Photonics Journal, 2015, 7(6): 1-7.

[18] QIAO L, LU X Y, LIANG S Y, et al. Performance analysis of space multiplexing by superposed signal in multi-dimensional VLC system[J]. Optics Express, 2018, 26(16): 19762-19772.

[19] GRIFFIN D W, LIM J S. Signal estimation from modified short-time Fourier transform[J]. IEEE Transactions on Acoustics, Speech, and Signal Processing, 1984, 32(2): 236-243.

[20] HUANG X X, CHEN S Y, WANG Z X, et al. 2 Gbit/s visible light link based on adaptive bit allocation OFDM of a single phosphorescent white LED[J]. IEEE Photonics Journal, 2015, 7(5): 1-8.

[21] CHI N, SHI M. Advanced modulation formats for underwater visible light communications[J]. Chinese Optics Letters, 2018, 16(12): 120603.

[22] FEI C, ZHANG J W, ZHANG G W, et al. Demonstration of 15m 7.33 Gbit/s 450 nm underwater wireless optical discrete multitone transmission using post nonlinear equalization[J]. Journal of Lightwave Technology, 2018, 36(3): 728-734.

[23] CHI N, ZHOU Y J, HU F C, et al. Comparison of nonlinear equalizers for high-speed visible light communication utilizing silicon substrate phosphorescent white LED[J]. Optics Express, 2020, 28(2): 2302-2316.

第8章

VLC MIMO叠加调制技术

联合多个LED阵列实现多个发射端、多个接收端的多维并行收发技术，不但可以提升照明亮度和系统容量，还可以将VLC的传输环境拓展到不可视距传输的场景。这种实现多维并行收发的技术，就是MIMO技术。在这种多维度的 VLC 系统中，信号更容易受到来自传输链路和器件引起的线性、非线性失真。本章重点讲述MIMO与叠加调制的原理、架构，并基于多种调制格式提出新型星座整形技术、调制技术来解决MIMO系统中的各种信号损伤问题，提升MIMO-VLC系统的频谱效率与传输速率。

8.1 MIMO 与叠加调制概述

目前来说，提升 SISO-VLC 系统的容量，除了使用带宽更大、线性度更高的器件外，其频谱效率和容量的提升空间已十分有限。除此以外，采用特制的带宽更大、线性度更高的定制器件必然导致成本的上升，这又与 VLC 的低成本优势相违背。因此，在 SISO-VLC 系统中通过采用更高复杂度的算法及更好的器件来实现更大的系统容量的方式已经十分不经济。与此同时，SISO 的应用场景在室内无线接入中比较有限，多对一、一对多或者多对多等场景更为常见，因此，考虑 MIMO-VLC 系统是很有必要的。而且，由于 VLC 器件成本低廉，通过增大接收端和发射端的个数来线性地增大系统的容量是一种更加有效的方式。

MIMO-VLC 系统架构如图 8-1 所示，这里以 OFDM 高级调制解调算法为例。首先，二进制比特流通过 FEC 编码后，进行 MIMO 预编码，可以采用信道取反（Channel Inversion，CI）、块对角化（Block Diagonalization，BD）、脏纸编码（Dirty Paper Coding，DPC）、汤姆林森原岛预编码（Tomlinson-Harashima Precoding，THP）[1-4]等方式结合信道状态信息对信号进行预处理，从而消除 ICI，提升系统性能。随后，每路信息通过 OFDM 调制后产生时域信号，并分别由数模转换器加载，再经由 Eq.、EA

扩展带宽并放大信号。随后，通过偏置器（Bias-Tee）等设备对直流量进行耦合，再通过 LED 将电信号转换为光信号。

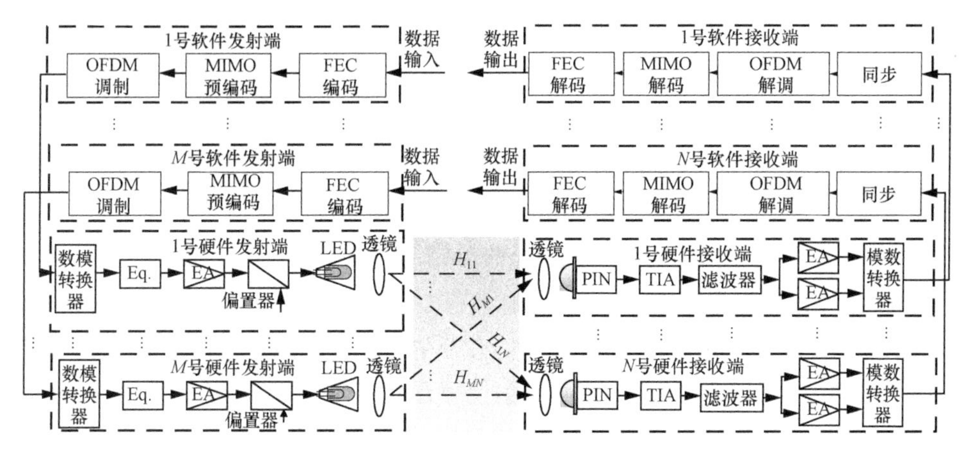

图 8-1　MIMO-VLC 系统架构

在接收端，各路信号首先通过 PIN 光电二极管进行光电转换，随后通过 TIA 进行放大和电流–电压转换。此时的信号幅值仍然较小，还需要通过第二级的功率放大，才能够通过 OSC 等模数转换器装置转换为可供解调的数字信号。接收端软件平台首先对信号进行同步，随后再进行 OFDM 解调，再通过 MIMO 解码和 FEC 解码后，恢复各路的比特信号流。通过线性增加发射和接收系统的个数，可以成倍地提升 VLC 系统的容量。由于 LED 和 PIN 光电二极管的成本相对低廉，通过增加系统的个数来换取信道容量的巨大提升是非常划算的。

MIMO-VLC 系统 N 发 M 收的信道矩阵可以表示为

$$\boldsymbol{H}=\begin{bmatrix} H_{11} & H_{12} & \cdots & H_{1N} \\ H_{21} & H_{22} & \cdots & H_{2N} \\ \vdots & \vdots & & \vdots \\ H_{M1} & H_{M2} & \cdots & H_{MN} \end{bmatrix} \tag{8-1}$$

发射信号和接收信号的表达式可以写为

$$\boldsymbol{Y}=\boldsymbol{HZ}+\boldsymbol{Z} \tag{8-2}$$

其中，$\boldsymbol{Y}$ 为 $M\times1$ 的接收信号矩阵，$\boldsymbol{Z}$ 为 $M\times1$ 的噪声矩阵。MIMO-VLC 系统一般被

分为成像和非成像两种模式[5]。对于成像模式，主对角线上的元素的值远大于其他值，即不考虑相邻信道对己方的干扰。然而，成像模式需要较为严格的对准，同时其移动性也较差，不是非常符合室内无线光接入的需求。更多需要考虑的是非成像 MIMO，此时非对角线上的信道响应值不能被忽略。本书主要研究的是单接收机 MIMO（SR- MIMO）系统，也叫作 MISO 系统，即 $N=2, M=1$ 的场景，它属于非成像 MIMO 的范畴。

对于 SR-MIMO-VLC 系统，可以通过引入编码的方式来提升系统的稳定性。比较常见的有空时块码（Space Time Block Coding，STBC）、SCM 等。

STBC 是最早由 Alamouti[6]提出的一种分集编码方式，Qiao 和 Shi 等[7-8]在 VLC 系统中做了相关的实验验证。STBC 操作流程如图 8-2 所示，通过两个发射机，在两个时刻通过编码的方式发射两个符号。假设在不编码的情况下，第一时刻第一路的发射信号为 S_1，第二时刻第二路的发射信号为 S_2，则发射端调制在两个发射端上的第一组信号可以表示为

$$\begin{bmatrix} S_1 & -S_2^* \\ S_2 & S_1^* \end{bmatrix} \tag{8-3}$$

其中，第一行信号调制在 Tx1 上，第二行信号调制在 Tx2 上。

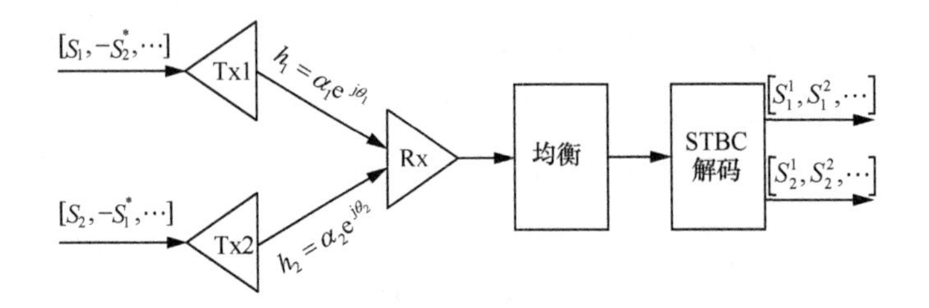

图 8-2　STBC 操作流程

注：Tx1、Tx2 为发射机 1 号与发射机 2 号；Rx 为接收机。

假设两路信道的响应分别为

$$\begin{cases} h_1 = \alpha_1 e^{j\theta_1} \\ h_2 = \alpha_2 e^{j\theta_2} \end{cases} \tag{8-4}$$

考虑信道在一个符号周期 T 内不变，则两个相邻符号的表达式可以写为

$$\begin{cases} r_1 = r(t) = h_1 S_1 + h_2 S_2 + n_1 \\ r_2 = r(t+T) = -h_1 S_2^* + h_2 S_1 + n_2 \end{cases} \tag{8-5}$$

经过均衡后，首先需要通过部分发射信号和接收信号解出 h_1 和 h_2 的估计值，如式（8-6）所示。

$$\begin{cases} \widehat{h}_1 = \dfrac{S_1^* r_1 - S_2 r_2}{|S_1|^2 + |S_2|^2} \\ \widehat{h}_2 = \dfrac{S_1 r_2 + S_2^* r_1}{|S_1|^2 + |S_2|^2} \end{cases} \tag{8-6}$$

随后可以通过式（8-7）恢复两路信号。

$$\begin{cases} \tilde{S}_1 = \widehat{h}_1^* r_1 + \widehat{h}_2 r_2^* \\ \tilde{S}_2 = \widehat{h}_2^* r_1 - \widehat{h}_1 r_2^* \end{cases} \tag{8-7}$$

STBC 星座图如图 8-3 所示，假设发射的是 16QAM，由于前后符号叠加的存在，当两路信号功率比 α 为 1 时，在接收端经过均衡后，会形成一个 49QAM 的星座图。该信号经过 STBC 的恢复算法，即可得到原始的两路发射信号。

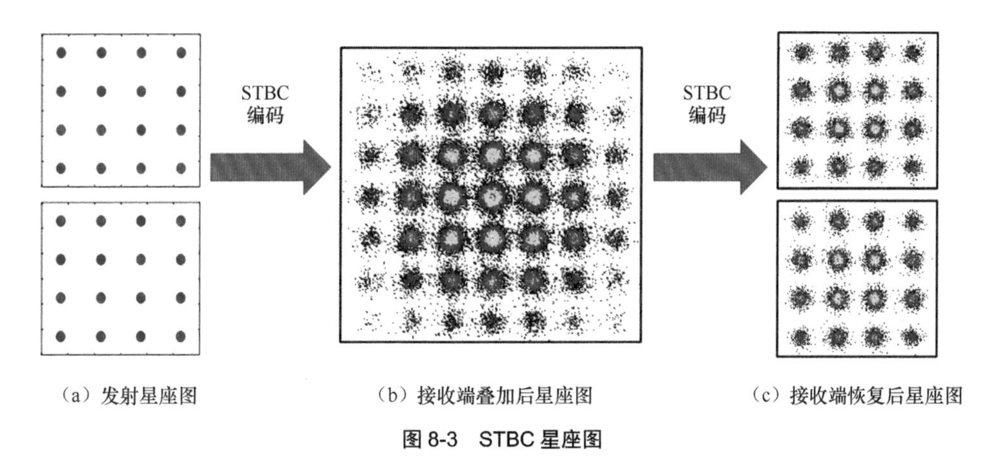

（a）发射星座图 （b）接收端叠加后星座图 （c）接收端恢复后星座图

图 8-3 STBC 星座图

STBC 是一种非常经典的利用 MIMO 提供分集增益的方式，其效果在 VLC 系统里也得到了验证[7]。但是，STBC 会扩展接收端星座点的维度，而对于 VLC 系统，当其工作在大功率下时，会遭受非线性的扰动。对于 CAP 或者单载波信号，其外圈的星座点会受到挤压，而增加了接收信号维度的 STBC 信号性能将更加恶化。而对于 16QAM OFDM-STBC 信号，其抗非线性能力远差于传统 16QAM 信号。

SCM 原理如图 8-4 所示，是一种将星座图进行拆分并分别在两个发射端进行发射的分集方式[9-10]。以 64QAM SCM 为例，假设 S_1^k 和 S_2^k 分别表示第一路和第二路的发射信号，则第一路发射信号为 QPSK，第二路发射信号为 16QAM，两路信号叠加后如果功率匹配，那么在接收端将看到一个叠加后的 64QAM 星座图。

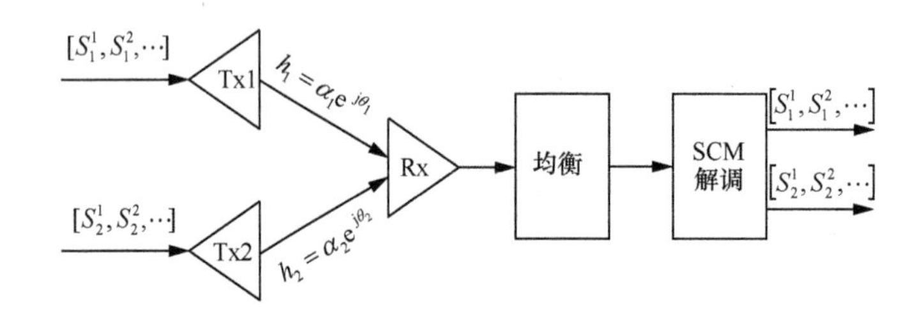

图 8-4　SCM 原理

相对于 STBC，SCM 将在两个发射端发射的信号进行降阶来缓解大功率下非线性带来的影响，同时也降低了对发射端的线性度和灵敏度的需求。SCM 不同功率比下的星座图如图 8-5 所示，对于 64QAM 来说，首先根据象限对其进行拆分，得到 QPSK 和 16QAM 信号，然后将两路信号分别调制到两个发射端上。当两路信号在接收端同步叠加，且信号的功率比在工作范围内的时候，即可对信号解调。由于 STBC 会提升接收信号的维度，而 VLC 信道易受非线性的影响而导致性能劣化，尤其在高阶的时候更为明显。因此，采用 SCM 代替 STBC 进行高阶 QAM 信号的传输，既可以采用成本更低、灵敏度更低的发射端，同时接收端的信号受非线性影响相比于 STBC 也更小。然而，SCM 对两个发射端的功率比的要求比较严格，而且对于不同的星座来说最优功率比并不相同。这样会带来几个问题：① 在实际应用中，两个发射端需要实现差异化设计，即发射信号需要采用不同的功率比，这对其实际应用的推广是比较不利的；② 在接收端接收功率一定的情况下，功率比过大代表 SNR 差异过大，那么其中一路的 SNR 必然过低，实际上不利于信号的有效解调；③ 功率比差异过大，则两路信号都需要有严格的角度限制，否则整体都无法解调。这使得采用叠加调制的系统灵活性受到极大的限制。如图 8-5 中矩形框所示，对于发射端都是 QPSK 的情况，当第一路与第二路的功率比接近于 1 时，此时出现星座点简并的情况。此时的信号是无法解调的，BER 非常高。而当功率比大于 3 的时候，功率较小的一路信号的 SNR 衰减非常严重，导致接收端的星座整体欧几里得距离远小于其在最优功率比时，此时解调性能也较差。因此，对于功率比接近于 1 的情况，SCM 星座的解调性能都很差，这也制约了其实际应用的发展前景。

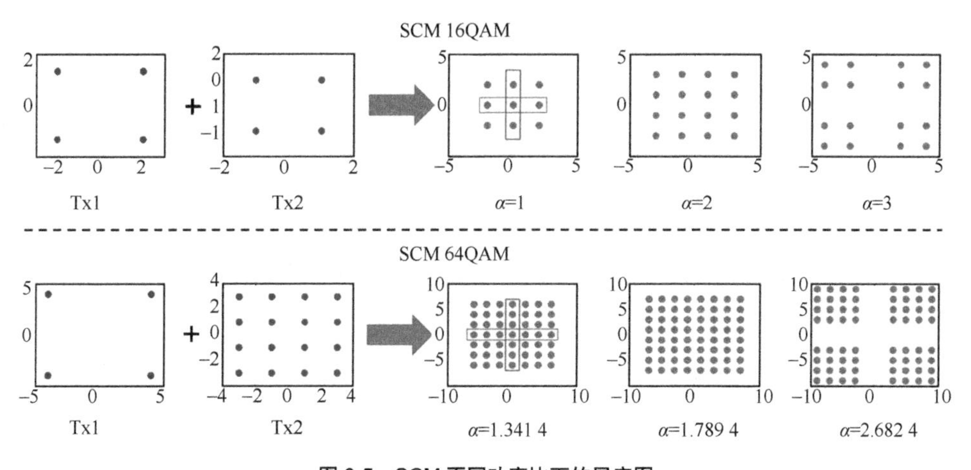

图 8-5 SCM 不同功率比下的星座图

SCM 的解调可以采用串行干扰消除（Serial Interface Cancellation，SIC）或者最大似然序列检测（Maximum Likelihood Sequence Detection，MLSD）。

时分复用（Time Division Multiplexing，TDM）信号帧格式如图 8-6 所示，假设通过 TDM 的训练序列，我们已经得到了频域上两路信道的参数估计值，分别记为 H_1 和 H_2，则两路信号的功率比可以表示为 $\alpha=|H_1|/|H_2|$。

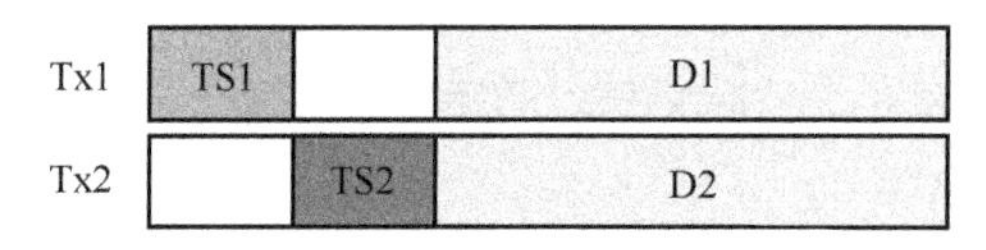

图 8-6 TDM 信号帧格式

注：TS1 为一号训练序列；TS2 为二号训练序列；D1 为一号待传输数据；D2 为二号待传输数据；Tx1 为一号发射信号序列；Tx2 为二号发射信号序列。

SCM 多用于 SR-MIMO-VLC 场景，而对于 SR-MIMO-VLC，其信道矩阵是非

满秩的，导致其逆矩阵没有唯一解。因此，传统的 MIMO-ZF、MIMO-最小均方误差（Minimum Mean Square Error，MMSE）和球形解码（Sphere Decoding，SD）等算法无法直接用在 SR-MIMO-VLC 系统中[9-10]，需要考虑 SR-MIMO-VLC 系统的实际应用场景对其进行解调。这里我们主要考虑 SIC 和 MLSD 两个解调算法。

对于 SIC 和 SR-MIMO-VLC 系统，接收信号可以表示为

$$Y = H_1X_1 + H_2X_2 + N \tag{8-8}$$

其中，X_1和X_2分别代表第一路和第二路的发射信号，H_1和H_2分别代表第一路和第二路的信道响应，N表示接收信号的噪声。假设两路信号所使用的发射端的信道响应差别非常小，且两路信号到达时间基本一致，那么可以认为$H_1 = \alpha H_2$，其中α代表两路信号的功率比。此时可以根据不同的功率比对其进行解调。由于式（8-8）有两个未知数，此方程理论上是不能解调的。然而，当系统的功率比在可解调区间时，即当$\alpha > \alpha_{th}$时，可以对信号采用 SIC 进行解调。

对式（8-8）左乘W_2，则

$$W_2Y = W_2H_1X_1 + W_2H_2X_2 + W_2N \tag{8-9}$$

这里W_2和解调方式有关，如果采用迫零均衡，则$W_2 = H_2^{-1}$，化简可得

$$H_2^{-1}Y = \alpha X_1 + X_2 + H_2^{-1}N \tag{8-10}$$

由于X_1为归一化后的 QPSK 信号，根据$H_2^{-1}Y$的象限，即可确定X_1的估计值

$$\widehat{X}_1 = \begin{cases} \varepsilon(1+1i), & (H_2^{-1}Y)_r > 0, (H_2^{-1}Y)_i > 0 \\ \varepsilon(-1+1i), & (H_2^{-1}Y)_r < 0, (H_2^{-1}Y)_i > 0 \\ \varepsilon(-1-1i), & (H_2^{-1}Y)_r < 0, (H_2^{-1}Y)_i < 0 \\ \varepsilon(1-1i), & (H_2^{-1}Y)_r > 0, (H_2^{-1}Y)_i < 0 \end{cases} \tag{8-11}$$

其中，$\varepsilon = \dfrac{1}{\sqrt{2}}$为 QPSK 的归一化幅值。随后，即可确定$X_2$的估计值，如式（8-12）所示。

$$\widehat{X}_2 = H_2^{-1}Y - \alpha\widehat{X}_1 \tag{8-12}$$

MLSD 是一种经典的信号估计方法。当两路信号的信道响应之间有一定差别，导致不能认为$H_1 = \alpha H_2$时，可以采用 MLSD 对接收信号进行解调。MLSD 的表达

式为

$$[\hat{X}_1, \hat{X}_2] = \underset{\hat{X}_1 = \Lambda_1^i, \hat{X}_2 = \Lambda_2^j}{\arg\min} \left| Y - H_1 \Lambda_1^i - H_2 \Lambda_2^j \right| \quad (8\text{-}13)$$

其中，Λ_1^i 和 Λ_2^j 分别代表第一路和第二路发射信号的符号集合。MLSD 的本质就是穷举所有可能的组合，结合信道状态信息得到与接收信号欧几里得距离最近的解。MLSD 是理论上的最优解，可以得到系统性能的极限。然而，MLSD 的复杂度远高于 SIC，且随着信号阶数的上升而成倍增长。例如，对于 64QAM 的 SCM，解调一组信号 MLSD 需要经过 128 次乘法，而对于 SIC 来说，仅需要经过 2 次乘法和 4 次比较即可解调一组信号，对于 STBC 来说，其 MLSD 更是需要经过 64×64×2 次乘法。这也限制了 MLSD 在实际中的应用。

8.2　PAM7 叠加调制

8.2.1　传统 PAM-MISO 系统

在 UVLC 系统中，功率放大器、LED 光源等关键器件都存在一定的非线性效应。非线性效应会引起信号失真，影响和限制系统的传输性能。其中，发射端 LED 的调制曲线具有非线性特征。信号只有调制在 LED 工作的线性区域内才可以传输并减轻非线性效应的损伤。当信号电压过大或者驱动 LED 的偏置电压过大时，信号会进入 LED 曲线的非线性区域，并面临严重的非线性问题，进而影响系统信号的有效传输。尤其对于高阶信号，电平数增多，信号的 PAPR 就会相应地增加，这样的信号也更容易受到系统非线性的影响，产生非线性失真。此外，为了减轻非线性的影响，在 LED 的线性区调制信号，对于具有多电平的高阶信号来说，每个电平之间的间隔就相应地变小，信号会面临更严重的 ISI。

MISO UVLC 系统具有多个发射端，因此可以采取在单个发射端上调制更低阶的信号，使其通过信号在空间中进行光域的叠加来生成叠加后的更高阶信号的方法。这样一来，发射端调制的低阶信号在线性区域内每个电平之间可以尽量分开，有效地抵抗信号的 ISI 和系统的非线性失真，从而更高效地提升系统的传输性能。以基于 LED 的 2×1 MISO UVLC 系统为例，分别在两个 LED 上调制 PAM4 信号，然后通过传输过程对光信号进行叠加，在接收端生成 PAM7 信号。

PAM 调制信号的表达式为

$$s(t)=\mathrm{Re}[A_m g(t)\mathrm{e}^{\mathrm{j}2\pi f_c t}]=A_m g(t)\cos 2\pi f_c t, 0\leqslant t\leqslant T \tag{8-14}$$

$$A_m=(2m-1-M)d, m=1,2,\cdots,M \tag{8-15}$$

$$M=2^k \tag{8-16}$$

其中：$g(t)$ 是实值信号脉冲，它决定了传输信号的频谱结构；f_c 为信号频谱的中心频率；k 表示一个符号需要的比特数；A_m 是 PAM 可能出现的幅度，它是一个离散的值，例如对于 PAM8 来说，k 的值为 3，A_m 的值为（−7,−5,−3,−1,1,3,5,7）；d 是相邻符号之间的间隔，一般 d=1，相邻电平之间的间隔为 2。

接收端接收的叠加后的信号可以表示为

$$\begin{aligned}&s_{\mathrm{Tx1}}(t)+s_{\mathrm{Tx2}}(t)=\\&\mathrm{Re}[A_{m_1}g(t)\mathrm{e}^{\mathrm{j}2\pi f_c t}+A_{m_2}g(t)\mathrm{e}^{\mathrm{j}2\pi f_c t}]=\\&(A_{m_1}+A_{m_2})g(t)\cos 2\pi f_c t, m_1,m_2=1,2,\cdots,M\end{aligned} \tag{8-17}$$

我们可以得到

$$A_{m_1}+A_{m_2}=(2m_1+2m_2-2-2M)d \tag{8-18}$$

为了简化分析，我们将 d 设置为 1，在两个发射端发射 PAM4 信号，故 k=2，M=4。对于传统的 PAM4 MISO 系统，发射端每个电平出现的概率相等（此处为 1/4）。公式为

$$\sum_{m,n=1}^{M}P(s(t))=\sum_{m,n=1}^{M}P(A_{m,n})=1 \tag{8-19}$$

$$P(A_m)=P(A_n) \tag{8-20}$$

图 8-7 所示为采用不同编码方式的 2×1 PAM MISO 系统的原理。图 8-7（a）所示为传统非等概率预编码 2×1 PAM4 MISO 系统的原理。首先，生成 6N 个随机

原始比特。一个 PAM4 符号需要 2 bit 编码，因此将随机原始比特分为 $3N$ 个组。然后采用 PAM 以生成 PAM4 符号。接下来，采用 STBC 编码方法以在发射机中产生数据 Tx1 和 Tx2，并分别在两个 LED 上传输。经过传输，接收端将收到来自两个发射端的叠加信号。

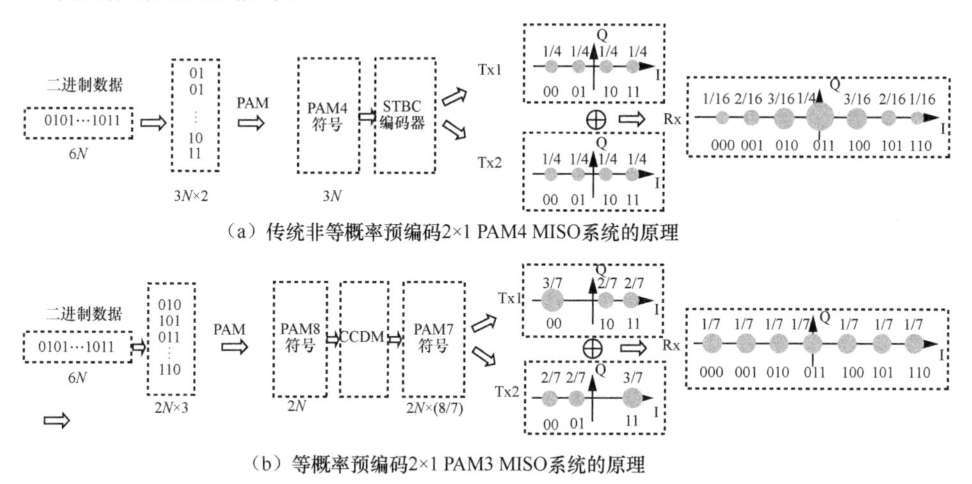

（a）传统非等概率预编码2×1 PAM4 MISO系统的原理

（b）等概率预编码2×1 PAM3 MISO系统的原理

图 8-7　采用不同编码方式的 2×1 PAM MISO 系统的原理

更具体地，可以从图 8-7（a）中看到，PAM4 信号的 4 个电平出现的概率相等，皆为 1/4。并且将两个信号叠加会产生一个新的 7 阶信号。根据 PAM 的原理，我们知道每个 PAM4 信号可以传输 2 bit 信息，两个发射端就是 4 bit 信息。传统 2×1 PAM4 MISO 系统发射端和接收端的编码表见表 8-1。从表 8-1 中可以看到，在光信号的传输过程中，不同电平叠加产生的电平并不都不同，比如电平+3 和−3，+1 和−1 叠加都将产生相同的 0 电平。因此，从图 8-7 和表 8-1 我们都可以看到，最终在接收端生成的是 PAM7 信号。根据 PAM 原理，$2^2=4$ 和 $2^3=8$，所以 2 bit 可以编码成 4 电平符号，3 bit 可以编码成 8 电平符号，只有 7 个电平的 PAM7 信号也同样可以用 3 bit 编码。这样，我们的 PAM MISO 叠加方案将由两个信号叠加的 4 bit 信息映射到 3 bit，从而提高了编码效率。

从图 8-7（a）中我们可以看出，通过两路信号叠加生成的 PAM7 信号中每个电平的概率是不相等的。如表 8-1 所示，0 电平出现的概率最大（因为+3 和−3，+1 和−1 叠加都将产生 0 电平），为 1/4，而+6 和−6 电平出现的概率最小，为 1/16。

表 8-1　传统 2×1 PAM4 MISO 系统发射端和接收端的编码表

序号	Tx1（PAM4）		Tx2（PAM4）		Rx（PAM7）	
	码型	概率	码型	概率	码型	概率
1	11（+3）	1/16	11（+3）	1/16	110（+6）	1/16
2	11（+3）	1/16	10（+1）	1/16	101（+4）	2/16
3	10（+1）	1/16	11（+3）	1/16		
4	01（−1）	1/16	11（+3）	1/16	100（+2）	3/16
5	11（+3）	1/16	01（−1）	1/16		
6	10（+1）	1/16	10（+1）	1/16		
7	11（+1）	1/16	00（−3）	1/16	011（0）	4/16
8	10（+1）	1/16	10（+1）	1/16		
9	01（−1）	1/16	01（−1）	1/16		
10	00（−3）	1/16	11（+3）	1/16		
11	00（−3）	1/16	10（+1）	1/16	010（−2）	3/16
12	10（+1）	1/16	00（−3）	1/16		
13	01（−1）	1/16	01（−1）	1/16		
14	01（−1）	1/16	00（−3）	1/16	001（−4）	2/16
15	00（−3）	1/16	01（−1）	1/16		
16	00（−3）	1/16	00（−3）	1/16	000（−6）	1/16

8.2.2　等概率预编码方案

通过直接叠加两个标准 PAM4 信号生成的 PAM7 信号的电平具有不相等的出现概率。这可以看作一种概率整形，其是有利于传输的。然而，从接收端到发射端的映射不是唯一的。为了对符号进行解码以获得原始比特信息，需要采用浪费一半带宽资源的 STBC 编码方式[11-12]。因此，这种传统的 2×1 PAM4 MISO 系统会浪费一半的带宽。除此之外，低电平符号的出现概率增加，高电平符号的出现概率减小，故而信号的 PAPR 增加。

除此之外，接收端的 PIN 光电二极管等器件也存在非线性。如果接收端信号的 PAPR 过高，则容易因器件非线性的影响而产生信号的失真和损伤。故而，我们希望接收端收到的 PAM7 信号各个电平之间间距相等、概率相等，各电平能够彼此分

开，便于电平的判决。因此，我们提出了一种新颖的编码方式，可以表示为

$$\sum_{m=1}^{M} P(s(t)) = \sum_{m=1}^{M} P(A_{m_1} + A_{m_2}) = 1 \tag{8-21}$$

$$P_a(A_{m_i} + A_{m_j}) = P_b(A_{m_i} + A_{m_j}) \tag{8-22}$$

这里,接收端的电平数是 7,所以 $P(A_{m_i} + A_{m_j}) = 1/7$。我们提出的等概率预编码 2×1 PAM3 MISO 系统发射端和接收端的编码表见表 8-2。具体的映射细节可以从表 8-2 中得到。从图 8-7（b）中可以看到，接收端每个电平的出现概率是相等的，且各电平之间的间距相等，尽可能地分开，便于信号判决。反过来，发射端每个电平的出现概率则是不相等的。每个发射端只需要发送 3 个电平的 PAM3 信号即可在接收端生成等概率的 PAM7 信号。在两个发射端中发射的符号概率如图 8-7（b）所示。可以看出，两个发射端中有一个电平的概率为零，也就是说实际上只需要发送具有 3 个电平的 PAM3 信号。从图 8-7 中也可以看到发射端的 PAM3 信号，Tx1 中的电平+1 和+3 符号相邻间隔小，但它们的出现概率也相对较小且相等，为 2/7。Tx2 中的电平−1 和−3 符号相邻间隔小，对应的出现概率也同样较小且相等，也为 2/7。而发射端 PAM3 符号中出现概率最高的电平（Tx1 中的−3 和 Tx2 中的+3 电平，概率为 3/7）与其相邻的电平之间间隔较大。这样的编码方式使发射端信号电平在线性区内能尽可能地分开，可以更好地减轻发射端 PAM3 信号的电平干扰和 ISI，有利于信号的传输。

表 8-2 等概率预编码 2×1 PAM3 MISO 系统发射端和接收端的编码表

序号	Tx1（PAM3）		Tx2（PAM3）		Rx（PAM7）	
	码型	概率	码型	概率	码型	概率
1	11（+3）	1/7	11（+3）	1/7	110（+6）	1/7
2	10（+1）	1/7	11（+3）	1/7	101（+4）	1/7
3	11（+3）	1/7	01（−1）	1/7	100（+2）	1/7
4	00（−3）	1/7	11（+3）	1/7	011（0）	1/7
5	10（+1）	1/7	00（−3）	1/7	010（−2）	1/7
6	00（−3）	1/7	01（−1）	1/7	001（−4）	1/7
7	00（−3）	1/7	00（−3）	1/7	000（−6）	1/7

图 8-7（b）所示为等概率预编码 2×1 PAM3 MISO 系统的原理。同样地，首先生成 $6N$ 个随机原始比特。一个 PAM8 符号需要 3 bit，因此将随机原始比特分为 $2N$ 组。遵循 PAM 调制生成 PAM8 符号。然后利用分布匹配器（DM）生成 $2N\times(8/7)$ 个 PAM7 符号。接下来，根据表 8-2 中的一一映射规则在发射端生成 Tx1 和 Tx2 发送数据，并由两个 LED 发射。经过传输，接收端将收到来自两个发射端的叠加信号。

对于传统的 PAM4 MISO 系统，STBC 编码用来解码信号。所以，根据 STBC 的规则，Tx2 中的信号是 Tx1 中信号的共轭。故可以通过式（8-23）来计算信源熵。

$$H(x) = H = -\sum_{x\in\chi} P_X(x)\mathrm{lb}P_X(x) \tag{8-23}$$

其中，χ 代表 PAM 信号的星座点集合，$P_X(x)$ 是信号源中每个电平出现的概率。这里，对于 PAM4 信号来说，$P_X(x)=1/4$，所以 $H(x)=2$。然而，对于等概率预编码方案来说，PAM7 信号的每个电平的出现概率 $P_X(x)=1/7$，所以 $H(x)\approx 2.8$。从而我们可以很容易地发现，采用等概率预编码方案之后信源熵有 0.8 的增益。

8.2.3 数值仿真分析

为了研究 2×1 PAM MISO 系统的性能，本节主要从仿真角度进行数值模拟分析。我们基于 MATLAB 软件实现了仿真模型。首先，生成原始二进制比特并进行 PAM。然后将调制后的信号通过 LED 传递函数模型。该传递函数是我们在先前的实验[13]中通过测量商用的 LED 获得的。接收机的响应是线性的。发射机和接收机中存在的噪声产生的影响要归因于 SNR 的下降。这样就可以对系统性能进行数值评估。我们计算并比较了不同编码方式的发射端和接收端信号的 PAPR。然后仿真了不同 SNR 下的 BER 性能。

信号的 PAPR 大小与该信号遭受非线性失真影响的严重程度有关。降低信号的 PAPR 可以有效地减少系统的非线性失真。因此，我们在两种编码映射方案中比较了发射和接收 4 个 PAM 信号的 PAPR，结果见表 8-3。

从表 8-3 中可以看到，PAM3 Tx 具有比 PAM4 Tx 更好的 PAPR 性能，等概率预编码 PAM7 Rx 具有比传统非等概率预编码 PAM7 Rx 更好的 PAPR 性能。显然，等概率预编码方案发射端和接收端中信号的 PAPR 性能都优于传统非等概率预编码方案的。

表 8-3　不同编码方式的发射端和接收端信号的 PAPR

	信号	PAPR
图 8-7（a）中的案例	PAM4 Tx	1.80
	传统非等概率预编码 PAM7 Rx（PAM4+PAM4）	3.60
图 8-7（b）中的案例	PAM3 Tx	1.34
	等概率预编码 PAM7 Rx（PAM3+PAM3）	2.25

发射端 PAM3 信号中高电平的概率增加导致信号平均功率增加，而峰值功率不变，故而相应的 PAPR 相较于传统 PAM4 信号会变小。而对于接收端传统非等概率预编码方案的 PAM7 信号，低电平（比如：零电平）的出现概率大，从而均值功率会小，峰值功率不变，故而信号的 PAPR 相较于等概率预编码方案的 PAM7 信号要高。事实上，较小的 PAPR 会使信号在系统中引起较少的非线性失真。因此，当系统遭受非线性失真时，我们提出的等概率预编码方案不管是发射端信号还是接收端信号均具有更低的 PAPR，从而该系统可以具有更好的性能。

我们研究了 PAM4 MISO 系统不同编码方式的仿真的 BER 与 SNR 的关系，仿真结果如图 8-8 所示。首先，BER 随着 SNR 的增加而降低。为了更简单地表示两种方案，我们将等概率预编码方案称为 PAM3+PAM3，传统非等概率预编码方案称为 PAM4+PAM4。从图 8-8 中可以很容易地发现，PAM3+PAM3 MISO 系统比 PAM4+PAM4 MISO 系统具有更好的抗噪声能力。

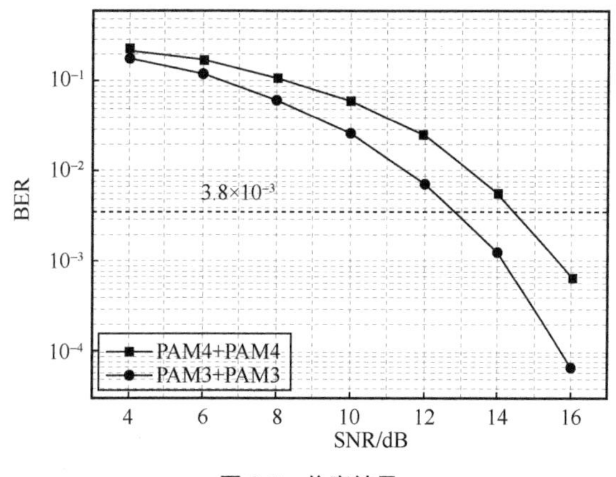

图 8-8　仿真结果

图 8-9 所示为不同 SNR 下传统非等概率预编码方案（PAM4+PAM4）的仿真星座图和概率密度分布图。图 8-9（a）～图 8-9（d）所示的是采用传统非等概率预编码方案后的不同 SNR 下的仿真星座图，图 8-9（e）～图 8-9（h）所示的是接收端收到的采用传统非等概率预编码方案的 PAM7 信号的每个电平出现的概率密度分布图。类似地，图 8-10 所示为不同 SNR 下等概率预编码方案（PAM3+PAM3）的仿真星座图和概率密度分布图。图 8-10（a）～图 8-10（d）所示的是采用等概率预编码方案后的不同 SNR 下的仿真星座图，图 8-10（e）～图 8-10（h）所示的是接收端收到的采用等概率预编码方案的 PAM7 信号的每个电平出现的概率密度分布图。

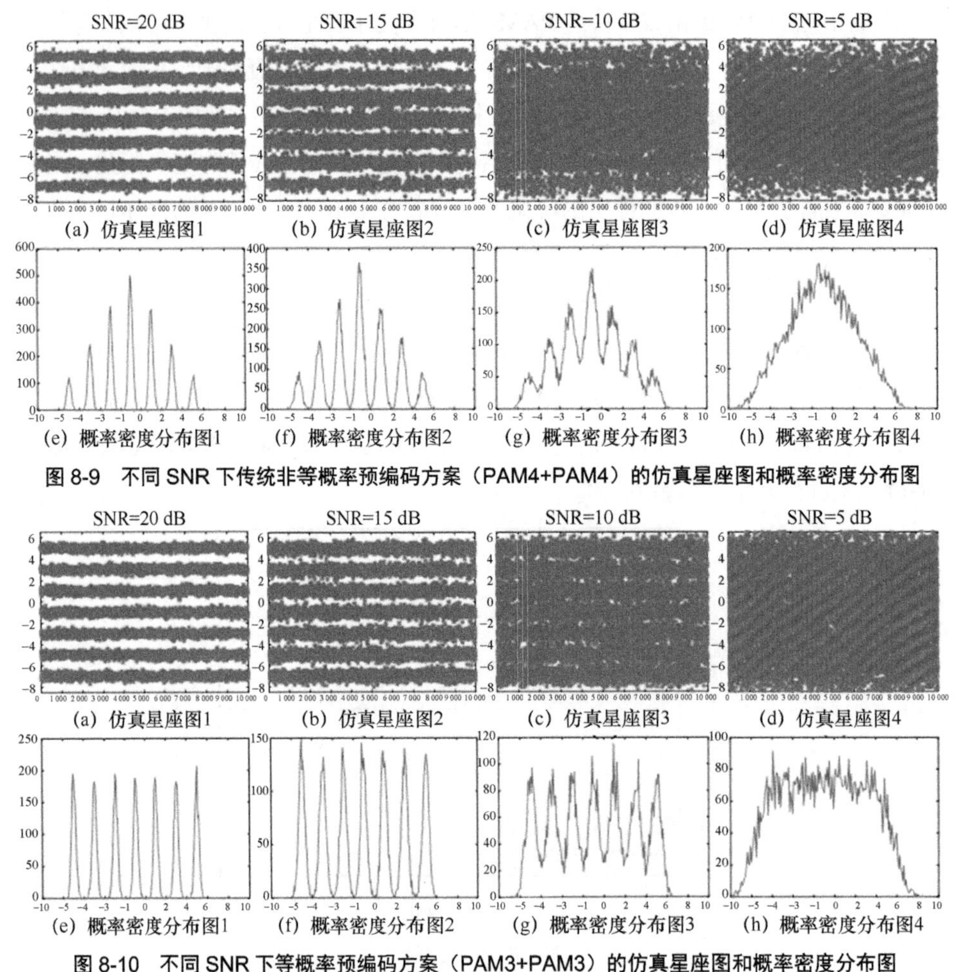

图 8-9　不同 SNR 下传统非等概率预编码方案（PAM4+PAM4）的仿真星座图和概率密度分布图

图 8-10　不同 SNR 下等概率预编码方案（PAM3+PAM3）的仿真星座图和概率密度分布图

从图 8-10 中可以明显地看出，较低的 SNR 会使系统性能较差。在较低 SNR 情况下，每个电平出现的概率密度曲线是连在一起的，每个电平很难区分开来。而当 SNR 增加时，SNR 越高，概率密度曲线中每个电平的宽度越窄，表明接收到的信号更集中地分布在标准电平附近。最后，在相同的 SNR 下，我们提出的等概率预编码方案（PAM3+PAM3）表现更优。

互信息（MI）是衡量可达比特率的重要指标，MI 可以通过文献[14]中的公式估计。

$$\mathrm{MI}=I(X;Y)=\sum_{i=1}^{n}\sum_{j=1}^{m}P(x_i,y_j)\mathrm{lb}\frac{P(x_i,y_j)}{P(x_i)P(y_j)}=\sum_{i=1}^{n}\sum_{j=1}^{m}P(x_i,y_j)\mathrm{lb}\frac{P(y_j\mid x_i)}{P(y_j)} \tag{8-24}$$

其中，x_i 是发送的信号，y_j 是接收到的带噪声的信号，$P(y_j)$ 是接收端信号的概率，$P(y_j\mid x_i)$ 是信道的条件概率。

$$P(y_j\mid x_i)=\frac{1}{\sqrt{2\pi N_0}}\mathrm{e}^{-\frac{|y-x|^2}{N_0}} \tag{8-25}$$

不同编码方式的 MI 随 SNR 的变化曲线如图 8-11 所示。从图 8-11 中可以看出，随着 SNR 的增加，信号的 MI 也会增加，PAM7 信号的 MI 趋于 2.8，而 PAM4-STBC 信号的 MI 趋于 2。这与我们之前的理论分析是一致的。此外，当 SNR 大于 8 dB 时，我们提出的等概率预编码方案可以显著改善 MI。

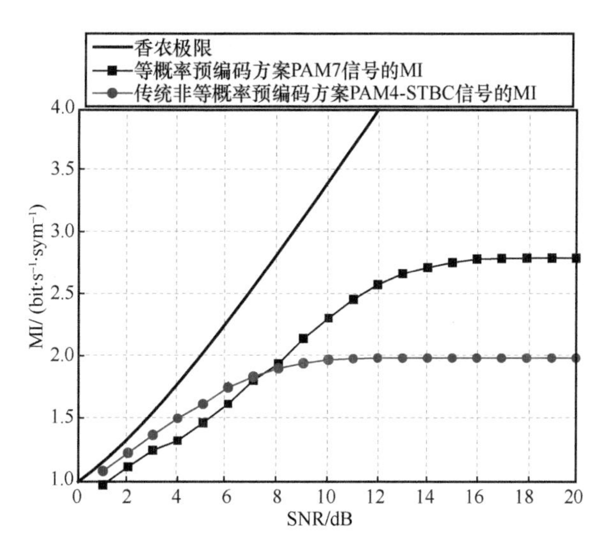

图 8-11　不同编码方式的 MI 随 SNR 的变化曲线

8.2.4 基于等概率预编码方案的 UVLC 系统

前面几节，我们详细介绍了等概率预编码方案，并从理论和仿真进行了分析验证。接下来我们将从实验的角度展开，比较两种编码方式的水下实验性能。

1. 系统架构

为了证明等概率预编码方案在 2×1 PAM MISO UVLC 系统中的优越性，我们进行了实验。图 8-12 所示为采用不同编码方式的 2×1 PAM MISO UVLC 系统的实验装置和原理。在发射端，原始二进制比特序列首先在 MATLAB 中根据编码映射规则映射到 PAM4 符号，然后使用相移曼彻斯特（PS-Manchester）编码方式[15]对 PAM 符号编码进行频谱整形，以便可以在基带上直接发送 PAM 信号。编码的 PAM 符号上采样倍数为 4。

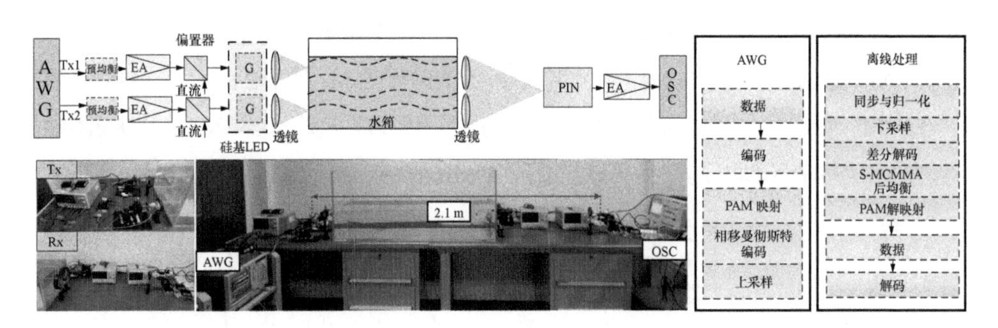

图 8-12 采用不同编码方式的 2×1 PAM MISO UVLC 系统的实验装置和原理

在实验中，生成两路 PAM 信号，并通过 AWG 的两个通道发出。此处用的 AWG 型号为 Tektronix AWG7122。然后，通过预均衡电路分别补偿从 AWG 输出的两个 PAM 信号，以补偿信道的高频衰减，并通过 EA 放大均衡后的信号，这里使用的 EA 的增益为 25 dB。放大后的电信号加上偏置器的直流偏置电压后，耦合到南昌大学研究的 RGBYC 硅基 LED 灯的绿色芯片（521 nm）上[16]，发出绿色可见光，进行信息的传输。

信号依次经过水下和自由空间传输，传输距离为 2.1 m。两个光信号通过光域的叠加，在接收端生成 PAM7 信号。在接收端，用 PIN 光电二极管检测接收到的光信号。PIN 光电二极管的型号为 Hamamatsu 10784。我们在接收机的前面放置了两个透镜来聚焦光，从而使得 PIN 光电二极管可以检测到更好的信号，使用差分接收来减少系统中常见噪声的影响。接收到的光信号通过 PIN 光电二极管转换为电信号，然后通过 EA 进行信号放大。最终，用数字存储 OSC 采集信号，此实验 OSC 的型号为 Agilent DSO54855A。在离线处理过程中，我们首先进行信号同步和归一化，然后进行下采样和差分解码，使用标量改进的级联多模算法（S-MCMMA）对 PAM7 信号进行后均衡处理。最后，根据我们提出的等概率预编码方案的编码码表，对 PAM7 信号进行解映射，恢复比特数据，从而计算系统传输的 BER。

2. **实验结果及分析**

在实验中，LED 的直流驱动电压为 2.74 V，电流为 150 mA。故而，两个 LED 在发射端的工作功率为 2.74 V×150 mA=411 mW。然后比较了在相同比特率情况下等概率预编码方案和传统非等概率预编码方案的性能。在 2×1 PAM MISO UVLC 系统中，测得的 BER 性能与不同编码方式的传输速率的关系曲线如图 8-13 所示。可以很容易地发现，与等概率编码方案（PAM3+PAM3）相比，传统非等概率预编码方案（PAM4+PAM4）具有较高的 BER。由于 4 倍上采样和 PS-Manchester 编码，当 AWG 中的发送速率为 2.8 GSa/s 时，有用带宽为 350 MHz。实际传输速率由 350 MHz×3 bit×(7/8)=918.75 Mbit/s 计算得出。这是我们提出的等概率预编码方案的最大实验传输速率。对于传统的 PAM4 MISO 系统，STBC 将占用一半的带宽资源。当 AWG 仍为 2.8 GSa/s 时，可用带宽为 2 800÷4（上采样）÷2（PS-Manchester）÷2（STBC）= 175 MHz，传输速率为 175 MHz×2 bit = 350 Mbit/s。从图 8-13 中可以看到，通过等概率预编码，传输速率从 600 Mbit/s 提高到了 918.75 Mbit/s，提升接近 320 Mbit/s。也就是说，与传统非等概率预编码方案相比，通过等概率预编码方案可实现总体 53%的容量提高。在图 8-13 中，插图 a、b、c、d 是接收机中不同工作点的星座图。由图 8-13 中的插图 c、d 可知，由于难以区分接收到的 PAM7 符号中的每个电平，因此 BER 增加。显然，单通道的性能优于两个通道的叠加，直观地展示了等概率预编码方案的优点。接下来，我们主要研究等概率预编码方案的具体性能。

图 8-14 所示为在 2×1 PAM MISO UVLC 系统中，不同带宽的 BER 性能随 Vpp 的变化情况及不同带宽下接收信号的频谱。该系统采用的是等概率预编码方案。首先，BER 随着 Vpp 的增加而增加。原因是高 Vpp 会使信号容易进入 LED 的非线性

区域。因此，该系统在低 Vpp 范围内表现良好。并且，较高的带宽也会使系统性能变差。因为高带宽将使系统遭受严重的高频衰减的影响。而且可以发现，高带宽的 BER 增长比较缓慢，这是因为 VLC 信道特性在高频的衰减比较缓慢。当发射端的 Vpp=0.5 V 时，不同带宽下接收信号的频谱如图 8-14（b）所示，带宽依次减小。

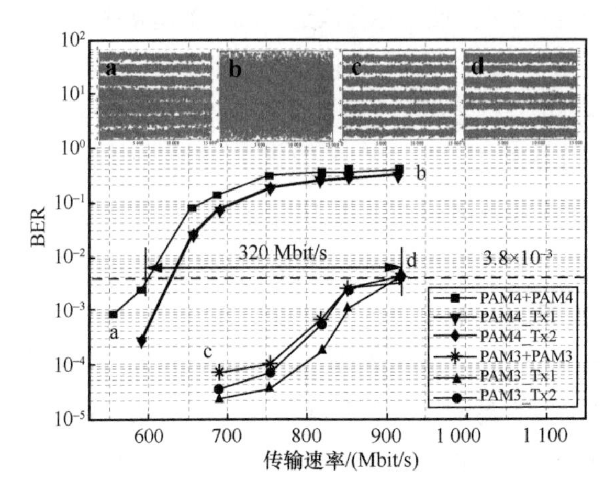

图 8-13　在 2×1 PAM MISO UVLC 系统中，测得的 BER 性能与不同编码方式的传输速率的关系曲线

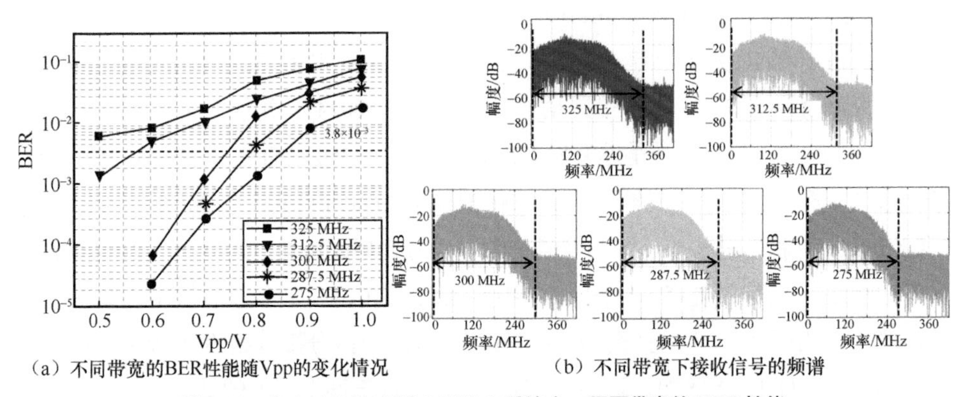

图 8-14　在 2×1 PAM MISO UVLC 系统中，不同带宽的 BER 性能随 Vpp 的变化情况及不同带宽下接收信号的频谱

最后，我们测量了 Tx1 和 Tx2 之间的 Vpp 比值的影响。在 PAM3+PAM3 MISO UVLC 系统中，BER 性能随两个发射端 Vpp 比值的变化情况如图 8-15 所示。可以看出，如果 Tx1 和 Tx2 的 Vpp 比值太大或者太小，也就是说两个发射端的偏差过大，

会导致 BER 性能恶化。只有 Vpp 比值在 0.95 到 1.06 之间时，BER 才能抵御 7% HD-FEC 门限。当 Vpp 比值为 1 时，BER 性能最佳。这意味着，只有当 Tx1 和 Tx2 之间完美匹配时，两个 PAM 信号的叠加才能实现最优性能。插图 b 清楚地显示了 PAM7 信号的每个电平都可以被很好地区分。

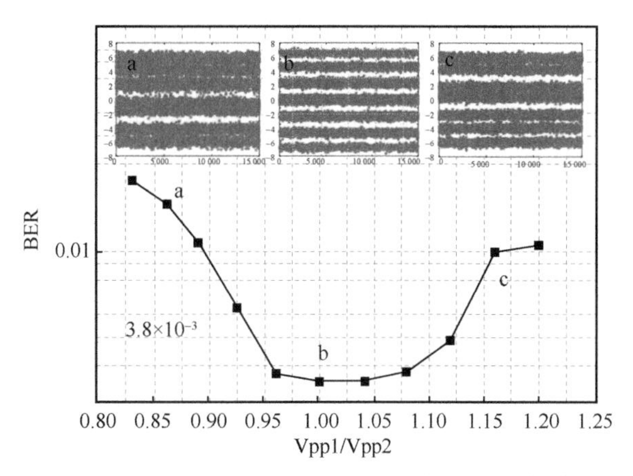

图 8-15　在 PAM3+PAM3 MISO UVLC 系统中，BER 性能随两个发射端 Vpp 比值的变化情况

注：Vpp1/Vpp2 为一号发射机与二号发射机的 Vpp 比值。

应当注意的是，等概率预编码方案是为 2×1 MISO UVLC 系统设计的，只能用于具有两个发射端的系统。调制格式也应该是一维调制，比如 PAM。对于大规模 MIMO UVLC 系统和 QAM 来说，不能简单地从等概率预编码方案中复制编码和检测方法，应该考虑更为复杂的映射和编码方案。在未来的研究中，我们应该对大规模 MIMO UVLC 系统进行进一步的探索。

8.3　QAM 信号的叠加调制

8.3.1　叠加调制

叠加编码（Overlay Coding，OC）和 OC 调制是潜在的可提供高传输速率的技术，它们具有相同的特征：传输叠加的信号。OC 主要用于利用成像接收机实现像素化 MIMO-VLC 系统通道的图像传感器中。这种叠加信号对接收端的检测技术提出了较高的要求，作者在文献[17]中提出了一种次优 sum 检测方法。文献[18]提出了一种低复杂度最大似然的线性检测算法用来检测和恢复叠加之后的信号，该文献将叠加之后的信号根据优先级分成上层信号和底层信号两种。当接收机传感器距离发射机较远时，只有高优先级的上层信号可以被恢复，但是处于低优先级的底层信号却无法被解调出来。受此启发，结合特定的信道估计算法，利用功率域，提出了一种 OC 方案，在多维度的 VLC 系统中成功实现了空间复用。

在介绍 OC 技术之前，先介绍下非正交多址接入（Non-Orthogonal Multiple Access，NOMA）技术，它被广泛应用于多用户（MU）的 VLC 系统网络[19-22]。其核心思想在于，在多用户的系统中，发射端对发射的信号进行 OC，在接收端，使用 SIC 技术恢复信号。通过这种组合编码解码方案，不同用户在相同的时频资源上通过不同的发射功率实现多址接入。基站通过计算连接到其小区下不同用户的信道信息，给不同用户分配不同大小的功率[23-24]。具体而言，对于信道质量不好的用户，基站为其分配较大的功率；对于信道质量较好的用户，基站为其分配较小的功率。在接收端，通过 SIC 技术，先是解调出目标时频资源上功率较大的用户，同时将其他功率较小的用户当作干扰信号。然后将解调出的用户信号减去，解调目标时频资源上剩余用户中功率较大的用户，以此类推，直到解调出所有的用户信息为止。

在多用户的系统中，对于存在两个用户的 MU-MIMO-VLC 系统，令 P_1 和 P_2 分别为基站分配给用户 1 和用户 2 的功率。因此，在目标时频资源上叠加之后的信号可表示为

$$x=\sqrt{P_1}x_1+\sqrt{P_2}x_2 \tag{8-26}$$

在接收端，接收到的信号可表示为

$$y=h\otimes(\sqrt{P_1}x_1+\sqrt{P_2}x_2)+n \tag{8-27}$$

其中，h 表示信道的单位脉冲响应，n 表示噪声。随后，根据 SIC 技术，解调出的 $\boldsymbol{Y}_1$ 可表示为

$$\boldsymbol{Y}_1=\boldsymbol{X}_1+\sqrt{\frac{P_2}{P_1}}\boldsymbol{X}_2+\frac{N}{H\sqrt{P_1}} \tag{8-28}$$

其中，H 为 h 的傅里叶变换，即频域信道响应，N 为 n 的傅里叶变换，即噪声响应。

解调出的 $\boldsymbol{Y}_2$ 可表示为

$$\boldsymbol{Y}_2 = \boldsymbol{Y} - \boldsymbol{Y}_1 \tag{8-29}$$

通过此方法，可以成功解调出 $\boldsymbol{Y}_1$ 和 $\boldsymbol{Y}_2$ 。

在 SR-MIMO-VLC 系统中，设用于发射信号的 LED 数量为 2，光电探测器接收机的数量为 1。因此待发送的信号可表示为

$$\boldsymbol{x}(t) = [\boldsymbol{x}_1(t), \boldsymbol{x}_2(t)]^{\mathrm{T}} \tag{8-30}$$

接收到的信号可表示为

$$\boldsymbol{y}(t) = \sum_{k=1}^{2} \boldsymbol{h}_k(t) \otimes \boldsymbol{x}_k(t) + \boldsymbol{n}_k(t) \tag{8-31}$$

其中：$\boldsymbol{h}_k(t)$ 为 1×2 的信道矩阵；$\boldsymbol{n}_k(t)$ 为噪声；k 为发射机上 LED 上的数量，k=2 。

对加载到 LED1 上的信号采用 QPSK 调制，对加载到 LED2 上的信号采用 16QAM。因此，调制之后的信号可表示为

$$\begin{cases} x_1 = \left(1-2b(i)\right) + \mathrm{j}(1-2b(i+1)) \\ x_2 = \left(1-2b(4i)\right)\left[2-\left(1-2b(4i+2)\right)\right] + \mathrm{j}\left(1-2b(4i+1)\right)\left[2-\left(1-2b(4i+3)\right)\right] \end{cases} \tag{8-32}$$

其中，$b(i)$ 表示第 b_{th} 上的二进制比特，i 为比特序列索引。

定义 ε 为比例因子，并将其乘以加载到 LED1 上的 QPSK 信号。因此，LED1 上的 QPSK 信号可表示为

$$x_1 = \varepsilon\left[\left(1-2b(i)\right) + \mathrm{j}(1-2b(i+1))\right] \tag{8-33}$$

接收到的信号可表示为

$$\begin{aligned} y = {} & \varepsilon x_1 + x_2 = \\ & \varepsilon\left[\left(1-2b(i)\right) + \mathrm{j}(1-2b(i+1))\right] + \cdots + \\ & \left(1-2b(4i)\right)\left[2-\left(1-2b(4i+2)\right)\right] + \cdots + \\ & \mathrm{j}\left(1-2b(4i+1)\right)\left[2-\left(1-2b(4i+3)\right)\right] \end{aligned} \tag{8-34}$$

对于频域上的 QPSK 信号和 16QAM 信号，它们对应的电平分别为

$$\begin{cases} I_{x_1}, Q_{x_1} \in \{-1,1\} \\ I_{x_2}, Q_{x_2} \in \{-3,-1,1,3\} \end{cases} \tag{8-35}$$

将比例因子 ε 与 QPSK 信号相乘，其在频域上的信号可被表示为

$$I_{x_1}, Q_{x_1} \in \{-\varepsilon, \varepsilon\} \tag{8-36}$$

因此，接收到的频域信号可表示为

$$I_y, Q_y \in \{-\varepsilon-3, -\varepsilon-1, -\varepsilon+1, -\varepsilon+3, \varepsilon-3, \varepsilon-1, \varepsilon+1, \varepsilon+3\} \tag{8-37}$$

根据式（8-37），频域上接收信号的实部和虚部产生了多个值，意味着在接收端可产生额外的调制阶数，其值等于 PD 用于检测信号的电平数，也就是在之前提到的叠加信号。叠加信号的实部和虚部数值的范围在 7～22。这里的 ε 和信号的发射功率有关，确切地说是和 PD 检测到的发射信号功率有关。在 VLC 系统中，它主要通过直流电压和 Vpp 控制。因此，可以通过设置以上两种电压值来控制信号的功率，在接收端形成特定的功率差。当 ε 的绝对值小于 0.5 或者大于 3 的时候，叠加信号的实部和虚部分别有 8 个值，其组合是个 64QAM 信号。当 ε=0.5 或 ε=4 时，可以获得一个标准的 64QAM 信号；当 ε=1 时，叠加信号的实部分量和虚部分量分别有 5 个值，此时，可获得一个 25QAM 信号；当 ε=2 及 ε=3 时，可以分别获得 36QAM 信号和 49QAM 信号，此时，出现了部分星座点合并退化的现象。

SR-MIMO-VLC 系统中频域上叠加信号示意如图 8-16 所示。定义 ε=4，此时，加载到 LED1 上的 QPSK 信号在频域上可表示为 $(-4+4i, -4-4i, 4-4i, 4+4i)$，这意味着在接收端检测到的来自 LED1 上的信号功率大于检测到 LED2 上信号的功率。通过线性叠加，在接收端检测到的是一个标准的 64QAM 信号，如图 8-16（c）所示。

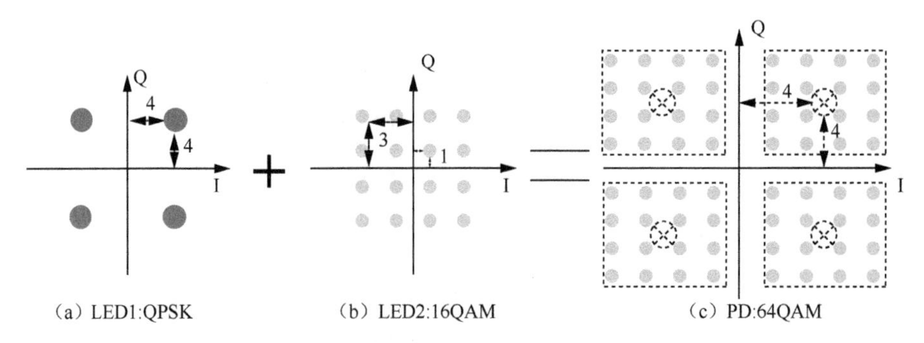

图 8-16　SR-MIMO-VLC 系统中频域上叠加信号示意

8.3.2 接收端的叠加调制分离技术

根据式（8-37）和图 8-16，可以直接对接收的叠加信号进行均衡，其均衡方法类似于 SISO-VLC 系统，然后按照某种特定算法进行分离。具体而言，在采用 ZF 均衡器对叠加信号进行均衡的过程中，所获取的信道矩阵 $\boldsymbol{H}$ 可表示为

$$\boldsymbol{H} = \frac{\boldsymbol{Y}}{\varepsilon \boldsymbol{X}_1 + \boldsymbol{X}_2} \tag{8-38}$$

也就是说，在 ZF 均衡器中，均衡的是将 $\varepsilon \boldsymbol{X}_1$ 和 $\boldsymbol{X}_2$ 叠加之后的 QAM 信号。比如，当 ε=4 时，均衡的是一个 64QAM 信号。定义 $\tilde{\boldsymbol{X}}$ 为估计出的叠加信号，可表示为

$$\tilde{\boldsymbol{X}} = \boldsymbol{W}_{\mathrm{zf}} \boldsymbol{Y} \tag{8-39}$$

其中，$\boldsymbol{W}_{\mathrm{zf}} = (\boldsymbol{H}^{\mathrm{H}} \boldsymbol{H})^{-1} \boldsymbol{H}^{\mathrm{H}}$。

因此，$\tilde{\boldsymbol{X}}$ 可被表示为

$$\tilde{\boldsymbol{X}} = \boldsymbol{W}_{\mathrm{zf}} \boldsymbol{Y} = \boldsymbol{W}_{\mathrm{zf}} \left(\sum_{k=1}^{2} (\boldsymbol{H}_k \boldsymbol{X}_k + \boldsymbol{N}_k) \right) = \sum_{k=1}^{2} \boldsymbol{X}_k + \tilde{\boldsymbol{N}}_{\mathrm{zf}} \tag{8-40}$$

其中，$\tilde{\boldsymbol{N}}_{\mathrm{zf}} = (\boldsymbol{H}^{\mathrm{H}} \boldsymbol{H})^{-1} \boldsymbol{H}^{\mathrm{H}} \boldsymbol{N}$。

随后，使用以下 3 种检测算法对叠加信号进行分离。

（1）查找表算法

根据前文的分析，叠加产生的 64QAM 信号的阶数，正好对应于 16QAM 信号和 QPSK 信号阶数的乘积。因此，一个最简单的方法就是查找表（Look up Table，LUT）算法。在本实验中，表格存放的是均衡之后标准的 64QAM 信号。

在传输过程中，可以使用低阶调制格式、TDM 方式[25]或重复编码等方式进行传输。通过观察图 8-16，在理想状态下，叠加信号的虚部或者实部都只有 8 个值。为了降低系统的冗余度，调高频谱效率，只需要对其中一路的信号进行调制编码，采用较低阶调制格式将该表格的内容调制成调制符号传输出去。

具体地，当 ε=4 时，经过处理之后的 QPSK 信号在频域中的值分别为

$$I_{x_1},Q_{x_1} \in \{-4,+4\} \tag{8-41}$$

加载到 LED2 上的 16QAM 信号强度不变。因此，叠加之后的 QAM 信号 $4X_1+X_2$ 在频域中有 8 个值，即

$$I_x,Q_x \in \{-7,-5,-3,-1,+1,+3,+5,+7\} \tag{8-42}$$

只需要使用较低阶的 8QAM 信号就可以予以区分。例如，可将信号值 –7 用比特序列 000 表示，信号值 –5 用比特序列 001 表示，以此类推。这个表格，可以将其以梳状或者块状等形式存放到待发送数据里面的任意位置。但是，无论存放在何处，接收端都需要知道表格的发送位置。本书将其存放在待发送数据的前面，并以 TDM 的方式分别存放到 LED1 和 LED2 上的数据中发送两次，如图 8-17 所示。

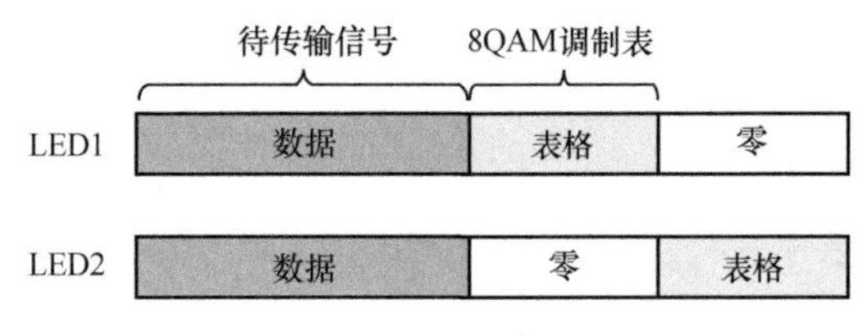

图 8-17 表格的发送方式

假设接收机对表格存在的位置可知，在指定位置上对表格使用 8QAM 解调之后，将解调出来的 8 个数值依次相加组合成 64QAM 信号。这样，信息冗余可以减少一半。

此外，该表格采用的是一次性传输的方式，不需要考虑信道中诸如动态非线性等因素，因此并不同于文献[26]提到的颜色 LUT 算法。

（2）SIC 技术

在 MIMO-VLC 系统中，SIC 技术是一种有效的非线性检测算法。第五代移动通信技术中的 NOMA 技术有望替代长期演进（Long Term Evolution，LTE）技术系统中的正交频分多址（Orthogonal Frequency Division Multiple Access，OFDMA）技术，它是一种利用功率域区分不同用户的新型多址接入技术，在 NOMA 技术中，接收机的主要处理机制就是采用 SIC 技术依次恢复不同用户的信息。

在 MIMO-VLC 系统中，SIC 技术主要应用在贝尔实验室垂直分层空时（Vertical Bell Laboratories Layered Space-Time，V-BLAST）系统中，因此也被称为V-BLAST 检测算法[27]。该算法可以与 MIMO 线性检测算法中的 MMSE 准则和 ZF 准则联合使用，先通过 MMSE 准则或者 ZF 准则解调出一路信号，并将其从接收的信号中消除，随后解调另一路信号，直到解调出所有的信号。在传统 SIC 技术的基础上，文献[28]提出了一种减少相邻 LED 间光干扰抵消方案，两个 LED 均采用相同的 QPSK 调制格式，证明了算法的可行性。

在 SIC 技术中，由一组线性接收机组成，检测通过 N 次递归处理的方式，完成对所有信号的检测，在每一次的检测过程中，检测出一路发射信号，都需要执行零化和干扰消除两个步骤。

在零化处理过程中，需要从接收的信号中选出一个信号进行 ZF 或者 MMSE 等线性检测。假设选取的信号为 $\boldsymbol{X}_k$，则

$$\begin{cases} \tilde{\boldsymbol{X}}_i = R_i \boldsymbol{Y} \\ \tilde{\boldsymbol{X}}_i = Q(\tilde{\boldsymbol{X}}_i) \end{cases} \tag{8-43}$$

其中，$i<k$，R_i 是线性检测算法中对某发射端到接收端中信道矩阵 $\boldsymbol{H}_i$ 的估计值，$Q(\cdot)$ 表示解调。

在消除干扰的过程中，将解调出的 $\tilde{\boldsymbol{X}}_i$ 当作干扰信号处理，并将其从接收的信号 $\boldsymbol{Y}$ 中减去，其模型可表示为

$$\boldsymbol{Y}_{l\neq i} = \boldsymbol{Y} - \boldsymbol{H}_i \tilde{\boldsymbol{X}}_i + \boldsymbol{N} = \boldsymbol{H}_{l\neq i} \tilde{\boldsymbol{X}}_{l\neq i} + \boldsymbol{N}_{l\neq i} \tag{8-44}$$

其中，$\boldsymbol{Y}_{l\neq i}$ 表示解调出 $\tilde{\boldsymbol{X}}_i$ 之后剩余的信号，$\boldsymbol{H}_{l\neq i}$ 表示剩余信号中，发射端到接收端之间的信道矩阵。

随后，对再次检测出的信号进行恢复，以此类推。

实际上，在 SIC 技术中，每一次检测结束之后，等效的模型维度就会降低，意味着可以获得较高的分集增益。所以，相对于传统的线性检测技术，系统的性能会有所提升。

在多用户的无线通信系统中，SIC 技术可以在接收端消除多址干扰。根据终端发射信号的功率大小，在接收的信号中对终端依次进行判决来消除干扰的用户。基

站在发射端会为不同的终端分配不同的信号功率，来实现系统性能增益的最大化，并达到区分终端的目的，这就是利用功率域实现复用的技术。不同于简单的功率控制，基站根据某种规则实行功率分配，这在以往通信系统中的多址接入方案中并没有被利用过。

（3）SIC-LUT 检测算法

观察图 8-16，在 SR-MIMO-VLC 系统中，当 QPSK 信号功率大于 16QAM 信号的功率时，接收到的叠加信号可分为 4 个部分。

定义 $\boldsymbol{Y}_{\mathrm{c}}$ 是每个象限的中心点，$\boldsymbol{v}_{y_{\mathrm{c}}}$ 为 $\boldsymbol{Y}_{\mathrm{c}}$ 象限的实部或虚部分量，可表示为

$$\boldsymbol{v}_{y_{\mathrm{c}}}=\frac{(\varepsilon \boldsymbol{A}_{X_1}-3+\varepsilon \boldsymbol{A}_{X_1}-1+\varepsilon \boldsymbol{A}_{X_1}+1+\varepsilon \boldsymbol{A}_{X_1}+3)}{4}=\varepsilon \boldsymbol{A}_{X_1} \tag{8-45}$$

由式（8-45）可知，QPSK 信号可由中心点计算。因此，$\tilde{\boldsymbol{X}}_1$ 可表示为

$$\tilde{\boldsymbol{X}}_1=\boldsymbol{W}_{\mathrm{zf}_1}\boldsymbol{Y}_{\mathrm{c}} \tag{8-46}$$

$\boldsymbol{H}_1$ 和 $\boldsymbol{H}_2$ 分别表示来自 LED1 和 LED2 上的信道增益。由于两个 LED 距离较近，信道相关性很强，因此，$\boldsymbol{H}_1 \approx \boldsymbol{H}_2$，恢复的 QPSK 信号可表示为

$$\tilde{\boldsymbol{X}}_1=\boldsymbol{W}_{\mathrm{zf}_1}\boldsymbol{Y}_{\mathrm{c}}=\boldsymbol{W}_{\mathrm{zf}_1}(\boldsymbol{H}_1\boldsymbol{X}_1+\boldsymbol{N}_1)=\boldsymbol{X}_1+\tilde{\boldsymbol{N}}_{\mathrm{zf}} \tag{8-47}$$

其中，$\boldsymbol{W}_{\mathrm{zf}_1}=(\boldsymbol{H}_1^{\mathrm{H}}\boldsymbol{H}_1)^{-1}\boldsymbol{H}_1^{\mathrm{H}}$。

最后，$\boldsymbol{X}_1$ 由叠加信号减去

$$\boldsymbol{Y}_2=\boldsymbol{Y}-\boldsymbol{H}_1\tilde{\boldsymbol{X}}_1+\tilde{\boldsymbol{N}}_{\mathrm{zf}} \tag{8-48}$$

其中，$\boldsymbol{Y}_2=\boldsymbol{H}_1\boldsymbol{X}_2+\boldsymbol{N}_2$。

在 MIMO-VLC 系统中，信号会因受到线性、非线性噪声的干扰而变得扭曲。对于 SNR 较低、非线性失真较大的情况，如果先被检测的 QPSK 信号被检测出错，会将其检测错误扩展到对 16QAM 信号的检测，这种连带的错误检测技术，对于通信系统来说是致命的。因此，为了提高系统的性能，必须对信号进行补偿处理。本模型中，结合本节中的查找表算法，提出一种 SIC-LUT 检测算法，表格中存储了所有理想的叠加信号，通过减去均衡之后实际信号和表格中理想信号的位置差来实现误差补偿，其处理流程如图 8-18 所示。

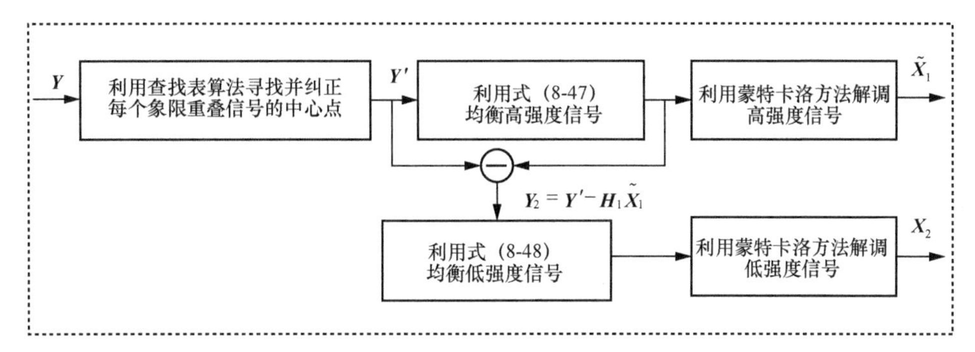

图 8-18　SIC-LUT 处理流程

具体的步骤如下。

① 首先，根据查找表算法找到并计算中心点。

② 纠正扭曲的中心点。

③ 根据式（8-47）对 $\boldsymbol{X}_1$ 进行均衡和解码。

④ 按式（8-48）计算 $\boldsymbol{X}_2$。

⑤ 最后，解调 $\boldsymbol{X}_2$。

需要说明的是，在第一步中，每个象限的中心点由式（8-45）计算获得，在第二步中，“纠正”表示减去理想中心点与实际中心点的差值。然后，$\boldsymbol{X}_1$ 和 $\boldsymbol{X}_2$ 分别用式（8-47）和式（8-48）解调和恢复。结合这种均衡和检测算法，可以分离叠加信号而不需要对文献[28]中的高功率信号重新调制。然而，该算法和 SIC 技术一样，只能在保证 $x_1(t)=\tilde{x}_1(t)$ 的情况下工作。

8.3.3　基于 OC 的 MISO-VLC 实验

首先，在只加有高斯白噪声的信道中对算法进行仿真。在该系统中，使用 2 个 LED 和 1 个 PD 接收机，对加载到 LED1 和 LED2 上的信号分别使用 QPSK-OFDM 和 16QAM-OFDM 的调制方式，定义 $\varepsilon=4$，对应的 QPSK 信号为 $(-4+4i,-4-4i,4-4i,4+4i)$。因此，在接收端，叠加信号的实部或者虚部有 8 个值，即 $\{\pm7,\pm5,\pm3,\pm1\}$。对使用 3 种检测算法（LUT、SIC、SIC-LUT）的系统的 SNR 和 BER 进行性能比较，仿真结果如图 8-19 所示。仿真结果显示，无论使用哪种算法，其表现出的误码性能相当。当 SNR 大于 18 dB 之后，3 种算法都能成功解码和恢复两路信号。实际上，在 MISO-VLC 系统中，如果 64QAM 信号可以在无误码的情况下被成功解调，就可实现 QPSK 信号和 16QAM 信号的分离。

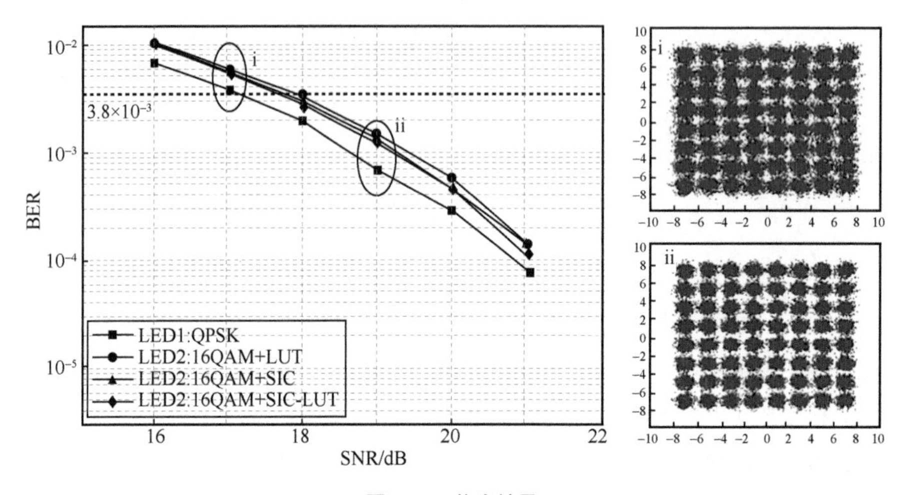

图 8-19　仿真结果

该仿真并未考虑 MISO-VLC 系统的非线性效应。因此，实验设计了一个多维度的 SR-MIMO-VLC 系统，如图 8-20 所示。和仿真一样的设置，使用 QPSK 和 16QAM 对加载到 LED1 和 LED2 上的信号进行调制，FFT 大小为 256，OFDM 的符号数为 200，循环前缀（Cycle Prefix，CP）长度为 FFT 大小的 12.5%，使用一个 OFDM 符号作为训练序列，4 倍的上采样。随后，将传输信号输送到 AWG（泰克 AWG520）中，并将采样频率设置成 1 GSa/s。信号由 AWG 的通道 1（CH1）和通道 2（CH2）传输出来，在分别经过 EA 放大之后，通过偏置器与直流电结合加载到不同的 LED 上。发射信号由 RGB-LED 的红光传输，同时关闭绿光、蓝光和黄光。LED1 和 LED2 之间的距离为 1.0 m。在 PD 接收机的前面放有两个非球面透镜，以确保两束可见光经过 1.3 m 传输后恰好能射入接收机。因此，形成了一个 SR-MIMO 的多维度 VLC 系统，即 SR-MIMO-VLC 系统。在接收端，PD 接收机将捕获到的光信号转换成电信号。通过 EA 进行放大，再由数字 OSC（安捷伦 54 855 A）接收和同步，将数字 OSC 的采样频率设定成 2 GSa/s。接着，将信号输送到计算机，由 MATLAB 软件执行如下线下工作，包括下采样、均衡、解码、分离和解映射。最后，通过对传输数据和接收数据进行逐位比较来计算 BER。

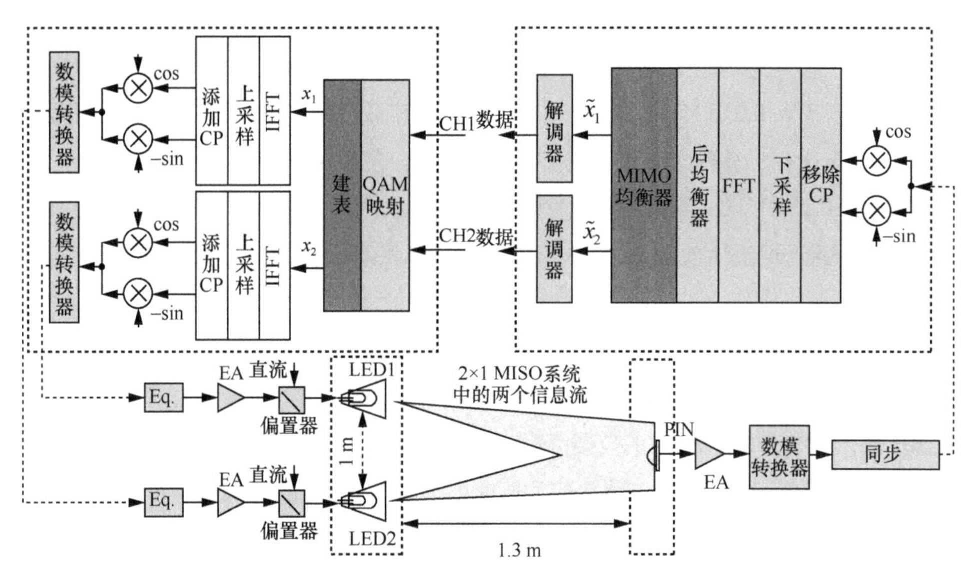

图 8-20　SR-MIMO-VLC 系统示意

在实际实验过程中，可以通过改变相关电压值来获取不同类型的叠加信号。为了清晰，需要定义一些专有名词，具体地，将直流（DC）电压差和 Vpp 电压差分别定义为“Diff-DC”和“Diff-Vpp”。将加载到 LED1 上的“功率较高的 QPSK 信号”定义为“4-SHP”信号，将加载到 LED2 上的“功率较低的 16QAM 信号”定义为“16-SLP”信号。在 SR-MIMO-VLC 系统中，高功率的 QPSK 信号较容易被解调出来，因此，在接下来的工作中，只给出了低功率的 16QAM 信号的 BER 曲线，也就是 16-SLP 信号。只有在 16-SLP 信号被成功解调出来之后，系统才可以实现数据的成倍提升，也就是空分复用。

实际上，只有当该接收功率差满足在某个区间范围内时，才能实现空分复用。因此，接下来的目标是在 SR-MIMO-VLC 系统中找到适合 Diff-DC 和 Diff-Vpp 的工作范围。图 8-21（a）所示为不同 Diff-DC 电压下 16-SLP 信号的 BER 曲线。利用 SIC-LUT 检测算法，在图 8-21（a）矩形区域内，16-SLP 信号的 BER 小于门限阈值。此时，4-SHP 信号和 16-SLP 信号可以成功地在{0.06 V，0.08 V}范围内被解调，数据传输速率可以实现成倍提高。然而，传统的 LUT 算法和 SIC 技术因没有考虑信号的扭曲问题，不能恢复 16-SLP 信号。图 8-21（b）所示为不同 Diff-Vpp 下 16-SLP 信号的 BER 曲线。由于传输信号主要由 Vpp 电流控制，因此，与 Diff-DC 电压相比，信号的功率更容易受到 Diff-Vpp 的影响。在图 8-21 中，当 Diff-Vpp 在区间{0.175 V，0.215 V}时，接收机可以使用 SIC-LUT 检测算法对两路信号成功解码。采用 LUT 算法的系统的误码性能最差，在采用 SIC 技术的系统中，当 Diff-Vpp = 0.195 V 时，可以获得最佳的误码性能，但此时系统的 BER 在 3.94×10^{-3} 左右，仍略高于门限值。此外，SIC-LUT 检测算法可以拓宽系统 Diff-Vpp 的工作范围。

由于 SIC-LUT 检测算法在一定程度上既消除了线性效应损耗和也消除了非线性效应损耗，因此它的性能优于其他两种方案。该检测算法下的系统也成功实现了和文献[29]中一样的 1.5 Gbit/s 的数据传输速率。考虑到系统只用 1 个 PD 接收机接收和区分信号，相较于文献[29]，本系统中的信道相关性更强。在图 8-21（a）和图 8-21（b）的矩形虚线区域中，ε 的值接近 4.5。当 $\varepsilon \leqslant 4$ 时，16-SLP 信号的误码性能随着 ε 的增加有所改善。当 ε 大于 4.5 时，由于 16QAM 信号被 QPSK 信号淹没，BER 性能随着 ε 的增加而变差。实际上，与 SIC 技术相比，SIC-LUT 检测算法可以作为一种优化算法。

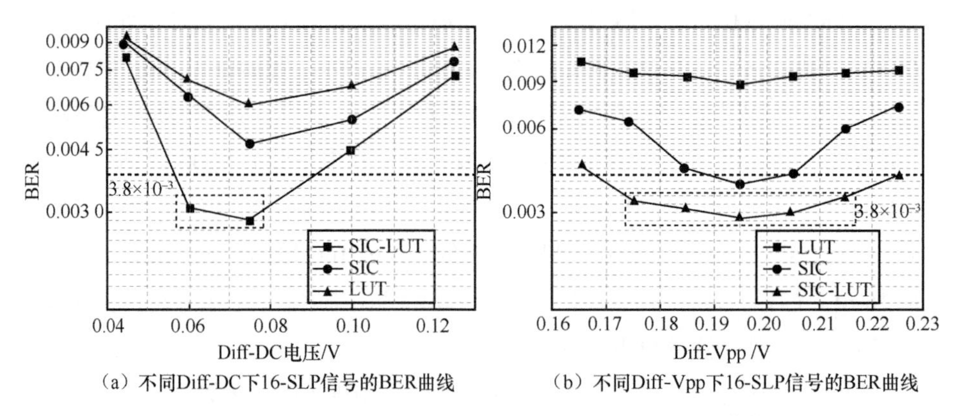

（a）不同Diff-DC下16-SLP信号的BER曲线　（b）不同Diff-Vpp下16-SLP信号的BER曲线

图 8-21　不同 Diff-DC 和 Diff-Vpp 下 16-SLP 信号的 BER 曲线

改变 ε 的值，可以在接收端获得不同类型的叠加的星座图，结果如图 8-22 所示。当 $\varepsilon = 5.5$ 时，由于 QPSK 信号的功率过大，叠加的 64QAM 被分成 4 个部分，以至于每个象限中的 16-SLP 信号均是模糊的，结果如图 8-22（a）所示。当 $\varepsilon=4.5$ 时，16-SLP 信号可以由 SIC-LUT 检测算法解码，结果如图 8-22（b）所示。当 ε 为 4 时，可以获取一个近似标准的 64QAM 信号的星座点结构。其中，近似标准表示任意两个星座点之间的欧几里得距离相等，16-SLP 信号可以在 BER 门限以下被成功解码。然而，其系统的 BER 性能略低于图 8-22（b）中的情况。当 ε 在 $\{1,3\}$ 范围内时，可以获得其他类型的星座点结构。图 8-22（e）所示为 25QAM 叠加信号的情况，此时 $\varepsilon=1$。在此情况下，无论是 16-SLP 信号还是 4-SHP 信号都不能使用上述提到的检测算法恢复，但是可以使用文献[28]提到的编码解码技术对发射信号实行编码之后解调 25QAM。

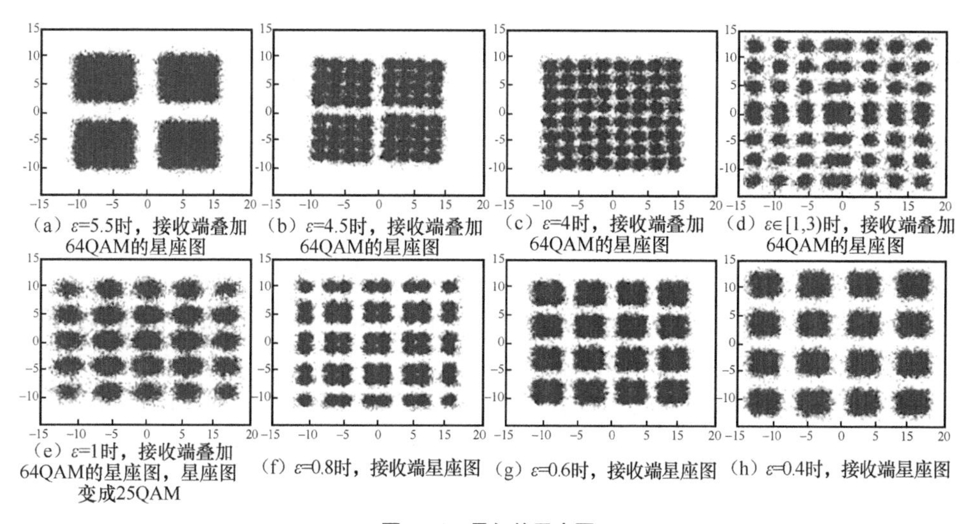

（a）$\varepsilon=5.5$时，接收端叠加64QAM的星座图　（b）$\varepsilon=4.5$时，接收端叠加64QAM的星座图　（c）$\varepsilon=4$时，接收端叠加64QAM的星座图　（d）$\varepsilon\in[1,3)$时，接收端叠加64QAM的星座图

（e）$\varepsilon=1$时，接收端叠加64QAM的星座图，星座图变成25QAM　（f）$\varepsilon=0.8$时，接收端星座图　（g）$\varepsilon=0.6$时，接收端星座图　（h）$\varepsilon=0.4$时，接收端星座图

图 8-22　叠加的星座图

随着 ε 的逐渐变小到小于 1 时，出现图 8-22（f）～图 8-22（h）的情况。此时，16QAM 信号的功率大于 QPSK 信号的功率。不同 ε 下的 BER 性能，如图 8-23 所示。当 $\varepsilon=0.5$ 时，在接收端也可以获得一个近似标准的 64QAM 信号，此时 4-SHP 信号依旧可以被解码，但是 16-SLP 信号的 BER 为 4.427×10^{-3}，其对应的 BER 曲线如图 8-23 中的 B 区域所示。当 ε 在区间 $\{1,3\}$ 内时，也就是图 8-23 中 C 区域所示的阴影范围，只有当 $\varepsilon=1$ 时，可以发射分集技术，对叠加信号进行解码[30]。

图 8-23 中的 A 区域给出了 ε 在 $\{4,5\}$ 范围内的 BER。其中，在 $\varepsilon=4.5$ 时，QPSK

信号和 16QAM 信号均能获得最佳的 BER 性能。相应地，Diff-DC 和 Diff-Vpp 分别介于{0.06V，0.08V}和{0.175V，0.215V}的范围内。不同于图 8-23 中 B 区域所示的 BER 曲线，在图 8-23 中的 A 区域中，能较容易找到每个象限的中心点，这有助于判决。当一路信号功率超过一定值时，该信号具有良好的 BER 性能，而另一路信号因功率太小不能满足 BER 门限要求，也就是图 8-22（a）或图 8-22（h）的情况。

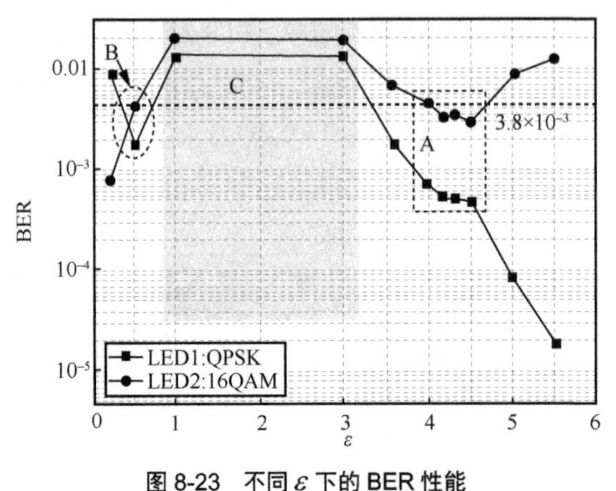

图 8-23　不同 ε 下的 BER 性能

综上，在 SR-MIMO-VLC 系统中，可以在两个范围区间内实现空分复用，也就是图 8-23 中 A 和图 8-23 中 B 所示的区域。理论上，对于功率较大的 QPSK 信号情况，当接收到的来自 x_1 的功率是来自 x_2 的功率的 4 倍时，可以获得最佳 BER 性能；对于功率较大的 16QAM 信号的情况，当接收到的来自 x_2 的功率是来自 x_1 的功率的 2 倍时，可以获得理想的 BER 性能。在这两种情况下，均可以获得一个近似标准的 64QAM 星座图结构。

8.4　方形星座点叠加调制

8.4.1　方形几何整形的研究背景

为了能够在通信系统中满足格雷编码的需求，目前在大多数的通信系统中，将偶数阶 QAM（ 2^{2n} QAM ）作为标准来调制信号。然而在 AWGN 信道满足相同的 BER 的情况下，采用高阶 $2^{2(n+1)}$ QAM 信号所需要的 SIR 比采用低阶 2^{2n} QAM 信号所需要的 SIR 要高出 6 dB。这个跨度很大，导致即使在有较多 SNR 富余的情况下仍然只能选择较为低阶的调制方式。因此，当 SNR 的等级正好处于能够无误码传输 2^{2n} QAM 和无误码传输 $2^{2(n+1)}$ QAM 之间时，可以考虑使用 2^{2n+1} QAM 来提升系统的容量。与此同时，为了实现水下和自由空间光通信（Free Space Optical Communications，FSO）的可见光信号长距离传输，需要增大 LED 的发射功率。除此之外，可以通过增大发射信号的峰峰值来增加传输距离。然而，增大 LED 的发射功率和信号的峰峰值必然将增大系统的非线性效应，从而扰动信号并使得系统的 SNR 衰减。

本节将主要围绕奇数阶 QAM 的几何整形技术及其在 UVLC 系统中的性能展开研究。首先，本节将介绍一种全格雷编码的方形几何整形（Square Geometrical Shaping，SGS）星座点，以及其性能的关键参数，并与传统的十字 QAM 星座点进行比较。接下来，本节将比较 SGS-8QAM、矩形 8QAM、圆形（7，1）等星座点在 UVLC 系统中的性能。随后，本节将比较 SGS-32QAM 和 SGS-128QAM 在 DMT 和 CAP UVLC 系统的性能，并通过实验实现蓝光水下 DMT 2.534 Gbit/s 和 CAP 2.66 Gbit/s 的信号传输速率。最后，为了进一步提升谱效率，我们提出一种基于 SGS-128QAM 和 SGS-64QAM 的混合调制 DMT 系统，并与传统 128QAM 和 64QAM 混合调制系统进行实验比较。

8.4.2　方形几何整形的原理

SGS-QAM 星座图的几何拓扑如图 8-24 所示，每个点上标注了其编码的方式[31]。首先，产生一个 8QAM 的奇数阶星座图。随后将其移动到第二象限，根据 I 轴和 Q 轴对称翻转，编码时根据象限在每个符号前分别加上 00,01,11,10，生成 SGS-32QAM 星座图。SGS-128QAM 星座图的生成方式同上。

奇数阶星座图的 BER 与众多因素有关，并可以通过式（8-49）表示[32]。

$$P_{\mathrm{BER}}=\frac{G_{\mathrm{p}}n_{\mathrm{adj}}}{\mathrm{lb}M}f(d_{\min},N_0) \tag{8-49}$$

其中：G_{p} 为格雷处罚因子，代表归一化后间距为最小欧几里得距离（Minimum

Euclidean Distance，MED）的星座点之间汉明距离的平均值，对于全格雷编码星座点来说，$G_{\mathrm{p}}=1$；n_{adj} 是每个星座点周围距离为 MED 的星座点个数的平均值；M 为 QAM 阶数；$f(d_{\min},N_0)$ 为星座点 MED $d_{\min}$ 与信号噪声功率 N_0 之间的互补累积误差函数，且 $f(d_{\min},N_0)=\dfrac{1}{2}\operatorname{erfc}\left(\dfrac{d_{\min}}{2\sqrt{N_0}}\right)$。$\dfrac{d_{\min}}{2\sqrt{N_0}}$ 的值越大，$f(d_{\min},N_0)$ 的值越小。根据式（8-49）可以看出，在相同的噪声条件下，拥有较小的 G_{p}、n_{adj}，以及拥有较大的 $d_{\min}$ 的 QAM 星座图会拥有较好的性能。当系统受非线性影响较大，或系统的 SNR 较低时，此时 N_0 较大，由 $d_{\min}$ 带来的增益会逐渐消失，而 G_{p} 和 n_{adj} 会对系统的误码性能起主导作用。

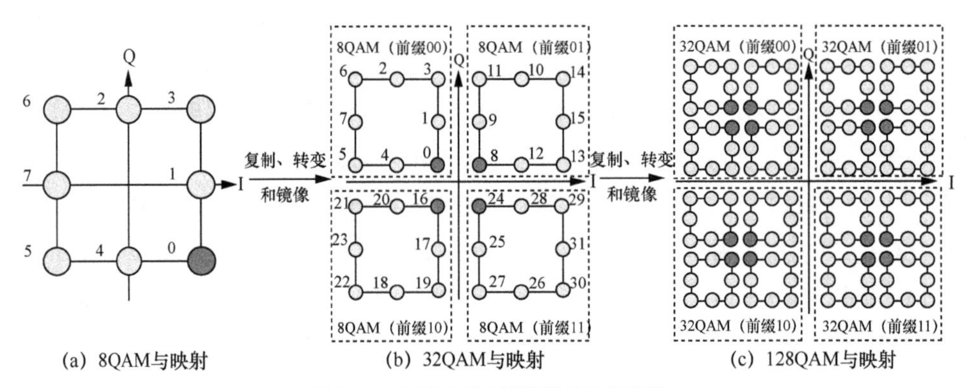

图 8-24 SGS-QAM 星座图的几何拓扑

8.4.3 SGS-8QAM UVLC 系统实验研究

为了在水下实现高速长距离传输，我们不仅需要充分提升系统的频谱效率，还需要增大发射的功率以对抗水下很强的信号衰减。高速 VLC 主要受限于 LED 的有限带宽，此时可以通过采用硬件或者软件预均衡来增加系统可用的频带，以实现高速传输。而非线性效应则可以通过非线性自适应均衡器对失真的信号进行补偿。然而，以上的方式都没有充分考虑星座图的编码增益，尤其是奇数阶 QAM 所带来的编码增益。

几何整形星座图如图 8-25 所示，本节我们将对比圆形（7,1）、SGS-8QAM

和矩形 8QAM 在 UVLC 系统中的性能。首先，我们分析了圆形（7,1）、SGS-8QAM 和矩形 8QAM 的性能见表 8-4。可以看出，圆形（7,1）的 MED 是 3 个中最大的，并且其 G_p、n_{adj} 也是最大的，因此其编码增益也是 3 个中最低的。尽管 SGS-8QAM 的 MED 略小于圆形（7,1）的 MED，但是其编码增益是最大的。而矩形 8QAM 的 MED 过小，这会在很大程度上影响其误码性能。而在星座图的 PAPR 中，矩形 8QAM 的最大，这在很大程度上影响了其在单载波调制系统中的性能。

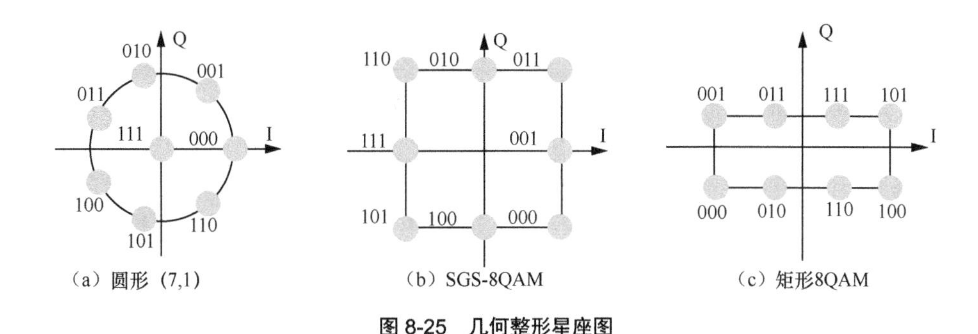

图 8-25 几何整形星座图

表 8-4 圆形（7,1）、SGS-8QAM 和矩形 8QAM 的性能

几何整形	d_{min}	G_p	n_{adj}	PAPR
圆形（7,1）	0.927 7	1.732	3.5	1.142 9
SGS-8QAM	0.816 5	1	2	1.333 3
矩形 8QAM	0.408 2	1	2	1.666 7

下面我们在 DMT UVLC 系统中对 3 种 8QAM 星座图的性能进行验证。实验平台和信号带宽为 400 MHz 时圆形（7,1）、SGS-8QAM 以及矩形 8QAM 的频谱响应如图 8-26 所示。首先，输入的二进制比特流经过不同的 QAM 映射后形成原始符号流。随后，对符号流进行映射，并进行共轭对称和 3 倍上采样后，由 IFFT 进行频域到时域的转换。在送入 AWG 前，在每组符号前面加上时域符号的最后面一小段作为循环前缀（CP），以对抗多径干扰并保证同步的有效实现。在硬件发射端，AWG 发射的信号首先通过一个 T 桥无源预均衡器对信号进行带宽拓展。随后对信号进行放大，通过偏置器将直流量耦合。最后，由蓝光 LED 完成光电转换。通过透镜组的聚光后，光信号会通过 1.2 m 的水下信道

传输，随后由 PIN 光电二极管接收电路完成光电转换。经过 TIA 进行电流–电压转换后，再通过 EA 的放大，即可由 OSC 进行接收。在接收端，信号经过重采样、同步后，先移除 CP，再使用 FFT 和下采样，然后通过离线系统处理平台对信道的失真进行补偿，最后，根据不同的调制格式解映射，恢复出原始的比特流。图 8-26（b）～图 8-26（d）所示为信号带宽为 400 MHz 时圆形（7,1）、SGS-8QAM 和矩形 8QAM 的频谱响应。可以看出，VLC 系统信道呈现一个高频衰落特性，高低频谱能量差将近 15 dB。

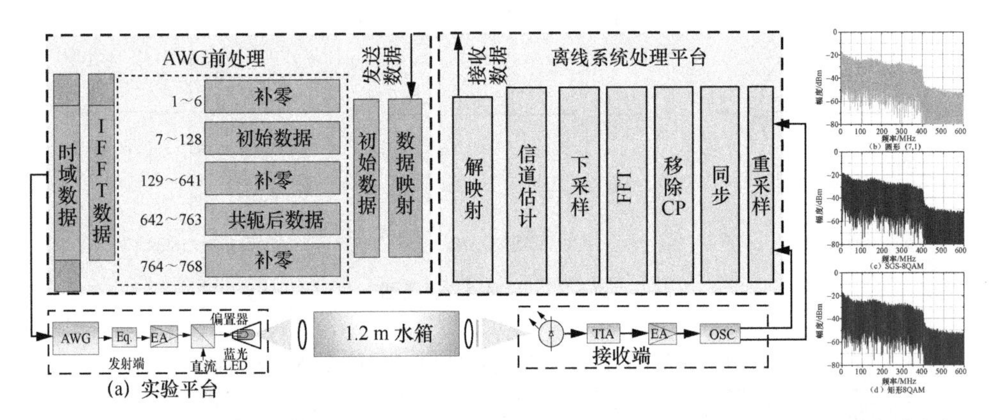

图 8-26　实验平台和信号带宽为 400 MHz 时圆形（7,1）、SGS-8QAM 以及矩形 8QAM 的频谱响应

圆形（7,1）、SGS-8QAM 以及矩形 8QAM 的–lg(BER)等高线图如图 8-27 所示。在图 8-27 中，我们首先测试了在不同电流和电压下 3 种 8QAM 星座图的–lg(BER)等高线图，此时系统带宽为 400 MHz，越靠近图 8-27 中的深色区域代表性能越好。可以看出，对于圆形（7,1），当偏置电流在 136～170 mA 时，以及 Vpp 在 1.4～1.55 V 时性能最好。而对于 SGS-8QAM，则当偏置电流在 220～260 mA 时，且 Vpp 在 1.4～1.6 V 时性能最好。而对于矩形 8QAM，在线性区的范围表现最差，但是比圆形（7,1）在 190～230 mA 的偏置电流和 1.6～1.8 V 的 Vpp 下的性能要好。这也从侧面证明了在非线性下，格雷编码增益带来的性能提升要高于欧几里得距离。因此，在高非线性的场合下，采用 SGS-QAM 可以有效缓解非线性带来的损伤。而如果系统的非线性失真不是很强，则此时应该采用 MED 较大的圆形（7,1）来实现更高的传输速率。

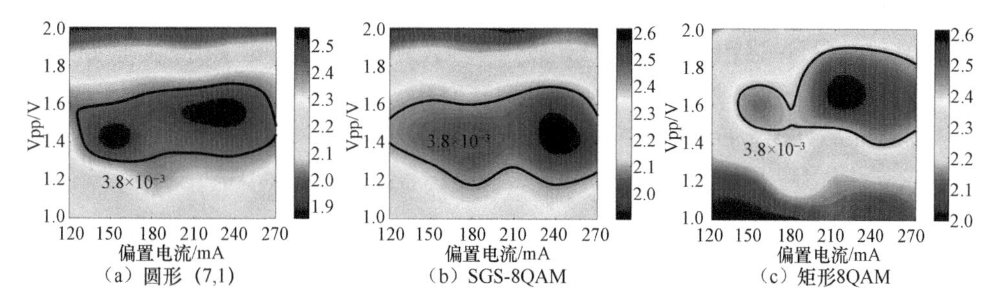

（a）圆形（7,1）　（b）SGS-8QAM　（c）矩形8QAM

图 8-27　圆形（7,1）、SGS-8QAM 以及矩形 8QAM 的−lg(BER)等高线图

随后我们设置信号 Vpp 为 1.4 V，并选取 150 mA 和 240 mA 两个偏置电流点改变信号带宽测量了系统的 Q 因子（如图 8-28 所示）。其表达式为

$$Q(\text{dB}) = 20\lg(\sqrt{2}\text{erfcinv}(2\text{BER})) \tag{8-50}$$

其中，erfcinv(·) 代表 erfc(·) 的反函数，Q(dB) 越大代表系统的性能越好。可以看出，当偏置电流为 150 mA，且传输速率为 1.56 Gbit/s 时，圆形（7,1）比 SGS-8QAM 的性能要好。但是随着传输速率的增加，SGS-8QAM 的性能开始优于圆形（7,1），且最高实现了 0.51 dB 的 Q 因子增益。而当偏置电流增大到 240 mA 时，SGS-8QAM 的性能全面优于圆形（7,1），且为系统带来了最多 0.3 dB 的 Q 因子增益。这也进一步证明了在非线性条件下，SGS-8QAM 的编码增益可以在一定程度上缓解非线性带来的信号损伤。

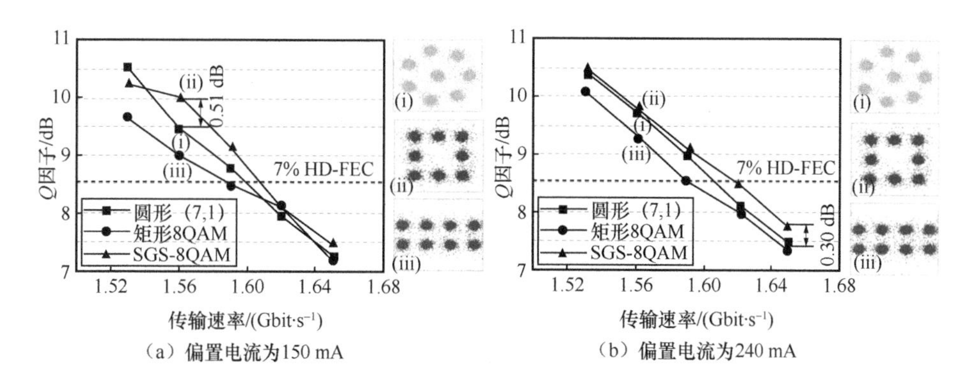

（a）偏置电流为150 mA　（b）偏置电流为240 mA

图 8-28　当 Vpp=1.4 V 时 8QAM 改变信号带宽时的实验结果

8.4.4 SGS-32QAM 和 SGS-128QAM UVLC 系统实验研究

前文我们已经证明了 SGS-8QAM 在大功率条件下可以为 VLC 系统带来一定的编码增益。然而，8QAM 的频谱效率较低，不能够满足水下高速可见光信号传输的容量需求。为了进一步提升系统的容量，我们对 SGS-32QAM 和 SGS-128QAM 星座图进行了进一步的验证实验。

首先我们对比 SGS-32QAM、SGS-128QAM 和传统（uniform）的星座基本参数。这里我们定义格雷编码处罚因子的值与 G_p 和 n_{adj} 的乘积有关，如式（8-51）所示。

$$Q_G = 20\lg(G_p n_{adj})(\mathrm{dB}) \tag{8-51}$$

Q_G 越小，代表该星座图的格雷编码增益越大，从而在相同的 SNR 下 BER 越低。uniform、SGS-32QAM 和 SGS-128QAM 的参数对比见表 8-5。可以看出，尽管 SGS 的欧几里得距离要略低于 uniform，但是其 Q_G 要比 uniform 小很多，这也为其在低 SNR 下提供了很高的编码增益，从而提升了其误码性能。

表 8-5 不同星座点的参数对比

QAM 阶数	d_{min}	G_p	n_{adj}	Q_G/dB
SGS-32QAM	0.408 2	1	2.750 0	8.786 7
uniform-32QAM	0.447 2	1.1667	3.250 0	11.576 9
SGS-128QAM	0.204 1	1	3.125 0	9.897 0
uniform-128QAM	0.220 9	1.065 1	3.625 0	11.734 0

这里我们同样计算了不同星座和子载波个数下的平均 PAPR 见表 8-6。可以看出，PAPR 主要随着子载波个数的增加而增加，而与不同的星座个数关系不大。

表 8-6 不同星座和子载波个数下的平均 PAPR

QAM 阶数	64 个子载波	256 个子载波
SGS-32QAM	8.327 6	9.720 1
uniform-32QAM	8.314 4	9.713 1
SGS-128QAM	8.325 6	9.716 9
uniform-128QAM	8.311 9	9.715 0

由于 OFDM 符号的 PAPR 存在一定的随机性，因此我们给出了不同子载波个数下不同调制格式的 CCDF，结果如图 8-29 所示。可以看出，CCDF 主要跟子载波的个数有关，与调制格式的关系不大。

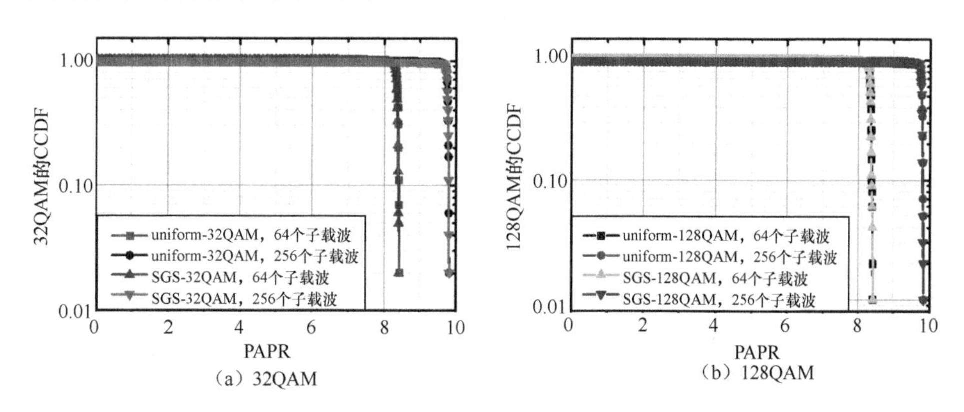

图 8-29　32QAM 和 128QAM 在不同子载波个数下的 CCDF

SGS-32QAM 和 SGS-128QAM 水下实验平台如图 8-30 所示，这里我们选择 uniform-32QAM 和 uniform-128QAM 星座图进行对比。首先，二进制数据流经过映射后转换为不同的 QAM 符号。随后，将前几个子载波置 0 以避免 LED 的低频噪声影响系统的性能。然后，在通过共轭和 4 倍上采样等操作后，使用 IFFT 将频域数据变换为时域数据。最后，在数据的前方加入循环前缀以对抗水下多径干扰。在硬件发射端，首先通过 AWG 710 加载时域 DMT 信号。然后通过 T-RLC 硬件预均衡电路将带宽拓展到 500 MHz。由于此时信号的功率较低，因此需要通过 Mini-Circuit ZHL-6A-S+放大器进行功率放大。通过偏置器 ZFBT-4R2GW-FT+的直流耦合后，将信号调制在 LED 上，并完成电光转换。经过 1.2 m 的水下传输后，光信号由一个集成的 PIN 光电二极管 S10784 及其外围电路完成光电转换，通过 TIA 进行电流–电压放大，并采用差分输出以降低共模噪声。通过两个 EA 的放大后，差分信号通过 OSC HP85545A 接收。在接收端，首先经过重采样和差分转单端操作后，对信号进行同步，并移除 CP 信号。随后通过 FFT 将时域信号变换到频域。通过下采样和信道估计对信号进行补偿。最后，解调补偿后的信号得到原始比特流。

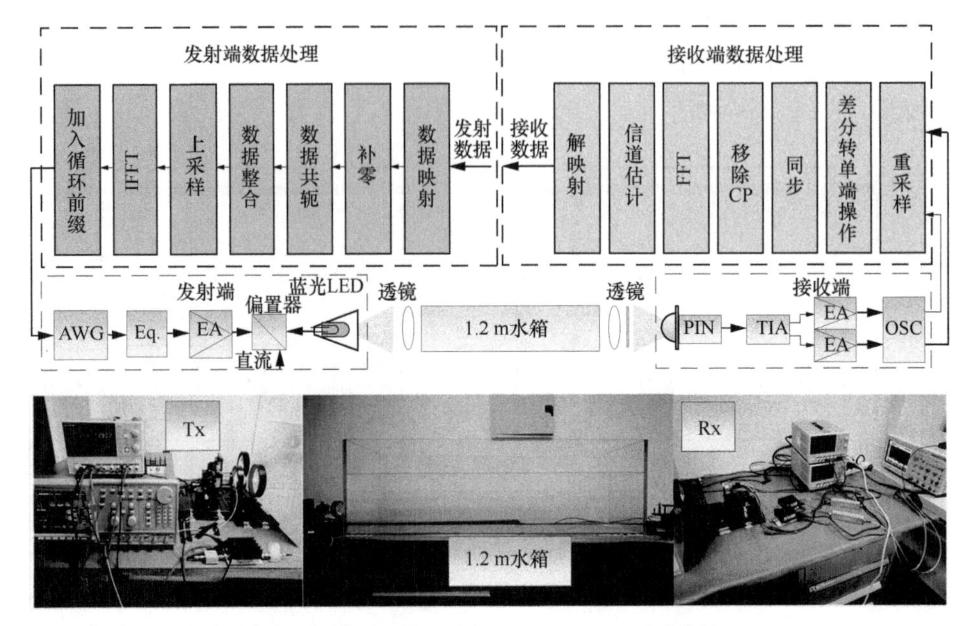

图 8-30　SGS-32QAM 和 SGS-128QAM 水下实验平台

首先，我们测试了带宽为 500 MHz 时的 SGS-32QAM 和带宽为 350 MHz 时的 SGS-128QAM 的−lg(BER)等高线如图 8-31 所示。其中，横轴为偏置电流，纵轴为信号的 Vpp。为了进一步观察编码增益所带来的性能提升，我们同样比较了 uniform-32QAM 和 uniform-128QAM 在无格雷编码时的性能。当偏置电流或者 Vpp 较低时，我们可以看出 uniform-32QAM 和 uniform-128QAM 的性能要明显优于 SGS-32QAM 和 SGS-128QAM 的性能。而当系统的偏置电流或者 Vpp 较高时，能够看出此时 SGS-32QAM 和 SGS-128QAM 的编码增益带来的系统性能提升要高于欧几里得距离带来的性能提升，从而使得 SGS-32QAM 和 SGS-128QAM 的 BER 性能优于 uniform-32QAM 和 uniform-128QAM 的 BER 性能。而无格雷编码 uniform-32QAM 的性能为最差的。

我们对系统的频谱也进行了测试，实验结果如图 8-32 所示，这里我们对 32QAM 选取 420 MHz 和 525 MHz 两个点进行测试。而对 128QAM 则选取 300 MHz 和 500 MHz 两个点进行测试。可以看出，随着带宽的增加，信号的频谱在高频衰减越严重。此时高频部分的 SNR 非常低，且系统的性能劣化非常严重。

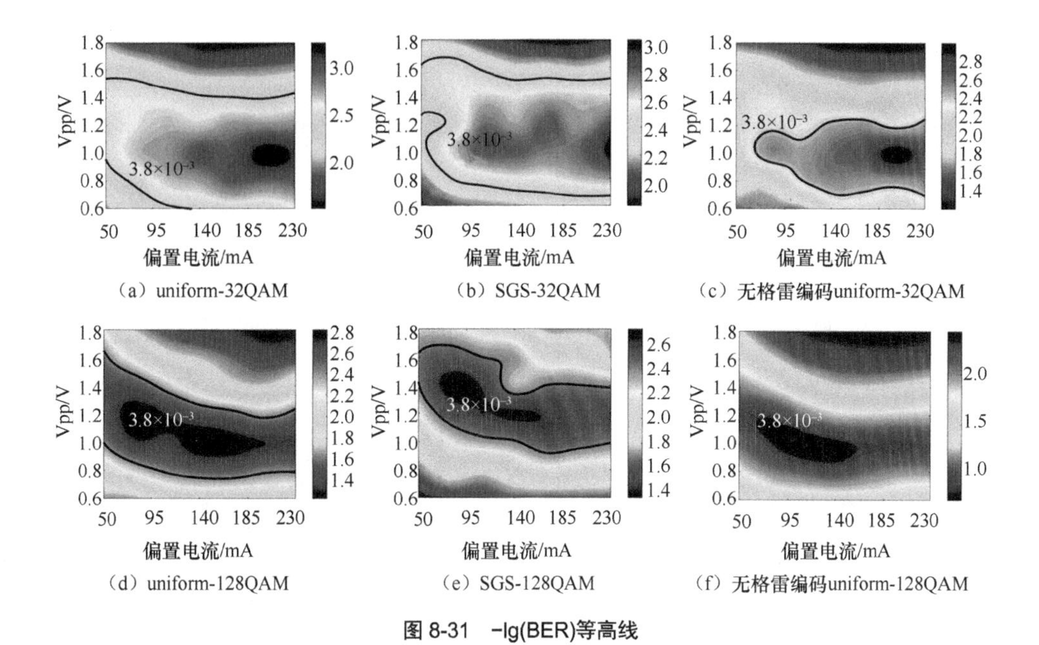

（a）uniform-32QAM （b）SGS-32QAM （c）无格雷编码uniform-32QAM

（d）uniform-128QAM （e）SGS-128QAM （f）无格雷编码uniform-128QAM

图 8-31 −lg(BER)等高线

我们首先对32QAM在2.1 Gbit/s传输速率和不同Vpp下的Q因子性能进行了测试，测试结果如图8-33所示。这里我们选取了两个偏置电流：（a）150 mA；（b）260 mA。如图8-33（a）所示，当Vpp<1.1 V时，uniform-32QAM的Q因子性能在3种调制格式中是最优的，这是由于此时系统的非线性效应还不明显，且SNR足够大。因此，具有较大欧几里得距离的uniform-32QAM表现出最优的Q因子性能。然而，当Vpp进一步增大时，SGS-32QAM的性能开始优于uniform-32QAM，且两者之间性能差距随着Vpp的增加而不断增大。最终，在Vpp为1.9 V时，测得了SGS-32QAM相对于uniform-32QAM最大的Q因子增益为1.03 dB。同时SGS-32QAM相对于无格雷编码uniform-32QAM能够带来2.49 dB的Q因子增益。这也进一步证明了编码增益的重要性。如图8-33（b）所示，在偏置电流为260 mA时也可以得到类似的结果。当Vpp超过1.14 V时，SGS-32QAM的性能开始优于uniform-32QAM，并在Vpp为1.9 V时，相比于uniform-32QAM和无格雷编码uniform-32QAM，分别得到了0.99 dB和2.42 dB的Q因子增益。

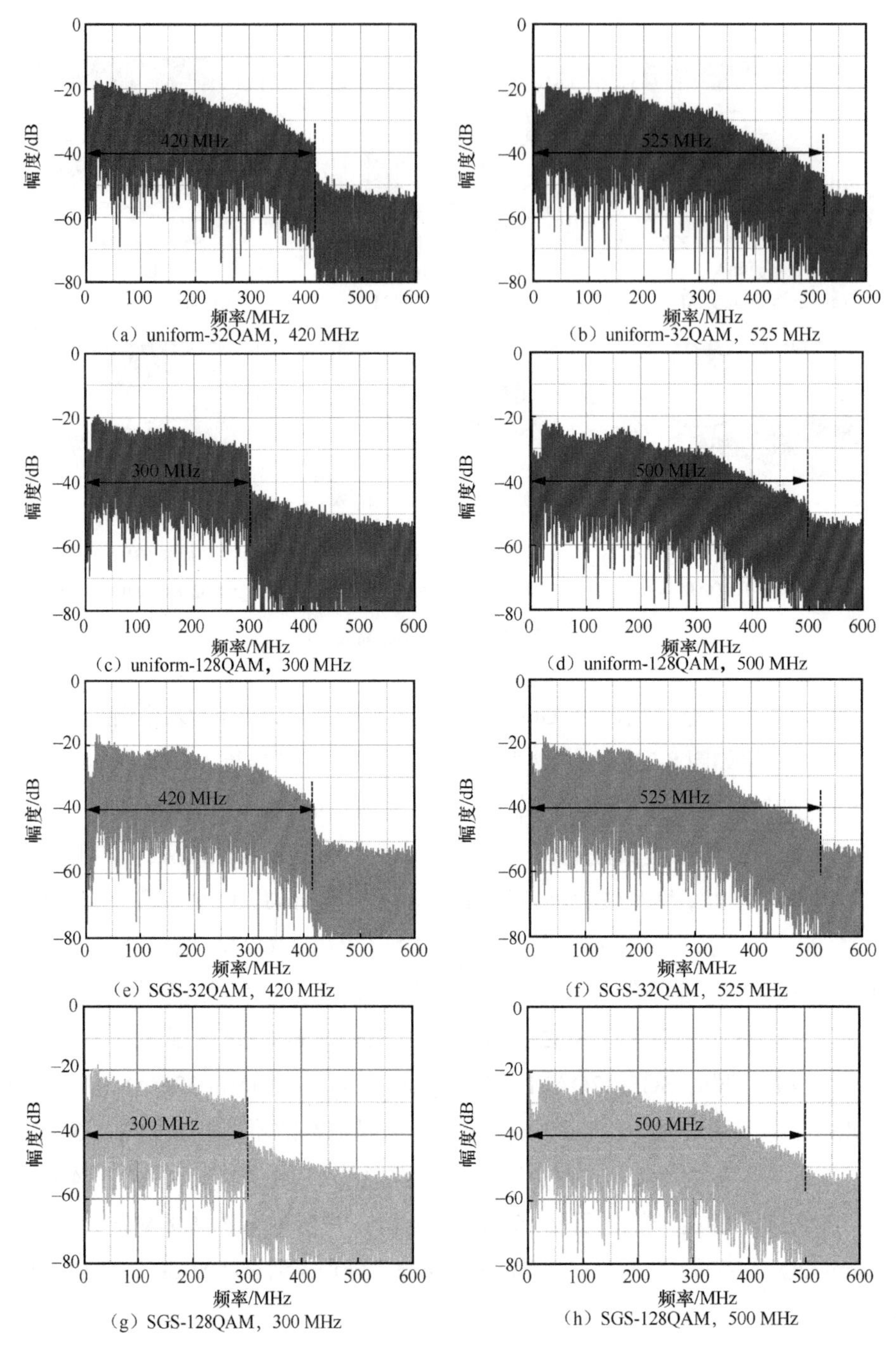
0
-20
-40
-60
-80
幅度/dB
420 MHz
0 100 200 300 400 500 600
频率/MHz
(a) uniform-32QAM，420 MHz
525 MHz
(b) uniform-32QAM，525 MHz
300 MHz
(c) uniform-128QAM，300 MHz
500 MHz
(d) uniform-128QAM，500 MHz
420 MHz
(e) SGS-32QAM，420 MHz
525 MHz
(f) SGS-32QAM，525 MHz
300 MHz
(g) SGS-128QAM，300 MHz
500 MHz
(h) SGS-128QAM，500 MHz

图 8-32　实验结果

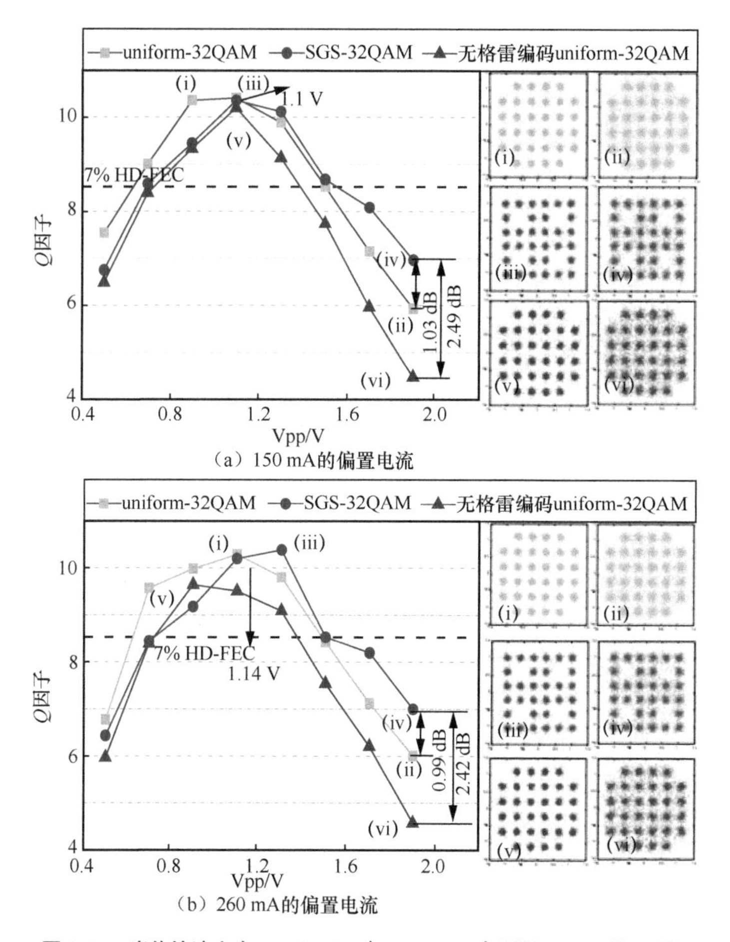

（a）150 mA的偏置电流

（b）260 mA的偏置电流

图 8-33　当传输速率为 2.1 Gbit/s 时，32QAM 在不同 Vpp 下的 Q 因子

我们在 150 mA 的偏置电流下，测试了系统在 Vpp=1.1 V 和 Vpp=1.7 V 时不同传输速率的 Q 因子性能，测试结果如图 8-34 所示。可以看出，在较低的 Vpp 下，uniform-32QAM 的性能最优，且相比于无格雷编码 uniform-32QAM 和 SGS-32QAM，分别带来了 0.7 dB 和 0.37 dB 的 Q 因子增益。然而，当 Vpp 由 1.1 V 升高到 1.7 V 时，SGS-32QAM 的性能全面优于 uniform-32QAM 和无格雷编码 uniform-32QAM 性能，并分别带来了 1.13 dB 和 1.91 dB 的 Q 因子增益。最终，我们采用 SGS-32QAM 实现了非线性条件且 BER 在 7% HD-FEC 门限下的传输速率为 2.045 Gbit/s 的信号传输。

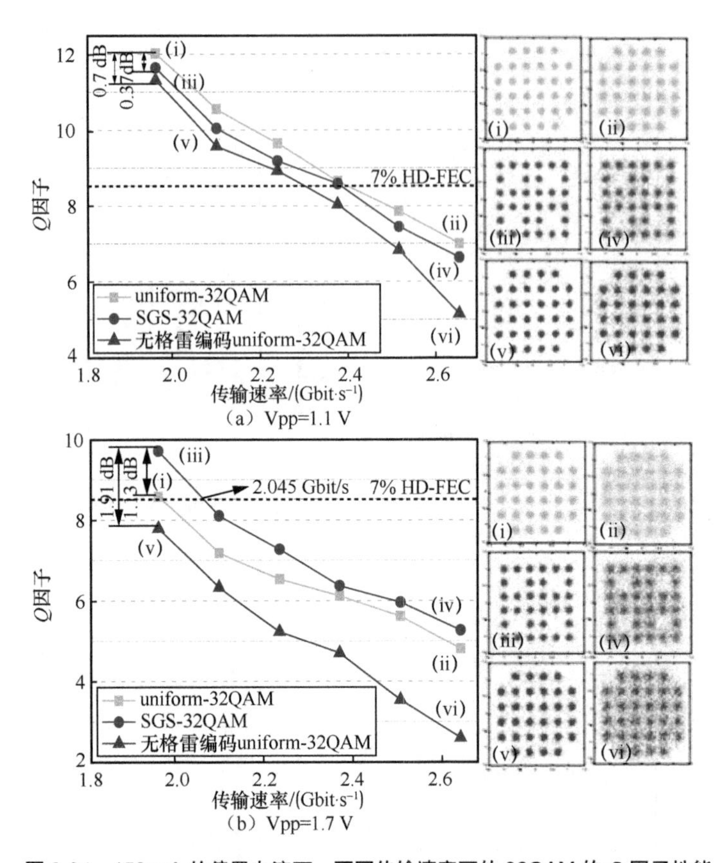

图 8-34　150 mA 的偏置电流下，不同传输速率下的 32QAM 的 Q 因子性能

随后，我们对 128QAM 的 *Q* 因子性能展开了测试。与 32QAM 类似，我们比较了 uniform-128QAM、SGS-128QAM 和无格雷编码 uniform-128QAM 的性能。首先，将传输速率设定为 2.1 Gbit/s，偏置电流分别为 100 mA 和 150 mA 时的测试结果如图 8-35 所示。当偏置电流为 100 mA，Vpp< 0.9 V 时，uniform-128QAM 的性能是最优的。当 Vpp>0.9 V 时，SGS-128QAM 的性能达到最优，且相比于 uniform-128QAM 和无格雷编码 uniform-128QAM，*Q* 因子增益分别为 0.59 dB 和 2.29 dB。当偏置电流为 150 mA 且 Vpp> 0.85 V 时，SGS-128QAM 相比于 uniform-128QAM 和无格雷编码 uniform-128QAM，*Q* 因子增益分别为 0.76 dB 和 2.80 dB。

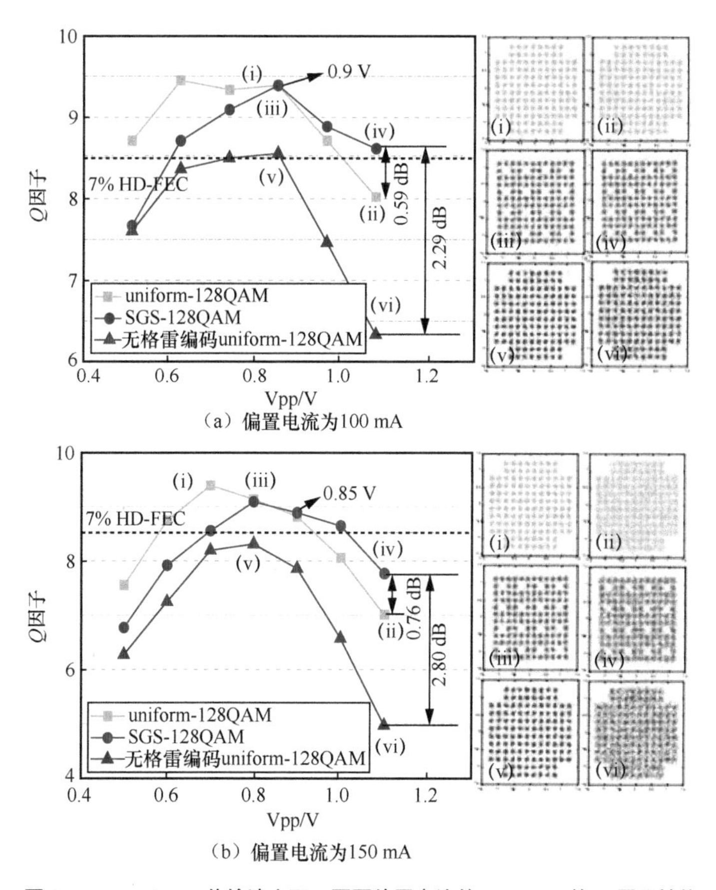

（a）偏置电流为100 mA

（b）偏置电流为150 mA

图 8-35　2.1 Gbit/s 传输速率下，不同偏置电流的 128QAM 的 Q 因子性能

最后，我们测试了偏置电流为 100 mA 时，不同传输速率的实验结果如图 8-36 所示。可以看出，在 Vpp=0.7 V 时，此时系统的非线性并不强，因此 uniform-128QAM 相比于 SGS-128QAM 和无格雷编码 uniform-128QAM，分别获得 0.51 dB 和 2.16 dB 的 Q 因子增益，且满足 HD-FEC 门限的传输速率范围比 SGS-128QAM 多出了 200 Mbit/s 以上。当 Vpp=1.1 V 时，SGS-128QAM 的 Q 因子性能全面优于 uniform-128QAM 和无格雷编码 uniform-128QAM 的 Q 因子性能，且最多分别带来了 0.45 dB 和 1.88 dB 的 Q 因子增益。最终，采用 SGS-128QAM 在 UVLC 系统中测得了 2.534 Gbit/s 的传输速率。

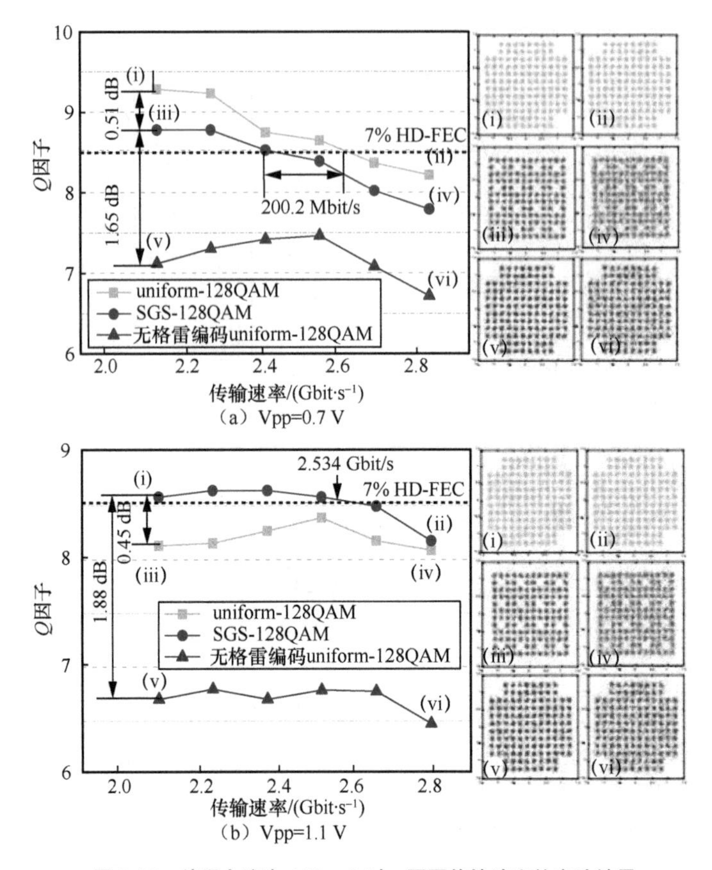

图 8-36　偏置电流为 100 mA 时，不同传输速率的实验结果

8.4.5　SGS-32QAM FSO VLC 系统实验研究

通过以上实验，我们已经验证了在非线性和高速率的 UVLC 系统中，SGS 相比于传统的奇数阶星座可以为系统带来额外的格雷编码增益。下面我们将在 FSO VLC 和 CAP VLC 系统中进一步验证其性能。

FSO VLC 实验平台如图 8-37 所示。由于 DMT 的流程和实验平台已经在前文中介绍过，这里只是将水下信道替换成了 FSO 信道，因此不再赘述，下面只叙述 CAP 的相关流程。首先，二进制数据流通过 QAM 映射后，进行上采样，随后将 IQ 分离，并分别与 CAP 的同相正交滤波器卷积，加和后得到发射信号。这里将 CAP 的滚降系数选取为 0.205。随后，AWG 加载的实验数据通过预均衡、功率放大和直流偏置后，由蓝光 LED 完成光电转换。经过 1.2 m 的 FSO 传输后，光信号由 PIN 光电二极管 S10784 接收，并经过 TIA 和 EA 的放大后，由 OSC 完成模数转换。在软件接收端，信号经过重采样、同步以及差分单端转换后，送入匹配滤波器。经过下采样和 LMS 均衡后，通过解映射得到原始比特流。

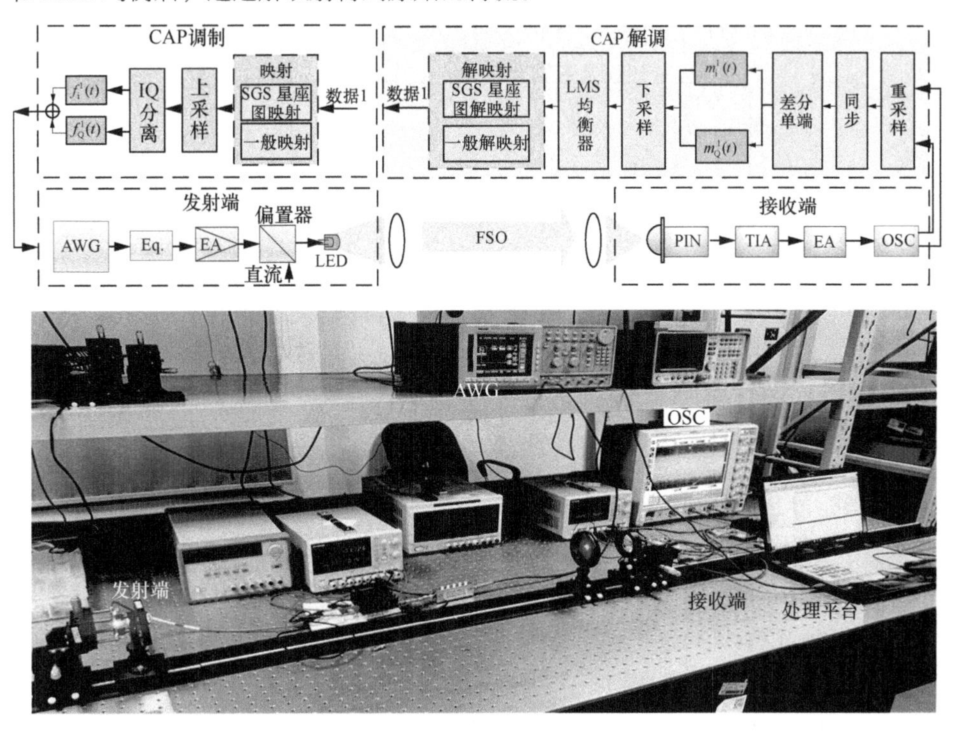

图 8-37　FSO VLC 实验平台

FSO 信道中的 DMT 32QAM 在不同 Vpp 和不同传输速率下的 Q 因子实验结果如图 8-38 所示，此时将偏置电流调节到 150 mA。当 Vpp 达到 1.12 V 时，SGS-32QAM 的性能开始超过 uniform-32QAM 和无格雷编码 uniform-32QAM，并在 1.9 V 时达到最大的 Q 因子增益，分别为 1.03 dB 和 2.13 dB。而 Vpp 设为 1.1 V，不同传输速率的实验中，SGS-32QAM 的性能始终优于 uniform-32QAM 及无格雷编码 uniform-32QAM 的情况，且相比于这两者可以分别获得 0.40 dB 和 0.88 dB 的 Q 因子增益。

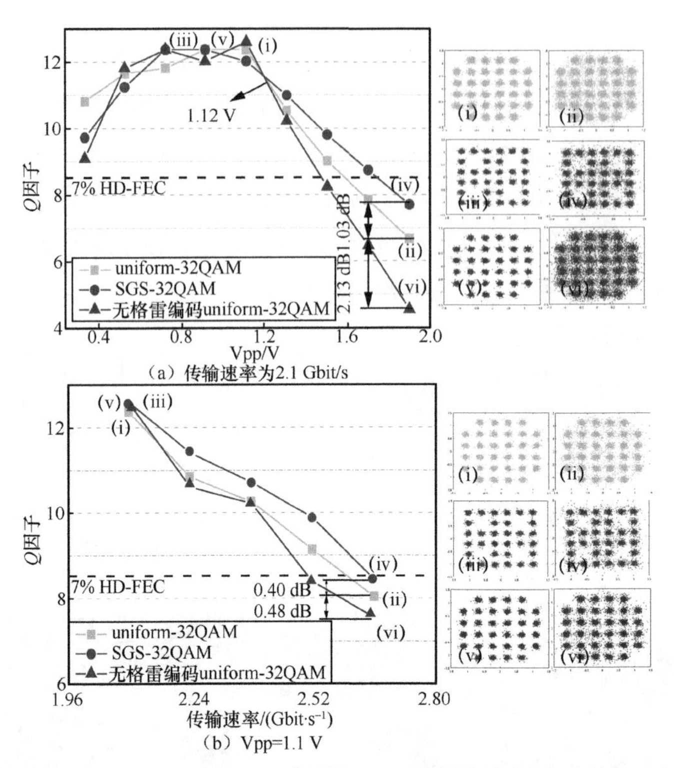

图 8-38　FSO 信道中的 DMT 32QAM 在不同 Vpp 和不同传输速率下的 *Q* 因子实验结果

FSO 信道中的 DMT 128QAM 在不同 Vpp 和不同传输速率下的 *Q* 因子实验结果如图 8-39 所示。在改变 Vpp 的实验中，当 Vpp=1.54 V 时，SGS-128QAM 的性能开始优于 uniform-128QAM，并在 Vpp=1.9 V 时，相对于其他两种方式分别获得了最多为 1.28 dB 和 2.26 dB 的 *Q* 因子增益。变带宽时，*Q* 因子性能转变的点出现在传输速率为 2.52 Gbit/s 时，且 SGS-128QAM 相对于其他两种方式分别获得了最多为 0.46 dB 和 1.26 dB 的 *Q* 因子增益。

最后，我们测试了偏置电流为 150 mA 时，32QAM FSO CAP 的 *Q* 因子性能如图 8-40 所示，由于 CAP 为单载波，因此在高 Vpp 下，其外圈星座点发生了变形，且只能通过非线性均衡方式补偿其非线性失真。当 Vpp 高于 0.7 V 时，SGS-32QAM 的性能开始优于 uniform-32QAM 和无格雷编码 uniform-32QAM，分别获得了最多为 0.42 dB 和 0.86 dB 的 *Q* 因子增益。当改变传输速率时，SGS-32QAM 相对于 uniform-32QAM 和无格雷编码 uniform-32QAM 的星座点，可以最多获得 1.43 dB 和 2.83 dB 的 *Q* 因子增益。

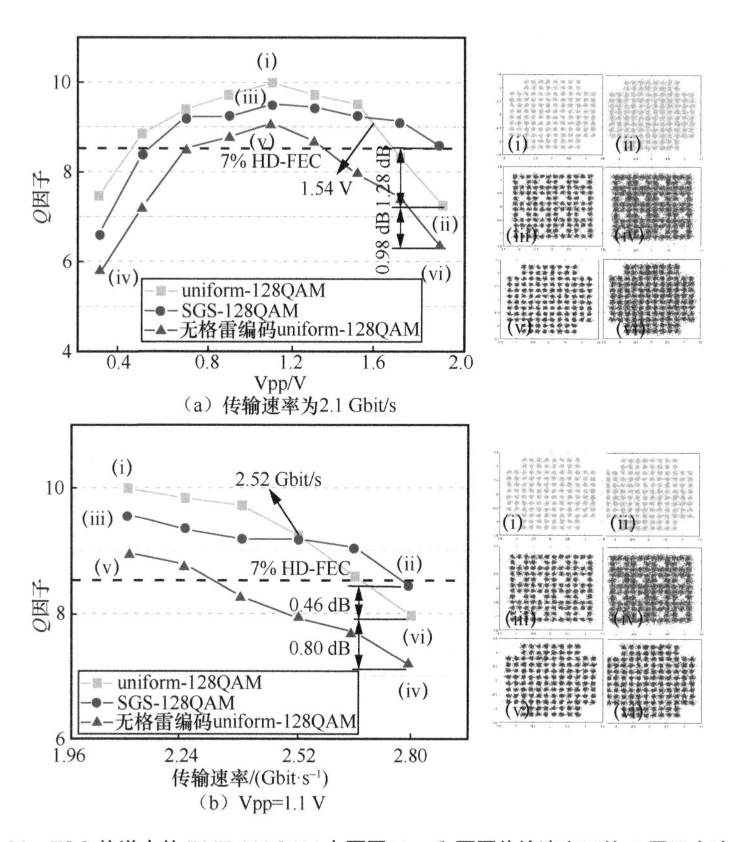

（a）传输速率为2.1 Gbit/s

（b）Vpp=1.1 V

图 8-39　FSO 信道中的 DMT 128QAM 在不同 Vpp 和不同传输速率下的 Q 因子实验结果

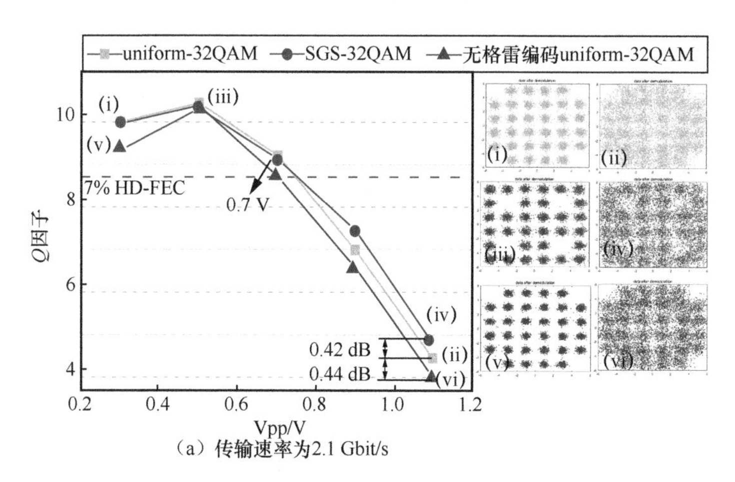

（a）传输速率为2.1 Gbit/s

图 8-40　偏置电流为 150 mA 时，32QAM FSO CAP 的 Q 因子性能

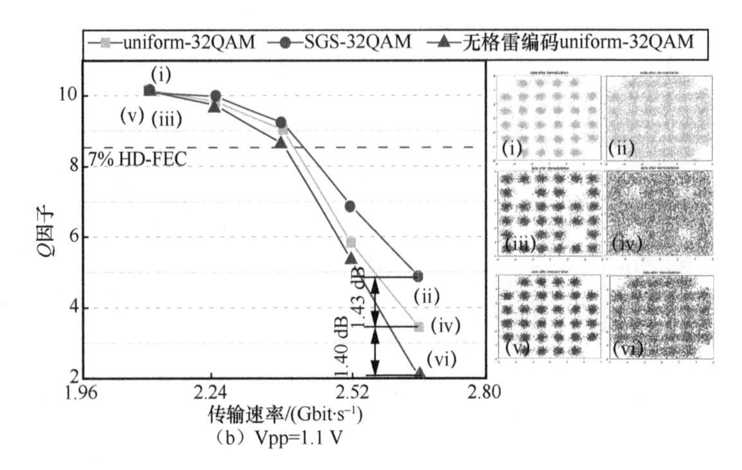

（b）Vpp=1.1 V

图 8-40 偏置电流为 150 mA 时，32QAM FSO CAP 的 Q 因子性能（续）

8.4.6 SGS-64QAM 和 SGS-128QAM 混合调制 UVLC 实验研究

通过在 UVLC 和 FSO VLC 平台的实验验证，我们已经充分证明了奇数阶 SGS 星座点由于具有较高的格雷编码增益，在非线性、低 SNR 的情况下，相对于传统的奇数阶星座点，有一定程度的性能提升。然而，在实际通信系统中，如果只考虑一种调制格式，那么无论是 Vpp 还是传输速率都只能工作在一个相对较小的工作范围内，系统的鲁棒性也会比较差。因此，国内外有学者考虑使用时域混合调制（Time Domain Hybrid Modulation，TDHM）技术，通过 TDHM 的方式，在提升系统谱效率的同时，使得系统的工作范围变大，提升系统的鲁棒性[33-35]。本节将从时域混合调制入手，结合 SGS-QAM 的优越性能，进一步提升系统的谱效率。

对于 DMT 系统，第 i 个子载波上的 SNR_i 可以表示为[36]

$$\mathrm{SNR}_i \approx \frac{\frac{1}{T_n}\sum_{j=1}^{T_n}\left\|S_{i,j}^{\mathrm{tx}}\right\|^2}{\frac{1}{T_n}\sum_{j=1}^{T_n}\left\|S_{i,j}^{\mathrm{tx}}-S_{i,j}^{\mathrm{rx}}\right\|^2} \tag{8-52}$$

其中，T_n 代表 DMT 时域符号的个数，$S_{i,j}^{\mathrm{tx}}$ 是第 i 个子载波上的第 j 个发射 QAM 符

号，$S_{i,j}^{\text{rx}}$ 是第 i 个子载波上的第 j 个接收 QAM 符号。假设在一次测量中，子载波上的 SNR 是不变的。那么，系统的总 SNR 就可以表示为

$$\text{SNR} = \frac{1}{N_{\text{sub}}} \sum_{i=1}^{N_{\text{sub}}} \text{SNR}_i \tag{8-53}$$

那么在一定 SNR 下的 BER 则可以表示为

$$\text{BER} \approx \frac{2\left(1-\frac{1}{P}\right)}{\text{lb}(P)} \left(\frac{1}{2}\text{erfc}\left(\sqrt{\frac{3\text{lb}(P)\text{SNR}}{(P^2-1)\text{lb}(M)}}\right)\right) \tag{8-54}$$

其中，M 为 QAM 阶数，$P=\left\lceil \sqrt{M} \right\rceil$ 为每个 QAM 维度的电平个数。在本节中，$M=64$ 或者 M=128。BER 和 SNR 的关系为非线性的，因此需要根据每个子载波的 SNR 分别估算其 BER，再对所有子载波的 BER 取平均值，得到该调制格式下的平均 BER。$\text{erfc}(x)$ 为互补累积误差函数。

$$\text{erfc}(x) = \frac{2}{\sqrt{\pi}} \int_x^{\infty} \text{e}^{-y^2} \text{d}y \tag{8-55}$$

依据式（8-52）～式（8-55），我们可以根据每个子载波的 SNR 估算出不同调制格式的 BER，并根据 BER 进行时域混合调制。这里我们定义 64QAM 的 BER 为 BER_1，uniform-128QAM 的 BER 为 BER_2，SGS-128QAM 的 BER 为 BER_3，64QAM 的频谱效率 $\text{SE}_1 = 6\ \text{bit/Hz}$，128QAM 的频谱效率 $\text{SE}_2 = 7\ \text{bit/Hz}$，并定义 64QAM 与 128QAM 的 DMT 符号个数分别为 N_1 和 N_2。则在一次传输周期中，128QAM 的符号比例（FR）为

$$\text{FR} = \frac{N_2}{N_2 + N_1} \tag{8-56}$$

我们可以通过控制 128QAM 的符号比例来动态调节混合调制符号的个数，以实现频谱效率的最大化。我们设置时域混合调制的门限值分别为 $\text{BER}_{7\%\text{th}} = 3.8\times10^{-3}$，$\text{BER}_{20\%\text{th}} = 2.0\times10^{-2}$。假设 $\text{FR}_2 = N_2 / N_1$，则

$$\mathrm{FR}_2=\begin{cases}\infty & ,\mathrm{BER}_2 \leqslant \mathrm{BER}_{7\%\mathrm{th}} \\ F_{\mathrm{th}}(\mathrm{BER}_{7\%\mathrm{th}}) & ,\mathrm{BER}_1 < \mathrm{BER}_{7\%\mathrm{th}} < \mathrm{BER}_2 \\ \infty & ,\mathrm{BER}_{7\%\mathrm{th}} < (\mathrm{BER}_2,\mathrm{BER}_1) < \mathrm{BER}_{20\%\mathrm{th}} \\ F_{\mathrm{th}}(\mathrm{BER}_{20\%\mathrm{th}}) & ,\mathrm{BER}_{7\%\mathrm{th}} < \mathrm{BER}_1 < \mathrm{BER}_{20\%\mathrm{th}} < \mathrm{BER}_2 \\ 0 & ,\mathrm{BER}_1 \geqslant \mathrm{BER}_{20\%\mathrm{th}}\end{cases} \tag{8-57}$$

其中，

$$F_{\mathrm{th}}(x)=\frac{\mathrm{SE}_1(\mathrm{BER}_1-x)}{\mathrm{SE}_2(x-\mathrm{BER}_2)} \tag{8-58}$$

简单来说：① 当 BER_1 和 BER_2 均小于 $\mathrm{BER}_{7\%\mathrm{th}}$ 时，全部调制为 128QAM，以实现频谱效率最大化，此时 BER_1 低于 $\mathrm{BER}_{7\%\mathrm{th}}$；② 当 BER_1 和 BER_2 在 $\mathrm{BER}_{7\%\mathrm{th}}$ 和 $\mathrm{BER}_{20\%\mathrm{th}}$ 之间时，全部调制为 128QAM，以实现频谱效率最大化，此时 BER_1 低于 $\mathrm{BER}_{20\%\mathrm{th}}$；③ 当 BER_1 大于等于 $\mathrm{BER}_{20\%\mathrm{th}}$ 时，全部调制为 64QAM，以使得 BER 最小化；④ 在其他情况下，通过调节 FR 使得系统 BER 在 $\mathrm{BER}_{7\%\mathrm{th}}$ 或 $\mathrm{BER}_{20\%\mathrm{th}}$ 附近。

通过 FR_2 得到 FR 后，即可得到 128QAM 和 64QAM 调制的 DMT 符号个数。

$$\begin{cases}M_2=\lfloor \mathrm{FR}T_n \rfloor K \\ M_1=T_nK-M_2\end{cases} \tag{8-59}$$

其中，K 为一个 DMT 符号的有效子载波的个数，T_n 为一个周期内 DMT 符号的个数。最后，由于VLC系统为峰值功率限制系统，因此需要通过使用峰值功率归一化（Maximum Power Normalization，MPN）保证 128QAM 和 64QAM 时域信号的 Vpp 相同，具体为

$$\begin{cases}D_1(t)=D_1(t)-\dfrac{(\max(D_1(t))-\mathrm{abs}(\min(D_1(t))))}{2} \\ D_1(t)=D_1(t)/(\max(D_1(t)-\min(D_1(t)))\end{cases} \tag{8-60}$$

其中，$D_1(t)$ 代表信号。

基于 SGS-128QAM 的 TDHM 原理及流程如图 8-41 所示，可以总结如下。

① 发射 64QAM 和 128QAM 符号，分别计算其每个子载波的 SNR。

② 根据每个子载波的 SNR 估计其 BER 并求平均值，分别得到 64QAM 和 128QAM 的平均 BER。

③ 根据 BER_1 和 BER_2 计算 FR 、M_1、M_2。

④ 对 128QAM 符号和 64QAM 符号分别进行 DMT 调制。

⑤ 使用 MPN 将 128QAM 符号和 64QAM 符号的 Vpp 归一化。

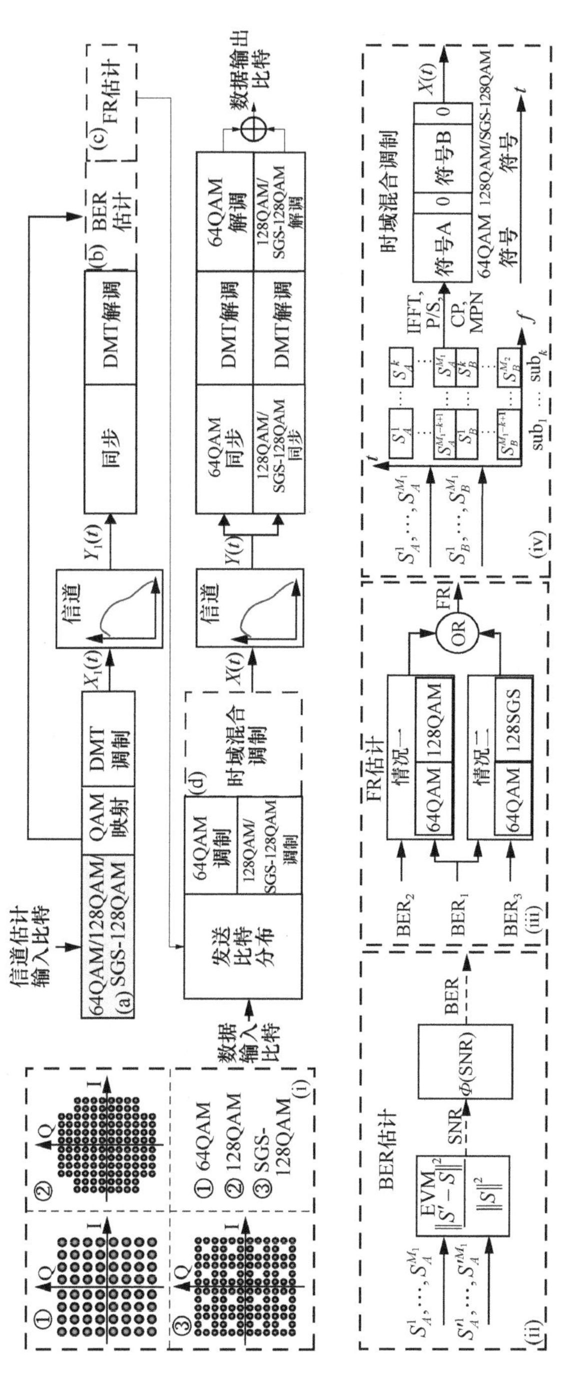

图 8-41 基于 SGS-128QM 的 TDHM 原理及流程

除了计算符号的 BER 外，本节还衡量了系统的 MI。系统 MI 的表达式为

$$\mathrm{MI}(X;Y)=\sum_{i=1}^{M}\sum_{j=1}^{N}P_X(s_i)f(y_j,x_j,\sigma^2)\mathrm{lb}\left[\frac{f(y_j,x_j,\sigma^2)}{P_Y(y_j)}\right] \tag{8-61}$$

其中：N 为总的发射符号的个数；s_i 为归一化的第 i 个 MQAM 符号，且$1\leqslant i\leqslant M$；x_j 和 y_j 分别为第 j 个发射和接收的 QAM 符号；$f(y_j,x_j,\sigma^2)$ 是方差为 σ^2，均值为 x_j 的二维高斯分布函数；$P_Y(y)$ 和 $P_X(x)$ 分别为发射和接收符号的概率密度函数（Probability Mass Function，PMF）。由于调制的符号都是均匀分布的，则 $P_X(x)=P_Y(y)=\dfrac{1}{M}$。根据系统带宽（BW），可以将系统基于 MI 的可达信息速率（AIR）定义为

$$\mathrm{AIR}=\mathrm{MI}\cdot\mathrm{BW} \tag{8-62}$$

为了验证时域混合调制在 VLC 系统中的效果，我们搭建了 TDHM 水下实验平台如图 8-42 所示。

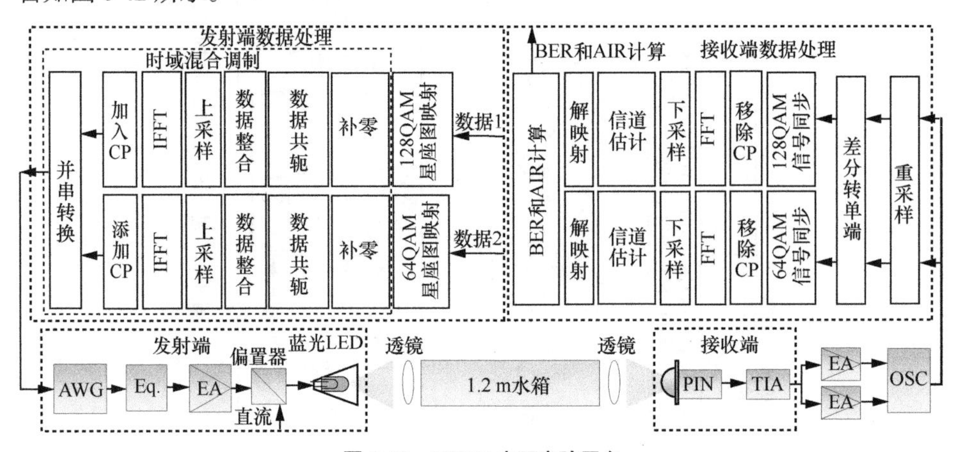

图 8-42　TDHM 水下实验平台

首先，通过算法计算 FR 等参数，将分配好的比特流数据 1 和数据 2 分别经过 64QAM 和 128QAM 映射形成 QAM 符号。其次，经过前端子载波补零、数据共轭、数据整合、上采样、IFFT 以及加入 CP 等操作后，分别生成基于 64QAM 和 128QAM 的 DMT 符号。随后，通过并串转换将两路 DMT 时域信号按照如图 8-41（d）所示的帧格式进行组合，形成一整个 TDHM 帧。在 AWG 加载 TDHM 信号帧后，将其转换为模拟信号，并通过均衡器进行硬件预均衡、EA 的放大，以及偏置器的直流

耦合后，由蓝光LED实现电光转换。经过1.2 m的水下传输后，蓝光信号通过PIN光电二极管接收，并由其集成电路中的TIA完成电流–电压放大，再经过EA的放大后，通过OSC完成模数转换。在软件接收端，首先通过重采样，差分转单端等操作分别同步128QAM和64QAM的信号。随后通过移除CP、FFT和下采样等操作后，使用信道估计对频域失真进行补偿。在解映射后，计算BER和AIR。

首先，我们测试了系统的非线性。系统的非线性可以通过归一化幅值响应（Normalized Amplitude Response，NAR）图来衡量，如图8-43所示，该图的横轴为归一化发射信号幅值的绝对值，纵轴为归一化的接收信号幅值的绝对值。我们测量了系统在Vpp=1.4 V时的NAR（如图8-43（a）所示）。可以看出，在归一化幅值较高时，系统的时域信号响应呈现明显的非线性。在图8-43（b）和图8-43（c）中，分别画出了Vpp为0.8 V时和Vpp为1.4 V时系统的前100个有效子载波的SNR。可以看出，随着Vpp的增大，系统受到非线性的影响，SNR有一定程度的降低，这也证明了在较高的Vpp下系统存在非线性。

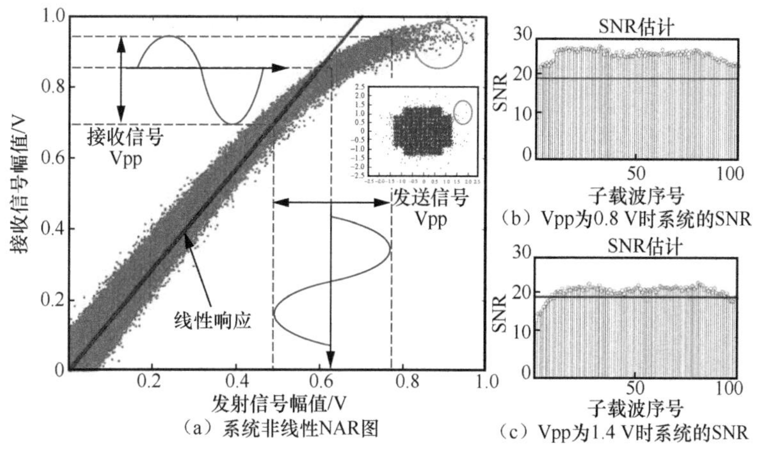

图8-43 归一化幅值响应图

首先，我们分别测试了64QAM、128QAM和SGS-128QAM在偏置电流为110 mA时的BER性能。我们分别测量了在不同Vpp、不同带宽下的BER性能，测试结果如图8-44所示。可以看出，通过SNR估计的BER和实际得到的BER吻合得非常好。在Vpp=1.4 V时，SGS-128QAM的BER比128QAM的BER低0.018，且在0.38 V宽的工作电压区间内，SGS-128QAM的BER性能均优于128QAM的BER性能，测试结果如图8-44（a）所示。同时，在Vpp=0.8 V时，128QAM的BER性能要优于SGS-128QAM

的 BER 性能，结果如图 8-44（b）所示。然而，当 Vpp=1.4 V 时，即系统工作在非线性状态下时，在整个 125 MHz 的工作区间内，SGS-128QAM 的 BER 性能均优于 128QAM 的 BER 性能，且 BER 最多相差 0.023，结果如图 8-44（c）所示。这与前面的测试结果相吻合，也进一步证明了奇数阶 SGS 星座点在非线性区的 BER 性能优于传统十字星座点。

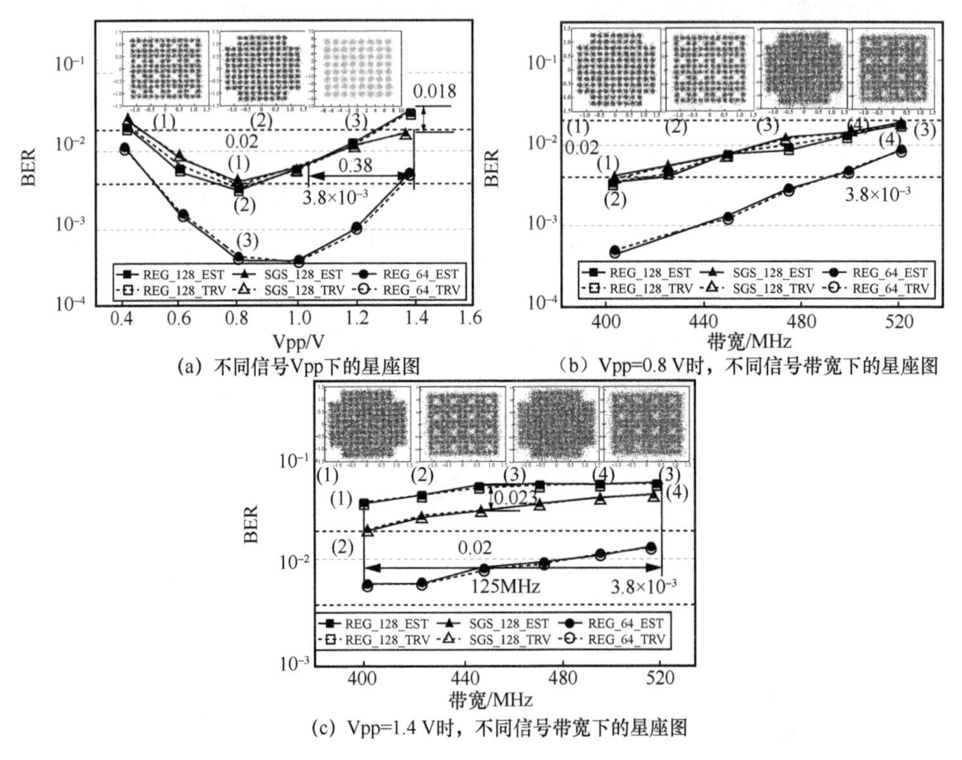

(a) 不同信号Vpp下的星座图

(b) Vpp=0.8 V时，不同信号带宽下的星座图

(c) Vpp=1.4 V时，不同信号带宽下的星座图

图 8-44　64QAM、128QAM 和 SGS-128QAM 在不同 Vpp、不同带宽下的 BER 性能（偏置电流为 110 mA）

注：REG 为常规；EST 为估计值；TRV 为实测值。

我们测试了不同条件下时域混合调制系统的性能，结果如图 8-45 所示。其中 REGHY 代表的是 64QAM/128QAM 的 TDHM 调制格式，SGSHY 代表的是 64QAM/SGS- 128QAM 的 TDHM 调制格式。当带宽为 400 MHz 时，相比于 64QAM，REGHY 可以带来最多 0.36 Gbit/s 的 AIR 增益，这也证明了时域混合调制可以有效提升系统的频谱效率，结果如图 8-45（a）、（d）、（g）所示。当电压超过 0.9 V 的时候，SGSHY 开始优于 REGHY，最多可以带来 0.12 Gbit/s 的 AIR 提升。因此，SGSHY

相比于 REGHY 可以在非线性区获得更好的性能。图 8-45（b）、（e）、（h）的测试结果表明，REGHY 在线性区的性能要优于 SGSHY。而当 Vpp 升高到 1.4 V 时，SGSHY 开始优于 REGHY，最多能够带来 0.12 Gbit/s 的 AIR 增益。这也进一步验证了在非线性系统中，SGS-128QAM 相对于传统 128QAM 星座的优越性。同时可以看出，当 64QAM 和 128QAM 的 BER 在门限的两侧，系统的 Q 因子均在门限附近，这也证明了时域混合调制系统可以在满足误码门限的前提下提升系统的频谱效率。

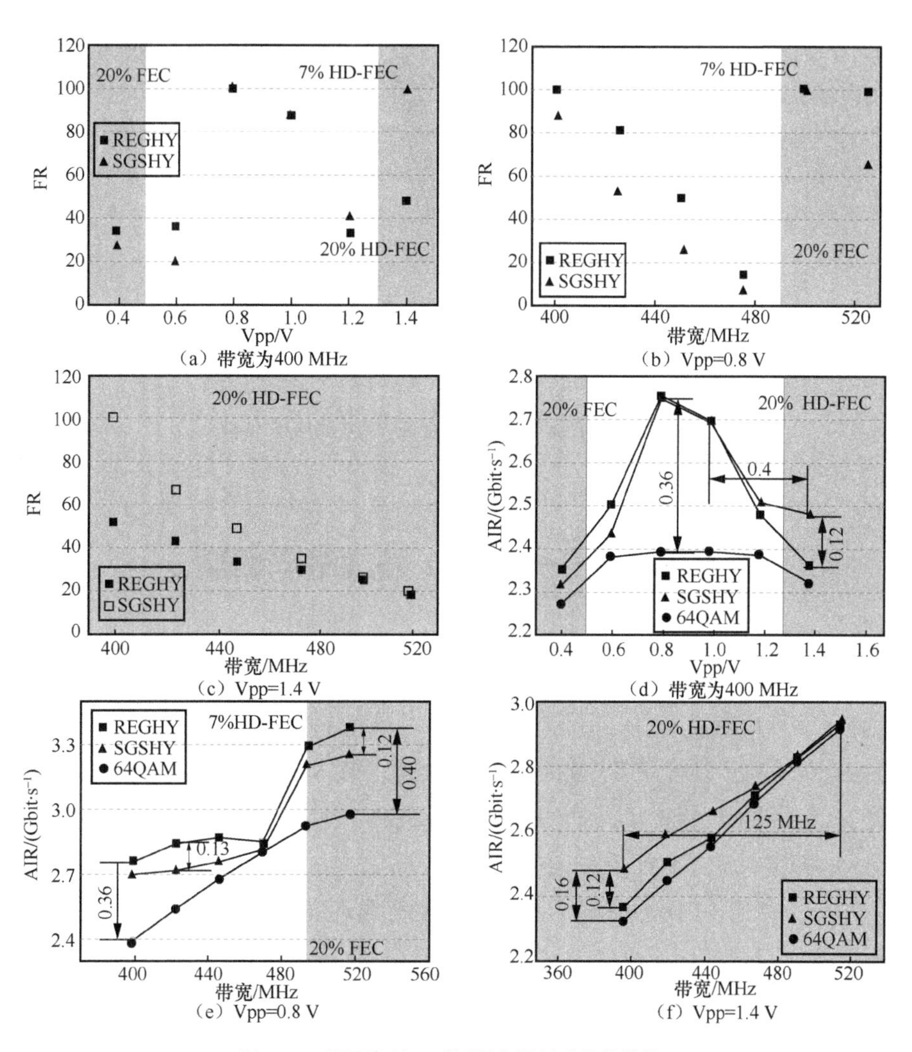

图 8-45　不同条件下时域混合调制系统的性能

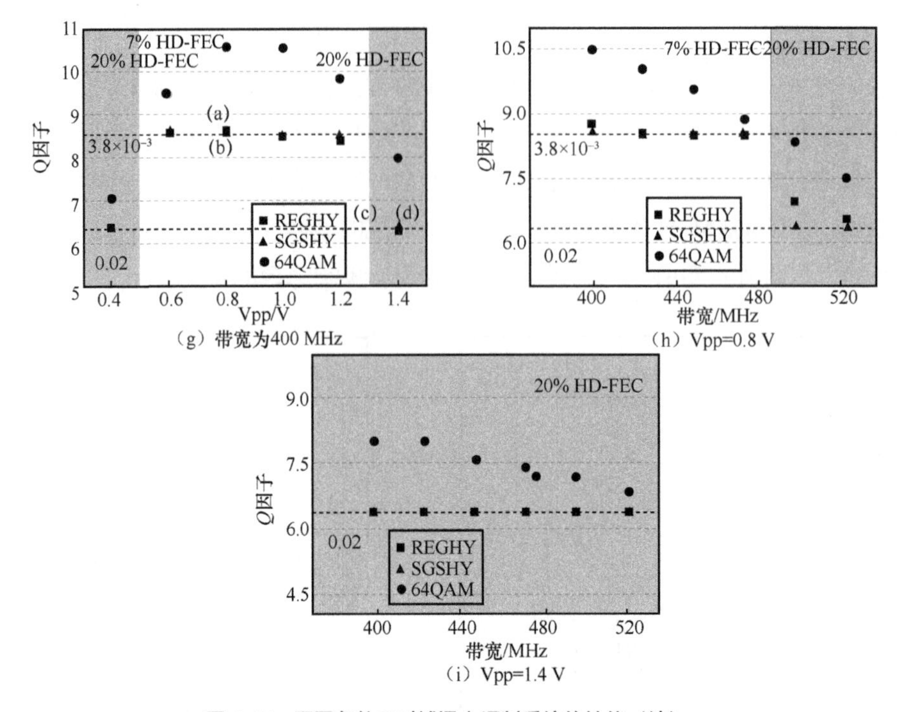

图 8-45　不同条件下时域混合调制系统的性能（续）

8.5　PS-MISO 叠加编码调制

在下一代 B5G/6G 无线通信系统中，室内高速无线接入的方式已经成为国内外学者的一个研究重点。VLC 由于与照明结合，具有成本低廉，频谱资源不受限，保密安全，无电磁干扰等特点，成为“最后一公里”接入的具有前景的备选技术之一。借助于 LED 的大规模普及，基于 LED 的多点接入 VLC 非常有望实现 B5G/6G 中的高速大规模接入及万物互联的设想。

然而，商用 LED 的带宽十分受限，使得实现高速 VLC 系统非常困难。可以采用诸如无源预均衡器等方式来拓展带宽，并根据系统内各个器件，如发射端 LED、放大器、接收端 PIN 光电二极管的频率响应来进行定制化设计。除此以外，还可以采用高阶调制，例如采用 CAP、OFDM、DMT 等方式充分利用有限的带宽。由于 CAP 信号的 ISI 十分严重，需要使用较为复杂的自适应均衡器对信号进行补偿，系统计算复杂度较高，因此我们考虑采用 DMT 调制方式最大限度地利用频谱资源。

室内高速接入的 VLC 应用不可避免地需要考虑 MIMO 和 MISO 等场景。例如，当两个终端同时上行向基站端传输信息，或者两个基站端同时下行向同一个终端传输数据。然而，传统的 MIMO 解法在 MISO 场景中会面临非满秩的情况，从而导致解不唯一。因此，MISO 的解法与传统 MIMO 的解法略有不同。一般来说，对于 MISO 场景，最常使用的是分集复用和叠加编码调制（SCM）两种策略。分集复用中较为常见的是 STBC，通过两路信号协作编码的方式提供分集增益从而提升系统的性能。然而，STBC 会增加接收端信号的电平数。对于 MISO-VLC 系统，两路信号在接收端的叠加很容易造成非线性，从而严重影响接收端高电平信号的性能。SCM 与 STBC 不同，它将接收端的 QAM 星座图进行拆分，分别由两个 LED 发射后，在接收端进行叠加。这样可以对发射信号降阶，而不牺牲频谱效率。因此，SCM 对于强度叠加的 MISO-VLC 系统来说可以极大地缓解非线性带来的影响，并充分利用接收端的动态范围。

除此以外，概率星座整形（PCS）技术已经被证明可以充分提升系统的频谱效率，并能够动态调节系统的容量。同时，PCS 通过改变外圈星座点的概率，可以有效地缓解非线性带来的影响。本章将对 PCS 技术在 MISO-VLC 系统中的应用展开研究，并对比基于 PAM 信号的标量叠加编码调制（Scalar Superposed Coded Modulation，S-SCM）和基于 QAM 信号的二维叠加编码调制（2D-SCM）技术在 MISO-VLC 系统中的性能。这里将 S-SCM 和 2D-SCM 信号进行比较的原因在于接收端叠加信号为二维信号，仅能通过同相正交拆分和二维 QAM 叠加的方式生成接收端叠加信号。因此，本书主要比较这两种叠加调制的方式。

8.5.1　概率星座整形及叠加编码调制技术在 16QAM MISO-VLC 系统中的实验研究

本节将重点探讨基于 16QAM 的 S-SCM 和 2D-SCM 的原理，并对比 S-SCM、2D-SCM 以及 STBC 信号之间的性能。S-SCM 和 2D-SCM 原理对比如图 8-46 所示，16QAM 的 S-SCM、2D-SCM 和 STBC 信号分别用 MISO_PS_PAM4、MISO_PS_QPSK

和 MISO_PS_STBC 表示。PCS 技术细节见第 4 章。接收端的 PCS-16QAM 星座图满足麦克斯韦–玻尔兹曼分布，且将本书的信源熵定为 3.786 4 bit/Hz。对于 MISO_PS_QPSK 信号，接收端的 PCS-16QAM 首先拆成两个 QPSK 信号，其中一路满足均匀分布，另一路根据第一路信号所在的象限调节四个象限 QPSK 信号的概率分布，以保证叠加在接收端的信号是一个满足麦克斯韦–玻尔兹曼分布且信源熵为 3.786 4 bit/Hz 的 PCS-16QAM 星座图。这种调制方式需要较为严格的功率比，以保证不出现星座点减并的情况。同时，在 LED2 上发射的信号并不满足麦克斯韦–玻尔兹曼分布，因此受到信道损伤的影响较大。MISO_PS_PAM4 不同于 MISO_PS_QPSK，LED1 和 LED2 上的发射信号分别是 PCS-16QAM 的同相和正交分量，且两者的概率分布是一样的，都满足麦克斯韦–玻尔兹曼分布，结果如图 8-46（b）所示。因此，在 LED1 和 LED2 上的信号都是符合信道的噪声分布的。同时，MISO_PS_PAM4 不需要特定的功率比即可解调，限制较少。发射信号的概率分布见表 8-7 和表 8-8。

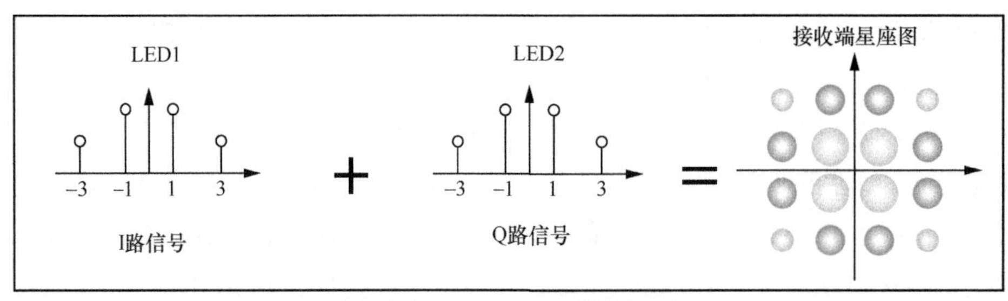

（a）生成MISO_PS_QPSK信号的原理

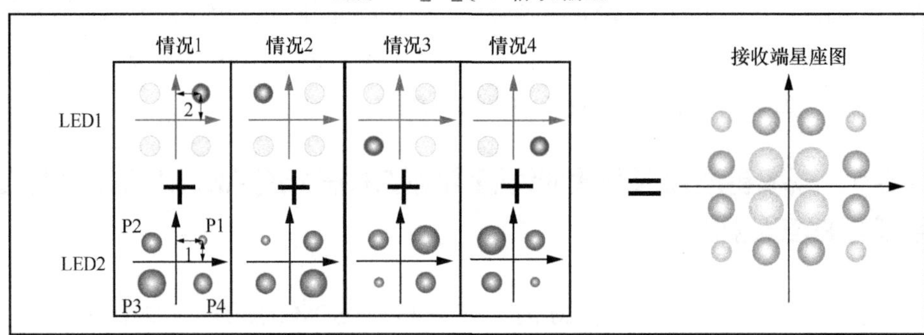

（b）生成MISO_PS_PAM4信号的原理

图 8-46　S-SCM 和 2D-SCM 原理对比

表8-7　MISO_PS_QPSK在LED2上信号的概率分布

情况	P1	P2	P3	P4
1	0.096 1	0.213 9	0.476 1	0.213 9
2	0.213 9	0.096 1	0.213 9	0.476 1
3	0.476 1	0.213 9	0.096 1	0.213 9
4	0.213 9	0.476 1	0.213 9	0.096 1

表8-8　MISO_PS_PAM4在LED1和LED2上信号的概率分布

情况	−3	−1	1	3
LED1	0.155 0	0.345 0	0.345 0	0.155 0
LED2	0.155 0	0.345 0	0.345 0	0.155 0

本节的MISO-VLC实验平台如图8-47所示。首先，在图8-47（b）中，对于MISO_PS_QPSK，两个比特流被分为8个比特流。其中，将LED2的4个比特流调制成QPSK信号，LED1的4个比特流由PCS系统的恒定组成分布匹配器（CCDM）加载并将均匀分布转换成非均匀分布。在LDPC编码和QAM调制后，生成了LED2上的QPSK符号，随后经过DMT调制分别生成LED1和LED2上的时域信号，如图8-47（f）所示。对于MISO_PS_PAM4，两路比特流分别经过CCDM、LDPC编码和PAM调制后，再经过DMT调制得到LED1和LED2上的时域符号，如图8-47（d）所示。

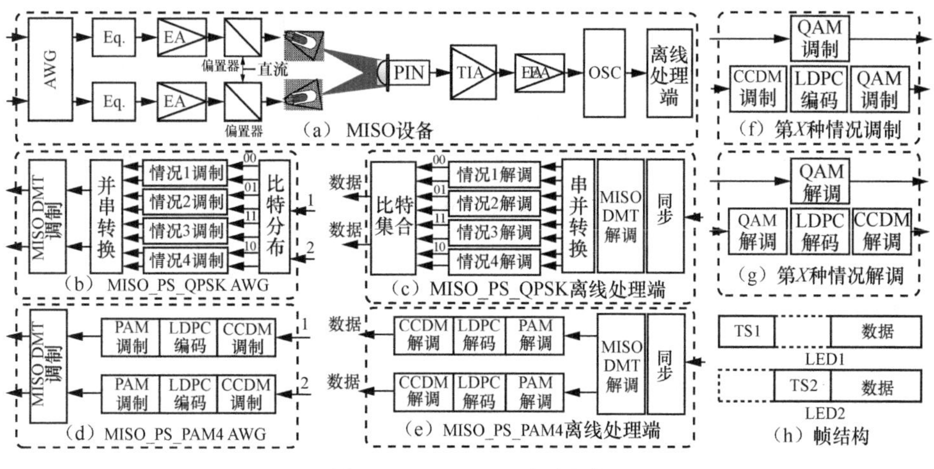

图8-47　MISO-VLC实验平台

LED1 和 LED2 上的时域信号首先通过 AWG 加载，然后通过均衡器对带宽进行扩展。随后，经过 EA 的放大后，信号与直流通过偏置器相耦合，并通过两个红光 LED 将电信号转换为光信号。在接收端叠加的光信号通过 PIN 光电二极管转换为电流信号。随后，TIA 运用跨阻放大原理将几十纳安（nA）的微弱的电流信号转换为电压信号，并通过 EA 的放大后，由 OSC 接收并转换为数字信号。同步后，接收的 SCM PCS-16QAM 信号通过 DMT 解调和 SIC[24] 技术恢复。对于图 8-47（c）所示的 MISO_PS_QPSK 系统，将均衡后的 PCS-16QAM 信号分解为两路 QPSK 信号，并经过图 8-47（g）中的 QAM 解调、LDPC 解码和 CCDM 解调后，8 个比特流恢复并组合为 2 个均匀分布的比特流。对于图 8-47（g）所示的 MISO_PS_PAM4 解调系统，同相和正交 PAM 符号通过 PAM 解调、LDPC 解码和 CCDM 解调等步骤恢复为比特流。系统的基于 QPSK 训练序列（Training Sequence，TS）的帧结构如图 8-47（h）所示。

MISO_PS_QPSK、MISO_PS_PAM4 及 MISO_PS_STBC 的系统性能如图 8-48 所示，展示的结果均在归一化互信息（NGMI）阈值为 0.92 时测试得到。首先，我们测试了接收端在 250 MHz 和 500 MHz 下的频率响应，如图 8-48（a）、（b）所示。可以看出，当系统带宽调节到 500 MHz 时，信号在频域上的衰减已非常严重。然后我们测试了系统在不同的总体 Vpp 下的广义互信息（GMI），如图 8-48（c）所示。我们调节 LED1 和 LED2 的 Vpp，以保证系统工作在最优功率比下。可以看出，MISO_PS_PAM4 的 GMI 性能总是优于 MISO_PS_STBC 和 MISO_PS_QPSK，并得到了最多 0.04 bit/Hz 的 GMI 增益。在最优功率比和总体 Vpp 为 1 000 mV 的情况下，不同带宽下的 GMI 如图 8-48（d）所示。类似的，MISO_PS_PAM4 得到了最优的 GMI 性能，并在 475 MHz 带宽下测得了传输速率高达 1.70 Gbit/s 的 AIR。相比于 MISO_PS_QPSK 和 MISO_PS_STBC，MISO_PS_PAM4 带来了最多 0.31 bit/Hz 的 GMI 增益。最后，不同 Vpp1 和 Vpp2 下的 MISO_PS_PAM4 和 MISO_PS_QPSK 的 GMI 性能如图 8-48（e）和图 8-48（f）所示。可以看出，MISO_PS_PAM4 的工作范围要远大于 MISO_PS_QPSK。因此可以得出结论，基于 PCS-PAM4 的 S-SCM 相比于基于 QPSK 的 2D-SCM 和基于分集增益的 STBC 可以带来额外的性能增益。

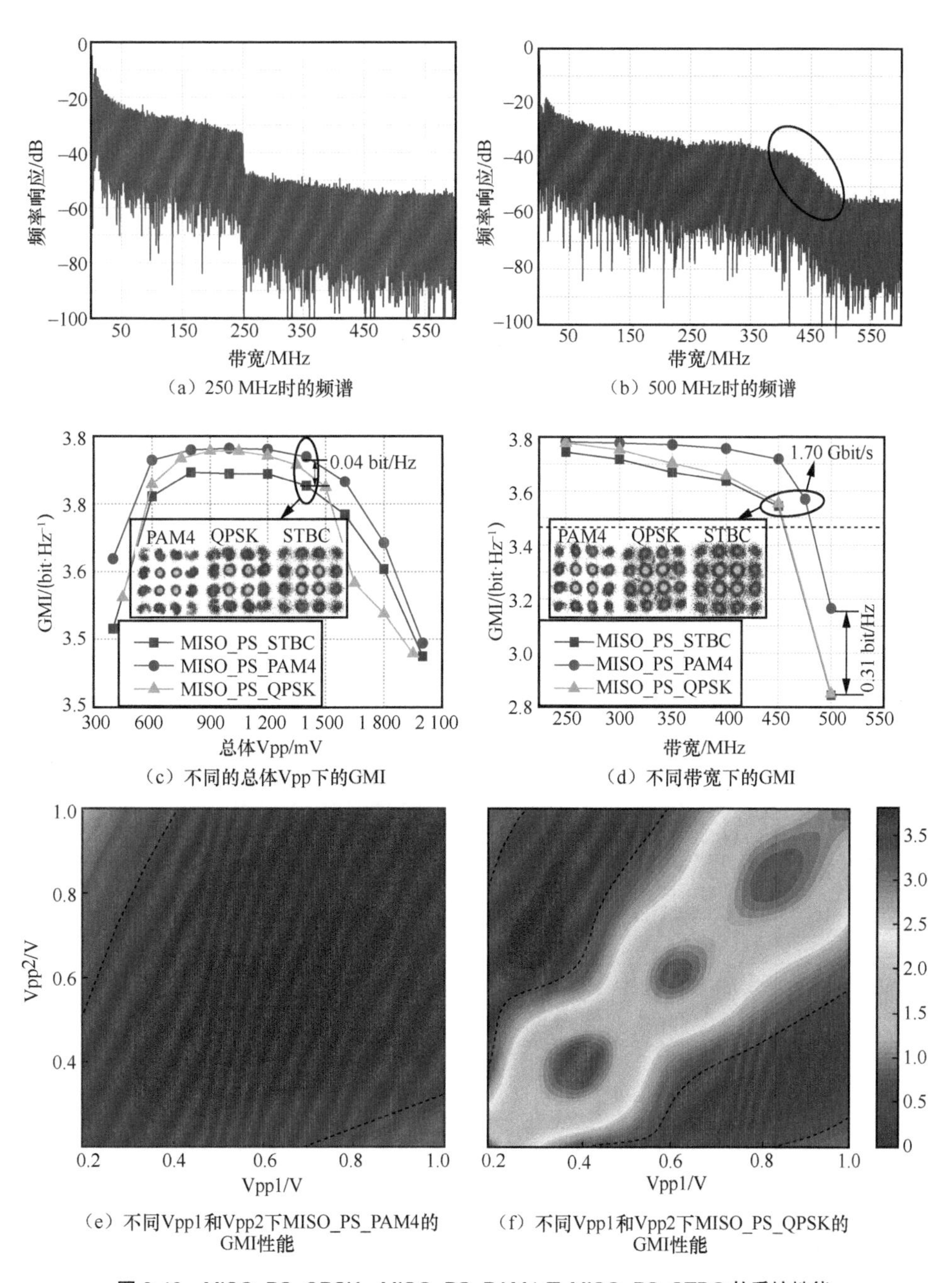

图 8-48 MISO_PS_QPSK、MISO_PS_PAM4 及 MISO_PS_STBC 的系统性能

8.5.2 概率星座整形及叠加编码调制技术在 32QAM MISO-VLC 系统中的实验研究

概率星座整形（PCS）信号已被证明是高斯信道下的最优分布。然而，对于 MISO-VLC 系统，两路信号需要分别经过信道后，再在接收端对它们进行叠加。因此，需要探究针对 MISO-VLC 系统的信号概率分布方案。本节将针对 MISO-VLC 系统不同部分的噪声对 PCS 信号的性能影响展开分析和实验研究。

我们提出两套 PCS-MISO-VLC 系统，GPCS 和 LPCS 原理如图 8-49 所示。本节系统的信源熵 $H = 4.9$ bit/Hz。在图 8-49（a）中，对于 GPCS，将 LED2 上均匀分布的 QPSK 信号和 LED1 上的 PCS-8QAM 信号在接收端叠加后，创造了一个如图 8-49(c)所示的符合麦克斯韦–玻尔兹曼分布的 PCS-32QAM 接收信号。图 8-49（b）对于 LPCS 来说，将 LED2 上均匀分布的 QPSK 信号和 LED1 上符合麦克斯韦–玻尔兹曼分布的 PCS-8QAM 信号在接收端进行叠加，得到如图 8-49（d）所示的 PCS-32QAM 星座图。GPCS 和 LPCS 发射信号的概率分布如图 8-49（e）和图 8-49（f）所示。

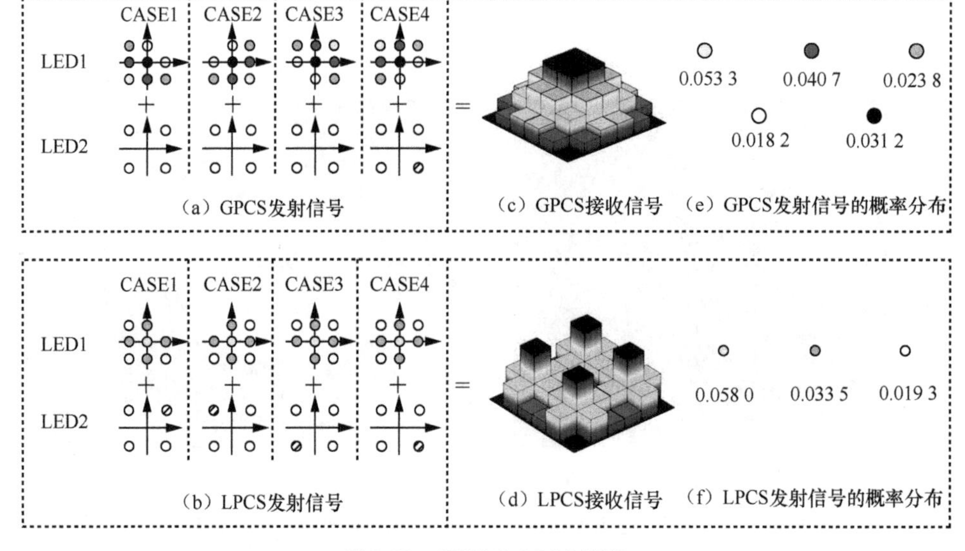

图 8-49 GPCS 和 LPCS 原理

功率比为

$$\mathrm{PR} = \mathrm{Vpp1} / \mathrm{Vpp2} \tag{8-63}$$

其中，Vpp1 和 Vpp2 分别为 QPSK 和 PCS-8QAM 信号的峰峰值电压。本节采用 PCS 的判别标准，包括 AIR、净速率（NDR）、NGMI 等。线传输频谱效率（Net Transmission Spectrum Efficiency，NTSE）的定义为

$$\mathrm{NTSE} = H - (1 - R_{\mathrm{c}})M \tag{8-64}$$

其中，M=3，R_{c} 为纠错码率。不同调制格式下，最优 PR、不同象限 PCS-8QAM 信号刚开始叠加时的 PR（减并 PR），以及不同纠错码率下的 NTSE 见表 8-9。

表 8-9　不同调制格式下，最优 PR、减并 PR，以及不同纠错码率下的 NTSE

调制格式	最优功率比	减并功率比	NTSE（b/Hz,R_c=9/10）	NTSE（b/Hz,R_c=5/6）
GPCS	1.877 4	1.251 6	4.6	4.4
LPCS	2.121 7	1.414 5	4.6	4.4

MISO-VLC 实验平台如图 8-50 所示。首先，两路比特流根据不同的方案调制为 QPSK 和 PCS-8QAM 符号流，其中 PCS-8QAM 的生成方法参照文献[35]中的概率象限整形（PFS）信号的生成方法。随后，串行的 PCS-8QAM 和 QPSK 符号流经过串并转换变为并行的符号流。经过共轭、组合、上采样后，生成 DMT-QPSK 和 DMT-PCS-8QAM 时域符号。然后为每个 DMT 符号加入循环前缀，以对抗信道的多径效应，并在数据前添加 TS 以估计信道，再由 AWG 加载 DMT 时域符号流。经过均衡器（Eq.）的均衡和 EA 的放大后，将直流耦合到信号上，分别通过两个蓝光 LED 加载并转换为光信号。在接收端，PIN 光电二极管 S10784 将经过 1.2 m 的 FSO 传输的叠加光信号转换为电信号，并通过 TIA 和 EA 放大后，由 OSC 接收。软件离线处理系统首先将差分信号转为单端信号，然后对信号进行同步和重采样。随后，通过 TS 得到 CSI，然后叠加信号通过信道状态信息恢复（信道估计），并通过 MLSD 分解为 PCS-8QAM 和 QPSK 符号。最后，通过并串转换、QPSK 及 PCS-8QAM 的解调后，恢复原始比特流。

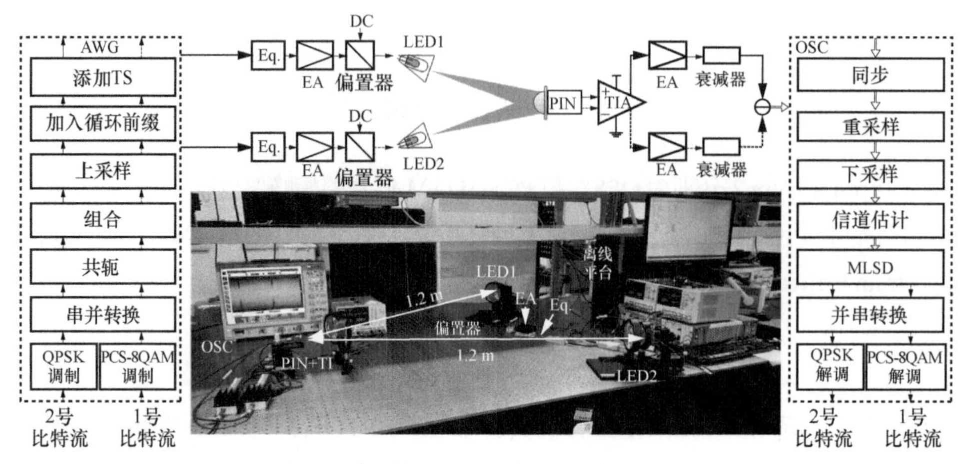

图 8-50 MISO-VLC 实验平台

注：实心箭头为 QPSK 信号，空心箭头为 PCS-8QAM 信号。

首先，我们测试了 PCS-8QAM、QPSK 和 LPCS 叠加信号在带宽为 500 MHz 时的时域和频率响应，LPCS 和 GPCS 的系统性能如图 8-51 所示。由于 QPSK 信号功率大于 PCS-8QAM，而 LPCS 叠加信号的功率大于 QPSK，频率响应的强度排序为：LPCS>QPSK>PCS-8QAM。QPSK 和 PCS-8QAM 的训练序列是 TDM 的，数据序列为 QPSK 和 PCS-8QAM 信号的叠加。当为最优 PR 且带宽为 500 MHz 时，不同 Vpp1 下的 AIR 和 NGMI 性能如图 8-51（c）所示。正方形和圆形的实心标记分别代表 LPCS 和 GPCS 的 AIR。正方形和三角形的空心标记分别代表 LPCS 和 GPCS 的 NGMI。当 Vpp1<1 350 mV 时，系统性能主要受到信道噪声的扰动，因此符合信道噪声分布的 LPCS 信号的 AIR 和 NGMI 性能优于 GPCS 信号。当 Vpp1>1 350 mV 时，系统进入非线性区，且信号受到接收端的非线性响应扰动，此时符合接收端噪声分布的 GPCS 信号的性能优于 LPCS。我们在 Vpp1=1 600 mV 时实现了目前最高的 2.35 Gbit/s 的 AIR 传输速率和去除 9/10 FEC 码冗余后 2.30 Gbit/s 的 NDR 传输速率（NGMI>0.92）。当为最优 PR 且 Vpp1=800 mV 时，不同带宽下的 AIR 和 NGMI 性能如图 8-51（d）所示。可以看出，由于此时系统工作在线性区，LPCS 的性能要优于 GPCS，并带来了最多 0.16 Gbit/s 的 AIR 增益。然而，当 Vpp1 升高到 2 000 mV 时，GPCS 优于 LPCS，如图 8-51（e）所示，并带来了最多 0.35 Gbit/s 的 AIR 增益，证明此时接收端的噪声占据主导地位。最后，我们测试了带宽为 500 MHz 且 Vpp1=2 000 mV 时不同 PR 下的 AIR 和 NGMI 性能，测试结果如图 8-51（f）所示。与图 8-51（e）类似，GPCS 优于 LPCS，且带来了最多 0.39 Gbit/s 的 AIR 增益。综上所述，在 Vpp 较小的时候，此时系统中信道的噪声对性能起主要影响作用，符合信道特性的 LPCS 的性能优于 GPCS；在 Vpp 较大时，系统进入非线性区，接收端的噪声占主导地位，此时 GPCS 优于 LPCS。在本次实验中实现了 MISO-VLC 系统的最高线传输速率（NDR），即 2.30 Gbit/s。

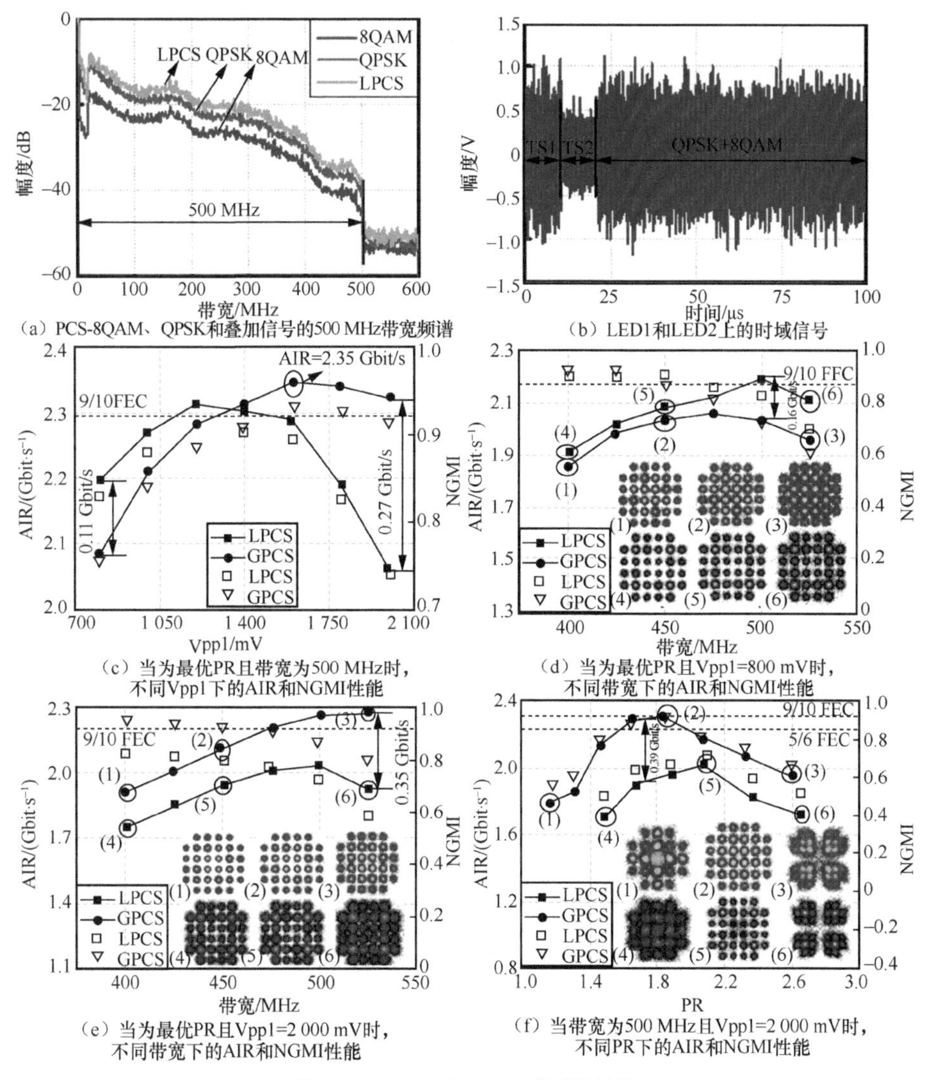

（a）PCS-8QAM、QPSK和叠加信号的500 MHz带宽频谱　（b）LED1和LED2上的时域信号

（c）当为最优PR且带宽为500 MHz时，不同Vpp1下的AIR和NGMI性能　（d）当为最优PR且Vpp1=800 mV时，不同带宽下的AIR和NGMI性能

（e）当为最优PR且Vpp1=2 000 mV时，不同带宽下的AIR和NGMI性能　（f）当带宽为500 MHz且Vpp1=2 000 mV时，不同PR下的AIR和NGMI性能

图 8-51　LPCS 和 GPCS 的系统性能

| 8.6 MBNN 的 PAM 叠加 QAM 实验 |

VLC 系统的非线性是影响高速大功率 VLC 系统性能的一大问题[37]。对于 SCM 信号，由于是将两个信号叠加，其对非线性的影响更加敏感。然而，VLC 信道的传递函数的建模较为复杂，很难通过解析解的方式对其进行分析[38]。借助神经网络强大的非线性拟合能力，接收信号的性能在均衡后会得到很大的提升。在文献[39]中，通过使用基于判决的 GK-DNN，作者实现了传输速率为 1.5 Gbit/s 的 PAM8 信号水下 1.2 m 的传输。在文献[40]中，Zhao 等根据 VLC 的信道特性设计了双分支异构神经网络来仿真 VLC 信道，其参数个数仅为传统多层感知机的 0.8%。因此，可以预见，在 SCM-MIMO-VLC 系统中采用神经网络可以补偿系统的非线性。然而，目前并没有太多关于神经网络在 SCM-MIMO-VLC 系统中的应用研究。

本章我们将提出一个全新的 MIMO-MBNN 后均衡器，并在 SCM SR-MIMO-VLC 系统中进行研究。系统调制格式为 CAP-64QAM。采用 S-SCM 策略，将同相和正交方向的 PAM8 信号相叠加，在接收端得到 64QAM 星座图，并采用 MIMO-MBNN 作为后均衡器补偿信号的非线性失真。本章我们将对比 MIMO-MBNN 和基于 Volterra 级数的 SISO-LMS 及 SISO-DNN 的性能。

SR-MIMO-VLC 系统数据流和实验平台如图 8-52 所示。

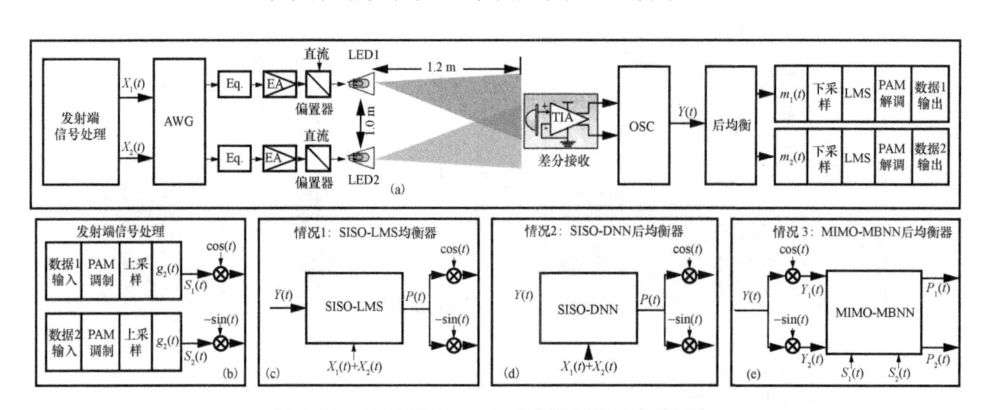

图 8-52　SR-MIMO-VLC 系统数据流和实验平台

为了简化表述，这里 Tx1 表示 1 号发射端，Tx2 表示 2 号发射端，Rx 为接收端。则上变频前的发射信号可以表示为

$$\begin{bmatrix} S_1(t) \\ S_2(t) \end{bmatrix} = \begin{bmatrix} g_1(t) \otimes T_1^{\mathrm{UP}}(t) \\ g_2(t) \otimes T_2^{\mathrm{UP}}(t) \end{bmatrix} \tag{8-65}$$

其中：$S_1(t)$ 和 $S_2(t)$ 分别为上变频前 1 号和 2 号发射信号；$g_1(t)$ 和 $g_2(t)$ 分别为文献[41]中的 SRRC，且根据文献[42]和文献[43]选择滚降系数为 0.205；⊗代表卷积操作；$T_1^{\mathrm{UP}}(t)$ 和 $T_2^{\mathrm{UP}}(t)$ 分别代表 Tx1 和 Tx2 上的上采样后的 PAM8 符号流。本书中上采样倍数为 4。在上变频后，发射信号可以表示为

$$\begin{bmatrix} X_1(t) \\ X_2(t) \end{bmatrix} = \begin{bmatrix} \cos(2\pi f_0 t) & 0 \\ 0 & -\sin(2\pi f_0 t) \end{bmatrix} \begin{bmatrix} S_1(t) \\ S_2(t) \end{bmatrix} \tag{8-66}$$

其中：$X_1(t)$ 和 $X_2(t)$ 分别为通过 AWG 加载的发射信号；f_0 为上变频的中心频点。随后，两个数据流通过 AWG M9502 发射，并通过自制的 T 桥无源预均衡器将信号的有效带宽从几十 MHz 拓展到 350 MHz，并在其注入 LED1 和 LED2 之前通过 EA 进行放大。

接收端经过 VLC 信道后的信号可以表示为

$$\begin{bmatrix} R_1(t) \\ R_2(t) \end{bmatrix} = \begin{bmatrix} H_{11} & H_{12} \\ H_{21} & H_{22} \end{bmatrix} \begin{bmatrix} f_1(X_1(t)) \\ f_2(X_2(t)) \end{bmatrix} + \begin{bmatrix} N_1(t) \\ N_2(t) \end{bmatrix} \tag{8-67}$$

其中：$R_1(t)$ 和 $R_2(t)$ 为两个发射端到达接收端的信号；H_{ij} 代表从第 i 发射端到第 j 发射端的信道响应；$f_1(t)$ 和 $f_2(t)$ 分别代表 Tx1 和 Tx2 到 Rx 的非线性响应。为了简化描述，我们认为接收端对两个发射端的幅值幅度（Amplitude Magnitude，AM）非线性响应相同 $f_1(t) = f_2(t) = f(t)$，且有

$$f(x) = \begin{cases} x & ,\text{低Vpp} \\ (a_1 x + a_2 x^2 + a_3 x^3)/b, & \text{高Vpp} \end{cases} \tag{8-68}$$

其中，$a_1 = 1.259$，$a_2 = 0.013\,73$，$a_3 = -0.457\,6$，$b = 0.816\,5$，该值通过 Vpp 为 1.4 V 时的 AM 响应测得。经过功率归一化后，$H_{11} = 1$ 且 $H_{22} = \beta$。$N_1(t)$ 和 $N_2(t)$ 代表系统的噪声。为了减小分析的复杂度，我们先不考虑两个发射信号在接收端的相互影响，因此，式（8-68）可以写为

$$\begin{bmatrix} R_1(t) \\ R_2(t) \end{bmatrix} = \begin{bmatrix} 1 & 0 \\ 0 & \beta \end{bmatrix} \begin{bmatrix} X_1(t) \otimes h_1(t) \\ X_2(t) \otimes h_2(t) \end{bmatrix} + \begin{bmatrix} N_1(t) \\ N_2(t) \end{bmatrix} \tag{8-69}$$

其中，$h_1(t)$ 和 $h_2(t)$ 为 Tx1 和 Tx2 到 Rx 的信道在时域上的响应。假设两个发射端差异不大，则可以认为 $h_1(t) = h_2(t) = h(t)$ 。因此，接收端叠加的信号 $Y(t)$ 可以表示为

$$\begin{aligned} Y(t) = f(R_1(t) + R_2(t)) + N(t) = \\ f(X_1(t) \otimes h(t) + \beta X_2(t) \otimes h(t)) + N(t) \end{aligned} \tag{8-70}$$

其中，$N(t)$ 为总体的噪声功率。假设先考虑线性工作区间的情况，即 $f_y(y) = y$ ，则在经过余弦和正弦载波下变频后的信号可以表示为

$$\begin{aligned} \begin{bmatrix} Y_1(t) \\ Y_2(t) \end{bmatrix} &= \begin{bmatrix} \cos(2\pi f_0 t) \\ -\sin(2\pi f_0 t) \end{bmatrix} Y(t) = \\ &\begin{bmatrix} ((S_1(t)\cos(\omega_0 t)) \otimes h(t) + \beta(S_2(t)\sin(\omega_0 t)) \otimes h(t))\cos(\omega_0 t) \\ -((S_1(t)\cos(\omega_0 t)) \otimes h(t) + \beta(S_2(t)\sin(\omega_0 t)) \otimes h(t))\sin(\omega_0 t) \end{bmatrix} + \\ &\begin{bmatrix} N_1(t) \\ N_2(t) \end{bmatrix} \end{aligned} \tag{8-71}$$

其中，$\omega_0 = 2\pi f_0$ 。将傅里叶变换对写为 $X(t) \leftrightarrow X(\omega)$ ，则

$$\begin{cases} X_1(t) = S_1(t)\cos(\omega_0 t) \leftrightarrow X_1(\omega) = \dfrac{1}{2}[S_1(\omega - \omega_0) + S_1(\omega + \omega_0)] \\ X_2(t) = -S_2(t)\sin(\omega_0 t) \leftrightarrow X_2(\omega) = \dfrac{1}{2\mathrm{i}}[S_2(\omega + \omega_0) - S_2(\omega - \omega_0)] \end{cases} \tag{8-72}$$

将 $Y_1(t)$ 写为 $Y_1(t) = Y(t)\cos(\omega_0 t)$ ，则 $Y_1(t)$ 的频域响应可以写为

$$\begin{aligned} Y_1(\omega) = &\frac{1}{2\pi}[X_1(\omega)H(\omega) + \beta X_2(\omega)H(\omega)] \otimes (\pi[\delta(\omega - \omega_0) + \delta(\omega + \omega_0)]) = \\ &\frac{1}{2}[X_1(\omega + \omega_0)H(\omega + \omega_0) + X_1(\omega - \omega_0)H(\omega - \omega_0)] + \\ &\frac{\beta}{2}[X_2(\omega + \omega_0)H(\omega + \omega_0) + X_2(\omega - \omega_0)H(\omega - \omega_0)] \end{aligned} \tag{8-73}$$

$X_1(t)$ 和 $X_2(t)$ 的频域响应可以写为

$$\begin{cases} X_1(\omega + \omega_0) = \dfrac{1}{2}[S_1(\omega) + S_1(\omega + 2\omega_0)], X_1(\omega - \omega_0) = \dfrac{1}{2}[S_1(\omega - 2\omega_0) + S_1(\omega)] \\ X_2(\omega + \omega_0) = \dfrac{1}{2\mathrm{i}}[S_2(\omega + 2\omega_0) - S_2(\omega)], X_2(\omega - \omega_0) = \dfrac{1}{2\mathrm{i}}[S_2(\omega) - S_2(\omega - 2\omega_0)] \end{cases} \tag{8-74}$$

因此，$Y_1(\omega)$ 可以写为

$$Y_1(\omega)=\frac{1}{4}[S_1(\omega)H(\omega+\omega_0)+S_1(\omega+2\omega_0)H(\omega+\omega_0)+S_1(\omega-2\omega_0)H(\omega-\omega_0)+$$
$$S_1(\omega)H(\omega-\omega_0)]+\frac{\beta}{4\mathrm{i}}[S_2(\omega+2\omega_0)H(\omega+\omega_0)-S_2(\omega)H(\omega+\omega_0)+$$
$$S_2(\omega)H(\omega-\omega_0)-S_2(\omega-2\omega_0)H(\omega-\omega_0)]=$$
$$\frac{1}{4}[S_1(\omega)(H(\omega+\omega_0)+H(\omega-\omega_0))]+\frac{1}{4}S_1(\omega+2\omega_0)H(\omega+\omega_0)+$$
$$\frac{1}{4}S_1(\omega-2\omega_0)H(\omega-\omega_0)+\frac{\beta}{4\mathrm{i}}[S_2(\omega)(H(\omega-\omega_0)-H(\omega+\omega_0))]+$$
$$\frac{\beta}{4\mathrm{i}}S_2(\omega+2\omega_0)H(\omega+\omega_0)-\frac{\beta}{4\mathrm{i}}S_2(\omega-2\omega_0)H(\omega-\omega_0) \tag{8-75}$$

因此，$Y_1(t)$ 可以表示为

$$Y_1(t)=\frac{1}{4}[S_1(t)\otimes(h(t)2\cos(\omega_0 t))]+\frac{1}{4}(S_1(t)\mathrm{e}^{-\mathrm{i}2\omega_0 t})\otimes(h(t)\mathrm{e}^{-\mathrm{i}\omega_0 t})+$$
$$\frac{1}{4}(S_1(t)\mathrm{e}^{\mathrm{i}2\omega_0 t})\otimes(h(t)\mathrm{e}^{\mathrm{i}\omega_0 t})+\frac{\beta}{4\mathrm{i}}[S_2(t)\otimes(h(t)2\mathrm{i}\sin(\omega_0 t))]+$$
$$\frac{\beta}{4\mathrm{i}}(S_2(t)\mathrm{e}^{-\mathrm{i}2\omega_0 t})\otimes(h(t)\mathrm{e}^{-\mathrm{i}\omega_0 t})-\frac{\beta}{4\mathrm{i}}(S_2(t)\mathrm{e}^{\mathrm{i}2\omega_0 t})\otimes(h(t)\mathrm{e}^{\mathrm{i}\omega_0 t})=$$
$$\frac{1}{2}[S_1(t)\otimes(h(t)\cos(\omega_0 t))]+\frac{\beta}{2}[S_2(t)\otimes(h(t)\sin(\omega_0 t))]+$$
$$\frac{1}{4}(S_1(t)(\cos(2\omega_0 t)-\mathrm{i}\sin(2\omega_0 t)))\otimes(h(t)(\cos(\omega_0 t)-\mathrm{i}\sin(\omega_0 t)))+$$
$$\frac{1}{4}(S_1(t)(\cos(2\omega_0 t)+\mathrm{i}\sin(2\omega_0 t)))\otimes(h(t)(\cos(\omega_0 t)+\mathrm{i}\sin(\omega_0 t)))+$$
$$\frac{\beta}{4\mathrm{i}}(S_2(t)(\cos(2\omega_0 t)-\mathrm{i}\sin(2\omega_0 t)))\otimes(h(t)(\cos(\omega_0 t)-\mathrm{i}\sin(\omega_0 t)))-$$
$$\frac{\beta}{4\mathrm{i}}(S_2(t)(\cos(2\omega_0 t)+\mathrm{i}\sin(2\omega_0 t)))\otimes(h(t)(\cos(\omega_0 t)+\mathrm{i}\sin(\omega_0 t)))=$$
$$\frac{1}{2}[S_1(t)\otimes(h(t)\cos(\omega_0 t))]+\frac{\beta}{2}[S_2(t)\otimes(h(t)\sin(\omega_0 t))]+$$
$$\frac{1}{2}S_1(t)\cos(2\omega_0 t)\otimes h(t)\cos(\omega_0 t)-\frac{1}{2}S_1(t)\sin(2\omega_0 t)\otimes h(t)\sin(\omega_0 t)-$$
$$\frac{\beta}{2}S_2(t)\cos(2\omega_0 t)\otimes h(t)\sin(\omega_0 t)-\frac{\beta}{2}S_2(t)\sin(2\omega_0 t)\otimes h(t)\cos(\omega_0 t)=$$

$$\frac{1}{2}[S_1(t)\otimes(h(t)\cos(\omega_0 t))]+\frac{\beta}{2}[S_2(t)\otimes(h(t)\sin(\omega_0 t))]-$$
$$\frac{1}{2}\sqrt{S_1(t)^2+(\beta S_2(t))^2}\sin(2\omega_0 t+\alpha_1)\otimes(h(t)\cos(\omega_0 t))-$$
$$\frac{1}{2}\sqrt{S_1(t)^2+(\beta S_2(t))^2}\sin(2\omega_0 t+\alpha_2)\otimes(h(t)\sin(\omega_0 t)) \tag{8-76}$$

$\tan\alpha_1=-\frac{S_1(t)}{\beta S_2(t)}, \tan\alpha_2=\frac{\beta S_2(t)}{S_1(t)}$。类似地，$Y_2(t)$ 可以表示为

$$Y_2(t)=-\frac{1}{2}S_1(t)\otimes(h(t)\sin(\omega_0 t))+\frac{\beta}{2}S_2(t)\otimes(h(t)\cos(\omega_0 t))-$$
$$\frac{1}{2}\sqrt{S_1(t)^2+(\beta S_2(t))^2}\sin(2\omega_0 t+\alpha_2)\otimes(h(t)\cos(\omega_0 t))+$$
$$\frac{1}{2}\sqrt{S_1(t)^2+(\beta S_2(t))^2}\sin(2\omega_0 t+\alpha_1)\otimes(h(t)\sin(\omega_0 t))+N_2(t) \tag{8-77}$$

其中，前两项为带内的频率响应，可以被看作原始信号 $S_1(t)$ 和 $S_2(t)$ 及信道响应的卷积。一般来说，在一次传输中我们认为 VLC 信道为 FIR 滤波器。因此，第一项可以通过一个线性的自适应滤波器进行均衡。对于 $Y_1(t)$，第二项 $S_2(t)$ 可以被认为是噪声，反之也是。因此，β 值即两路信号的功率比会影响两路信号 $S_1(t)$ 和 $S_2(t)$ 的 SNR。β 越大，$S_2(t)$ 的 SNR 越大。与此同时，$S_1(t)$ 的 SNR 也会恶化。对于 $S_1(t)$，情况正好相反。后两项为高频项，可以通过 SRRC 去除。根据以上的几个公式，当系统工作在非线性范围时，$Y_1(t)$ 和 $Y_2(t)$ 可以根据以上的公式写为

$$\begin{cases}Y_1(t)=F_1(S_1(t),S_2(t))\\ Y_2(t)=F_2(S_2(t),S_1(t))\end{cases} \tag{8-78}$$

将 $S_1(t)$ 和 $S_2(t)$ 分别替换为二次项，则 $Y_1(t)$ 和 $Y_2(t)$ 可以写为

$$\begin{cases}Y_1(t)=\frac{a_1}{b}F_1(S_1(t),S_2(t))+\frac{a_2}{b}F_1(S_1^2(t),S_2^2(t))+\frac{a_3}{b}F_1(S_1^3(t),S_2^3(t))\\ Y_2(t)=\frac{a_1}{b}F_2(S_2(t),S_1(t))+\frac{a_2}{b}F_2(S_2^2(t),S_1^2(t))+\frac{a_3}{b}F_2(S_2^3(t),S_1^3(t))\end{cases} \tag{8-79}$$

对 $Y_1(t)$ 进行分析，并结合以上公式可得

$$Y_1(t)=\underbrace{\frac{a_1}{b}(\frac{1}{2}S_1(t)\otimes(h(t)\cos(\omega_0 t))}_{\text{线性失真}}+\underbrace{\frac{\beta}{2}S_2(t)\otimes(h(t)\sin(\omega_0 t))}_{\text{线性串扰}}+$$

$$\underbrace{\frac{a_2}{b}(\frac{1}{2}S_1^2(t)\otimes(h(t)\cos(\omega_0 t))+\frac{\beta}{2}S_2^2(t)\otimes(h(t)\sin(\omega_0 t))}_{\text{非线性失真和串扰}}+$$
$$\underbrace{\frac{a_3}{b}(\frac{1}{2}S_1^3(t)\otimes(h(t)\cos(\omega_0 t))+\frac{\beta}{2}S_2^3(t)\otimes(h(t)\sin(\omega_0 t))}_{\text{非线性失真和串扰}} \tag{8-80}$$

$Y_2(t)$ 的表达式与 $Y_1(t)$ 类似。根据以上的表达式，我们可以发现经过下变频后的接收信号可以分为 4 个部分：线性失真、线性串扰、非线性失真、非线性串扰。线性失真可以通过线性均衡器进行补偿。对于非线性失真和串扰，则必须要考虑非线性的均衡器。我们的系统包括两路独立的输入信号，根据异构设计的思路，每路信号应该由两个神经网络补偿，一个补偿非线性失真，一个补偿线性失真。因此，SR-MIMO-VLC 系统需要 4 个神经网络分支来补偿信号。由于两路信号在接收端还有叠加，我们考虑仅使用一个非线性神经网络来同时补偿两路信号，因此最终的神经网络后均衡器一共有 3 个分支。后面我们将对异构神经网络的原理进行阐释，并通过实验验证其性能。

经过均衡器的处理，分别通过匹配滤波器 $m_1(t)$ 和 $m_2(t)$ 两个数据流进行处理。然后两路信号再通过两个 LMS 均衡器补偿线性失真。与我们将要进行对比的第一级后均衡器 SISO-LMS 不同，这两个 LMS 均衡器不含有 Volterra 级数，不能够补偿非线性失真，只是被用来消除残余噪声。它们的输入长度为 33，步长为 0.007。这种补偿残余噪声的方式广泛见于 VLC 系统中[44]。最终，两路信号解调并恢复为比特流。

8.7　本章小结

在室内高速接入的 VLC 应用场景中，必然需要考虑 MIMO 及 MISO 等多维度通信场景，其中 MISO 的信号恢复解法和传统 MIMO 解法会有所不同，因为 MISO 面临着非满秩的情形而导致解不唯一，因此本章以提升 MISO 与 MIMO 传输速率为导向，研究了不同调制格式（PAM、QAM）下系统的线性与非线性失真，并从编码、均衡器、新式解调方法等方面突破了原有 VLC 系统的传输速率。

参考文献

[1] LIANG L, XU W, DONG X D. Low-complexity hybrid precoding in massive multiuser MIMO systems[J]. IEEE Wireless Communications Letters, 2014, 3(6): 653-656.

[2] ZHU X D, WANG Z C, QIAN C, et al. Soft pilot reuse and multicell block diagonalization precoding for massive MIMO systems[J]. IEEE Transactions on Vehicular Technology, 2016, 65(5): 3285-3298.

[3] JINDAL N, GOLDSMITH A. Dirty-paper coding versus TDMA for MIMO Broadcast channels[J]. IEEE Transactions on Information Theory, 2005, 51(5): 1783-1794.

[4] ZU K, LAMARE R C D, HAARDT M. Multi-branch Tomlinson-Harashima precoding design for MU-MIMO systems: theory and algorithms[J]. IEEE Transactions on Communications, 2014, 62(3): 939-951.

[5] WANG Y Q, CHI N. Demonstration of high-speed 2 × 2 non-imaging MIMO nyquist single carrier visible light communication with frequency domain equalization[J]. Journal of Lightwave Technology, 2014, 32(11): 2087-2093.

[6] ALAMOUTI S M. A simple transmit diversity technique for wireless communications[J]. IEEE Journal on Selected Areas in Communications, 1998, 16(8): 1451-1458.

[7] QIAO L, LU X Y, LIANG S Y, et al. MISO visible light communication system utilizing hybrid post-equalizer aided pre-convergence of STBC decoding[J]. Chinese Optics Letters, 2018, 16(6): 060604.

[8] SHI J, WANG Y, HUANG X, et al. Enhanced performance using STBC aided coding for led-based multiple input single output visible light communication network[J]. Microwave and Optical Technology Letters, 2015, 57(12): 2943-2946.

[9] QIAO L, LU X, LIANG S, et al. Performance analysis of space multiplexing by superposed signal in multi-dimensional VLC system[J]. Optics Express, 2018, 26(16): 19762-19772.

[10] GUO X Y, CHI N. Superposed 32QAM constellation design for 2 × 2 spatial multiplexing MIMO-VLC systems[J]. Journal of Lightwave Technology, 2020, 38(7): 1702-1711.

[11] SHI J, HUANG X, WANG Y, et al. Improved performance of a high speed 2×2 MIMO-VLC network based on EGC-STBC[C]//2015 European Conference on Optical Communication (ECOC). Piscataway: IEEE Press, 2015: 1-3.

[12] SHI J Y, WANG Y G, HUANG X Y, et al. Enabling mobility in LED based two nodes VLC network employing self-adaptive STBC[C]//2016 Optical Fiber Communications Conference and Exhibition (OFC). Piscataway: IEEE Press, 2016: 1-3.

[13] ZHAO J Q, QIN C Y, ZHANG M J, et al. Investigation on performance of special-shaped 8-quadrature amplitude modulation constellations applied in visible light communication[J]. Photonics Research, 2016, 4(6): 249-256.

[14] MAES F, COLLIGNON A, VANDERMEULEN D, et al. Multimodality image registration by maximization of mutual information[J]. IEEE Transactions on Medical Imaging, 1997, 16(2): 187-198.

[15] CHI N, ZHANG M, ZHOU Y, et al. 3.375 Gbit/s RGB-LED based WDM visible light communication system employing PAM-8 modulation with phase shifted Manchester coding[J]. Optics Express, 2016, 24(19): 21663-21673.

[16] ZHU X, WANG F M, SHI M, et al. 10.72 Gbit/s visible light communication system based on single packaged color mixing LED utilizing QAM-DMT modulation and hybrid equalization[C]// 2018 Optical Fiber Communications Conference and Exhibition (OFC). Piscataway: IEEE Press, 2018:1-3.

[17] NISHIMOTO S, NAGURA T, YAMAZATO T, et al. Overlay coding for road-to-vehicle visible light communication using LED array and high-speed camera[C]//2011 14th International IEEE Conference on Intelligent Transportation Systems (ITSC). Piscataway: IEEE Press, 2011: 1704-1709.

[18] ZHU H Y, ZHU Y J, ZHANG J K, et al. A double-layer VLC system with low-complexity ML detection and binary constellation designs[J]. IEEE Communications Letters, 2015, 19(4): 561-564.

[19] KIZILIRMAK R C, ROWELL C R, UYSAL M. Non-orthogonal multiple access (NOMA) for indoor visible light communications[C]//2015 4th International Workshop on Optical Wireless Communications (IWOW). Piscataway: IEEE Press, 2015: 98-101.

[20] CHEN C, ZHONG W D, YANG H L, et al. On the performance of MIMO-NOMA-based visible light communication systems[J]. IEEE Photonics Technology Letters, 2018, 30(4): 307-310.

[21] LIN B, YE W, TANG X, et al. Experimental demonstration of bidirectional NOMA-OFDMA visible light communications[J]. Optics Express, 2017, 25(4): 4348-4355.

[22] CHEN C, ZHONG W D, YANG H L, et al. Flexible-rate SIC-free NOMA for downlink VLC based on constellation partitioning coding[J]. IEEE Wireless Communications Letters, 2019, 8(2): 568-571.

[23] FU Y R, HONG Y, CHEN L K, et al. Enhanced power allocation for sum rate maximization in OFDM-NOMA VLC systems[J]. IEEE Photonics Technology Letters, 2018, 30(13): 1218-1221.

[24] TAO S Y, YU H Y, LI Q, et al. Performance analysis of gain ratio power allocation strategies for non-orthogonal multiple access in indoor visible light communication networks[J]. EU-

RASIP Journal on Wireless Communications and Networking, 2018(1): 154.

[25] WANG Y Q, CHI N. Indoor gigabit 2×2 imaging multiple-input-multiple-output visible light communication[J]. Chinese Optics Letters, 2014, 12(10): 100603.

[26] LIANG S Y, JIANG Z H, QIAO L, et al. Faster-than-Nyquist precoded CAP modulation visible light communication system based on nonlinear weighted look-up table predistortion[J]. IEEE Photonics Journal, 2018, 10(1): 1-9.

[27] WOLNIANSKY P W, FOSCHINI G J, GOLDEN G D, et al. V-BLAST: an architecture for realizing very high data rates over the rich-scattering wireless channel[C]//1998 URSI International Symposium on Signals, Systems, and Electronics Conference. Piscataway: IEEE Press, 1998: 295-300.

[28] KIM K, LEE K. An inter-lighting interference cancellation scheme for MISO-VLC systems[J]. International Journal of Electronics, 2017, 104(8): 1377-1387.

[29] HONG Y, GUAN X, CHEN L K, et al. Experimental demonstration of an OCT-based precoding scheme for visible light communications[C]//2016 Optical Fiber Communications Conference and Exhibition (OFC). Piscataway: IEEE Press, 2016: 1-3.

[30] QIAO L, LU X Y, LIANG S Y, et al. MISO visible light communication system utilizing MCMMA aided pre-convergence of STBC decoding[C]//2018 Optical Fiber Communications Conference and Exposition (OFC). Piscataway: IEEE Press, 2018: 1-3.

[31] WU Y L, LI H B, ZHAO Y P. A Novel Constellation Design for 2~(2*n*+1)-QAM[J]. Journal of Electronics and Information Technology, 2010, 32(6): 1510-1514.

[32] SMITH J. Odd-bit quadrature amplitude-shift keying[J]. IEEE Transactions on Communications, 1975, 23(3): 385-389.

[33] ZHUGE Q B, XIAN X, MORSYOSMAN M, et al. Time domain hybrid QAM based rate-adaptive optical transmissions using high speed DACs[C]//2013 Optical Fiber Communication Conference and Exposition and the National Fiber Optic Engineers Conference (OFC/NFOEC). Piscataway: IEEE Press, 2013: 1-3.

[34] CURRI V, CARENA A, POGGIOLINI P, et al. Time-division hybrid modulation formats: Tx operation strategies and countermeasures to nonlinear propagation[C]//OFC 2014. Piscataway: IEEE Press, 2014: 1-3.

[35] IDLER W, BUCHALI F, SCHMALEN L, et al. Hybrid modulation formats outperforming 16QAM and 8QAM in transmission distance and filtering with cascaded WSS[C]//2015 Optical Fiber Communications Conference and Exhibition (OFC). Piscataway: IEEE Press, 2015: 1-3.

[36] SHAFIK R A, RAHMAN M S, ISLAM A R. On the extended relationships among EVM, BER and SNR as performance metrics[C]//2006 International Conference on Electrical and Computer Engineering. Piscataway: IEEE Press, 2006: 408-411.

[37] YING K, YU Z, BAXLEY R J, et al. Nonlinear distortion mitigation in visible light communications[J]. IEEE Wireless Communications, 2015, 22(2): 36-45.

[38] MIRAMIRKHANI F, UYSAL M. Visible light communication channel modeling for underwater environments with blocking and shadowing[J]. IEEE Access, 2018, 6: 1082-1090.

[39] CHI N, ZHAO Y H, SHI M, et al. Gaussian kernel-aided deep neural network equalizer utilized in underwater PAM8 visible light communication system[J]. Optics Express, 2018, 26(20): 26700-26712.

[40] ZHAO Y H, ZOU P, YU W X, et al. Two tributaries heterogeneous neural network based channel emulator for underwater visible light communication systems[J]. Optics Express, 2019, 27(16): 22532-22541.

[41] CHI N, ZHOU Y J, LIANG S Y, et al. Enabling technologies for high-speed visible light communication employing CAP modulation[J]. Journal of Lightwave Technology, 2018, 36(2): 510-518.

[42] CHI N, ZHANG M, SHI J, et al. Spectrally efficient multi-band visible light communication system based on Nyquist PAM-8 modulation[J]. Photonics Research, 2017, 5(6): 588-597.

[43] CHI N, SHI M. Advanced modulation formats for underwater visible light communications[J]. Chinese Optics Letters, 2018, 16(12): 120603.

[44] WANG Y Q, LI T, HUANG X X, et al. 8 Gbit/s RGBY LED-based WDM VLC system employing high-order CAP modulation and hybrid post equalizer[J]. IEEE Photonics Journal, 2015, 7(6): 1-7.

第9章

6G VLC的发展趋势

第9章描述了6G VLC发展趋势。随着新一代通信的不断演进，为了跟上6G通信发展的速度，VLC也有着自己的发展方向。首先为了实现6G下的高速VLC，需要对新器件和新材料进行研究。光无线通信也要如无线通信一般，从单点通信往MIMO发展。而新型柔性材料的出现，更为VLC提供了更多的可能。最后，总结了6G VLC未来发展的挑战和展望，为读者提供更多的思路与思考。

| 9.1 高速 VLC 中的新器件 |

在近几年的 VLC 发展中，研究者们为了进一步突破更高的传输速率，开始对新的材料和器件进行研究。

在 VLC 的发射端，首先考虑到的是 LED。对于 LED 而言，现如今主要有 4 大类，除了现在商用的基于磷光粉的 LED 外，还有 μm 尺度光敏面面积的 μLED、硅基 LED（Si-LED）和表面等离子体耦合 LED（SP-LED）。其中 μLED 因为有着小尺寸的光敏面面积，所以其板间的寄生电容相对更小，可以有更大的器件带宽。但是，光敏面的缩小，也导致发光功率的急剧降低，传输距离也相应受到了极大限制。μLED 的光功率明显小于传统的基于磷光粉的 LED。ISLIM 等[1]使用基于 GaN 的 μLED，实现了 7.91 Gbit/s 的传输速率。

Si-LED 具有抗静电能力强、寿命长、生产效率高等优点。复旦大学的团队在 2019 年实现了一种共阳极 GaN 五基色（RGBYC）的 Si-LED[2]，该 Si-LED 首先使用了半球形和椎体结构表面纹理 GaN 来提高光的发射效率；其次使用互补电极来降低器件内的光吸收；最后使用一个银反射面来改善单面发光效率。该 LED 实现了传输速率为 15.17 Gbit/s 的水下可见光传输，传输距离为 1.2 m，实验环境温度为 20℃。

SP-LED 则可以通过增加自发辐射速率来提高调制带宽，其不需要高电流密度就可以提供高带宽和高光功率，很有潜力作为高速 VLC 系统的有效解决方案。

商用 LED 同样有着竞争力，最主要的原因就是其单片价格已经很低，一般为 3.5 元以下。英国哈斯教授团队更是使用商用 LED 灯珠，实现了 15.73 Gbit/s 的传输速率[3]。

除了 LED，其他发射器件，比如 SLED 由于同时具有 LD 的波束方向性和 LED 的广覆盖优点，也受到了大家的广泛关注。随着研究的深入，人们发现，SLD 不仅仅有着上述的优势，还拥有较大的器件带宽、更高的亮度和无光斑纹等特性。早在 2016 年，阿卜杜拉国王科技大学就展现了一个高功率的氮化铟镓（InGaN）SLD，其调制带宽可以达到 807 MHz[4]。随着制造工艺的进一步成熟，SLD 有望成为未来高速 VLC 系统的发光器件。

在 VLC 的接收端，PIN 和 APD 是主流的光接收机。PIN 的制造成本相对低于 APD，但 APD 有着更高的灵敏度，可是需要更高的电压。为了提高 PIN 的灵敏度，复旦大学团队在 2015 年提出使用 3×3 集成的 PIN 阵列接收机，其性能远优于单个 PIN 接收机[5]。整个集成 PIN 阵列的面积小于 5 cm×5 cm，每个 PIN 的带宽有 25 MHz。

在 VLC 系统中，为了匹配光电探测器的小光敏面，研究人员经常会使用光透镜。但 SNR 的增加是以缩小视场角为代价的。相应的，2017 年研究人员提出了一种新型的非成像光学聚光器来解决该问题，该设备被称为 CPC 形状的发光太阳能聚光器（Compound Parabolic Concentrators-shaped Luminescent Solar Concentrators，CPC-shape LSC）[6]。基于一系列实验结果，证实了 CPC-shape LSC 相较于普通矩形透镜可以提供双倍的光功率。

总体来说，为了解决现有 VLC 的带宽限制、低灵敏度和非线性问题，未来高速 VLC 系统迫切需要新的光源、探测器和光电器件。对于新的可见光光源来说，它应该能够提供更宽的调制带宽和更高的光效率。此外，新的可见光探测器需要解决可见光的选择性吸收问题，以及内部和外部的量子接收效率。在未来，VLC 系统需要更多的先进光电器件，包括外调制器、放大器、复用器/解复用器、光交换器和收发器，VLC 系统中的器件如图 9-1 所示。

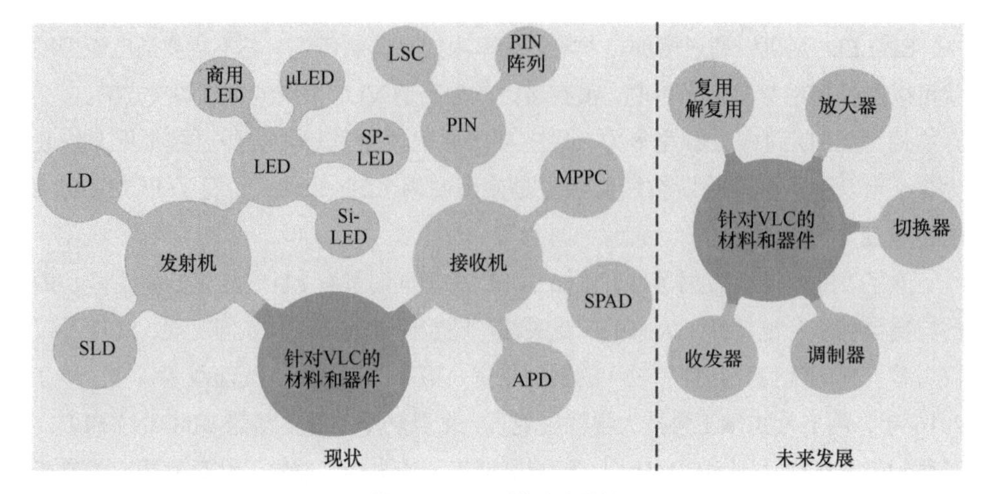

图 9-1　VLC 系统中的器件

以上就是高速 VLC 系统的主要器件发展，当然其中也包括了在本书中未详细描述的单光子雪崩二极管（Single Photon Avalanche Diode，SPAD）和 MPPC。

9.2　从 P2P 走向 MIMO

为了进一步提高 VLC 系统的传输速率，研究者开始考虑在空域上进行展宽，其重要趋势就是阵列和空间复用逐渐在泛光收发器件中得到使用。

为了满足 VLC 系统的全覆盖要求，以及提供更高的传输速率，研究者尝试用多个器件集成为阵列以满足需求。在 2019 年，复旦大学团队展示了一个传输距离为 1.2 m 的 UVLC 系统[7]，该系统采用正交振幅调制–离散多音频（QAM-Discrete Multi-Tone，QAM-DMT）和等增益合并（Equal-Gain Combining，EGC）技术，在发射端使用硅基蓝色 LED 芯片，在接收端使用 2 × 2 PIN 阵列。此实验在形成直径为 25 cm 的光斑和 11 cm 的对准公差的条件下，成功实现了超过 1 Gbit/s 的传输速率，若采用并行光接收更可达到 1.8 Gbit/s 的传输速率。

在满足基本数据传输要求的基础上，研究者开始将计算成像、光场重建等工作与 MIMO 传输相结合，从而实现通算一体化。在 2020 年，Zhao 等[8]提出了一种基于多模光纤计算成像的方法。该方法提出了用实数值的强度传输矩阵（Real-Valued

Intensity Transmission Matrix，RVITM）表征多模光纤传输特性，该矩阵表征了输入和输出光强度的相关性，利用该矩阵可以通过测量输出光斑的光强分布来恢复输入的图像。此方法不同于传统的深度学习方法，不需耗时的迭代过程或者大型训练数据集，可以在 16 s 左右得到多模光纤的 RVITM，并可在 0.01 s 内恢复得到 1 024 个像素点的输入图像，该方法有望用于生物医学内窥镜检查和通信上的多种应用。

在基于多模光纤进行 MIMO 通信的同时，亦可使用 AI 帮助实现光场重建。2021 年，香港理工大学团队提出一种基于半监督学习（Semi-Supervised Learning，SSL）方法的可扩展神经网络模型以实现多模光纤上持续的长周期数据传输[9]。此次实验系统由一个单波长激光器，一个数字微镜器件（Digital Micromirror Device，DMD）作为数据调制器和检测机组成，实验成功表明了使用 CNN 的深度学习可在单根多模光纤上精确传输多达 400 通道的光场，这项工作的结果有望用于未来 VLC 的 MIMO 系统中。

综上所述，VLC 系统为了满足未来对更高传输速率的需求，其收发从传统的点到点（Point to Point，P2P）发展到了 MIMO；在空域上阵列和空间复用成为泛光收发器件的重要趋势；为了实现通算一体化，开始将 MIMO 与光场重建、计算成像等工作相结合以实现更好的系统性能。

9.3　柔性器件

VLC 的器件发展表现为由点到焦平面阵列，再到当下研究前沿的柔性体材料。相比于传统的器件，以 OLED 为代表，有机光电器件因其高性能、制造简单和独特的柔性物理特性，被广泛集成在智能设备和可穿戴设备中，使生物电子与安全功能的集成在未来成为可能。2020 年，Yoshida 等[10]制造出显示带宽达到 245 MHz 的柔性 OLED。在采用 OFDM 调制方案时，在 2 m 的距离内，传输速率达到了 1.13 Gbit/s。该实验结果为高效、低成本和高速的有机柔性光电子器件提供了新的思路，在安全通信、即时诊断、光学成像和测距方面具有潜在应用。

对于越来越高的传输速率和传输带宽的需求，传统材料由于其固有局限难以为继，因此研究者们将目光投向更加多样的材料体系，如聚合物 CPC，钙钛矿等。2018 年，复旦大学团队提出一种用纳米图形双曲超材料代替传统荧光粉和颜色转换器的方案[11]。传统用于白光二极管的变色荧光粉和颜色转换器的调制带宽限制了 VLC 的信道容量，此方案提出的新型材料制造的 VLC 彩色转换系统，在不降低 SNR 的情况下，使彩色转换器的带宽从原始的 75 MHz 提高了 67%，达到了 125.25 MHz。此方案所采用的纳米压印光刻技术具有较高的成本效益和可大规模生产的特点，为颜色转换器领域提供了新的思路。

钙钛矿材料由于其优异的光电性能被广泛用于构建光电器件，以可穿戴 Li-Fi 设备为例，传统的 Li-Fi 设备由大量的 LED 和接收器组成，这样的设计增加了复杂性和体积。考虑到钙钛矿量子点易于生成光生电荷且易于调节其比例的特性，其优良的光电性能可以很好地应对 Li-Fi 设备提出的小型化和高密度化要求。2020 年，西北工业大学和南京理工大学的团队展示了通过混合策略，经过简便、可复制的溶液组装过程可以获得基于钙钛矿量子点的发光/检测双功能光纤的工作[12]，这项工作中成功展示了制造窄发射全双工 Li-Fi 光纤的一种新方法，为低串扰可交互操作的智能可穿戴设备的制造和集成提出了新思路。

综上所述，研究者为了应对日益增长的对传输速率和带宽的需求与传统器件固有的局限性之间的矛盾，开始把目光投向使用更多维的材料与更多种类的材料体系。

9.4 6G VLC 的挑战与展望

VLC 作为一种新型的通信技术，引起了世界各地众多科研人员的研究兴趣。正因如此，VLC 在过去的 20 年中经历了高速发展并取得了可喜的进展，VLC 发展中使用的主要技术如图 9-2 所示，图中总结了截至目前，在 VLC 中主要所使用的技术手段，例如 MIMO 技术、WDM 技术、GS 技术和 PS 技术等。

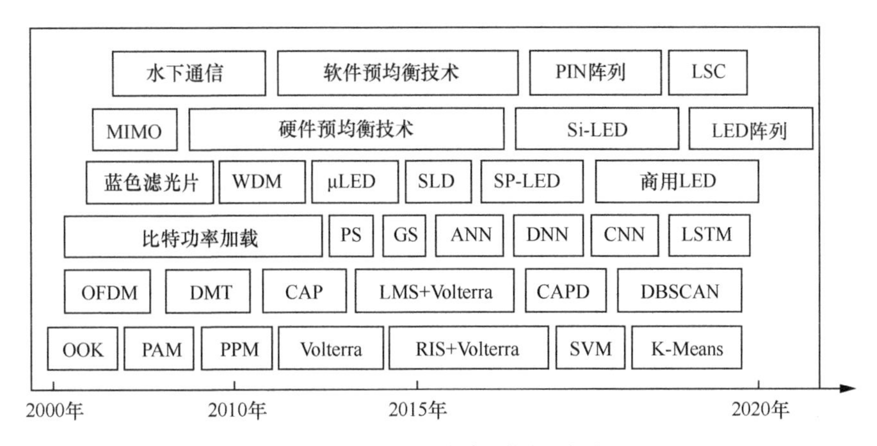

图 9-2　VLC 发展中使用的主要技术

此外，如果我们有效分析用户对 VLC 的应用需求，那就有望提前优化 6G VLC 的产业布局，从而占据主导地位，促进国家经济长期、有序的增长。从现阶段看，VLC 可以在室内定位、异构联网、高清视频传输、可见光与 Wi-Fi 融合等应用场景产生与用户需求深度结合的奇妙化学反应。

无论如何，VLC 在未来 6G 的发展蓝图中已经开始扮演越来越重要的角色。因此，对于 VLC 的研究需要继续精进，不仅仅是提高其通信性能，还需要进一步拓展其应用场景。在未来的发展中，需要对 VLC 基本传输器件和理论进行更多研究，VLC 中未来的挑战与发展方向如图 9-3 所示。VLC 有限的带宽极大地限制了高速 VLC 系统的发展。因此，需要继续研究具有新材料和新机制的超高带宽的光源以突破这一限制。此外，常用于 VLC 系统的硅基探测器主要对红外波段敏感，存在对于可见光波段灵敏度较低的问题。因此，使用基于 AlGaAs 的探测器和具有高响应度的单光子探测器将会是较好的解决方案。还有一个问题在于缺乏用于 VLC 基带处理的专用集成电路（Application Specific Integrated Circuits，ASIC）。因此，发展模拟前端（Analog Front End，AFE）电路，例如驱动器、TIA 和数字芯片，是实现基带处理电路必不可少的步骤。近年来，由于缺乏 ASIC，功耗大于 10 W 的 FPGA 被广泛应用于实现实时 VLC 系统的信号处理。未来，将有望使用更小尺寸和更低功耗的 ASIC 来替代 FPGA，实现低功耗的 VLC。当前，在 VLC 系统中主要实现基于单发射机和单接收机的点对点通信，但从 4G/5G 的发展轨迹来看，基于发射机和接收机阵列的 MIMO 阵列通信是未来的发展趋势。目前用于 VLC 系统的发射和接收天线需要一个较大的透镜组来实现光路耦合，这给未来的集成带来了困难。对于这个问题，在未来可以通过使用菲涅耳透镜来解决，菲涅耳透镜使用基于纳米光学的天线实现波束成形。此外，在将来还需要进一步研究 VLC 系统的信道建模。现今的 VLC 信道建模仅基于 LED 和 LD 器件的光场分布和空间特性，然而实际的 VLC 系统信道还包括接收机的频率响应、光学天线、空间光场分布、大气湍流、背景光噪声、散射衍射和反射等。综合考虑上述因素的 VLC 信道建模将为未来高速空间和 UVLC 系统提供理论指导。

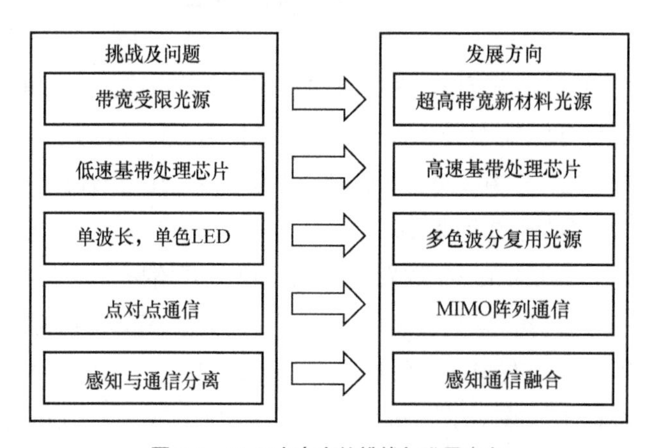

图 9-3 VLC 中未来的挑战与发展方向

VLC 是 6G 中一种可靠的通信方式，在未来 VLC 将会与其他通信方式形成新型异构网络，用以提供大容量、高速率、稳定可靠的传输。在该新型异构网络中，单个接入点可支持多个终端的同时接入，切换时间≥10 ms，上行速率≥10 Gbit/s，为点对点的单链路提供至少 100～200 Gbit/s 的传输速率。为了适应未来系统复杂的数据处理需求，智能机器学习应成为下一阶段研究的重点，并将被积极应用于 VLC 系统中以实现先进的信号处理算法。综上所述，VLC 具有非常重要的理论和实际意义，可以预见高速 VLC 技术在 6G 中的应用前景是非常广阔的。只要制定出合理稳健的发展规划，VLC 技术在未来一定会大有作为。

9.5 本章小结

本章介绍了 VLC 未来的发展趋势，主要从新的器件和材料出发，着重介绍了高速 VLC 系统的未来发展趋势。其中发射和接收器件都在向大带宽、高灵敏度、低非线性等方向发展。更进一步，为了提高 VLC 系统的传输速率，空域阵列的空间复用 MIMO 技术开始得到发展。而新型材料，例如柔性材料在 VLC 中展现了自己独特的价值，为未来的 VLC 发展提供了新的可能。从提出的 6G VLC 未来发展的挑战中可以看到，为了实现 VLC 的商用化，还有很远的路需要走，这需要大家共同的努力。

参考文献

[1] ISLIM M S, FERREIRA R X, HE X, et al. Towards 10 Gbit/s orthogonal frequency division multiplexing-based visible light communication using a GaN violet microLED[J]. Photonics Research, 2017, 5(2): A35-A43.

[2] ZHOU Y J, ZHU X, HU F C, et al. Common-anode LED on a Si substrate for beyond 15 Gbit/s underwater visible light communication[J]. Photonics Research, 2019, 7(9): 1019-1029.

[3] BIAN R, TAVAKKOLNIA I, HAAS H. 15.73 Gbit/s visible light communication with off-the-shelf LEDs[J]. Journal of Lightwave Technology, 2019, 37(10): 2418-2424.

[4] SHEN C, LEE C M, NG T K, et al. High-speed 405 nm superluminescent diode (SLD) with 807 MHz modulation bandwidth[J]. Optics Express, 2016, 24(18): 20281-20286.

[5] LI J H, HUANG X X, JI X M, et al. An integrated PIN-array receiver for visible light communication[J]. Journal of Optics, 2015, 17(10): 105805.

[6] DONG Y, SHI M, YANG X, et al. Nanopatterned luminescent concentrators for visible light communications[J]. Optics Express, 2017, 25(18): 21926-21934.

[7] LI J H, WANG F M, ZHAO M M, et al. Large-coverage underwater visible light communication system based on blue LED employing equal gain combining with integrated PIN array reception[J]. Applied Optics, 2019, 58(2): 383-388.

[8] ZHAO T, OURSELIN S, VERCAUTEREN T, et al. Seeing through multimode fibers with real-valued intensity transmission matrices[J]. Optics Express, 2020, 28(14): 20978-20991.

[9] FAN P F, RUDDLESDEN M, WANG Y F, et al. Learning enabled continuous transmission of spatially distributed information through multimode fibers[J]. Laser and Photonics Reviews, 2021, 15(4): 2000348.

[10] YOSHIDA K, MANOUSIADIS P P, BIAN R, et al. 245 MHz bandwidth organic light-emitting diodes used in a gigabit optical wireless data link[J]. Nature Communications, 2020, 11(1): 1-7.

[11] YANG X L, SHI M, YU Y, et al. Enhancing communication bandwidths of organic color converters using nanopatterned hyperbolic metamaterials[J]. Journal of Lightwave Technology, 2018, 36(10): 1862-1867.

[12] SHAN Q, WEI C, JIANG Y, et al. Perovskite light-emitting/detecting bifunctional fibres for wearable Li-Fi communication[J]. Light: Science and Applications, 2020, 9(1): 1-9.

名词索引